内容简介

本书为北京大学数学科学学院概率统计系“应用多元统计分析”课程使用多年的教材，它主要介绍一些实用的多元统计分析方法的理论及其应用，并列举了各方面的应用实例，同时还以国际上著名的统计分析软件 SAS 系统作为典型工具，通过实例介绍如何处理数据分析中的各种实际问题。

本书共分十一章。第一章为绪论；第二、第三章介绍多元统计分析的理论基础——多元正态分布及其参数的估计和检验问题；第四章重点介绍多因变量的多元线性回归的有关问题，包括模型、参数的估计及其性质、假设检验、变量筛选，以及双重筛选逐步回归问题；第五、第六章介绍分类问题(判别与聚类)；第七到第九章介绍降维的多变量方法(主成分分析、因子分析和对应分析方法)；第十章讨论两组相关变量的典型相关分析；第十一章介绍近年来发展的偏最小二乘回归分析方法；并且在每一章内都配有适量的习题。“附录”中介绍了本课程所需的矩阵代数的有关内容；书末附有“部分习题参考解答或提示”，这些都将更便于读者自学。

本书可作为综合大学、工科大学或高等师范学院数学系、应用数学系、经济学等相关专业的本科生或研究生教材或教学参考书；对于其他领域中从事应用统计的工作人员也是一本极好的学习参考书。

作者简介

高惠璇 北京大学数学科学学院教授。1965 年毕业于北京大学数学力学系。长期从事概率论与数理统计的教学、科研工作，主要研究方向是统计计算、统计软件与应用多元统计方法，曾参加过国家教委《数学软件的研究与开发》项目和统计软件的开发及推广普及工作。

北京大学数学教学系列丛书

应用多元统计分析

高惠璇 编著

北京大学出版社
PEKING UNIVERSITY PRESS

图书在版编目(CIP)数据

应用多元统计分析/高惠璇编著.—北京：北京大学出版社，2005.1

(北京大学数学教学系列丛书)

ISBN 978-7-301-07858-7

Ⅰ.应… Ⅱ.高… Ⅲ.多元分析：统计分析-高等学校-教材 Ⅳ.O212.4

中国版本图书馆 CIP 数据核字(2004)第 124211 号

书　　名：**应用多元统计分析**

著作责任者：高惠璇　编著

责 任 编 辑：邱淑清

标 准 书 号：ISBN 978-7-301-07858-7/O·0613

出 版 发 行：北京大学出版社

地　　址：北京市海淀区成府路 205 号　100871

网　　址：http://www.pup.cn

新 浪 微 博：@北京大学出版社

电 子 信 箱：zpup@pup.cn

电　　话：邮购部 62752015　发行部 62750672　编辑部 62765014
出版部 62754962

印 刷 者：河北滦县鑫华书刊印刷厂

经 销 者：新华书店

890 mm×1240 mm　A5　13.625 印张　392 千字

2005 年 1 月第 1 版　2026年1月第23次印刷

定　　价：49.00 元

序　言

自 1995 年以来，在姜伯驹院士的主持下，北京大学数学科学学院根据国际数学发展的要求和北京大学数学教育的实际，创造性地贯彻教育部"加强基础，淡化专业，因材施教，分流培养"的办学方针，全面发挥我院学科门类齐全和师资力量雄厚的综合优势，在培养模式的转变、教学计划的修订、教学内容与方法的革新，以及教材建设等方面进行了全方位、大力度的改革，取得了显著的成效。2001 年，北京大学数学科学学院的这项改革成果荣获全国教学成果特等奖，在国内外产生很大反响。

在本科教育改革方面，我们按照加强基础、淡化专业的要求，对教学各主要环节进行了调整，使数学科学学院的全体学生在数学分析、高等代数、几何学、计算机等主干基础课程上，接受学时充分、强度足够的严格训练；在对学生分流培养阶段，我们在课程内容上坚决贯彻"少而精"的原则，大力压缩后续课程中多年逐步形成的过窄、过深和过繁的教学内容，为新的培养方向、实践性教学环节，以及为培养学生的创新能力所进行的基础科研训练争取到了必要的学时和空间。这样既使学生打下宽广、坚实的基础，又充分照顾到每个人的不同特长、爱好和发展取向。与上述改革相适应，积极而慎重地进行教学计划的修订，适当压缩常微、复变、偏微、实变、微分几何、抽象代数、泛函分析等后续课程的周学时。并增加了数学模型和计算机的相关课程，使学生有更大的选课余地。

在研究生教育中，在注重专题课程的同时，我们制定了 30 多门研究生普选基础课程(其中数学系 18 门)，重点拓宽学生的专业基础和加强学生对数学整体发展及最新进展的了解。

教材建设是教学成果的一个重要体现。与修订的教学计划相配合,我们进行了有组织的教材建设,计划自1999年起用8年的时间修订、编写和出版40余种教材,这就是将陆续呈现在大家面前的《北京大学数学教学系列丛书》。这套丛书凝聚了我们近十年在人才培养方面的思考,记录了我们教学实践的足迹,体现了我们教学改革的成果,反映了我们对新世纪人才培养的理念,代表了我们新时期的数学教学水平。

经过20世纪的空前发展,数学的基本理论更加深入和完善,而计算机技术的发展使得数学的应用更加直接和广泛,而且活跃于生产第一线,促进着技术和经济的发展,所有这些都正在改变着人们对数学的传统认识。同时也促使数学研究的方式发生巨大变化。作为整个科学技术基础的数学,正突破传统的范围而向人类一切知识领域渗透。作为一种文化,数学科学已成为推动人类文明进化、知识创新的重要因素,将更深刻地改变着客观现实的面貌和人们对世界的认识。数学素质已成为今天培养高层次创新人才的重要基础。数学的理论和应用的巨大发展必然引起数学教育的深刻变革。我们现在的改革还是初步的。教学改革无禁区,但要十分稳重和积极;人才培养无止境,既要遵循基本规律,更要不断创新。我们现在推出这套丛书,目的是向大家学习。让我们大家携起手来,为提高中国数学教育水平和建设世界一流数学强国而共同努力。

张继平

2002年5月18日

于北京大学蓝旗营

前言

多元统计分析是数理统计学30多年来迅速发展起来的一个分支。特别在计算机非常普及、各种统计分析软件不断推出的今天，多元统计分析方法已广泛地应用到社会科学和自然科学的许多领域中。北京大学概率统计系自1985年成立以来，一直开设"应用多元统计分析"课程。编者在近20年来教学和科研的基础上，编写了《应用多元统计分析》一书。本书的目的是介绍一些实用的多元统计分析方法的理论及其应用，并以国际上著名的标准统计分析软件SAS系统作为典型工具，通过实例介绍如何用统计软件处理数据分析中的各种实际问题。

本书共有十一章及附录。第一章"绪论"介绍多元统计分析研究的对象，应用领域及多元数据的图表示法；第二章介绍多元正态分布及其参数的估计和性质；第三章首先介绍三个重要分布，即威沙特(Wishart)分布、霍特林(Hotelling) T^2 分布、威尔克斯(Wilks)分布及它们的性质，然后讨论多元正态总体中参数的假设检验问题；第四章"回归分析"重点介绍多因变量的多元线性回归的有关问题，包括模型、参数的估计及其性质、假设检验、变量筛选，以及双重筛选逐步回归问题。从第五章至第十章介绍另一些常用的统计方法，如判别分析、聚类分析、主成分分析、因子分析、对应分析方法以及典型相关分析。第十一章介绍近年来发展的偏最小二乘回归分析方法。在"附录"中介绍了本课程所需的矩阵代数的有关内容。书末还给出书中部分习题参考解答或提示。

"应用多元统计分析"是一门应用性很强的课程。本书不仅介绍了各种常用的多元统计分析方法的统计背景和实际意义，说明该方法的统计思想、数学原理及解题步骤，还列举出各方面的应用实例。本书将多元统计方法的介绍与在计算机上实现这些方法的统计软件(SAS系统)结合起来，使读者不仅学到统计方法的理论知识，还知道如何解决实际问题。书中全部实例都是用 SAS 系统完成分析计算，并且每一章都配有适量的习题，其中大部分习题都附有参考解答或提示，以便于读者自学。

本书是北京大学数学科学学院概率统计系为开设的限选专业课“应用多元统计分析”所编写的教材。国内目前虽有一些介绍多元统计方法的教材，因偏重的方面不相同，并不能很好地满足要求。国外这方面较好的教材目前虽已有中译本，但由于篇幅太大给学生增加了经济上的负担。为达到本课程所要求的目的，编者在已编写的讲义基础上，通过反复使用、多次修改后编写出版了此书。

本书的读者对象是理工科类、经济类，特别是统计学学科等各专业学习应用统计的本科生，以及其他各个领域中需要进行数据分析处理的实际工作者。本书适用于每周 3～4 学时、每学期约讲授 54～72 学时“应用多元统计分析”课程或相关课程的教材，其中有些内容可供任课教师酌情选用。

本书因篇幅关系，应用实例的 SAS 程序没有在正文中给出，正文中只列出主要计算结果。为方便读者学习与掌握本书内容，我们另准备了“应用多元统计分析. zip”一份，其内容包括正文所有实例的 SAS 程序，各章所有练习题的原始数据及用编程方法解答的 SAS 程序，以供读者参考。此外，本课程含有配套课件。需要以上文件的读者请从北京大学出版社网站下载(路径：出版社主页—下载专区—课件下载—理工)，或与北京大学出版社理科编辑部联系(邮件地址：gpup@pku. edu. cn)。

高惠璇
2005 年 1 月于北京大学

目　录

第一章 绪　论

§1.1 引　言

多元统计分析(简称多元分析)是运用数理统计的方法来研究多变量(多指标)问题的理论和方法,它是一元统计学的推广.

在实际问题中,很多随机现象涉及到的变量不是一个,而经常是多个变量,并且这些变量间又存在一定的联系.我们常常需要处理多个变量的观测数据.例如考察学生的学习情况时,就需了解学生在几个主要科目的考试成绩.表 1.1 给出某年级随机抽取的 12 名学生 5 门主课期末考试的成绩.

表 1.1　12 名学生 5 门课程的考试成绩

序号	政治(X_1)	语文(X_2)	外语(X_3)	数学(X_4)	物理(X_5)
1	99	94	93	100	100
2	99	88	96	99	97
3	100	98	81	96	100
4	93	88	88	99	96
5	100	91	72	96	78
6	90	78	82	75	97
7	75	73	88	97	89
8	93	84	83	68	88
9	87	73	60	76	84
10	95	82	90	62	39
11	76	72	43	67	78
12	85	75	50	34	37

表 1.1 提供的数据,如果用一元统计方法,势必要对多门课程分别分析,每次分析处理一门课程的成绩.这样处理,由于忽视了课程之间可能存在的相关性,因此,一般说来,丢失信息太多,分析的结果

不能客观全面地反映某年级学生的学习情况.本书将要讨论的多元统计方法,它同时对多门课程的成绩进行分析.这样的分析对诸课程间的关系、相依性和相对重要性等都能提供有用的信息.如果说一元统计分析是研究一个随机变量统计规律性的学科,那么多元统计分析则是研究多个随机变量之间相互依赖关系以及内在统计规律性的一门统计学科.

由于大量实际问题都涉及到多个变量,这些变量又是随机变量,如学生的学习成绩随着被抽取学生的不同,成绩也有变化(我们往往需要依据它们来推断全年级的学习情况).所以要讨论多个随机变量的统计规律性.多元统计分析就是讨论多个随机变量的理论和统计方法的总称.其内容既包括一元统计学中某些方法的直接推广,也包括多个随机变量特有的一些问题.多元统计分析是一类范围很广的理论和方法.

就以学生成绩为例,我们可以研究很多问题:用各科成绩的总和作为综合指标,来比较学生学习成绩的好坏;根据各科成绩相近程度对学生进行分类(如成绩好的与成绩差的,又如文科成绩好的与理科成绩好的);研究各科成绩之间的关系(如物理与数学成绩的关系,文科成绩与理科成绩的关系);等等.所有这些都属于多元统计分析的研究内容.

综上所述,多元统计分析是以 p 个变量的 n 次观测数据所组成的数据矩阵

$$X=\begin{bmatrix} x_{11} & x_{12} & \cdots & x_{1p} \\ x_{21} & x_{22} & \cdots & x_{2p} \\ \vdots & \vdots & & \vdots \\ x_{n1} & x_{n2} & \cdots & x_{np} \end{bmatrix}$$

为依据的.根据实际问题的需要,给出种种方法.英国著名统计学家肯德尔(Kendall)在《多元分析》一书中把多元统计分析所研究的内容和方法概括为以下几个方面.

1. 简化数据结构(降维问题)

简化数据结构即是将某些较复杂的数据结构通过变量变换等方

法使相互依赖的变量变成互不相关的;或把高维空间的数据投影到低维空间,使问题得到简化而损失的信息又不太多的.例如主成分分析、因子分析,以及对应分析等多元统计方法就是这样的一类方法.

2. 分类与判别(归类问题)

归类问题即是对所考察的观测点(或变量)按相似程度进行分类(或归类).例如聚类分析和判别分析等方法就是解决这类问题的统计方法.

3. 变量间的相互联系

(1) 相互依赖关系:分析一个或几个变量的变化是否依赖于另一些变量的变化?如果是,建立变量间的定量关系式,并用于预测或控制——回归分析.

(2) 变量间的相互关系:分析两组变量间的相互关系——典型相关分析.

4. 多元数据的统计推断

这是关于参数估计和假设检验的问题.特别是多元正态分布的均值向量及协方差阵的估计和假设检验等问题.

5. 多元统计分析的理论基础

多元统计分析的理论基础包括多维随机向量及多维正态随机向量,以及由此定义的各种多元统计量,推导它们的分布并研究其性质,研究它们的抽样分布理论.这些不仅是统计估计和假设检验的基础,也是多元统计分析的理论基础.

多元统计分析起源于20世纪初,1928年威沙特(Wishart)发表的论文《多元正态总体样本协方差阵的精确分布》,可以说是多元分析的开端.之后费希尔(Fisher)、霍特林(Hotelling)、罗伊(Roy)、许宝騄等人作了一系列奠基性的工作,使多元统计分析在理论上得到迅速的发展,在许多领域中也有了实际应用.由于用统计方法解决实际问题时需要的计算量很大,使其发展受到影响,甚至停滞了相当长的时间.20世纪50年代中期,随着电子计算机的出现和发展,使得多元统计分析在地质、气象、医学、社会学等方面得到广泛的应用.60

年代通过应用和实践又完善和发展了理论,由于新理论、新方法的不断出现又促使它的应用范围更加扩大. 70 年代初期在我国才受到各个领域的极大关注,近 30 年来我国在多元统计分析的理论研究和应用上也取得了很多显著成绩,有些研究工作已达到国际水平,并已形成一支科技队伍,活跃在各条战线上.

§1.2 多元统计分析的应用

多元统计分析是解决实际问题的有效的数据处理方法. 随着电子计算机使用的日益普及,多元统计方法已广泛地应用于自然科学、社会科学的各个方面. 以下我们列举多元统计分析的一些应用领域.

一、教育学

n 个考生报考北京大学概率统计系. 每个考生参加 p 门课(语文、数学、政治、外语、物理、化学……)的考试,各门课的成绩记为 $y_{i1}, y_{i2}, \cdots, y_{ip}(i=1,2,\cdots,n)$. 又每个考生在高中学习期间,$m$ 门主要课程成绩为 $x_{i1}, x_{i2}, \cdots, x_{im}(i=1,2,\cdots,n)$. 经过对这些大量的资料作统计分析,我们能够得出:

(1) 高考成绩和高中学习期间成绩的关系,即给出两组变量线性组合间的关系,从而可由考生在高中学习期间的成绩来预测高考的综合成绩或某些科目的成绩.

(2) 给出考生成绩次序排队的最佳方案(最佳组合). 总分可以体现一个考生成绩好坏,但对报考概率统计系的学生,按总分从高到低的顺序录取并不是很合适的,如果按适当的权重加权求和,比如数学、物理、外语的权重相对高些,然后按加权和的顺序录取也许更合适些.

此外利用 n 个学生在高中学习期间 m 门主要课程的考试成绩,可对学生进行分类,如按文、理科成绩分类,按总成绩分类等. 若准备给优秀学生发奖,那么一等奖、二等奖的比例应该是多少? 应用多元统计分析的方法可以给出公平合理地确定.

二、医学

医生对病人的诊断是靠对病人观测若干症状后来综合评定的.如一个人发高烧,医生根据他的体温高低、白血球数目及其他症状来判断他是患感冒、肺炎还是其他疾病.再比如某人发现其腹部有肿瘤,医生根据肿瘤的大小、生长的速度、边界是否清楚,以及质硬或软等症状来判断肿瘤是良性或恶性.

为了判断更为准确可靠,事先应有一批经专家确诊或手术后经病理化验确诊的病例资料,根据这批资料利用多元统计方法可建立诊断的准则(即专家系统).对来就诊的病人,按专家系统的要求,观测若干项指标后,根据诊断准则,即可作出诊断.

三、气象学

全国各地建立了很多气象站,在不同时间各气象站都记录了降雨量、气温、气压、湿度、风速、风向等气象指标资料.对这些资料作统计分析,可以得出:

(1) 指标间的关系,如降雨量与前一天的气温、气压、湿度等的关系,利用该关系可对降雨量作预报.

(2) 不同地点气象指标之间的关系,如某地有气象站,长期记录各项气象指标的资料.今计划在该站附近建一大型化工厂,厂区的气象条件是我们关心的,而在此处新建一气象站又不可能.最后采用的办法是在该厂区临时建一个观测站,与气象站同时测定气象指标;然后利用这些资料用多元统计分析方法建立两地气象指标的关系,以达到今后可由气象站的气象资料来预报该厂区的气象情况.

四、环境科学

(1) 为了了解某大型化工厂对环境的污染程度,在厂区建立很多监测点,每天定时测定各种污染气体的浓度.用统计分析方法分析处理这些资料,可对厂区按污染情况分为几类,如分为严重污染、一般污染和轻污染三类;并为今后监测点的布局提供既合理又经济的方案.

(2) 许多学者研究了洛杉矶地区大气中污染物质的浓度.在较长的一段时间内,每天定时测定该地区与污染有关的几个指标值,利用多元统计检验的方法,首先判断洛杉矶地区空气污染程度在一周内是固定不变或周末与平时有显著差异;其次对这庞杂的观测数据用一种易解释的方法加以归纳化简.

五、地质学

随着电子计算机的普及及地质科学向定量化发展,地质学和数学(主要是多元统计方法)结合起来产生了边缘学科——数学地质,多元分析是其主要内容之一.王学仁先生在《地质数据的多变量统计分析》一书中介绍了多元分析方法及其在地质学中的应用.应用多元统计方法处理各种地质观测数据,对成矿规律的评价、矿产预测、构造解释推断、勘探工程部署等等都得出了一些定量的依据,并获得了一些找矿信息.

六、考古学

(1) 考古学家根据一群坟墓中的陪葬品(特别是陶瓷和珠宝),利用它们在式样和装饰上的差别,把它们按时间顺序排列起来.

(2) 考古学家在古代墓地上,挖掘出若干个头盖骨,它们可能都是来自同一种族,或两个对抗种族(战死的战友和敌人都可能被埋在同一个坑内).对每个头盖骨可测得多种数据,利用头盖骨的数据来判断所属的种族或性别;并研究最佳的测量法及最少的测量项目.

七、服装工业——服装的定型分类问题

一个服装公司希望生产足够多的成衣以适应大多数顾客的要求,而且使不合身的和卖不出去的服装尽量减少,这样不仅可满足社会需要且厂方也才可能多赚钱.为此目的,首先在各地做抽样调查,对被调查人测量其身体的几十个部位的尺寸,然后对庞大的调查资料用多元统计方法分析处理,确定一种服装究竟需要有几种型号,每种型号服装的比例是多少,由身体的哪几个主要部位的尺寸决定.

八、经济学

（1）构造中国国民收入的生产、分配与最终使用的计量经济模型. 例如根据我国几十年来财政收入与国民收入、工农业总产值、人口、就业人口、固定投资等因素相关，利用回归方法建立预测模型，以用于对今后的财政收入作预测.

（2）在商业经济中，常常需要将很复杂的数据综合成商业指数形式，如物价指数、货币工资比、生活费用指数、商业活动指数等，用主成分分析可以从多个变量中构造出所需的商业指数.

（3）为了研究不同地区农民收支的分布规律，抽样调查了全国28个省、市、自治区的农民生活消费支出情况，如食品、衣着、燃料、住房、生活用品、文化生活等的消费. 用聚类分析方法对28个地区分类，根据分类结果还可进一步研究各类地区农民的生活水平、富裕程度，以便进一步研究经济发展对策.

（4）在经济学中，根据人均国民收入、人均工农业产值、人均消费水平等多种指标来判定一个国家的经济发展程度所属类型.

九、农业

（1）有 n 个不同地区，每个地区记录多种农作物的收获量，用多元统计方法对各个地区的总生产效率进行比较，并对不同的农业区域进行分类.

（2）为了节省能源，对某地农用的手扶拖拉机的能源消耗进行抽样调查. 调查的内容为拖拉机在田间、运输、排灌、加工等作业时的燃油耗，以及在册月数、年平均更换零件数及平均燃油耗. 通过对调查资料作统计分析，达到对拖拉机的平均燃油耗作预测并对拖拉机进行分类，划分为淘汰类、大修类、小修类和继续使用类.

十、社会科学

青少年犯罪问题是一个很大的社会问题. 对待青少年犯罪，我们采取“以防为主、防重于治”的原则. 要预防犯罪，除了加强经常性的教育外，还必然提出预测犯罪的问题. 如对青少年犯罪心理和行为倾向性在其犯罪行为发生之前便能进行预测，争取把它们消灭在萌芽状态，才能做到实际预防.

为此目的，1981 至 1982 年间中央教育科学研究所等几个单位协作进行了调查研究工作，调查对象为一般中学生，以及工读学校、少管所、劳教农场和劳改农场的青少年. 调查内容有两大方面：心理因素(如物质追求感、隔离感、无目的感、团伙义气感……)和外部因素(如性别、家庭平均收入、每月零花钱……)共 25 项指标，用多元统计方法分析处理这一批资料，找出青少年犯罪诸因素间的互相关系及其与犯罪行为的内在联系，并用反映数量关系的数学模型表示出来，用以描述青少年犯罪这一社会现象在个体身上的内在联系或变化规律，并借助这个模型对其他个体特征发展的趋向性进行比较科学的预测.

十一、文学

自从 30 年代末英国著名的统计学家尤尔(Yule)把统计方法引入到文学词汇的研究以来，这个领域已经取得不少进展，其中最有名的是 Mosteller 与 Wallace 在 60 年代初对美国立国三大历史文献之一的《联邦主义者》文集的研究.

在 1985 至 1986 年间复旦大学统计运筹系的李贤平教授对我国的名著《红楼梦》的著作权进行研究. 使用的统计方法主要是多元分析. 先选定数十个与情节无关的虚词作为变量，把《红楼梦》一书中的 120 回作为 120 个样品，统计每一回(即每个样品)选定的这些虚词(即变量)出现的频数. 由此得到的数据阵作为分析的依据.

在《红楼梦》著作权的研究中使用较多的方法是聚类分析、主成分分析、典型相关分析等方法，由分析结果可以看出：

(1) 前 80 回和后 40 回截然地分为两类，这证实了前 80 回和后 40 回不是出于同一个人的手笔；

(2) 前 80 回是否为曹雪芹所写？通过用曹雪芹的另一著作，做类似的分析，结果证实了用词手法完全相同，断定为曹雪芹一人手笔；

(3) 而后 40 回是否为高鹗写的？分析结果发现后 40 回依回目的先后可分为几类，得出的结论推翻了后 40 回是高鹗一人所写. 后 40 回的成书比较复杂，既有残稿也有外人笔墨，不是高鹗一人所续.

以上这些论证在红学界引起轰动. 他们用多元统计分析方法提出了关于《红楼梦》作者和成书过程的新学说.

李贤平教授等还把这类方法用于其他作家和作品，结果证明统计方法的分辨能力是很强的.

十二、其他

多元统计分析方法在其他很多领域中也有它的应用. 比如体育科研、军事科学、生物学、心理学、生态学、保险科学、火警预报、地震预报、中医阴阳学说研究等.

§1.3 多元统计数据的图表示法

图形有助于对所研究的数据的直观了解，一元或二元数据的一维或二维图形容易得到，三维图形虽也可以画出，但并不方便. 三维以上图形怎么表示?许多统计学家给出了多元数据的图示方法，但这方面的研究还处于不成熟状态，目前尚未有公认的方法. 这里介绍几种国际上近几十年来出现的方法，其中有一些依赖人工容易实现，但是有一些方法若是没有计算机的帮助，恐怕较难实现.

设变量个数为 p，观测次数为 n，第 k 次观测值记为

$$X_{(k)} = (x_{k1}, x_{k2}, \cdots, x_{kp}) \quad (k = 1, 2, \cdots, n),$$

n 次观测数据组成的矩阵记为 $X = (x_{ij})_{n\times p}$.

一、轮廓图

轮廓图的作图步骤为：

(1) 作直角坐标系，横坐标取 p 个点，以表示 p 个变量；

(2) 对给定的一次观测值，在 p 个点上的纵坐标(即高度)与对

应的变量取值成正比；

(3) 连结此 p 个点得一折线，即为该次观测值的一条轮廓线；

(4) 对于 n 次观测值，每次都重复上述步骤，可画出 n 条折线，构成 n 次观测值的轮廓图.

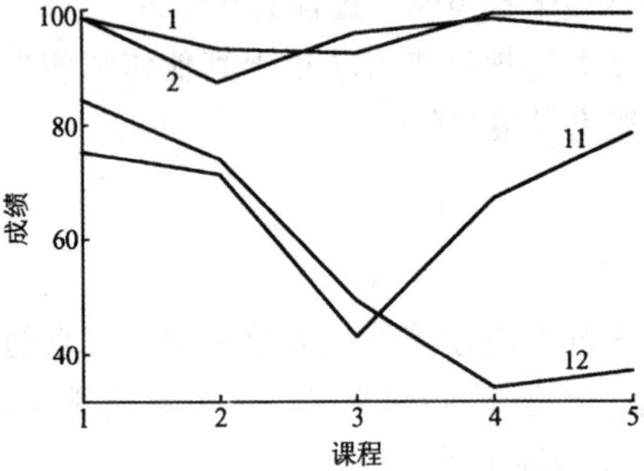

图 1.1 4 名学生学习成绩的轮廓图

如图 1.1 中 4 条折线为由表 1.1 给出的序号为 1、2 和 11、12 这 4 个学生学习成绩的轮廓线. 由该轮廓图可直观看出，哪几个学生成绩相似、哪些属优秀、哪些中等、哪些较差；对各门课程而言，也可直观地看出各课程成绩的好坏和分散情况等等. 这种图形在聚类分析中颇有帮助.

二、雷达图

雷达图的作图步骤是：

(1) 作一圆，并把圆周分为 p 等分；

(2) 连结圆心和各分点，把这 p 条半径依次定义为各变量的坐标轴，并标以适当的刻度；

(3) 对给定的一次观测值，把 p 个变量值分别取在相应的坐标轴上，然后将它们连结成一个 p 边形；

(4) n 次观测值可画出 n 个 p 边形.

这种图形既像雷达荧光屏上看到的图像，也像一个蜘蛛网. 因此有人称为雷达图，也有人称为蜘蛛图. 图 1.2 为表 1.1 中序号为 1 和 12 的学生学习成绩的雷达图. 各科都达到 100 分的学生对应着一个

图 1.2 两名学生学习成绩的雷达图

面积最大的正五边形,如序号为 1 的学生图形接近正五边形,因此是学习成绩优秀的学生;另外,学习成绩差的学生,其图形面积也小,如序号为 12 的学生就是如此,而且其图形明显偏右上方,这意味着该学生的数学、物理和外语成绩极差,而语文和政治还算过得去.

当观测次数 n 较大时,为了获得较好的效果,每张图可以只画少数几次观测值,甚至只画一次观测值;为使图形效果更好,在雷达图中适当分配变量的坐标轴并选取合适的尺度是十分重要的. 如在学生成绩的雷达图中,有意识地把理科成绩分配在左边坐标轴上,文科在右边,则可根据图形偏左或偏右看出该学生是偏理还是偏文.

三、调和曲线图

从数学上看,较为完美的多元数据图表示方法可能是 Andcews 在 1972 年提出的三角多项式表示法,其思想是把多维空间中的一个点对应于二维平面上的一条曲线.

设 p 维数据 $X=(x_1,x_2,\cdots,x_p)'$(注:上角"$'$"表示转置,即行(列)转换为列(行)),则对应的曲线是

$$f_X(t)=\frac{x_1}{\sqrt{2}}+x_2\sin t+x_3\cos t+x_4\sin 2t+x_5\cos 2t+\cdots$$
$$(-\pi\leqslant t\leqslant\pi).$$

上式当 t 在区间$(-\pi,\pi)$上变化时,其轨迹是一条曲线.

例如表 1.1 学生成绩数据中,序号为 1 的学生对应的曲线为

$$f_1(t)=\frac{99}{\sqrt{2}}+94\sin t+93\cos t+100\sin 2t+100\cos 2t,$$

序号为 12 的学生对应的曲线为

$$f_{12}(t)=\frac{85}{\sqrt{2}}+75\sin t+50\cos t+34\sin 2t+37\cos 2t,$$

它们的图形如图 1.3.

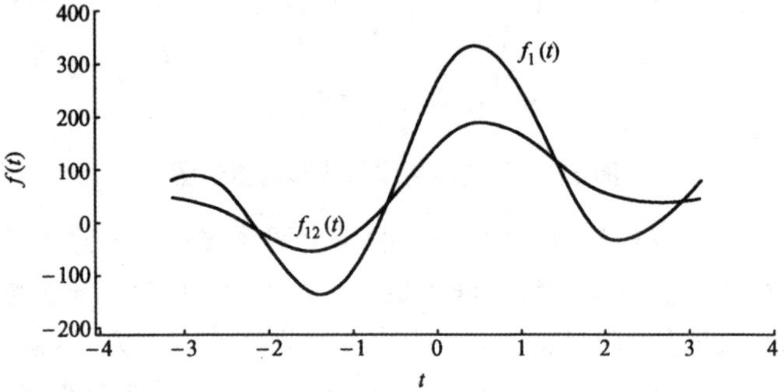

图 1.3 两名学生学习成绩的调和曲线图

n 次观测数据对应 n 条曲线，画在同一平面上就是一张调和曲线图. 在多项式的图表示中，当各变量的数值太悬殊时，最好先标准化——例如标准差标准化、极差标准化或极差正规化等后再作图（见第六章 § 6.2）. Andrews 证明了三角多项式图有许多很好的性质（见参考文献[1]）.

作调和曲线图时一般要借助计算机作图，这种图对聚类分析帮助很大. 如果选择聚类统计量为距离，则同类的曲线拧在一起，不同类的曲线拧成不同的束，非常直观.

四、散布图矩阵

当 $p=2$ 时，常把 n 次二元观测数据点在平面上生成一张散布图，由散布图可以直观地看出两个变量之间的相关关系及相关的程度. 当 $p>2$ 时，我们也想借助散布图来直观给出变量之间，观测点之间的关系，可以对 p 个变量两两配对生成一张散布图矩阵. 通过这张图，不仅可以了解到每两个变量间的相关情况，在 SAS 系统中，还可通过“刷亮”方法来找出异常点（见参考文献[21]）. 下面图 1.4 是 12 名学生 5 门课程成绩的散布图矩阵.

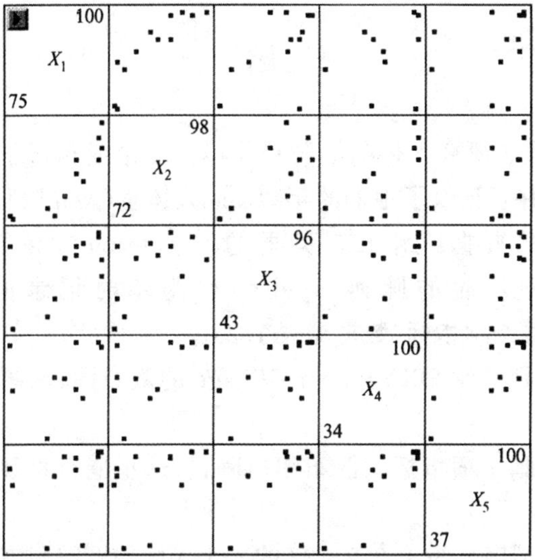

图 1.4 12 名学生学习成绩的散布图矩阵

五、其他方法

在多元数据的图表示法中，还有星座图、脸谱图、装饰图等表示法. 最为浪漫的可能是脸谱图，它把多元数据表示成一张张脸谱图. 脸的轮廓由上下两个椭圆构成，这些椭圆的长短轴及离心率等均由多元数据中某些变量来刻画；另一些变量决定鼻子长度，嘴的位置及圆弧的长度与向上还是向下，眼睛的大小，眼珠的位置，眉毛的角度等，如果变量很多，脸谱可以刻画得细致些，变量不多，则把一部分器官形态固定，只让另一部分器官变化. 在实际应用中，脸谱图也有发展，如在脸谱上加眼泪以表示很坏情况的出现；还可以在脸谱基础上加上体型，用一些变量来决定体型的胖瘦和高矮等.

最后我们指出，多元数据图表示法的难点在于变量过多. 如果有一种方法可以把高维数据投影到二维空间(平面)中去，并且在投影过程中不会过多地损失原有数据信息的话，就可以使用通常方法在平面上画出这些本来是高维数据的图形来. 后面将要介绍的主成分分析等方法就是一些降维的方法.

习 题 一

1-1 为了研究人体的心肺功能,对 31 个成年男子测量了肺活量(OXY),并且记录了他们的年龄(age)、体重(weight),以及简单训练后的测试数据:跑 1.5 英里的时间(time)、休息时的脉搏(spulse)、跑步时的脉搏(rpulse)和跑步时记录的最大脉搏(mpulse),共 7 项指标(数据见表 1.2).

(1) 分别绘制 OXY 与 time 和 age 的散布图,从图中可得出什么结论?

(2) 绘制 7 项指标的散布图矩阵,从这里能否直观看出一些结论;

(3) 绘制序号为 1,2,21,22 的 4 个人的轮廓图和雷达图;

(4) 绘制序号为 1,2,21,22 的 4 个人的调和曲线图(放在同一张图上).

表 1.2 肺活量与其他指标的数据

序号	age	weight	time	spulse	rpulse	mpulse	OXY
1	57	73.37	12.63	58	174	176	39.407
2	54	79.38	11.17	62	156	165	46.080
3	52	76.32	9.63	48	164	166	45.441
4	50	70.87	8.92	48	146	155	54.625
5	51	67.25	11.08	48	172	172	45.118
6	54	91.63	12.88	44	168	172	39.203
7	51	73.71	10.47	59	186	188	45.790
8	57	59.08	9.93	49	148	155	50.545
9	49	76.32	9.40	56	186	188	48.673
10	48	61.24	11.50	52	170	176	47.920
11	52	82.78	10.50	53	170	172	47.467
12	44	73.03	10.13	45	168	168	50.541
13	45	87.66	14.03	56	186	192	37.388
14	45	66.45	11.12	51	176	176	44.754
15	47	79.15	10.60	47	162	164	47.273
16	54	83.12	10.33	50	166	170	51.855

（续表）

序号	age	weight	time	spulse	rpulse	mpulse	OXY
17	49	81.42	8.95	44	180	185	49.156
18	51	69.63	10.95	57	168	172	40.836
19	51	77.91	10.00	48	162	168	46.672
20	48	91.63	10.25	48	162	164	46.774
21	49	73.37	10.08	76	168	168	50.388
22	44	89.47	11.37	62	178	182	44.609
23	40	75.07	10.07	62	185	185	45.313
24	44	85.84	8.65	45	156	168	54.297
25	42	68.15	8.17	40	166	172	59.571
26	38	89.02	9.22	55	178	180	49.874
27	47	77.45	11.63	58	176	176	44.811
28	40	75.98	11.95	70	176	180	45.681
29	43	81.19	10.85	64	162	170	49.091
30	44	81.42	13.08	63	174	176	39.442
31	38	81.87	8.63	48	170	186	60.055

第二章 多元正态分布及参数的估计

在多元统计分析中，多元正态分布占有相当重要的地位. 这是因为许多实际问题涉及到的随机向量服从正态分布或近似服从正态分布；当样本量很大时，许多统计量的极限分布往往和正态分布有关. 此外，对多元正态分布，理论与实践都比较成熟，已有一整套行之有效的统计推断方法. 基于这些理由，我们在介绍多元统计分析的种种具体方法之前，首先介绍多元正态分布的定义、性质及多元正态分布中参数的估计问题.

§2.1 随机向量

本课程所讨论的是多变量总体. 把 p 个随机变量放在一起得 $X=(X_1,X_2,\cdots,X_p)'$ 为一个 p 维随机向量，如果同时对 p 个变量作一次观测，得观测值：$(x_{11},x_{12},\cdots,x_{1p})\xlongequal{\text{def}}X'_{(1)}$，它是一个样品. 观测 n 次得 n 个样品：$X'_{(i)}=(x_{i1},x_{i2},\cdots,x_{ip})$ $(i=1,2,\cdots,n)$，而 n 个样品就构成一个样本.

常把 n 个样品排成一个 $n\times p$ 矩阵，称为**样本数据阵**（或**样本资料阵**），记为

$$X=\begin{bmatrix} x_{11} & x_{12} & \cdots & x_{1p} \\ x_{21} & x_{22} & \cdots & x_{2p} \\ \vdots & \vdots & & \vdots \\ x_{n1} & x_{n2} & \cdots & x_{np} \end{bmatrix} \xlongequal{\text{def}} \begin{bmatrix} X'_{(1)} \\ X'_{(2)} \\ \vdots \\ X'_{(n)} \end{bmatrix}$$

$$\xlongequal{\text{或 def}} (\boldsymbol{X}_1,\boldsymbol{X}_2,\cdots,\boldsymbol{X}_p).$$

矩阵 X 的第 i 行：$X'_{(i)}=(x_{i1},x_{i2},\cdots,x_{ip})$ $(i=1,2,\cdots,n)$表示对第 i

个样品的观测值,在具体观测之前,它是一个 p 维的随机向量. 矩阵 X 的第 j 列

$$\mathbf{X}_j = \begin{bmatrix} x_{1j} \\ x_{2j} \\ \vdots \\ x_{nj} \end{bmatrix} \quad (j = 1,2,\cdots,p)$$

表示对第 j 个变量的 n 次观测,在具体观测之前,它是一个 n 维随机向量;而样本数据阵 X 是一个随机阵.

在多元统计分析中涉及到的都是随机向量,或是多个随机向量放在一起组成的随机阵. 本节首先来回顾一下随机向量的有关内容.

一、随机向量的联合分布,边缘分布,条件分布

1. 联合分布

设 $X=(X_1,X_2,\cdots,X_p)'$ 是 p 维随机向量,称 p 元函数

$$F(x_1,\cdots,x_p) = P\{X_1 \leqslant x_1,\cdots,X_p \leqslant x_p\}$$

为 X 的**联合分布函数**.

若存在非负函数 $f(x_1,x_2,\cdots,x_p)$,使得随机向量 X 的联合分布函数对一切 $(x_1,x_2,\cdots,x_p)\in \mathbb{R}^p$ 均可表示为

$$F(x_1,\cdots,x_p) = \int_{-\infty}^{x_1}\cdots\int_{-\infty}^{x_p} f(x_1,\cdots,x_p)\mathrm{d}x_1\cdots\mathrm{d}x_p,$$

则称 X 为**连续型随机向量**,称 $f(x_1,x_2,\cdots,x_p)$ 为 X 的**联合概率密度函数**,简称为**多元密度函数**或**密度函数**.

多元密度函数 $f(x_1,x_2,\cdots,x_p)$ 满足以下两条性质:

(1) $f(x_1,\cdots,x_p)\geqslant 0$,对一切实数 $x_1,x_2,\cdots,x_p$;

(2) $\int_{-\infty}^{\infty}\cdots\int_{-\infty}^{\infty} f(x_1,\cdots,x_p)\mathrm{d}x_1\cdots\mathrm{d}x_p = 1$.

2. 边缘分布

称随机向量 X 的部分分量 $(X_{i_1},\cdots,X_{i_m})$ $(1\leqslant m<p)$ 的分布为**边缘分布**.

设 $X^{(1)}$ 为 r 维随机向量，$X^{(2)}$ 为 $p-r$ 维随机向量. 若 p 维随机向量 $X=\begin{bmatrix}X^{(1)}\\X^{(2)}\end{bmatrix}$，则 $X^{(1)}$ 的边缘分布为

$$f_1(x^{(1)})=f_1(x_1,\cdots,x_r)=\int_{-\infty}^{\infty}\cdots\int_{-\infty}^{\infty}f(x_1,\cdots,x_p)\mathrm{d}x_{r+1}\cdots\mathrm{d}x_p,$$

$X^{(2)}$ 的边缘分布为

$$f_2(x^{(2)})=f_2(x_{r+1},\cdots,x_p)=\int_{-\infty}^{\infty}\cdots\int_{-\infty}^{\infty}f(x_1,\cdots,x_p)\mathrm{d}x_1\cdots\mathrm{d}x_r.$$

例 2.1.1 设二维随机向量 $X=(X_1,X_2)'$ 的联合密度函数为

$$f(x_1,x_2)=\frac{1}{2\pi}\mathrm{e}^{-\frac{1}{2}\left(x_1^2+x_2^2\right)}\left[1+x_1x_2\mathrm{e}^{-\frac{1}{2}\left(x_1^2+x_2^2\right)}\right],$$

试求 X_1 和 X_2 关于随机向量 X 的边缘密度.

解 首先可验证 $f(x_1,x_2)$ 满足联合密度函数的两条性质. 再利用边缘密度的计算公式，有

$$\begin{aligned}f_1(x_1)&=\int_{-\infty}^{\infty}\frac{1}{2\pi}\mathrm{e}^{-\frac{1}{2}\left(x_1^2+x_2^2\right)}\left[1+x_1x_2\mathrm{e}^{-\frac{1}{2}\left(x_1^2+x_2^2\right)}\right]\mathrm{d}x_2\\&=\frac{1}{2\pi}\mathrm{e}^{-\frac{1}{2}x_1^2}\left[\int_{-\infty}^{\infty}\mathrm{e}^{-\frac{1}{2}x_2^2}\mathrm{d}x_2+x_1\mathrm{e}^{-\frac{1}{2}x_1^2}\int_{-\infty}^{\infty}x_2\mathrm{e}^{-x_2^2}\mathrm{d}x_2\right]\\&=\frac{1}{2\pi}\mathrm{e}^{-\frac{1}{2}x_1^2}[\sqrt{2\pi}+0]=\frac{1}{\sqrt{2\pi}}\mathrm{e}^{-\frac{1}{2}x_1^2},\end{aligned}$$

即 $X_1\sim N(0,1)$.

类似可得出 $X_2\sim N(0,1)$.

3. 条件分布

设 $X^{(1)}$ 为 r 维随机向量，$X^{(2)}$ 为 $p-r$ 维随机向量. 若 p 维随机向量 $X=\begin{bmatrix}X^{(1)}\\X^{(2)}\end{bmatrix}$，则当给定 $X^{(2)}$ 时，称 $X^{(1)}$ 的分布为**条件分布**. 当 X 的密度函数为 $f(x^{(1)},x^{(2)})$ 时，给定 $X^{(2)}$ 时 $X^{(1)}$ 的条件密度为

$$f_1(x^{(1)}\mid x^{(2)})=f(x^{(1)},x^{(2)})/f_2(x^{(2)}),$$

其中 $f_2(x^{(2)})$ 是 $X^{(2)}$ 的密度函数.

4. 独立性

设 $X_1,\cdots,X_p$ 是 p 个随机变量，X_i 的分布函数记为 $F_i(x_i)$ $(i=$

$1,\cdots,p$)；$F(x_1,\cdots,x_p)$是$(X_1,\cdots,X_p)'$的联合分布函数. 若对一切实数 $x_1,\cdots,x_p$，

$$F(x_1,\cdots,x_p)=F_1(x_1)\cdots F_p(x_p)$$

均成立，则称 $X_1,\cdots,X_p$ **相互独立**. 在连续型随机变量的情况下，$X_1,\cdots,X_p$ 相互独立，当且仅当 $X=(X_1,\cdots,X_p)'$的联合密度函数 $f(x_1,\cdots,x_p)$满足

$$f(x_1,\cdots,x_p)=f_1(x_1)\cdots f_p(x_p)$$

对一切实数 $x_1,\cdots,x_p$ 均成立，其中 $f_i(x_i)$是 X_i 的密度函数($i=1,\cdots,p$).

在例 2.1.1 中随机向量 X 的两个分量 X_1 和 X_2 互相不独立.

二、随机向量的数字特征

设 $X=(X_1,\cdots,X_p)'$，$Y=(Y_1,\cdots,Y_q)'$是两个随机向量.

1. 随机向量 X 的均值向量

若 $\mathrm{E}(X_i)=\mu_i$ 存在，则称

$$\mathrm{E}(X)=\begin{bmatrix}\mathrm{E}(X_1)\\ \vdots\\ \mathrm{E}(X_p)\end{bmatrix}=\begin{bmatrix}\mu_1\\ \vdots\\ \mu_p\end{bmatrix}$$

为随机向量 X 的**均值向量**.

2. 随机向量 X 的协方差阵

若 X_i 和 X_j 的**协方差** $\mathrm{Cov}(X_i,X_j)$存在($i,j=1,\cdots,p$)，则称

$$\begin{aligned}\mathrm{D}(X)&=\mathrm{E}[(X-\mathrm{E}(X))(X-\mathrm{E}(X))']\\&=\begin{bmatrix}\mathrm{Cov}(X_1,X_1)&\mathrm{Cov}(X_1,X_2)&\cdots&\mathrm{Cov}(X_1,X_p)\\ \mathrm{Cov}(X_2,X_1)&\mathrm{Cov}(X_2,X_2)&\cdots&\mathrm{Cov}(X_2,X_p)\\ \vdots&\vdots&&\vdots\\ \mathrm{Cov}(X_p,X_1)&\mathrm{Cov}(X_p,X_2)&\cdots&\mathrm{Cov}(X_p,X_p)\end{bmatrix}\\&=(\sigma_{ij})_{p\times p}\xlongequal{\text{def}}\Sigma\end{aligned}$$

为随机向量 X 的**协方差阵**.

3. 随机向量 X 和 Y 的协方差阵

若 X_i 和 Y_j 的协方差 $\mathrm{Cov}(X_i,Y_j)$ 存在($i=1,\cdots,p$; $j=1,\cdots,q$),则称

$$\mathrm{COV}(X,Y)=\mathrm{E}[(X-\mathrm{E}(X))(Y-\mathrm{E}(Y))']$$
$$=\begin{bmatrix}\mathrm{Cov}(X_1,Y_1) & \mathrm{Cov}(X_1,Y_2) & \cdots & \mathrm{Cov}(X_1,Y_q)\\ \mathrm{Cov}(X_2,Y_1) & \mathrm{Cov}(X_2,Y_2) & \cdots & \mathrm{Cov}(X_2,Y_q)\\ \vdots & \vdots & & \vdots\\ \mathrm{Cov}(X_p,Y_1) & \mathrm{Cov}(X_p,Y_2) & \cdots & \mathrm{Cov}(X_p,Y_q)\end{bmatrix}$$

为随机向量 X 和 Y 的协方差阵. 若

$$\mathrm{COV}(X,Y)=O \quad (\text{其中 } O \text{ 表示零矩阵}),$$

则称 X 与 Y **不相关**.

4. 随机向量 X 的相关阵

若 X_i 和 X_j 的协方差 $\mathrm{Cov}(X_i,X_j)$ 存在($i,j=1,2,\cdots,p$),称 $R=(r_{ij})_{p\times p}$为 X 的**相关阵**,其中

$$r_{ij}=\frac{\mathrm{Cov}(X_i,X_j)}{\sqrt{\mathrm{Var}(X_i)}\sqrt{\mathrm{Var}(X_j)}}=\frac{\sigma_{ij}}{\sqrt{\sigma_{ii}\sigma_{jj}}} \quad (i,j=1,2,\cdots,p).$$

这里

$$\mathrm{Var}(X_i)=\mathrm{Cov}(X_i,X_i)\stackrel{\mathrm{def}}{=\!=}\sigma_{ii}$$

为随机变量 X_i 的方差,而$\sqrt{\sigma_{ii}}$为 X_i 的标准差($i=1,2,\cdots,p$).

若记 $V^{1/2}=\mathrm{diag}(\sqrt{\sigma_{11}},\cdots,\sqrt{\sigma_{pp}})$为**标准差矩阵**,则

$$\Sigma=V^{1/2}RV^{1/2} \quad \text{或} \quad R=(V^{1/2})^{-1}\Sigma(V^{1/2})^{-1}.$$

三、均值向量和协方差阵的性质

性质 1 设 X,Y 是随机向量, A,B 是常数矩阵,则

$$\mathrm{E}(AX)=A\mathrm{E}(X),$$
$$\mathrm{E}(AXB)=A\mathrm{E}(X)B,$$
$$\mathrm{D}(AX)=A\mathrm{D}(X)A',$$
$$\mathrm{COV}(AX,BY)=A\mathrm{COV}(X,Y)B'.$$

证明 我们只证明最后一公式：

$$\begin{aligned}\mathrm{COV}(AX,BY)&=\mathrm{E}[(AX-\mathrm{E}(AX))(BY-\mathrm{E}(BY))']\\&=\mathrm{E}[A(X-\mathrm{E}(X))(Y-\mathrm{E}(Y))'B']\\&=A[\mathrm{E}(X-\mathrm{E}(X))(Y-\mathrm{E}(Y))']B'\\&=A\mathrm{COV}(X,Y)B'.\end{aligned}$$

（证毕）

性质 2 若 X,Y 相互独立，则 $\mathrm{COV}(X,Y)=O_{p\times q}$；反之不一定成立.

性质 3 随机向量 $X=(X_1,X_2,\cdots,X_p)'$ 的协方差阵 $\mathrm{D}(X)=\Sigma$ 是对称非负定矩阵.

证明 因为 $\mathrm{Cov}(X_i,X_j)=\mathrm{Cov}(X_j,X_i)$，所以 $\Sigma=\Sigma'$. 对任给 $\alpha=(\alpha_1,\cdots,\alpha_p)'$，有

$$\begin{aligned}\alpha'\Sigma\alpha&=(\alpha_1,\cdots,\alpha_p)\mathrm{E}[(X-\mathrm{E}(X))(X-\mathrm{E}(X))']\begin{bmatrix}\alpha_1\\ \vdots\\ \alpha_p\end{bmatrix}\\&=\mathrm{E}[\alpha'(X-\mathrm{E}(X))\cdot(X-\mathrm{E}(X))'\alpha]\\&=\mathrm{E}[(\alpha'(X-\mathrm{E}(X)))^2]\geqslant 0,\end{aligned}$$

所以 $\Sigma\geqslant 0$，即 Σ 为非负定矩阵. （证毕）

性质 4 $\Sigma=L^2$，其中 L 为非负定矩阵.

证明 由于 $\Sigma\geqslant 0$（非负定），利用线性代数中实对称阵的对角化定理，存在正交矩阵 Γ，使得

$$\Sigma=\Gamma\begin{bmatrix}\lambda_1 & & 0\\ & \ddots & \\ 0 & & \lambda_p\end{bmatrix}\Gamma' \quad （其中\ \lambda_i\geqslant 0）$$

$$=\Gamma\begin{bmatrix}\sqrt{\lambda_1} & & 0\\ & \ddots & \\ 0 & & \sqrt{\lambda_p}\end{bmatrix}\Gamma'\cdot\Gamma\begin{bmatrix}\sqrt{\lambda_1} & & 0\\ & \ddots & \\ 0 & & \sqrt{\lambda_p}\end{bmatrix}\Gamma'$$

$$=L^2,$$

其中 $L=\Gamma\mathrm{diag}(\sqrt{\lambda_1},\cdots,\sqrt{\lambda_p})\Gamma'$，且 $L=L'$，所以 $L\geqslant 0$. （证毕）

当矩阵 $\Sigma>0$（正定）时，矩阵 L 也称为 Σ 的**平方根矩阵**，记为

$\Sigma^{1/2}$. 若令 $A=\Gamma\mathrm{diag}(\sqrt{\lambda_1},\cdots,\sqrt{\lambda_p})$,则协方差阵 Σ 还有如下分解：$\Sigma=AA'$ (A 为非退化方阵).

§2.2　多元正态分布的定义与基本性质

在一元统计中,若 $U\sim N(0,1)$,则 U 的任意线性变换为 $X=\sigma U+\mu\sim N(\mu,\sigma^2)$. 利用这一性质,可以由标准正态分布来定义一般正态分布：若 $U\sim N(0,1)$,则称 $X=\sigma U+\mu$ 的分布为一般正态分布,记为 $X\sim N(\mu,\sigma^2)$. 此定义中,不必要求 $\sigma>0$,当 σ 退化为 0 时仍有意义. 把这种新的定义方式推广到多元情况,可得出多元正态分布的第一种定义.

定义 2.2.1　设 $U=(U_1,\cdots,U_q)'$ 为随机向量, $U_1,\cdots,U_q$ 相互独立且同 $N(0,1)$分布;设 μ 为 p 维常数向量,A 为 $p\times q$ 常数矩阵,则称 $X=AU+\mu$ 的分布为 p **元正态分布**,或称 X 为 p **维正态随机向量**,记为 $X\sim N_p(\mu,AA')$.

简单地说,由 q 个相互独立的标准正态随机变量的一些线性组合所构成的随机向量的分布,称其为**多元正态分布**.

在一元统计中,若 $X\sim N(\mu,\sigma^2)$,则 X 的特征函数为

$$\varphi(t)=\mathrm{E}(\mathrm{e}^{\mathrm{i}tX})=\exp\left[\mathrm{i}t\mu-\frac{1}{2}t^2\sigma^2\right].$$

将其推广到多维正态随机向量的情况有如下性质.

性质 1　设 $U=(U_1,\cdots,U_q)'$ 为随机向量, $U_1,\cdots,U_q$ 相互独立且同 $N(0,1)$分布;令 $X=AU+\mu$,则 X 的特征函数为

$$\Phi_X(t)=\exp\left[\mathrm{i}t'\mu-\frac{1}{2}t'AA't\right].$$

证明　根据随机向量特征函数的定义和性质,可知 X 的特征函数为

$$\begin{aligned}\Phi_X(t)&=\mathrm{E}(\mathrm{e}^{\mathrm{i}t'X})=\mathrm{E}(\mathrm{e}^{\mathrm{i}t'(\mu+AU)})\\&=\exp(\mathrm{i}t'\mu)\cdot\mathrm{E}(\mathrm{e}^{\mathrm{i}t'AU})\quad(\text{令 } s'=t'A=(s_1,\cdots,s_q))\\&=\exp(\mathrm{i}t'\mu)\cdot\mathrm{E}(\mathrm{e}^{\mathrm{i}(s_1U_1+\cdots+s_qU_q)})\end{aligned}$$

$$= \exp(\mathrm{i}t'\mu) \cdot \prod_{j=1}^{q} \mathrm{E}(\mathrm{e}^{\mathrm{i}s_j U_j}) \quad (因 U_1, \cdots, U_q 独立)$$

$$= \exp(\mathrm{i}t'\mu) \cdot \prod_{j=1}^{q} \exp\left(-\frac{1}{2}s_j^2\right) \quad (因 U_j \sim N(0,1))$$

$$= \exp\left(\mathrm{i}t'\mu - \frac{1}{2}s's\right) = \exp\left(\mathrm{i}t'\mu - \frac{1}{2}t'AA't\right). \qquad (证毕)$$

定义 2.2.2 若 p 维随机向量 X 的特征函数为

$$\Phi_X(t) = \exp\left[\mathrm{i}t'\mu - \frac{1}{2}t'\Sigma t\right] \quad (\Sigma \geqslant 0),$$

则称 X 服从 p 元正态分布,记为 $X \sim N_p(\mu, \Sigma)$.

性质 2 设 $X \sim N_p(\mu, \Sigma)$,B 为 $s \times p$ 常数矩阵,d 为 s 维常向量,令 $Z = BX + d$,则 $Z \sim N_s(B\mu + d, B\Sigma B')$.

证明 因 $\Sigma \geqslant 0$,Σ 可分解为: $\Sigma = AA'$,则由定义 2.2.1 知

$$X \xlongequal{\mathrm{d}①} AU + \mu \quad (A 为 p \times q 实矩阵),$$

其中 $U = (U_1, \cdots, U_q)'$,且 $U_1, \cdots, U_q$ 相互独立同 $N(0,1)$分布. 又

$$Z = BX + d \xlongequal{\mathrm{d}} B(AU + \mu) + d = BAU + (B\mu + d).$$

由定义 2.2.1 可知, $Z \sim N_s(B\mu + d, (BA)(BA)')$,即

$$Z \sim N_s(B\mu + d, B\Sigma B'). \qquad (证毕)$$

性质 2 指出正态随机向量的任意线性组合仍服从正态分布.

推论 设 $X = \begin{bmatrix} X^{(1)} \\ X^{(2)} \end{bmatrix}\begin{matrix} r \\ p-r \end{matrix} \sim N_p(\mu, \Sigma)$,将 μ, Σ 剖分为

$$\mu = \begin{bmatrix} \mu^{(1)} \\ \mu^{(2)} \end{bmatrix}\begin{matrix} r \\ p-r \end{matrix}, \quad \Sigma = \begin{bmatrix} \Sigma_{11} & \Sigma_{12} \\ \Sigma_{21} & \Sigma_{22} \end{bmatrix}\begin{matrix} r \\ p-r \end{matrix},$$

(其中 Σ 的列分块为 r, $p-r$)

则 $X^{(1)} \sim N_r(\mu^{(1)}, \Sigma_{11})$, $X^{(2)} \sim N_{p-r}(\mu^{(2)}, \Sigma_{22})$.

证明 取 $B_1 = (I_r \mid O)$ (其中 I_r 为 r 阶单位矩阵,O 为 $r \times (p-r)$零矩阵), r 维向量 $d_1 = 0$,由性质 2 即得

$$X^{(1)} = B_1 X + d_1 \sim N_r(\mu^{(1)}, \Sigma_{11}).$$

① d 表示两边的随机向量服从相同的分布.

类似地，取 $B_2=(O \mid I_{p-r})$（其中 O 为 $(p-r)\times r$ 零矩阵），$p-r$ 维向量 $d_2=0$，则

$$X^{(2)} = B_2X + d_2 \sim N_{p-r}(\mu^{(2)}, \Sigma_{22}). \qquad \textbf{(证毕)}$$

此推论指出，多元正态分布的边缘分布仍为正态分布。但反之，若随机向量的任何边缘分布均为正态分布，也不一定能导出该随机向量服从多元正态分布（见例 2.1.1）。

性质 3　若 $X\sim N_p(\mu,\Sigma)$，则 $\mathrm{E}(X)=\mu$，$\mathrm{D}(X)=\Sigma$.

证明　因 $\Sigma\geqslant 0$，Σ 可分解为：$\Sigma=AA'$，则由定义 2.2.1 可知

$$X \overset{\mathrm{d}}{=\!=} AU + \mu \quad (A \text{ 为 } p\times q \text{ 实矩阵}),$$

其中 $U=(U_1,\cdots,U_q)'$，且 $U_1,\cdots,U_q$ 相互独立同 $N(0,1)$ 分布.

由一元正态分布的知识可知：$\mathrm{E}(U_i)=0$，$\mathrm{Var}(U_i)=1$ $(i=1,\cdots,q)$，$\mathrm{Cov}(U_i,U_j)=0$ $(i\neq j)$，故 $\mathrm{E}(U)=0_q$（0_q 表示 q 维零向量），$\mathrm{D}(U)=I_q$. 利用均值向量和协方差阵的有关性质可得：

$$\mathrm{E}(X) = \mathrm{E}(AU+\mu) = A\mathrm{E}(U) + \mu = \mu,$$

$$\mathrm{D}(X) = \mathrm{D}(AU+\mu) = \mathrm{D}(AU) = AI_qA' = \Sigma. \qquad \textbf{(证毕)}$$

此性质给出多元正态分布中参数 μ 和 Σ 的明确统计意义.

性质 4　设 $X=(X_1,\cdots,X_p)'$ 为 p 维随机向量，则

X 服从 p 元正态分布

$\iff$ 对任一 p 维实向量 a，$\xi=a'X$ 是一维正态随机变量.

证明　$\Longrightarrow$（必要性）：若 $X\sim N_p(\mu,\Sigma)$，对任一实向量 $a=(a_1,\cdots,a_p)'$，取 $B=a'$，$d=0$，由性质 2 即得

$$\xi = a'X = \sum_{i=1}^{p} a_iX_i \sim N(a'\mu, a'\Sigma a).$$

$\Longleftarrow$（充分性）：因对任给实向量 $t\in R^p$，$\xi=t'X\sim$ 一元正态分布，可知 ξ 的各阶矩存在，故 $\mathrm{E}(X_i)$，$\mathrm{Cov}(X_i,X_j)$ $(i,j=1,\cdots,p)$ 存在. 记 $\mathrm{E}(X)=\mu$，$\mathrm{D}(X)=\Sigma$.

对任意给定的 $t\in R^p$，$\xi=t'X\sim N(t'\mu, t'\Sigma t)$，且 ξ 的特征函数为

$$\Phi_\xi(\theta) = \mathrm{E}(\mathrm{e}^{\mathrm{i}\theta\xi}) = \exp\left[\mathrm{i}\theta(t'\mu) - \frac{1}{2}\theta^2(t'\Sigma t)\right],$$

取 $\theta=1$，

$$\Phi_\xi(1)=\mathrm{E}(\mathrm{e}^{\mathrm{i}\xi})=\mathrm{E}(\mathrm{e}^{\mathrm{i}t'X})=\Phi_X(t)=\exp\left[\mathrm{i}t'\mu-\frac{1}{2}t'\Sigma t\right],$$

由定义 2.2.2 可知，$X\sim N_p(\mu,\Sigma)$. （证毕）

定义 2.2.3 若 p 维随机向量 X 的任意线性组合均服从一元正态分布,则称 X 为 p **维正态随机向量**.

在概率论中大家知道,一元正态随机变量的密度函数是

$$f(x)=\frac{1}{\sqrt{2\pi}\sigma}\mathrm{e}^{-\frac{(x-\mu)^2}{2\sigma^2}}\quad(\sigma>0,\ -\infty<x<\infty).$$

这个式子又可改写为

$$f(x)=\frac{1}{(2\pi)^{1/2}|\sigma^2|^{1/2}}\exp\left[-\frac{1}{2}(x-\mu)'(\sigma^2)^{-1}(x-\mu)\right].$$

作为一元正态随机变量的推广,以下来导出多维正态随机向量的联合密度函数.

性质 5 设 $X\sim N_p(\mu,\Sigma)$,且 $\Sigma>0$(正定),则 X 的联合密度函数为

$$f(x)=\frac{1}{(2\pi)^{p/2}|\Sigma|^{1/2}}\exp\left[-\frac{1}{2}(x-\mu)'\Sigma^{-1}(x-\mu)\right].$$

证明 因 $\Sigma>0$, $\mathrm{rank}(\Sigma)=p$,由线性代数的知识知,存在 p 阶非奇异方阵 A,使得 $\Sigma=AA'$,且

$$X\overset{\mathrm{d}}{=\!=}AU+\mu,$$

其中 $U=(U_1,\cdots,U_p)'$,且 $U_1,\cdots,U_p$ 相互独立同 $N(0,1)$分布.

U 的联合密度函数为

$$f_U(u)=\frac{1}{(2\pi)^{p/2}}\exp\left[-\frac{1}{2}u'u\right].$$

利用 U 的联合密度函数及随机向量的变换 $X=AU+\mu$ 的密度函数公式:

$$\begin{aligned}f_X(x)&=\frac{1}{(2\pi)^{p/2}}\exp\left[-\frac{1}{2}u'u\right]J(u\to x)\\&=\frac{1}{(2\pi)^{p/2}}\exp\left\{-\frac{1}{2}[A^{-1}(x-\mu)]'[A^{-1}(x-\mu)]\right\}|\Sigma|^{-1/2}\\&=\frac{1}{(2\pi)^{p/2}|\Sigma|^{1/2}}\exp\left[-\frac{1}{2}(x-\mu)'\Sigma^{-1}(x-\mu)\right].\end{aligned}$$

这里积分变换的雅可比(Jacobian)行列式 $J(u\to x)$可利用线性变换

$x=Au+\mu$ 及 $J(x\to u)$来计算：因

$$J(x\to u)=\left|\frac{\partial x'}{\partial u}\right|_+ ^{①}=\begin{vmatrix}\dfrac{\partial x_1}{\partial u_1} & \cdots & \dfrac{\partial x_p}{\partial u_1}\\ \vdots & & \vdots \\ \dfrac{\partial x_1}{\partial u_p} & \cdots & \dfrac{\partial x_p}{\partial u_p}\end{vmatrix}_+$$

$$=|A'|_+=|AA'|^{1/2}=|\Sigma|^{1/2},$$

故
$$J(u\to x)=\frac{1}{J(x\to u)}=|\Sigma|^{-1/2}.$$
（证毕）

定义 2.2.4　若 p 维随机向量 $X=(X_1,X_2,\cdots,X_p)'$的联合密度函数为

$$f(x)=\frac{1}{(2\pi)^{p/2}|\Sigma|^{1/2}}\exp\left[-\frac{1}{2}(x-\mu)'\Sigma^{-1}(x-\mu)\right],$$

其中 μ 是 p 维实向量，Σ 是 p 阶正定矩阵，则称 $X=(X_1,X_2,\cdots,X_p)'$服从（非退化的）p 元正态分布；也称 X 为 p **维正态随机向量**，简记 $X\sim N_p(\mu,\Sigma)$.

以上给出了多元正态分布的 4 种定义. 定义 2.2.4 是用密度函数给出的，它可看成为一元正态密度的直接推广；但在这个定义里要求 Σ 是正定矩阵，因而它给出的是非退化的正态分布的定义. 另三种定义中把 Σ 矩阵推广到非负定的情形，这三种定义是等价的.

例 2.2.1（二元正态分布）　设 $X=\begin{bmatrix}X_1\\X_2\end{bmatrix}\sim N_2(\mu,\Sigma)$，记

$$\mu=\begin{bmatrix}\mu_1\\ \mu_2\end{bmatrix},\quad \Sigma=\begin{bmatrix}\sigma_{11} & \sigma_{12}\\ \sigma_{21} & \sigma_{22}\end{bmatrix}\overset{\text{def}}{=\!=}\begin{bmatrix}\sigma_1^2 & \rho\sigma_1\sigma_2\\ \rho\sigma_1\sigma_2 & \sigma_2^2\end{bmatrix}>0$$

（即 $\sigma_1>0,\sigma_2>0,|\rho|<1$）.

（1）试写出 X 的联合密度函数和边缘密度函数；

（2）试说明 ρ 的统计意义.

解　（1）因 $|\Sigma|=\sigma_1^2\sigma_2^2(1-\rho^2)$，以及

$$\Sigma^{-1}=\frac{1}{\sigma_1^2\sigma_2^2(1-\rho^2)}\begin{bmatrix}\sigma_2^2 & -\rho\sigma_1\sigma_2\\ -\rho\sigma_1\sigma_2 & \sigma_1^2\end{bmatrix},$$

---

① $|A|_+$表示矩阵 A 的行列式的绝对值.

因此二维正态随机向量 X 的联合密度函数为

$$f(x_1,x_2)=\frac{1}{2\pi|\Sigma|^{1/2}}\exp\left[-\frac{1}{2}(x-\mu)'\Sigma^{-1}(x-\mu)\right]$$
$$=\frac{1}{2\pi\sigma_1\sigma_2\sqrt{1-\rho^2}}\exp\left\{-\frac{1}{2(1-\rho^2)}\left[\left(\frac{x_1-\mu_1}{\sigma_1}\right)^2\right.\right.$$
$$\left.\left.-2\rho\left(\frac{x_1-\mu_1}{\sigma_1}\right)\left(\frac{x_2-\mu_2}{\sigma_2}\right)+\left(\frac{x_2-\mu_2}{\sigma_2}\right)^2\right]\right\}.$$

由性质 2 即得 $X_1\sim N(\mu_1,\sigma_1^2)$，$X_2\sim N(\mu_2,\sigma_2^2)$.

(2) 因 $\mathrm{Cov}(X_1,X_2)=\sigma_{12}=\rho\sigma_1\sigma_2$，而 X_1 与 X_2 的相关系数

$$\rho(X_1,X_2)=\frac{\mathrm{Cov}(X_1,X_2)}{\sqrt{\mathrm{Var}(X_1)}\sqrt{\mathrm{Var}(X_2)}}=\frac{\rho\sigma_1\sigma_2}{\sigma_1\sigma_2}=\rho.$$

故二元正态分布的参数 ρ 就是两个分量的相关系数. 显然：

当 $\rho=0$ 时，$f(x_1,x_2)=f_1(x_1)\cdot f_2(x_2)$，即 X_1 和 X_2 相互独立.

当 $|\rho|=1$ 时，$|\Sigma|=0$ (Σ 退化)，则存在非零向量 $t=(t_1,t_2)'$，使得 $\Sigma t=0$，从而 $t'\Sigma t=0$，故而有

$$\mathrm{Var}[t'(X-\mu)]=t'\Sigma t=0.$$

这表示 $P\{t'(X-\mu)=0\}=1$，即 $t_1(X_1-\mu_1)+t_2(X_2-\mu_2)=0$ 以概率 1 成立；反之，若 X_1 和 X_2 以概率 1 存在线性相关关系，则 $|\rho|=1$.

当 $\rho>0$ 时我们称 X_1 和 X_2 存在正相关；当 $\rho<0$ 时我们称 X_1 和 X_2 存在负相关.

为了对多元正态密度函数有更直观地了解，下面的例子给出几组参数下二元正态密度函数的几何图形. 我们把具有等密度的点的轨迹称为等高线(面). 显然当 $p=2$ 时

$$f(x_1,x_2)=C\ (C>0)$$
$$\Longleftrightarrow\left(\frac{x_1-\mu_1}{\sigma_1}\right)^2-2\rho\frac{(x_1-\mu_1)(x_2-\mu_2)}{\sigma_1\cdot\sigma_2}$$
$$+\left(\frac{x_2-\mu_2}{\sigma_2}\right)^2=a^2\quad(a\geqslant 0),$$

它是一族中心在 $(\mu_1,\mu_2)'$ 的椭圆. 一般的 p 元正态密度函数的等高面为

$$(x-\mu)'\Sigma^{-1}(x-\mu)=a^2 \quad (a\geqslant 0).$$

例 2.2.2 绘制二元正态密度函数的图形及其相应的等高线图形.

作图 我们采用 SAS 系统分别绘制 3 组不同参数时的二元正态密度函数及其相应的等高线图(取 $\mu_1=\mu_2=0$),如图 2.1 至图 2.3 所示.

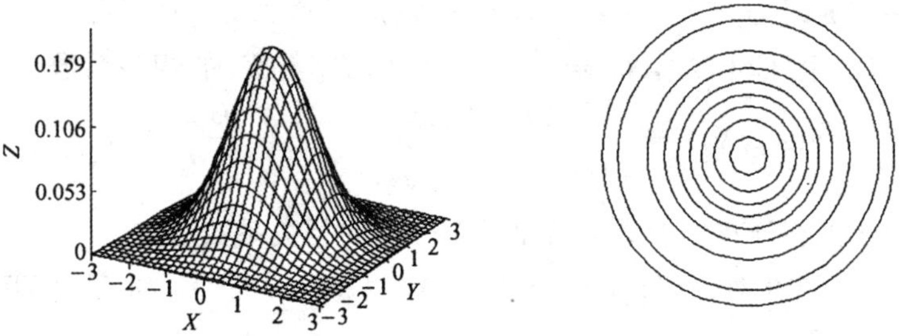

图 2.1 $\sigma_1^2=1,\sigma_2^2=1,\rho=0$ **时的二元正态密度函数及其等高线图**

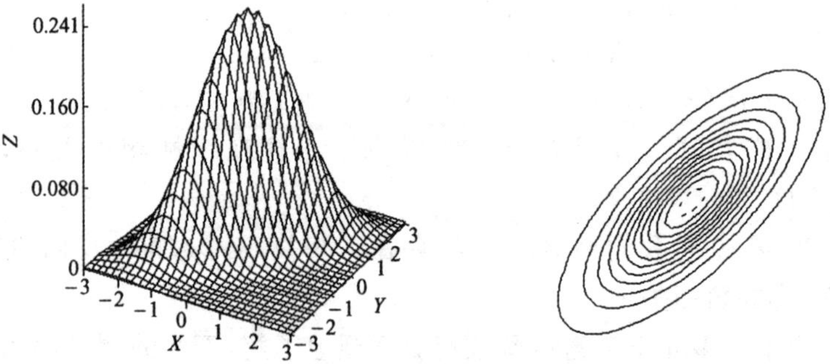

图 2.2 $\sigma_1^2=1,\sigma_2^2=1,\rho=0.75$ **时二元正态密度函数及其等高线图**

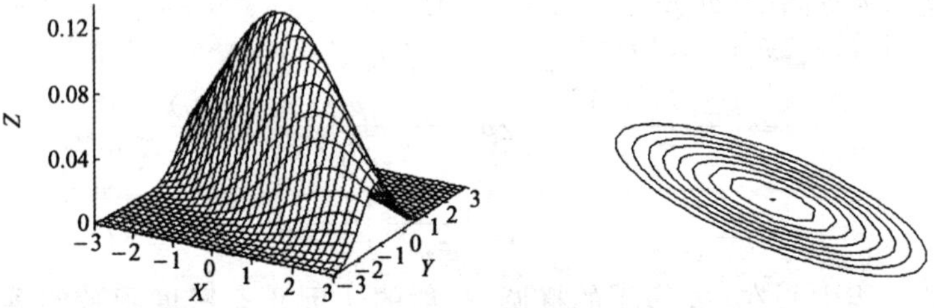

图 2.3 $\sigma_1^2=4,\sigma_2^2=1,\rho=-0.75$ **时二元正态密度函数及其等高线图**

§2.3 条件分布和独立性

设 $X \sim N_p(\mu, \Sigma)$ $(p \geqslant 2)$，将 X, μ, Σ 剖分为

$$X = \begin{bmatrix} X^{(1)} \\ X^{(2)} \end{bmatrix} \begin{matrix} r \\ p-r \end{matrix}, \quad \mu = \begin{bmatrix} \mu^{(1)} \\ \mu^{(2)} \end{bmatrix},$$

$$\Sigma = \overset{\begin{matrix} r & \quad p-r \end{matrix}}{\left[\begin{array}{c:c} \Sigma_{11} & \Sigma_{12} \\ \hdashline \Sigma_{21} & \Sigma_{22} \end{array}\right]} \begin{matrix} r \\ p-r \end{matrix} > 0,$$

一、独立性

定理 2.3.1 设 p 维随机向量 $X \sim N_p(\mu, \Sigma)$，

$$X = \begin{bmatrix} X^{(1)} \\ X^{(2)} \end{bmatrix} \sim N_p\left(\begin{bmatrix} \mu^{(1)} \\ \mu^{(2)} \end{bmatrix}, \begin{bmatrix} \Sigma_{11} & \Sigma_{12} \\ \Sigma_{21} & \Sigma_{22} \end{bmatrix} \right),$$

则

$$X^{(1)} \text{ 与 } X^{(2)} \text{ 相互独立} \Leftrightarrow \Sigma_{12} = O$$

(即 $X^{(1)}$ 与 $X^{(2)}$ 互不相关).

证明 $\Longrightarrow$：已知 $X^{(1)}$ 与 $X^{(2)}$ 相互独立，则

$$\mathrm{COV}(X^{(1)}, X^{(2)}) = \Sigma_{13} = O.$$

$\Longleftarrow$：设 $\Sigma_{12} = O$，则 X 的联合密度函数为

$$f(x^{(1)}, x^{(2)}) = \frac{1}{(2\pi)^{p/2} |\Sigma|^{1/2}} \exp\left\{ -\frac{1}{2} (x-\mu)' \begin{bmatrix} \Sigma_{11} & O \\ O & \Sigma_{22} \end{bmatrix}^{-1} (x-\mu) \right\}$$

$$= \frac{1}{(2\pi)^{r/2} |\Sigma_{11}|^{1/2}} \exp\left\{ -\frac{1}{2} (x^{(1)} - \mu^{(1)})' \Sigma_{11}^{-1} (x^{(1)} - \mu^{(1)}) \right\}$$

$$\cdot \frac{1}{(2\pi)^{(p-r)/2} |\Sigma_{22}|^{1/2}} \exp\left\{ -\frac{1}{2} (x^{(2)} - \mu^{(2)})' \Sigma_{22}^{-1} (x^{(2)} - \mu^{(2)}) \right\}$$

$$= f_1(x^{(1)}) \cdot f_2(x^{(2)}),$$

所以 $X^{(1)}$ 与 $X^{(2)}$ 相互独立. **(证毕)**

推论 1 设 $r_i \geqslant 1$ $(i = 1, \cdots, k)$，且 $r_1 + r_2 + \cdots + r_k = p$，有

$$X=\begin{bmatrix}X^{(1)}\\ \vdots\\ X^{(k)}\end{bmatrix}\begin{matrix}r_1\\ \vdots\\ r_k\end{matrix}\sim N_p\left(\begin{bmatrix}\mu^{(1)}\\ \vdots\\ \mu^{(k)}\end{bmatrix},\begin{bmatrix}\Sigma_{11} & \cdots & \Sigma_{1k}\\ \vdots & & \vdots\\ \Sigma_{k1} & \cdots & \Sigma_{kk}\end{bmatrix}_{p\times p}\right)$$

则

$$X^{(1)},\cdots,X^{(k)}\text{ 相互独立}\Longleftrightarrow \Sigma_{ij}=O\quad(\text{一切 } i\neq j).$$

推论 2 设 $X=(X_1,\cdots,X_p)'\sim N_p(\mu,\Sigma)$，若 Σ 为对角矩阵，则 $X_1,\cdots,X_p$ 相互独立.

二、条件分布

首先来考虑二元正态的条件分布，即当 $p=2,r=1$ 时，由条件密度的定义知，当 X_2 给定时，X_1 的条件密度为

$$f_1(x_1|x_2)=\frac{f(x_1,x_2)}{f_2(x_2)},$$

而

$$\begin{aligned}f(x_1,x_2)=&\frac{1}{2\pi\sigma_1\sigma_2\sqrt{1-\rho^2}}\exp\left\{-\frac{1}{2(1-\rho^2)}\left[\left(\frac{x_1-\mu_1}{\sigma_1}\right)^2\right.\right.\\&\left.\left.-2\rho\left(\frac{x_1-\mu_1}{\sigma_1}\right)\left(\frac{x_2-\mu_2}{\sigma_2}\right)+\left(\frac{x_2-\mu_2}{\sigma_2}\right)^2\right]\right\}\\=&\frac{1}{2\pi\sigma_1\sigma_2\sqrt{1-\rho^2}}\exp\left\{-\frac{1}{2(1-\rho^2)}\left[\left(\frac{x_1-\mu_1}{\sigma_1}\right)^2\right.\right.\\&+\rho^2\left(\frac{x_2-\mu_2}{\sigma_2}\right)^2-2\rho\left(\frac{x_1-\mu_1}{\sigma_1}\right)\left(\frac{x_2-\mu_2}{\sigma_2}\right)\\&\left.\left.+(1-\rho^2)\left(\frac{x_2-\mu_2}{\sigma_2}\right)^2\right]\right\}\\=&\frac{1}{2\pi\sigma_1\sigma_2\sqrt{1-\rho^2}}\exp\left\{-\frac{1}{2}\left(\frac{x_2-\mu_2}{\sigma_2}\right)^2\right\}\\&\cdot\exp\left\{-\frac{1}{2(1-\rho^2)}\left[\left(\frac{x_1-\mu_1}{\sigma_1}\right)-\rho\left(\frac{x_2-\mu_2}{\sigma_2}\right)\right]^2\right\}\\=&\frac{1}{\sqrt{2\pi}\sigma_2}\exp\left\{-\frac{(x_2-\mu_2)^2}{2\sigma_2^2}\right\}\cdot\frac{1}{\sqrt{2\pi}\sigma_1\sqrt{1-\rho^2}}\end{aligned}$$

$$\cdot \exp\left\{-\frac{1}{2(1-\rho^2)\sigma_1^2}\left[x_1-\mu_1-\rho\frac{\sigma_1}{\sigma_2}(x_2-\mu_2)\right]^2\right\}$$

$$= f_2(x_2)\cdot f(x_1|x_2),$$

其中

$$f(x_1|x_2)=\frac{1}{\sqrt{2\pi}\sigma_1\sqrt{1-\rho^2}}\exp\left\{-\frac{1}{2(1-\rho^2)\sigma_1^2}\right.$$
$$\left.\cdot\left[x_1-\left(\mu_1+\rho\frac{\sigma_1}{\sigma_2}(x_2-\mu_2)\right)\right]^2\right\},$$

所以

$$(X_1|X_2)\sim N_1\left(\mu_1+\rho\frac{\sigma_1}{\sigma_2}(x_2-\mu_2),\sigma_1^2(1-\rho^2)\right).$$

将其推广到 p 元情况,利用 Σ^{-1}的分块求逆公式(参见附录 § 4):

$$\Sigma^{-1}=\left[\begin{array}{c:c}\Sigma_{11\cdot2}^{-1} & -\Sigma_{11\cdot2}^{-1}\Sigma_{12}\Sigma_{22}^{-1}\\ \hdashline -\Sigma_{22}^{-1}\Sigma_{21}\Sigma_{11\cdot2}^{-1} & \Sigma_{22}^{-1}+\Sigma_{22}^{-1}\Sigma_{21}\Sigma_{11\cdot2}^{-1}\Sigma_{12}\Sigma_{22}^{-1}\end{array}\right],$$

其中 $\Sigma_{11\cdot2}=\Sigma_{11}-\Sigma_{12}\Sigma_{22}^{-1}\Sigma_{21}$. 类似 $p=2$ 的方法,可证明

$$f(x^{(1)},x^{(2)})=f_2(x^{(2)})\cdot f_1(x^{(1)}|x^{(2)}),$$

且 $f_1(x^{(1)}|x^{(2)})$为 r 元正态密度函数.

定理 2.3.2 设 $X=\begin{bmatrix}X^{(1)}\\X^{(2)}\end{bmatrix}\begin{matrix}r\\p-r\end{matrix}\sim N_p(\mu,\Sigma)$ $(\Sigma>0)$,则当 $X^{(2)}$给定时,$X^{(1)}$的条件分布为

$$(X^{(1)}|X^{(2)})\sim N_r(\mu_{1\cdot2},\Sigma_{11\cdot2}),$$

其中

$$\mu_{1\cdot2}=\mu^{(1)}+\Sigma_{12}\Sigma_{22}^{-1}(x^{(2)}-\mu^{(2)}),$$
$$\Sigma_{11\cdot2}=\Sigma_{11}-\Sigma_{12}\Sigma_{22}^{-1}\Sigma_{21}.$$

证明 作非奇异线性变换,令

$$Z=\begin{bmatrix}Z^{(1)}\\Z^{(2)}\end{bmatrix}=\begin{bmatrix}X^{(1)}-\Sigma_{12}\Sigma_{22}^{-1}X^{(2)}\\X^{(2)}\end{bmatrix}=\left[\begin{array}{c:c}I_r & -\Sigma_{12}\Sigma_{22}^{-1}\\ \hdashline O & I_{p-r}\end{array}\right]\begin{bmatrix}X^{(1)}\\X^{(2)}\end{bmatrix}$$
$$=BX.$$

由 § 2.2 的性质 2 显然有

$$Z\sim N_p\left(\begin{bmatrix}\mu^{(1)}-\Sigma_{12}\Sigma_{22}^{-1}\mu^{(2)}\\\mu^{(2)}\end{bmatrix},\begin{bmatrix}\Sigma_{11\cdot2} & O\\O & \Sigma_{22}\end{bmatrix}\right),$$

且因 $D(Z)=\begin{bmatrix}\Sigma_{11\cdot 2} & O \\ O & \Sigma_{22}\end{bmatrix}$,故 $Z^{(1)}$ 与 $Z^{(2)}$ 相互独立.

Z 的联合密度为

$$g(z^{(1)},z^{(2)}) = g_1(z^{(1)})\cdot g_2(z^{(2)}) = g_1(z^{(1)})\cdot f_2(z^{(2)}).$$

这里因 $Z^{(2)}=X^{(2)}$,故有 $g_2(z^{(2)})=f_2(z^{(2)})$（式内 $f_2(\cdot)$ 为 $X^{(2)}$ 的密度函数）.

因为 $Z=BX$,利用积分变换公式,可以用 $g(z)$ 来表示 X 的密度函数 $f(x)$,即

$$\begin{aligned} f(x^{(1)},x^{(2)}) &= g(Bx)\cdot J(z\to x) \\ &= g_1(x^{(1)}-\Sigma_{12}\Sigma_{22}^{-1}x^{(2)})\cdot g_2(x^{(2)})\cdot \left|\frac{\partial z'}{\partial x}\right|_+ \\ &= g_1(x^{(1)}-\Sigma_{12}\Sigma_{22}^{-1}x^{(2)})\cdot f_2(x^{(2)}), \end{aligned}$$

式中 $\left|\frac{\partial z'}{\partial x}\right|_+=|B'|=1$. 并注意到

$$Z^{(1)}\sim N_r(\mu^{(1)}-\Sigma_{12}\Sigma_{22}^{-1}\mu^{(2)},\Sigma_{11\cdot 2}),$$

所以

$$\begin{aligned} f_1(x^{(1)}|x^{(2)}) &= \frac{f(x^{(1)},x^{(2)})}{f_2(x^{(2)})} = g_1(x^{(1)}-\Sigma_{12}\Sigma_{22}^{-1}x^{(2)}) \\ &= \frac{1}{(2\pi)^{r/2}|\Sigma_{11\cdot 2}|^{1/2}}\exp\Big[-\frac{1}{2}(x^{(1)}-\Sigma_{12}\Sigma_{22}^{-1}x^{(2)} \\ &\quad -(\mu^{(1)}-\Sigma_{12}\Sigma_{22}^{-1}\mu^{(2)}))'\Sigma_{11\cdot 2}^{-1}(x^{(1)}-\Sigma_{12}\Sigma_{22}^{-1}x^{(2)} \\ &\quad -(\mu^{(1)}-\Sigma_{12}\Sigma_{22}^{-1}\mu^{(2)}))\Big] \\ &= \frac{1}{(2\pi)^{r/2}|\Sigma_{11\cdot 2}|^{1/2}}\exp\Big[-\frac{1}{2}(x^{(1)}-\mu_{1\cdot 2})'\Sigma_{11\cdot 2}^{-1}(x^{(1)}-\mu_{1\cdot 2})\Big], \end{aligned}$$

其中

$$\mu_{1\cdot 2}=\mu^{(1)}+\Sigma_{12}\Sigma_{22}^{-1}(x^{(2)}-\mu^{(2)}),$$

$$\Sigma_{11\cdot 2}=\Sigma_{11}-\Sigma_{12}\Sigma_{22}^{-1}\Sigma_{21}.$$

（证毕）

推论　在定理 2.3.2 条件下可得：

(1) $X^{(2)}$ 与 $X^{(1)}-\Sigma_{12}\Sigma_{22}^{-1}X^{(2)}$ 相互独立；

(2) $X^{(1)}$ 与 $X^{(2)}-\Sigma_{21}\Sigma_{11}^{-1}X^{(1)}$ 相互独立；

(3) $(X^{(2)}|X^{(1)})\sim N_{p-r}(\mu_{2\cdot 1},\Sigma_{22\cdot 1})$，其中

$$\mu_{2\cdot 1}=\mu^{(2)}+\Sigma_{21}\Sigma_{11}^{-1}(x^{(1)}-\mu^{(1)}),$$

$$\Sigma_{22\cdot 1}=\Sigma_{22}-\Sigma_{21}\Sigma_{11}^{-1}\Sigma_{12}.$$

三、几个概念

1. 条件期望，回归系数，条件协方差阵，偏相关系数

设

$$X=\begin{bmatrix}X^{(1)}\\X^{(2)}\end{bmatrix}\begin{matrix}r\\p-r\end{matrix}\sim N_p\left(\begin{bmatrix}\mu^{(1)}\\\mu^{(2)}\end{bmatrix},\begin{bmatrix}\Sigma_{11}&\Sigma_{12}\\\Sigma_{21}&\Sigma_{22}\end{bmatrix}\right);$$

又已知 $X^{(2)}$给定时 $X^{(1)}$的条件分布为

$$(X^{(1)}|X^{(2)})\sim N(\mu_{1\cdot 2},\Sigma_{11\cdot 2}).$$

则称

$$\mu_{1\cdot 2}=\mu^{(1)}+\Sigma_{12}\Sigma_{22}^{-1}(x^{(2)}-\mu^{(2)})$$

为**条件期望**，记为 $\mathrm{E}(X^{(1)}|X^{(2)})$；并称 $\mu_{1\cdot 2}$为 $X^{(1)}$**对** $X^{(2)}$的**回归**，称

$$\Sigma_{12}\Sigma_{22}^{-1}\stackrel{\text{def}}{=\!=}B$$

为**回归系数**. 称 $\Sigma_{11\cdot 2}=\Sigma_{11}-\Sigma_{12}\Sigma_{22}^{-1}\Sigma_{21}$为**条件协方差阵**. 记

$$\Sigma_{11\cdot 2}=(\sigma_{ij\cdot r+1,\cdots,p})_{r\times r}\quad(i,j=1,\cdots,r).$$

称

$$r_{ij\cdot r+1,\cdots,p}=\frac{\sigma_{ij\cdot r+1,\cdots,p}}{\sqrt{\sigma_{ii\cdot r+1,\cdots,p}}\cdot\sqrt{\sigma_{jj\cdot r+1,\cdots,p}}}$$

为当 $X^{(2)}=(X_{r+1},\cdots,X_p)'$给定时，$X_i$ 与 $X_j(i,j=1,2,\cdots,r)$的**偏相关系数**.

2. 全相关系数

设 $Z=\begin{bmatrix}X\\Y\end{bmatrix}\begin{matrix}p\\1\end{matrix}\sim N_{p+1}\left(\begin{bmatrix}\mu_X\\\mu_y\end{bmatrix},\begin{bmatrix}\Sigma_{XX}&\Sigma_{Xy}\\\Sigma_{yX}&\sigma_{yy}\end{bmatrix}\right)$，则称

$$R=\left(\frac{\Sigma_{yX}\Sigma_{XX}^{-1}\Sigma_{Xy}}{\sigma_{yy}}\right)^{1/2}$$

为 Y 与 $X=(X_1,X_2,\cdots,X_p)'$的**全相关系数**.

3. 最佳预测

在定理 2.3.2 条件下,我们考虑 $r=1$,记 $X^{(1)}=Y$, $g(x^{(2)})=\mathrm{E}(Y|X^{(2)})$,则对任意函数 $\varphi(\cdot)$,可以证明(见习题二的第 2-16 题):

$$\mathrm{E}[(Y-g(x^{(2)}))^2]\leqslant \mathrm{E}[(Y-\varphi(x^{(2)}))^2].$$

即在均方差最小的准则下,条件期望 $g(x^{(2)})$ 是对 Y 的最佳预测函数.

§2.4 随机阵的正态分布

把来自 p 元总体的容量为 n 的随机样本排成一矩阵 X:

$$X=\begin{bmatrix} x_{11} & x_{12} & \cdots & x_{1p} \\ x_{21} & x_{22} & \cdots & x_{2p} \\ \vdots & \vdots & & \vdots \\ x_{n1} & x_{n2} & \cdots & x_{np} \end{bmatrix} \xlongequal{\text{def}} \begin{bmatrix} X'_{(1)} \\ X'_{(2)} \\ \vdots \\ X'_{(n)} \end{bmatrix}$$

$$\xlongequal{\text{或 def}} (\boldsymbol{X}_1,\boldsymbol{X}_2,\cdots,\boldsymbol{X}_p),$$

其中 $X_{(i)}(i=1,\cdots,n)$ 是来自 p 元总体的一个样品,则样本数据阵 X 就是一个随机阵. 讨论随机阵 X 的分布时,可考虑把 X 的行向量(即样品)一个接一个连接起来构成一个 np 维长向量,然后讨论这个长向量的分布.

一、拉直运算和克罗内克(Kronecker)积

1. 拉直运算

所谓拉直运算,就是将矩阵拉成一个长向量,通过它来建立矩阵和向量之间的联系. 设随机矩阵 X 是一个 $n\times p$ 矩阵,用 X 的列向量 $\boldsymbol{X}_1,\boldsymbol{X}_2,\cdots,\boldsymbol{X}_p$ 组成一个 np 维向量,记为

$$\mathrm{Vec}(X)=\begin{bmatrix} \boldsymbol{X}_1 \\ \vdots \\ \boldsymbol{X}_p \end{bmatrix}=(x_{11},x_{21},\cdots,x_{n1},\cdots,x_{1p},x_{2p},\cdots,x_{np})',$$

符号"Vec"称为**拉直运算**. 如果将矩阵 X 的行向量(样品)拉直为一个 np 维向量,用拉直运算的符号可记为

$$\mathrm{Vec}(X') = \begin{bmatrix} X_{(1)} \\ \vdots \\ X_{(n)} \end{bmatrix} = (x_{11}, x_{12}, \cdots, x_{1p}, \cdots, x_{n1}, x_{n2}, \cdots, x_{np})'.$$

在多元统计分析中,经常需要考虑对称矩阵的拉直运算. 设 S 是 p 阶对称随机阵,在 S 矩阵中只包含 $p(p+1)/2$ 个不同的随机变量,故将其拉直为 p^2 维向量是不合适的,应拉成 $p(p+1)/2$ 维向量. 设 $S=(S_{ij})_{p\times p}$ 为 p 阶对称矩阵,令

$$\mathrm{Svec}(S) = (S_{11}, \cdots, S_{p1}, S_{22}, \cdots, S_{p2}, \cdots, S_{pp})'$$

为 $p(p+1)/2$ 维向量. 符号"Svec"称为**对称矩阵的拉直运算**.

2. 克罗内克积

设 $A=(a_{ij})$ 和 B 分别为 $n\times p$ 和 $m\times q$ 的矩阵, A 和 B 的克罗内克积 $A\otimes B$ 定义为

$$A \otimes B = (a_{ij}B) = \begin{bmatrix} a_{11}B & \cdots & a_{1p}B \\ \vdots & & \vdots \\ a_{n1}B & \cdots & a_{np}B \end{bmatrix},$$

它是 $mn\times pq$ 矩阵. 在多元统计分析中克罗内克积又称**矩阵的直积**,是一个有用的工具. 在下面的讨论中将用到矩阵的直积的一些性质(见参考文献[1]).

二、随机阵的正态分布

设 $X_{(i)}=(x_{i1}, \cdots, x_{ip})'$ $(i=1, \cdots, n)$ 为来自 p 元正态总体 $N_p(\mu, \Sigma)$ 的随机样本(独立同分布),记随机阵 $X=(x_{ij})_{n\times p}$,利用拉直运算及矩阵的直积的定义和性质,可知

$$\mathrm{Vec}(X') \sim N_{np}(\mathbf{1}_n{}^{①} \otimes \mu, I_n \otimes \Sigma),$$

事实上, np 维长向量 $\mathrm{Vec}(X')$ 的联合密度函数为

$$f(x_{(1)}, \cdots, x_{(n)})$$

---

① 本书中 $\mathbf{1}_p$ 表示向量元素均为 1 的 p 维常向量.

$$= \prod_{i=1}^{n} \frac{1}{(2\pi)^{p/2}|\Sigma|^{1/2}} \exp\left[-\frac{1}{2}(x_{(i)}-\mu)'\Sigma^{-1}(x_{(i)}-\mu)\right]$$

$$= \frac{1}{(2\pi)^{np/2}|\Sigma|^{n/2}} \exp\left[-\frac{1}{2}\sum_{i=1}^{n}(x_{(i)}-\mu)'\Sigma^{-1}(x_{(i)}-\mu)\right]$$

$$= \frac{1}{(2\pi)^{np/2}|\Sigma|^{n/2}}$$

$$\cdot \exp\left[-\frac{1}{2}\begin{bmatrix} x_{(1)}-\mu \\ \vdots \\ x_{(n)}-\mu \end{bmatrix}' \begin{bmatrix} \Sigma & \cdots & O \\ \vdots & & \vdots \\ O & \cdots & \Sigma \end{bmatrix}^{-1} \begin{bmatrix} x_{(1)}-\mu \\ \vdots \\ x_{(n)}-\mu \end{bmatrix}\right].$$

由矩阵的直积的定义，np 维随机向量 $\mathrm{Vec}(X')$ 的均值向量和协方差阵分别为

$$\begin{bmatrix} \mu \\ \vdots \\ \mu \end{bmatrix} = \mathbf{1}_n \otimes \mu, \quad \begin{bmatrix} \Sigma & \cdots & O \\ \vdots & & \vdots \\ O & \cdots & \Sigma \end{bmatrix} = I_n \otimes \Sigma.$$

当随机阵 X 按行拉直后，如果有

$$\mathrm{Vec}(X') \sim N_{np}(\mathbf{1}_n \otimes \mu, I_n \otimes \Sigma),$$

则称 X 服从**矩阵正态分布**，记作

$$X \sim N_{n\times p}(M, I_n \otimes \Sigma),$$

其中

$$\mathrm{Vec}(M') = \mathbf{1}_n \otimes \mu = (\mu_1, \cdots, \mu_p, \cdots, \mu_1, \cdots, \mu_p)'.$$

即

$$X \sim N_{n\times p}(M, I_n \otimes \Sigma) \Longleftrightarrow \mathrm{Vec}(X') \sim N_{np}(\mathrm{Vec}(M'), I_n \otimes \Sigma),$$

其中

$$M = \begin{bmatrix} \mu_1 & \cdots & \mu_p \\ \vdots & & \vdots \\ \mu_1 & \cdots & \mu_p \end{bmatrix} = \mathbf{1}_n \mu' = \begin{bmatrix} 1 \\ \vdots \\ 1 \end{bmatrix} (\mu_1, \cdots, \mu_p).$$

随机阵正态分布有如下有用的性质：

设 $X \sim N_{n\times p}(M, I_n \otimes \Sigma)$，$A$ 为 $k\times n$ 常数矩阵，B 为 $q\times p$ 常数矩阵，D 为 $k\times q$ 常数矩阵，令 $Z = AXB' + D$，则

$$Z \sim N_{k\times q}(AMB' + D, (AA') \otimes (B\Sigma B')).$$

§2.5 多元正态分布的参数估计

考虑 p 元正态总体 $X\sim N_p(\mu,\Sigma)$，设 $X_{(i)}=(x_{i1},\cdots,x_{ip})'$ $(i=1,\cdots,n)$为 p 元正态总体 X 的简单随机样本，此时观测数据阵

$$X=\begin{bmatrix} x_{11} & \cdots & x_{1p} \\ \vdots & & \vdots \\ x_{n1} & \cdots & x_{np} \end{bmatrix}$$

是一个随机阵.

本节讨论参数 μ 和 Σ 的最大似然估计及其性质.

一、多元正态总体样本的数字特征

对于多元统计分析，我们引入以下多元正态总体样本的相关量.

(1) 样本均值向量 $\overline{X}$：

$$\overline{X}=\frac{1}{n}\sum_{i=1}^{n}X_{(i)}=(\bar{x}_1,\cdots,\bar{x}_p)'=\frac{1}{n}X'\mathbf{1}_n,$$

其中
$$\bar{x}_i=\frac{1}{n}\sum_{\alpha=1}^{n}x_{\alpha i}\quad(i=1,2,\cdots,p).$$

(2) 样本离差阵(又称交叉乘积阵)A：

$$\begin{aligned}A&=\sum_{\alpha=1}^{n}(X_{(\alpha)}-\overline{X})(X_{(\alpha)}-\overline{X})'=X'X-n\overline{X}\,\overline{X}'\\&=X'\left[I_n-\frac{1}{n}\mathbf{1}_n\mathbf{1}_n'\right]X\xlongequal{\text{def}}(a_{ij})_{p\times p},\end{aligned}$$

其中

$$a_{ij}=\sum_{\alpha=1}^{n}(x_{\alpha i}-\bar{x}_i)(x_{\alpha j}-\bar{x}_j)\quad(i,j=1,2,\cdots,p).$$

(3) 样本协方差阵 S：

$$S=\frac{1}{n-1}A=(s_{ij})_{p\times p}\quad\left(\text{或 }S^*=\frac{1}{n}A\right),$$

其中

$$s_{ii}=\frac{1}{n-1}\sum_{\alpha=1}^{n}(x_{\alpha i}-\overline{x}_i)^2\quad(i=1,2,\cdots,p)$$

称为变量 X_i 的**样本方差**;样本方差的平方根 $\sqrt{s_{ii}}$ 称为变量 X_i 的**样本标准差**.

(4) 样本相关阵 R:

$$R=(r_{ij})_{p\times p},$$

其中

$$r_{ij}=\frac{s_{ij}}{\sqrt{s_{ii}}\sqrt{s_{jj}}}\overset{\text{或}}{=\!=}\frac{a_{ij}}{\sqrt{a_{ii}}\sqrt{a_{jj}}}、(i,j=1,2,\cdots,p).$$

二、μ,Σ 的最大似然估计

设 $X_{(i)}(i=1,\cdots,n)$ 为 p 元正态总体 $N(\mu,\Sigma)$ 的随机样本,以下用最大似然法来求参数 μ,Σ 的最大似然估计.

1. 似然函数 $L(\mu,\Sigma)$

把随机数据阵 X 按行拉直后形成的 np 维长向量 $\mathrm{Vec}(X')$ 的联合密度函数看成未知参数 μ,Σ 的函数,并称为**样本 $X_{(i)}(i=1,\cdots,n)$ 的似然函数**,记为 $L(\mu,\Sigma)$:

$$\begin{aligned}L(\mu,\Sigma)&=\prod_{i=1}^{n}\frac{1}{(2\pi)^{p/2}|\Sigma|^{1/2}}\exp\left[-\frac{1}{2}(x_{(i)}-\mu)'\Sigma^{-1}(x_{(i)}-\mu)\right]\\&=\frac{1}{(2\pi)^{np/2}|\Sigma|^{n/2}}\exp\left[-\frac{1}{2}\sum_{i=1}^{n}(x_{(i)}-\mu)'\Sigma^{-1}(x_{(i)}-\mu)\right]\\&=\frac{1}{(2\pi)^{np/2}|\Sigma|^{n/2}}\exp\left[-\frac{1}{2}\sum_{i=1}^{n}\mathrm{tr}((x_{(i)}-\mu)'\Sigma^{-1}(x_{(i)}-\mu))\right]\\&=\frac{1}{(2\pi)^{np/2}|\Sigma|^{n/2}}\exp\left[-\frac{1}{2}\sum_{i=1}^{n}\mathrm{tr}(\Sigma^{-1}(x_{(i)}-\mu)(x_{(i)}-\mu)')\right]\\&=\frac{1}{(2\pi)^{np/2}|\Sigma|^{n/2}}\exp\left[\mathrm{tr}\left(-\frac{1}{2}\Sigma^{-1}\sum_{i=1}^{n}(x_{(i)}-\mu)(x_{(i)}-\mu)'\right)\right]\\&\overset{\text{def}}{=\!=}\frac{1}{(2\pi)^{np/2}|\Sigma|^{n/2}}\mathrm{etr}\left(-\frac{1}{2}\Sigma^{-1}\sum_{i=1}^{n}(x_{(i)}-\mu)(x_{(i)}-\mu)'\right),\end{aligned}$$

其中

$$
\begin{aligned}
&\sum_{i=1}^{n}(x_{(i)}-\mu)(x_{(i)}-\mu)' \\
&\quad=\sum_{i=1}^{n}(x_{(i)}-\overline{X}+\overline{X}-\mu)(x_{(i)}-\overline{X}+\overline{X}-\mu)' \\
&\quad=\sum_{i=1}^{n}(x_{(i)}-\overline{X})(x_{(i)}-\overline{X})'+n(\overline{X}-\mu)(\overline{X}-\mu)' \\
&\quad=A+n(\overline{X}-\mu)(\overline{X}-\mu)'.
\end{aligned}
$$

由于 $\ln x$ 是 x 的单调函数，$L(\mu,\Sigma)$与 $\ln L(\mu,\Sigma)$有相同的最大值点. 以下只须讨论 $\ln L(\mu,\Sigma)$的最大值问题.

2. 迹的有关性质

在附录中介绍了迹的一些性质，下面的一条引理给出与迹有关的进一步的性质.

引理 2.5.1 设 B 为 p 阶正定矩阵，则

$$\mathrm{tr}B-\ln|B|\geqslant p,$$

且等号成立的充分必要条件是 $B=I_p$.

证明 因为 $B>0$，所以 B 的全部特征值 $\lambda_1,\cdots,\lambda_p>0$，且 $|B|=\lambda_1\cdots\lambda_p$. 利用不等式 $\ln(1+x)\leqslant x$（当 $x+1>0$），可得

$$
\begin{aligned}
\ln|B|&=\sum_{i=1}^{p}\ln\lambda_i=\sum_{i=1}^{p}\ln(1+\lambda_i-1) \\
&\leqslant\sum_{i=1}^{p}(\lambda_i-1)=\mathrm{tr}(B)-p.
\end{aligned}
$$

所以

$$\mathrm{tr}B-\ln|B|\geqslant p.$$

因不等式 $\ln(1+x)\leqslant x$ 中的等号仅当 $x=0$ 时成立，故引理给出的不等式仅当 $\lambda_i-1=0$ $(i=1,\cdots,p)$时成立，即 $B=I_p$.

反之，当 $B=I_p$ 时，$\ln|I_p|=0$，$\mathrm{tr}B=p$，故引理给出的不等式中的等号成立. **（证毕）**

3. 讨论 $\ln L(\mu,\Sigma)$的最大值点

首先利用迹的有关性质来讨论当给定 $\Sigma>0$ 时，$\ln L(\mu,\Sigma)$的最大值点. 经直接运算，有

$$
\begin{aligned}
\ln L(\mu,\Sigma) &= -\frac{np}{2}\ln 2\pi - \frac{n}{2}\ln|\Sigma| \\
&\quad - \frac{1}{2}\operatorname{tr}\left[\Sigma^{-1}\sum_{i=1}^{n}(x_{(i)}-\mu)(x_{(i)}-\mu)'\right] \\
&= C - \frac{1}{2}\operatorname{tr}[\Sigma^{-1}A + n\Sigma^{-1}(\overline{X}-\mu)(\overline{X}-\mu)'] \\
&= C - \frac{1}{2}\operatorname{tr}(\Sigma^{-1}A) - \frac{n}{2}[(\overline{X}-\mu)'\Sigma^{-1}(\overline{X}-\mu)] \\
&\leqslant C - \frac{1}{2}\operatorname{tr}(\Sigma^{-1}A).
\end{aligned}
$$

以上不等式仅当 $\mu=\overline{X}$ 时等号成立，即对于固定的 $\Sigma>0$，有

$$
\ln L(\overline{X},\Sigma) = \max_{\mu}\ln L(\mu,\Sigma).
$$

进一步地可利用迹的有关性质及引理 2.5.1 来证明，当取 $\hat{\Sigma}=\frac{1}{n}A$ 时 $\ln L(\overline{X},\hat{\Sigma})=\max\limits_{\overline{X},\Sigma>0}\ln L(\overline{X},\Sigma)$：

$$
\begin{aligned}
\ln L(\overline{X},\Sigma) &= -\frac{np}{2}\ln(2\pi) - \frac{n}{2}\ln|\Sigma| - \frac{1}{2}\operatorname{tr}(\Sigma^{-1}A) \\
&= -\frac{np}{2}\ln(2\pi) - \frac{n}{2}\left[\ln|\Sigma| + \operatorname{tr}\left(\Sigma^{-1}\frac{A}{n}\right)\right] \\
&= C_1 - \frac{n}{2}\left[\operatorname{tr}\left(\Sigma^{-1}\frac{A}{n}\right) - \ln\left|\Sigma^{-1}\frac{A}{n}\right| + \ln\left|\frac{A}{n}\right|\right] \\
&= C_1 - \frac{n}{2}\left[\operatorname{tr}\left(\Sigma^{-1/2}\frac{A}{n}\Sigma^{-1/2}\right) - \ln\left|\Sigma^{-1/2}\frac{A}{n}\Sigma^{-1/2}\right| + \ln\left|\frac{A}{n}\right|\right] \\
&\leqslant C_1 - \frac{np}{2} - \frac{n}{2}\ln\left|\frac{A}{n}\right|.
\end{aligned}
$$

若取 $B=\Sigma^{-1/2}\frac{A}{n}\Sigma^{-1/2}$ 是正定矩阵，由引理 2.5.1，以上不等式的等号仅当 $B=\Sigma^{-1/2}\frac{A}{n}\Sigma^{-1/2}=I_p$，即 $\Sigma=\frac{A}{n}$ 时成立. 所以

$$
\begin{aligned}
\ln L\left(\overline{X},\frac{1}{n}A\right) &= \max_{\overline{X},\Sigma>0}\ln L(\overline{X},\Sigma) \\
&= -\frac{np}{2}(1+\ln(2\pi)) - \frac{n}{2}\ln\left|\frac{A}{n}\right|,
\end{aligned}
$$

因而似然函数的最大值为

$$L\left(\overline{X},\frac{1}{n}A\right)=\left(\frac{n}{2\pi e}\right)^{np/2}|A|^{-n/2}.$$

定理 2.5.1 设 $X_{(i)}(i=1,\cdots,n)$是多元正态总体 $N_p(\mu,\Sigma)$的随机样本，$n>p$，则 μ,Σ 的最大似然估计为 $\hat{\mu}=\overline{X}$，$\hat{\Sigma}=\frac{1}{n}A$.

如果$|\hat{\Sigma}|=\left|\frac{1}{n}A\right|=0$ 怎么办？此时可以证明 $\operatorname{Sup}L(\hat{\mu},\hat{\Sigma})=\infty$，最大似然估计不存在. 但$|A|=0$ 的情况几乎不存在，因为可以证明，当 $n>p$ 时 $P\{A>0\}=1$(见定理 2.5.2).

三、最大似估计量的性质

前面已给出了参数 μ,Σ 的最大似然估计$\hat{\mu}=\overline{X}$，$\hat{\Sigma}=\frac{1}{n}A$. 参数的最大似然估计有很多优良性标准，如无偏性、有效性、相合性等. μ 和 Σ 的最大似然估计是否具有这些好的性质呢？这是我们现在要讨论的问题.

设 $X_{(t)}=(x_{t1},\cdots,x_{tp})'$ $(t=1,\cdots,n)$独立同 $N_p(\mu,\Sigma)$分布，且 $\Sigma>0$，记

$$\overline{X}=\frac{1}{n}\sum_{t=1}^{n}X_{(t)},\quad A=\sum_{t=1}^{n}(X_{(t)}-\overline{X})(X_{(t)}-\overline{X})'.$$

定理 2.5.2 设 $\overline{X}$ 和 A 分别为 p 元正态总体 $N_p(\mu,\Sigma)$的样本均值向量和样本离差阵，则

(1) $\overline{X}\sim N_p\left(\mu,\frac{1}{n}\Sigma\right)$；

(2) $A\overset{d}{=\!=}\sum_{t=1}^{n-1}Z_tZ_t'$，其中 $Z_1,\cdots,Z_{n-1}$独立同 $N_p(0,\Sigma)$分布；

(3) $\overline{X}$ 和 A 相互独立；

(4) $P\{A>0\}=1\iff n>p$.

证明 设 Γ 是 n 阶正交矩阵，具有以下形式

$$\Gamma=\begin{bmatrix} r_{11} & \cdots & r_{1n}\\ \vdots & & \vdots\\ r_{(n-1)1} & \cdots & r_{(n-1)n}\\ 1/\sqrt{n} & \cdots & 1/\sqrt{n}\end{bmatrix}=(r_{ij})_{n\times n}.$$

令

$$Z = \begin{bmatrix} Z_1' \\ \vdots \\ Z_n' \end{bmatrix} = \Gamma \begin{bmatrix} X_{(1)}' \\ \vdots \\ X_{(n)}' \end{bmatrix} = \Gamma X,$$

即

$$Z_t = (X_{(1)},\cdots,X_{(n)}) \begin{bmatrix} r_{t1} \\ \vdots \\ r_{tn} \end{bmatrix} \quad (t = 1,\cdots,n)$$

为 p 维随机向量. 因 Z_t 是 p 维正态随机向量 $X_{(1)},\cdots,X_{(n)}$ 的线性组合,故 Z_t 也是 p 维正态随机向量,且

$$\mathrm{E}(Z_t) = \sum_{i=1}^{n} r_{ti}\mathrm{E}(X_{(i)}) = \begin{cases} 0, & \text{当 } t \neq n \text{ 时}, \\ \sqrt{n}\,\mu, & \text{当 } t = n \text{ 时}; \end{cases}$$

$$\begin{aligned} \mathrm{COV}(Z_\alpha, Z_\beta) &= \mathrm{E}[(Z_\alpha - \mathrm{E}(Z_\alpha))(Z_\beta - \mathrm{E}(Z_\beta))'] \\ &= \sum_{i=1}^{n} r_{\alpha i} r_{\beta i} \Sigma = \begin{cases} O, & \text{当 } \alpha \neq \beta \text{ 时}, \\ \Sigma, & \text{当 } \alpha = \beta \text{ 时}. \end{cases} \end{aligned}$$

(1) 因为 $Z_n = \frac{1}{\sqrt{n}} \sum_{\alpha=1}^{n} X_{(\alpha)} = \sqrt{n}\,\overline{X} \sim N_p(\sqrt{n}\,\mu, \Sigma)$,故有

$$\overline{X} = \frac{1}{\sqrt{n}} Z_n \sim N_p\left(\mu, \frac{1}{n}\Sigma\right).$$

(2) 因为

$$\begin{aligned} \sum_{\alpha=1}^{n} Z_\alpha Z_\alpha' &= (Z_1,\cdots,Z_n) \begin{bmatrix} Z_1' \\ \vdots \\ Z_n' \end{bmatrix} = Z'Z \\ &= X'\Gamma' \cdot \Gamma X = X'X = \sum_{\alpha=1}^{n} X_{(\alpha)} X_{(\alpha)}', \end{aligned}$$

且

$$\begin{aligned} \sum_{\alpha=1}^{n-1} Z_\alpha Z_\alpha' &= \sum_{\alpha=1}^{n} X_{(\alpha)} X_{(\alpha)}' - Z_n Z_n' = \sum_{\alpha=1}^{n} X_{(\alpha)} X_{(\alpha)}' - n\overline{X}\,\overline{X}' \\ &= \sum_{\alpha=1}^{n} (X_{(\alpha)} - \overline{X})(X_{(\alpha)} - \overline{X})' = A. \end{aligned}$$

(3) 因 $A=\sum_{\alpha=1}^{n-1}Z_\alpha Z_\alpha'$是 $Z_1,\cdots,Z_{n-1}$的函数，$\overline{X}$ 是 Z_n 的函数，而 $Z_1,\cdots,Z_{n-1}$与 Z_n 相互独立，故 A 与 $\overline{X}$ 也相互独立.

(4) 记 $B=(Z_1,\cdots,Z_{n-1})$，则 $A=BB'$，以下来证明：$P\{A>0\}=1$ 的充要条件是 $n>p$.

因为 $A=BB'$，B 是 $p\times(n-1)$矩阵. 显然 $\mathrm{rank}(A)=\mathrm{rank}(B)$. 当 A 为正定矩阵时 A 的秩是 p，故 B 的秩也是 p. 从而 $p<n$.

反之，设 $n>p$，我们来证明 $P\{A>0\}=1$，为此只须证 $P\{B$ 的前 p 列线性相关$\}=0$. 容易看出：

$$
\begin{aligned}
P\{B\text{ 的前 }p\text{ 列线性相关}\} &= P\{Z_1,\cdots,Z_p\text{ 线性相关}\}\\
&\leqslant \sum_{i=1}^{p}P\{Z_i\text{ 可表成 }Z_1,\cdots,Z_{i-1},Z_{i+1},\cdots,Z_p\text{的线性组合}\}\\
&= p\cdot P\{Z_1\text{ 可表成 }Z_2,\cdots,Z_p\text{ 的线性组合}\}\\
&= p\cdot \mathrm{E}[P\{Z_1\text{ 可表成 }z_2,\cdots,z_p\text{ 的线性组合}\\
&\qquad\qquad |Z_2=z_2,\cdots,Z_p=z_p\}]\\
&= p\cdot \mathrm{E}[P\{Z_1\text{ 落入由 }z_2,\cdots,z_p\text{ 张成的子空间}\\
&\qquad\qquad |Z_2=z_2,\cdots,Z_p=z_p\}]\\
&= p\cdot \mathrm{E}[P\{\text{存在 }p\text{ 维常向量 }\alpha\neq 0,\text{使 }\alpha'Z_1=0\\
&\qquad\qquad |Z_2=z_2,\cdots,Z_p=z_p\}]\\
&= p\cdot \mathrm{E}(0)=0.
\end{aligned}
$$

(证毕)

在证明过程中用到以下事实：由于 $Z_1\sim N_p(0,\Sigma)$，而 $\Sigma>0$(正定)，对常向量 $\alpha\neq0$，$\alpha'Z_1\sim N(0,\alpha'\Sigma\alpha)$，且 $\alpha'\Sigma\alpha>0$，即 $P\{\alpha'Z_1=0\}=0$. 或者说 Z_1 取值落入任何维数小于 p 的子空间的概率是 0.

以下是 μ 和 Σ 的最大似然估计所具有的一些性质.

1. 无偏性

可以证明

$$
\mathrm{E}(\overline{X})=\begin{bmatrix}\frac{1}{n}\sum_{i=1}^{n}\mathrm{E}(x_{i1})\\ \vdots\\ \frac{1}{n}\sum_{i=1}^{n}\mathrm{E}(x_{ip})\end{bmatrix}=\begin{bmatrix}\frac{1}{n}\sum_{i=1}^{n}\mu_1\\ \vdots\\ \frac{1}{n}\sum_{i=1}^{n}\mu_p\end{bmatrix}=\begin{bmatrix}\mu_1\\ \vdots\\ \mu_p\end{bmatrix}=\mu,
$$

故 $\overline{X}$ 是 μ 的无偏估计.

又

$$\mathrm{E}(A)=\mathrm{E}\left(\sum_{\alpha=1}^{n-1}Z_\alpha Z_\alpha'\right)=\sum_{\alpha=1}^{n-1}(\mathrm{E}(Z_\alpha Z_\alpha'))$$
$$=\sum_{\alpha=1}^{n-1}\mathrm{D}(Z_\alpha)=(n-1)\Sigma.$$

因而 Σ 的最大似然估计 $\hat{\Sigma}=\frac{1}{n}A$ 不是无偏估计. 为了得到无偏估计量,常作如下修正:

令 $S=\frac{1}{n-1}A$,则 S 是 Σ 的无偏估计. 常称 $\overline{X}=(\bar{x}_1,\cdots,\bar{x}_p)'$ 为**样本均值**; $S=\frac{1}{n-1}A$ 为样本协方差阵.

2. 有效性

可以证明 $\overline{X},S$ 是 μ,Σ 的"最小方差"无偏估计量,即 $\overline{X},S$ 是 μ, Σ 的有效估计量(见参考文献[2]).

3. 相合性(一致性)

可以证明当 $n\to\infty$ 时 $\overline{X},\hat{\Sigma}$ 是 μ,Σ 的强相合估计.

实际上,因 $\mathrm{E}(\overline{X})=\mu$,由强大数定律知

$$P\{\lim_n\overline{X}=\mu\}=1.$$

另一方面,因 $\hat{\Sigma}=\frac{1}{n}\sum_{\alpha=1}^{n-1}Z_\alpha Z_\alpha'$,而 $Z_1,\cdots,Z_{n-1}$ 相互独立同分布,共同分布是 $N_p(0,\Sigma)$,而 $\mathrm{E}(Z_\alpha Z_\alpha')=\Sigma(\alpha=1,\cdots,n-1)$. 再利用强大数定律知

$$P\{\lim_n\hat{\Sigma}=\Sigma\}=1.$$

4. 其他

还可以证明 $\overline{X},\hat{\Sigma}$ 是 μ,Σ 的充分统计量; $\overline{X}$ 是 μ 的极小极大估计量(最大风险达最小);且估计量具有渐近正态性.

四、参数函数的最大似然估计

为了从参数 μ,Σ 的最大似然估计来导出参数函数 $\varphi(\mu,\Sigma)$ 的最

大似然估计，我们首先介绍有关的概念与性质.

设参数向量 θ 的变化范围是 $\Theta\in\mathbb{R}^k$. $L(\theta)$是似然函数. 设 $w=g(\theta)$是 Θ 到 Θ^* 上的博雷尔(Borel)可测映射，这里 Θ^* 是 $\mathbb{R}^k$ 的子集. 对任何 $w\in\Theta^*$，令

$$M(w)=\operatorname*{Sup}_{\{\theta:\ g(\theta)=w\}} L(\theta).$$

定义 2.5.1 称 $M(w)$为函数 $g(\theta)$诱导出的**似然函数**.

定义 2.5.2 若 $\hat{w}$ 满足 $M(\hat{w})=\operatorname*{Sup}_{w} M(w)$，则称 $\hat{w}$ 是 $g(\theta)$的**最大似然估计**.

定理 2.5.3 若 $\hat{\theta}$ 是 θ 的最大似然估计，则 $\hat{w}=g(\hat{\theta})$是 $g(\theta)$ 的最大似然估计.

证明 任给 $w\in\Theta^*$，因 $g(\hat{\theta})=\hat{w}$，故有

$$M(w)=\operatorname*{Sup}_{\{\theta:\ g(\theta)=w\}} L(\theta)\leqslant \operatorname*{Sup}_{\theta\in\Theta} L(\theta)=L(\hat{\theta})\leqslant M(\hat{w}),$$

这就证明了 $\hat{w}=g(\hat{\theta})$是 $g(\theta)$的最大似然估计. **(证毕)**

既然多元正态分布 $N_p(\mu,\Sigma)$的参数 μ 和 Σ 有最大似然估计量 $\hat{\mu}=\overline{X}$, $\hat{\Sigma}=\frac{1}{n}A$，从定理 2.5.3 知，函数 $g(\mu,\Sigma)$的最大似然估计为 $g\left(\overline{X},\frac{1}{n}A\right)$.

例 2.5.1 设 p 维正态随机向量 $X=(X_1,\cdots,X_p)'$, X_i,X_j 的相关系数为

$$\rho_{ij}=\frac{\operatorname{Cov}(X_i,X_j)}{\sqrt{\operatorname{Var}(X_i)\cdot\operatorname{Var}(X_j)}}=\frac{\sigma_{ij}}{\sqrt{\sigma_{ii}\cdot\sigma_{jj}}},$$

其中 σ_{ij} 是协方差阵 Σ 的第 i 行第 j 列的元素. 试求 ρ_{ij}的最大似然估计量 r_{ij}.

解 给定样本 $X_{(t)}(t=1,\cdots,n)$，则 Σ 的最大似然估计为

$$\frac{1}{n}\sum_{t=1}^{n}(X_{(t)}-\overline{X})(X_{(t)}-\overline{X})'=\frac{1}{n}A,$$

Σ 的元素 σ_{ij} 的最大似然估计

$$\hat{\sigma}_{ij}=\frac{1}{n}\sum_{t=1}^{n}(x_{ti}-\overline{x}_i)(x_{tj}-\overline{x}_j)=\frac{1}{n}a_{ij}.$$

由定理 2.5.3 知，相关系数 ρ_{ij} 的最大似然估计量 r_{ij} 为

$$r_{ij}=\frac{\hat{\sigma}_{ij}}{\sqrt{\hat{\sigma}_{ii}\cdot\hat{\sigma}_{jj}}}=\frac{a_{ij}}{\sqrt{a_{ii}\cdot a_{jj}}}.$$

例 2.5.2 设

$$X=\begin{bmatrix}X^{(1)}\\X^{(2)}\end{bmatrix}\sim N_p\left(\begin{bmatrix}\mu^{(1)}\\\mu^{(2)}\end{bmatrix},\begin{bmatrix}\Sigma_{11}&\Sigma_{12}\\\Sigma_{21}&\Sigma_{22}\end{bmatrix}\right),$$

试求 $X^{(1)}$ 对 $X^{(2)}$ 的回归系数阵及 $X^{(2)}$ 给定时 $X^{(1)}$ 的条件协方差阵的最大似然估计量.

解　$X^{(2)}$ 给定时 $X^{(1)}$ 的条件分布为

$$(X^{(1)}\,|\,X^{(2)})\sim N_r(\mu_{1\cdot2},\Sigma_{11\cdot2}),$$

其中 $\mu_{1\cdot2}=\mu^{(1)}+\Sigma_{12}\Sigma_{22}^{-1}(x^{(2)}-\mu^{(2)})$，且 $B=\Sigma_{12}\Sigma_{22}^{-1}$ 为 $X^{(1)}$ 对 $X^{(2)}$ 的回归系数阵；$\Sigma_{11\cdot2}=\Sigma_{11}-\Sigma_{12}\Sigma_{22}^{-1}\Sigma_{21}$ 为条件协方差阵.

由样本 $X_{(t)}(t=1,\cdots,n)$，计算离差阵 A，且

$$A=\left[\begin{array}{c:c}A_{11}&A_{12}\\\hdashline A_{21}&A_{22}\end{array}\right],$$

其中 A_{11} 为 r 阶方阵，A_{22} 为 $p-r$ 阶方阵. 由定理 2.5.3 知，回归系数阵 B 的最大似然估计为

$$\hat{B}=\hat{\Sigma}_{12}\hat{\Sigma}_{22}^{-1}=\left(\frac{1}{n}A_{12}\right)\cdot\left(\frac{1}{n}A_{22}\right)^{-1}=A_{12}A_{22}^{-1}.$$

条件协方差阵 $\Sigma_{11\cdot2}$ 的最大似然估计为

$$\hat{\Sigma}_{11\cdot2}=\frac{1}{n}(A_{11}-A_{12}A_{22}^{-1}A_{21}).$$

习　题　二

2-1　设三维随机向量 $X\sim N_3(\mu,2I_3)$，已知

$$\mu=\begin{bmatrix}2\\0\\0\end{bmatrix},\quad A=\begin{bmatrix}0.5&-1&0.5\\-0.5&0&-0.5\end{bmatrix},\quad d=\begin{bmatrix}1\\2\end{bmatrix}.$$

试求 $Y=AX+d$ 的分布.

2-2 设$X=(X_1,X_2)'\sim N_2(\mu,\Sigma)$,其中

$$\mu=\begin{bmatrix}\mu_1\\\mu_2\end{bmatrix},\quad \Sigma=\sigma^2\begin{bmatrix}1&\rho\\\rho&1\end{bmatrix}.$$

(1) 试证明X_1+X_2和X_1-X_2相互独立;

(2) 试求X_1+X_2和X_1-X_2的分布.

2-3 设$X^{(1)}$和$X^{(2)}$均为p维随机向量,已知

$$X=\begin{bmatrix}X^{(1)}\\X^{(2)}\end{bmatrix}\sim N_{2p}\left(\begin{bmatrix}\mu^{(1)}\\\mu^{(2)}\end{bmatrix},\begin{bmatrix}\Sigma_1&\Sigma_2\\\Sigma_2&\Sigma_1\end{bmatrix}\right),$$

其中$\mu^{(i)}(i=1,2)$为p维向量,$\Sigma_i(i=1,2)$为p阶矩阵,

(1) 试证明$X^{(1)}+X^{(2)}$和$X^{(1)}-X^{(2)}$相互独立;

(2) 试求$X^{(1)}+X^{(2)}$和$X^{(1)}-X^{(2)}$的分布.

2-4 设$X\sim N_3(\mu,\Sigma)$,其中

$$\mu=(\mu_1,\mu_2,\mu_3)',\quad \Sigma=\begin{bmatrix}1&\rho&\rho\\\rho&1&\rho\\\rho&\rho&1\end{bmatrix}\quad(0<\rho<1).$$

(1) 试求条件分布$(X_1,X_2|X_3)$和$(X_1|X_2,X_3)$;

(2) 给定$X_3=x_3$时,试写出X_1和X_2的条件协方差.

2-5 设$X\sim N_2(0,I_2)$,其中$X=(X_1,X_2)'$.试求当X_1+X_2给定时X_1的条件分布.

2-6 设$X\sim N_3(\mu,\Sigma)$,其中

$$X=(X_1,X_2,X_3)',\quad \mu=(2,-3,1)',$$

$$\Sigma=\begin{bmatrix}1&1&1\\1&3&2\\1&2&2\end{bmatrix}.$$

(1) 试求$3X_1-2X_2+X_3$的分布;

(2) 求二维向量$a=(a_1,a_2)'$,使X_3与$X_3-a'\begin{bmatrix}X_1\\X_2\end{bmatrix}$相互独立.

2-7 设$X\sim N_3(\mu,\Sigma)$,其中

$$X=(X_1,X_2,X_3)',\quad \mu=(-3,1,4)',$$

$$\Sigma=\begin{bmatrix}1&-2&0\\-2&5&0\\0&0&2\end{bmatrix}.$$

试问下列5对随机变量中哪几对是相互独立的，为什么？

(1) X_1 与 $2X_2$；　　(2) X_2 与 X_3；

(3) (X_1,X_2) 与 X_3；　　(4) $\frac{1}{2}(X_1+X_2)$ 与 X_3；

(5) X_2 与 $X_2-\frac{5}{2}X_1-X_3$.

2-8　设 $X\sim N_p(\mu,\Sigma)$，A 为 $m\times p$ 常数矩阵，B 为 $k\times p$ 常数矩阵. 令 $Y=AX+d$，$Z=BX+c$. 证明

$$Y\text{ 与 }Z\text{ 独立}\Longleftrightarrow A\Sigma B'=O_{m\times k}.$$

2-9　设

$$A=\begin{bmatrix}1/\sqrt{4} & 1/\sqrt{4} & 1/\sqrt{4} & 1/\sqrt{4}\\ 1/\sqrt{2} & -1/\sqrt{2} & 0 & 0\\ 1/\sqrt{6} & 1/\sqrt{6} & -2/\sqrt{6} & 0\\ 1/\sqrt{12} & 1/\sqrt{12} & 1/\sqrt{12} & -3/\sqrt{12}\end{bmatrix}.$$

(1) 试证明 A 是一个正交矩阵(即 $AA'=I_4$)；

(2) 已知 $X\sim N_4(\mu\mathbf{1}_4,\sigma^2I_4)$，设 $Y=(Y_1,Y_2,Y_3,Y_4)'=AX$，试证明：

① $Y_2^2+Y_3^2+Y_4^2=\sum\limits_{i=1}^{4}(X_i-\overline{X})^2$，其中 $\overline{X}=\frac{1}{4}(X_1+X_2+X_3+X_4)$；

② Y_1,Y_2,Y_3,Y_4 相互独立；

③ $Y_1\sim N(2\mu,\sigma^2)$，$Y_i\sim N(0,\sigma^2)$ $(i=2,3,4)$.

2-10　设 $X\sim N_2(0,\Sigma)$，$\Sigma=\begin{bmatrix}4 & 2\\ 2 & 1\end{bmatrix}$，即 X 具有退化的正态分布. 试求一个矩阵 A，使 $X\overset{\mathrm{d}}{=\!=}AU$，且 $U\sim N_2(0,I_2)$.

2-11　已知 $X=(X_1,X_2)'$ 的密度函数为

$$f(x_1,x_2)=\frac{1}{2\pi}\exp\Big\{-\frac{1}{2}(2x_1^2+x_2^2+2x_1x_2-22x_1-14x_2+65)\Big\},$$

试求 X 的均值向量和协方差阵.

2-12　设 $X_1\sim N(0,1)$，令

$$X_2=\begin{cases}-X_1, & \text{当} -1\leqslant X_1\leqslant 1,\\ X_1, & \text{其他}.\end{cases}$$

(1) 证明 $X_2\sim N(0,1)$;

(2) 证明(X_1,X_2)不是二元正态分布.

2-13 设 $X\sim N_p(\mu,\Sigma)$,A 为对称阵,试证明:

(1) $\mathrm{E}(XX')=\Sigma+\mu\mu'$;

(2) $\mathrm{E}(X'AX)=\mathrm{tr}(\Sigma A)+\mu' A\mu$;

(3) 当 $\mu=a\begin{bmatrix}1\\ \vdots\\ 1\end{bmatrix}\xlongequal{\text{def}}a\mathbf{1}_p$, $A=I_p-\dfrac{1}{p}\mathbf{1}_p\mathbf{1}_p'$, $\Sigma=\sigma^2 I_p$ 时,试利用(1)和(2)的结果证明 $\mathrm{E}(X'AX)=\sigma^2(p-1)$.

若记 $X=(X_1,\cdots,X_p)'$,此时

$$X'AX=\sum_{i=1}^{p}(X_i-\overline{X})^2,$$

则

$$\mathrm{E}\left[\sum_{i=1}^{p}(X_i-\overline{X})^2\right]=\sigma^2(p-1).$$

2-14 试用对 μ,Σ 求微商的方法求总体 $N_p(\mu,\Sigma)$中参数 μ 和 Σ 的最大似然估计.

2-15 设 $X_{(1)},\cdots,X_{(n)}$为来自总体 $N_p(\mu,\Sigma)$的随机样本,若 $\mu=\mu_0$ 已知,试求总体 $N_p(\mu_0,\Sigma)$中参数 Σ 的最大似然估计.

2-16 设 $Z=(Y,X_1,\cdots,X_m)'$是 $m+1$ 维随机向量, $\mathrm{E}(Z)=0$, $\mathrm{D}(Z)=\Sigma$. 试证在一切的 m 元函数 $g(x_1,\cdots,x_m)$中,当 $g(x_1,\cdots,x_m)=\mathrm{E}(Y|X_1=x_1,\cdots,X_m=x_m)$时, $\mathrm{E}(Y-g(x_1,\cdots,x_m))^2$ 为极小.

2-17 设 $X\sim N_p(\mu,\Sigma)$,$\Sigma>0$,X 的密度函数记为 $f(x;\mu,\Sigma)$. 任给 $a>0$,试证明概率密度等高面

$$f(x;\mu,\Sigma)=a$$

是一个椭球面. 特别当 $p=2$ 且 $\Sigma=\sigma^2\begin{bmatrix}1 & \rho\\ \rho & 1\end{bmatrix}$ $(\rho>0)$时,概率密度等高面就是平面上的一个椭圆. 试求该椭圆的方程、长轴和短轴.

2-18 设 $X_{(1)},\cdots,X_{(n)}$是来自 $N_p(\mu,\Sigma)$的随机样本, $c_i\geqslant 0$ $(i=$

$1,\cdots,n$)，$\sum_{i=1}^{n}c_i=1$，令 $Z=\sum_{i=1}^{n}c_iX_{(i)}$. 试证明：

(1) Z 是 μ 的无偏估计量；

(2) $Z\sim N_p(\mu,c'c\Sigma)$，其中 $c=(c_1,\cdots,c_n)'$；

(3) 当 $c=\frac{1}{n}\mathbf{1}_n$ 时，Z 的协方差阵在非负定的意义下达到极小.

2-19 为了了解某种橡胶的性能，今抽取 10 个样品，每个测量三项指标：硬度、变形和弹性，其数据如下表：

序号	硬度(X_1)	变形(X_2)	弹性(X_3)
1	65	45	27.6
2	70	45	30.7
3	70	48	31.8
4	69	46	32.6
5	66	50	31.0
6	67	46	31.3
7	68	47	37.0
8	72	43	33.6
9	66	47	33.1
10	68	48	34.2

试计算样本均值、样本离差阵、样本协方差阵和样本相关阵.

第三章　多元正态总体参数的假设检验

一元正态总体中,参数 μ,σ^2 的检验涉及到一个总体、两个总体,乃至多个总体的检验问题; 推广到 p 元正态总体 $N_p(\mu,\Sigma)$, 类似地,对参数向量 μ 和参数矩阵 Σ 涉及到的检验也有一个总体、两个总体,乃至多个总体的检验问题.

在一元统计中,用于检验 μ,σ^2 的抽样分布有 χ^2 分布、t 分布、F 分布等,它们都是由来自总体 $N(\mu,\sigma^2)$的随机样本导出的检验统计量. 推广到多元正态总体后,也有相应于以上三个常用分布的统计量: 威沙特(Wishart)统计量, 霍特林(Hotelling) T^2 统计量, 威尔克斯(Wilks) Λ 统计量,讨论这些统计量的分布是多元统计分析所涉及的假设检验问题的基础.

§3.1　几个重要统计量的分布

一、正态变量二次型的分布

1. 分量独立的 n 维随机向量 X 的二次型

设 $X_i\sim N_1(\mu_i,\sigma^2)$ $(i=1,\cdots,n)$,且相互独立,记

$$X=\begin{bmatrix}X_1\\ \vdots\\ X_n\end{bmatrix},$$

则 $X\sim N_n(\mu,\sigma^2 I_n)$,其中 $\mu=(\mu_1,\cdots,\mu_n)'$.

X 的二次型具有以下一些结论:

结论 1　当 $\mu_i=0$ $(i=1,\cdots,n)$, $\sigma^2=1$ 时,则

$$\xi=X'X=\sum_{i=1}^{n}X_i^2\sim\chi^2(n);$$

当 $\mu_i=0\ (i=1,2,\cdots,n)$，$\sigma^2\neq 1$ 时，则有

$$\frac{1}{\sigma^2}X'X \sim \chi^2(n) \quad (\text{或记为 } X'X \sim \sigma^2\chi^2(n)).$$

结论 2　当 $\mu_i\neq 0\ (i=1,2,\cdots,n)$，$X'X$ 的分布常称为**非中心 χ^2 分布**.

定义 3.1.1　设 n 维随机向量 $X\sim N_n(\mu,I_n)\ (\mu\neq 0)$，则称随机变量 $\xi=X'X$ 为服从 n 个自由度、非中心参数 $\delta=\mu'\mu=\sum_{i=1}^n \mu_i^2$ 的 χ^2 分布，记为 $X'X \sim \chi^2(n,\delta)$ 或 $X'X \sim \chi_n^2(\delta)$.

当 $X\sim N_n(\mu,\sigma^2 I_n)$，$\mu\neq 0$，且 $\sigma^2\neq 1$ 时，令

$$Y_i = \frac{1}{\sigma}X_i.$$

显然

$$Y_i \sim N\left(\frac{\mu_i}{\sigma},1\right) \quad (i=1,\cdots,n),$$

则

$$Y'Y = \frac{1}{\sigma^2}X'X \sim \chi_n^2(\delta),$$

其中 $\delta=\frac{1}{\sigma^2}\mu'\mu$.

结论 3　设 $X\sim N_n(0_n,\sigma^2 I_n)$，$A$ 为对称矩阵，且 $\mathrm{rank}(A)=r$，则二次型 $X'AX/\sigma^2 \sim \chi^2(r) \Longleftrightarrow A^2=A$　（A 为**对称幂等矩阵**）.

证明　$\Longrightarrow$：因 A 为对称矩阵，所以存在正交阵 Γ 使

$$\Gamma' A\Gamma = \mathrm{diag}(\lambda_1,\cdots\lambda_r,0\cdots 0).$$

令

$$Y = \Gamma' X \sim N_n(0_n,\sigma^2 I_n), \quad X = \Gamma Y.$$

则

$$\xi = X'AX/\sigma^2 = Y'\Gamma' A\Gamma Y/\sigma^2 = \sum_{i=1}^r \lambda_i Y_i^2/\sigma^2,$$

且 $Y_1,\cdots,Y_r$ 相互独立同 $N(0,\sigma^2)$分布. 故而 $Y_i^2/\sigma^2\sim\chi^2(1)\ (i=1,\cdots,r)$，且相互独立. $\sum_{i=1}^r \lambda_i Y_i^2/\sigma^2$ 的特征函数为

$$(1-2\mathrm{i}\lambda_1 t)^{-1/2}\cdot(1-2\mathrm{i}\lambda_2 t)^{-1/2}\cdot\cdots\cdot(1-2\mathrm{i}\lambda_r t)^{-1/2}.$$

又知 $\xi=X'AX/\sigma^2\sim\chi^2(r)$,故 ξ 的特征函数为 $(1-2\mathrm{i}t)^{-r/2}$. 利用

$$(1-2\mathrm{i}t)^{r/2}=[(1-2\mathrm{i}\lambda_1 t)(1-2\mathrm{i}\lambda_2 t)\cdots(1-2\mathrm{i}\lambda_r t)]^{1/2}$$

可得出 $\lambda_1=\lambda_2=\cdots=\lambda_r=1$,于是

$$\mathrm{diag}(1,\cdots,1,0,\cdots,0)=\Gamma'A\Gamma=\Gamma'A\Gamma\cdot\Gamma'A\Gamma=\Gamma'A^2\Gamma,$$

故 $A=A^2$,即 A 为对称幂等矩阵.

$\Longleftarrow$:因 A 为对称幂等矩阵,而对称幂等矩阵的特征值非 0 即 1,且只有 r 个非 0 特征值,即存在正交矩阵 Γ,使

$$\Gamma'A\Gamma=\begin{bmatrix}I_r & O\\ O & O\end{bmatrix}.$$

令 $Y=\begin{bmatrix}Y_1\\ \vdots\\ Y_n\end{bmatrix}=\Gamma'X$ (即 $X=\Gamma Y$),则

$$Y\sim N_n(0_n,\sigma^2\Gamma'I_n\Gamma)=N_n(0_n,\sigma^2 I_n),$$

$$\frac{1}{\sigma^2}X'AX=\frac{1}{\sigma^2}Y'\Gamma'A\Gamma Y=\frac{1}{\sigma^2}Y'\begin{bmatrix}I_r & O\\ O & O\end{bmatrix}Y=\frac{1}{\sigma^2}\sum_{i=1}^{r}Y_i^2.$$

因为 $Y_i\sim N(0,\sigma^2)$ $(i=1,2,\cdots,r)$,且相互独立,所以

$$\xi=\frac{1}{\sigma^2}X'AX=\frac{1}{\sigma^2}\sum_{i=1}^{r}Y_i^2\sim\chi^2(r).$$ (证毕)

结论 4 设 $X\sim N_n(\mu,\sigma^2 I_n)$, $A=A'$,则

$$\frac{1}{\sigma^2}X'AX\sim\chi^2(r,\delta),$$

其中

$$\delta=\frac{1}{\sigma^2}\mu'A\mu\Longleftrightarrow A=A^2\quad(\text{对称幂等矩阵}),$$

且 $\mathrm{rank}(A)=r$ $(r\leqslant n)$.

结论 5 二次型与线性函数的独立性:设 $X\sim N_n(\mu,\sigma^2 I_n)$, A 为 n 阶对称矩阵, B 为 $m\times n$ 矩阵,令 $\xi=X'AX$, $Z=BX$ (Z 为 m 维随机向量),若 $BA=O$,则 BX 和 $X'AX$ 相互独立.

证明 设 $\mathrm{rank}(A)=r>0$ (当 $r=0$ 时 $A=O$,结论显然成立),存在正交矩阵 Γ 使

$$\Gamma'A\Gamma=\begin{bmatrix}D_r & O\\ O & O\end{bmatrix},\quad D_r=\begin{bmatrix}\lambda_1 & & 0\\ & \ddots & \\ 0 & & \lambda_r\end{bmatrix},$$

其中 λ_i 是 A 的非零特征值($i=1,\cdots,r$).

因为

$$BA = B\Gamma\begin{bmatrix} D_r & O \\ O & O \end{bmatrix}\Gamma' = (C_1 \vdots C_2)\begin{bmatrix} D_r & O \\ O & O \end{bmatrix}\Gamma'$$
$$= (C_1D_r \vdots O)\Gamma' = O,$$

其中 B 为 $m\times n$ 矩阵，O 为 $m\times n$ 零矩阵，C_1 为 $m\times r$ 矩阵，C_2 为 $m\times(n-r)$ 矩阵. 故有 $C_1D_r=O$，又 D_r 为对角矩阵，且 $\lambda_i\neq0$，从而得 $C_1=O$.

令 $Y=\Gamma'X$，即 $X=\Gamma Y$. 则

$$Y = \begin{bmatrix} Y_1 \\ \vdots \\ Y_n \end{bmatrix} \sim N_n(\Gamma'\mu, \sigma^2 I_n),$$

即 $Y_1,\cdots,Y_n$ 独立. 因

$$X'AX = Y'\Gamma'A\Gamma Y = Y'\begin{bmatrix} D_r & O \\ O & O \end{bmatrix}Y = \sum_{i=1}^{r}\lambda_i Y_i^2,$$

而

$$BX = B\Gamma Y = (C_1 \vdots C_2)\begin{bmatrix} Y_1 \\ \vdots \\ Y_n \end{bmatrix} = C_2\begin{bmatrix} Y_{r+1} \\ \vdots \\ Y_n \end{bmatrix},$$

由于 $Y_1,\cdots,Y_r$ 与 $Y_{r+1},\cdots,Y_n$ 相互独立，故 $X'AX$ 与 BX 相互独立.

(证毕)

结论 5 反之也成立，即：若 BX 和 $X'AX$ 相互独立，则 $BA=O$.

结论 6　两个二次型相互独立的条件：设 $X\sim N_n(\mu,\sigma^2 I_n)$，$A$，$B$ 为 n 阶对称矩阵，则

$$AB = O \Longleftrightarrow X'AX \text{ 与 } X'BX \text{ 相互独立}.$$

2. 一般 p 维正态随机向量的二次型

p 维随机向量的二次型具有下述结论：

结论 1　设 $X\sim N_p(\mu,\Sigma)$，$\Sigma>0$，则 $X'\Sigma^{-1}X\sim\chi^2(p,\delta)$，其中 $\delta=\mu'\Sigma^{-1}\mu$.

证明　因 $\Sigma>0$，由正定矩阵的分解可得 $\Sigma=CC'$（C 为非退化方

阵).

令 $Y=C^{-1}X$,即 $X=CY$.则

$$Y \sim N_p(C^{-1}\mu, C^{-1}\Sigma(C^{-1})').$$

因 $\Sigma=CC'$,所以 $Y\sim N_p(C^{-1}\mu, I_p)$,且有

$$X'\Sigma^{-1}X = Y'C'\Sigma^{-1}CY = Y'Y \sim \chi^2(p,\delta),$$

其中
$$\delta = (C^{-1}\mu)'(C^{-1}\mu) = \mu'\Sigma^{-1}\mu.$$
(证毕)

结论 2 设 $X\sim N_p(\mu,\Sigma)$,$\Sigma>0$,A 为对称矩阵, $\mathrm{rank}(A)=r$.则

$$(X-\mu)'A(X-\mu) \sim \chi^2(r) \Longleftrightarrow \Sigma A\Sigma A\Sigma = \Sigma A\Sigma.$$

证明 因 $\Sigma>0$,则有 $\mathrm{rank}(\Sigma)=p$,且存在正交矩阵 Γ 和 $\lambda_i>0$ $(i=1,2,\cdots,p)$,使得

$$\Sigma = \Sigma^{1/2}\cdot\Sigma^{1/2},$$

其中 $\Sigma^{1/2}=\Gamma\mathrm{diag}(\sqrt{\lambda_1},\cdots,\sqrt{\lambda_p})\Gamma'$ 为 Σ 的平方根矩阵.

记

$$\Sigma^{-1/2} = \Gamma\mathrm{diag}\left(\frac{1}{\sqrt{\lambda_1}},\cdots,\frac{1}{\sqrt{\lambda_p}}\right)\Gamma',$$

显然有 $\Sigma^{1/2}\Sigma^{-1/2}=I_p$.

令

$$Y = \Sigma^{-1/2}(X-\mu) \sim N_p(0_p, I_p),$$

这里

$$\begin{aligned} \mathrm{D}(Y) &= \mathrm{D}(\Sigma^{-1/2}(X-\mu)) = \Sigma^{-1/2}\cdot\Sigma\cdot(\Sigma^{-1/2})' \\ &= \Sigma^{-1/2}\cdot\Sigma^{1/2}\Sigma^{1/2}\cdot\Sigma^{-1/2} = I_p, \end{aligned}$$

$$(X-\mu)'A(X-\mu) = Y'\Sigma^{1/2}A\Sigma^{1/2}Y \xlongequal{\mathrm{def}} Y'CY.$$

由本节的小节一、**1**“分量独立的 n 维随机向量 X 的二次型”中结论 3 可知

$$Y'CY \sim \chi^2(p) \Longleftrightarrow C^2 = C,$$

即
$$\Sigma^{1/2}A\Sigma^{1/2}\cdot\Sigma^{1/2}A\Sigma^{1/2} = \Sigma^{1/2}A\Sigma^{1/2}.$$

将上式两边左右乘 $\Sigma^{1/2}$,即得 $\Sigma A\Sigma A\Sigma=\Sigma A\Sigma$. (证毕)

结论 3 设 $X\sim N_p(\mu,\Sigma)$,$\Sigma>0$,A 和 B 为 p 阶对称矩阵,则

$$(X-\mu)'A(X-\mu) \text{ 与 } (X-\mu)'B(X-\mu) \text{ 独立}$$
$$\Longleftrightarrow \Sigma A\Sigma B\Sigma = O_{p\times p}.$$

3. 非中心 t 分布和非中心 F 分布

定义 3.1.2　设 $X\sim N(\delta,1)$ 与 $Y\sim\chi^2(n)$ 相互独立，令

$$T=\frac{X\sqrt{n}}{\sqrt{Y}},$$

则称 T 的分布为具有 n 个自由度、非中心参数为 δ 的非中心 t 分布，记为 $T\sim t(n,\delta)$.

定义 3.1.3　设 $X\sim\chi^2(m,\delta)$ 与 $Y\sim\chi^2(n)$ 相互独立，令

$$F=\frac{X/m}{Y/n},$$

则称 F 的分布为具有自由度为 m,n 和非中心参数为 δ 的 F 分布，记为 $F\sim F(m,n,\delta)$.

4. 非中心 χ^2 分布、非中心 t 分布和非中心 F 分布的应用

一元统计中，关于在一个正态总体 $N(\mu,\sigma^2)$ 的均值检验中，检验 H_0：$\mu=\mu_0$ 时，检验统计量为

$$T=\frac{\overline{X}-\mu_0}{\sqrt{s^2/n}}\overset{H_0\text{下}}{\sim}t(n-1),$$

否定域为 $\{|T|>\lambda\}$，其中 λ 满足：$P\{|T|>\lambda\}=\alpha$（显著性水平）.

当否定 H_0 时，可能犯**第一类错误**，且

$$\begin{aligned}\text{第一类错误的概率}&=P\{\text{“以真当假”}\}=P\{|T|>\lambda|\mu=\mu_0\}\\&=\text{显著性水平 }\alpha;\end{aligned}$$

当 H_0 相容时，可能犯**第二类错误**，且

$$\begin{aligned}\text{第二类错误的概率}&=P\{\text{“以假当真”}\}=P\{|T|\leqslant\lambda|\mu\neq\mu_0\}\\&\xlongequal{\text{设 }\mu=\mu_1\neq\mu_0}P\left\{\left|\frac{\overline{X}-\mu_1+(\mu_1-\mu_0)}{\sqrt{s^2/n}}\right|\leqslant\lambda|\mu=\mu_1\right\}\\&=\beta.\end{aligned}$$

此时检验统计量 $T\sim t(n-1,\delta)$（非中心参数 $\delta=\sqrt{n}(\mu_1-\mu_0)/\sigma$），利用非中心 t 分布可以计算第二类错误 β 的值，从而得到检验法的功效函数为 $1-\beta$.

类似地，非中心 χ^2 分布和非中心 F 分布在一元统计的相应检验中，将应用非中心分布来计算第二类错误.

二、威沙特(Wishart)分布

威沙特分布是一元统计中 χ^2 分布的推广. 多元正态总体 $N_p(\mu,\Sigma)$中,常用样本均值向量 $\overline{X}$ 作为 μ 的估计,样本协方差阵

$$S=\frac{1}{n-1}A$$

作为 Σ 的估计. 第二章的定理 2.5.2 已给出

$$\overline{X}\sim N_p\left(\mu,\frac{\Sigma}{n}\right).$$

一元统计中,用样本方差

$$s^2=\frac{1}{n-1}\sum_{i=1}^{n}(X_{(i)}-\overline{X})^2$$

作为 σ^2 的估计,而且知道

$$\frac{1}{\sigma^2}\sum_{i=1}^{n}(X_{(i)}-\overline{X})^2\sim\chi^2(n-1).$$

推广到 p 元正态总体,样本协方差阵 $S=\frac{1}{n-1}A$ 及**随机阵** A(离差阵)的分布是什么?

设 $X_{(\alpha)}(\alpha=1,\cdots,n)$为来自总体 $N_p(0,\Sigma)$的随机样本,记 $X=(X_{(1)},\cdots,X_{(n)})'$为 $n\times p$ 样本数据阵. 考虑随机阵

$$W=\sum_{i=1}^{n}X_{(i)}X'_{(i)}=(X_{(1)},\cdots,X_{(n)})\begin{bmatrix}X'_{(1)}\\ \vdots\\ X'_{(n)}\end{bmatrix}=X'X$$

的分布. 当 $p=1$ 时(总体 $X\sim N_1(0,\sigma^2)$),

$$W=\sum_{i=1}^{n}X^2_{(i)}=(X_{(1)},\cdots,X_{(n)})\begin{bmatrix}X_{(1)}\\ \vdots\\ X_{(n)}\end{bmatrix}=X'X\sim\sigma^2\chi^2(n).$$

在一元正态总体情况下,

$$\xi=\frac{1}{\sigma^2}\sum_{i=1}^{n}X^2_{(i)}\sim\chi^2(n),$$

推广到 p 元正态总体时,随机阵 W 的分布是什么?

1. 威沙特分布的定义

定义 3.1.4　设 $X_{(\alpha)} \sim N_p(0,\Sigma)$ $(\alpha=1,\cdots,n)$相互独立，记 $X=(X_{(1)},\cdots,X_{(n)})'$为 $n\times p$ 矩阵，则称随机阵

$$W=\sum_{\alpha=1}^{n} X_{(\alpha)}X'_{(\alpha)}=X'X$$

的分布为威沙特分布，记为 $W\sim W_p(n,\Sigma)$.

显然，$p=1$ 时，$X_{(\alpha)}\sim N(0,\sigma^2)$，此时

$$W=\sum_{\alpha=1}^{n} X^2_{(\alpha)}\sim \sigma^2\chi^2(n),$$

即 $W_1(n,\sigma^2)$就是 $\sigma^2\chi^2(n)$. 当 $p=1,\sigma^2=1$ 时，$W_1(n,1)$就是 $\chi^2(n)$.

一般地，设 $X_{(\alpha)}\sim N_p(\mu,\Sigma)$ $(\alpha=1,\cdots,n)$相互独立，记

$$M=\begin{bmatrix}\mu_1 & \cdots & \mu_p\\ \vdots & & \vdots\\ \mu_1 & \cdots & \mu_p\end{bmatrix}=\mathbf{1}_n\mu',$$

则称 $W=X'X$ 服从非中心参数为 Δ 的非中心威沙特分布，记为 $W\sim W_p(n,\Sigma,\Delta)$，其中

$$\Delta=M'M=(\mathbf{1}_n\mu')'(\mathbf{1}_n\mu')=\mu\mathbf{1}'_n\mathbf{1}_n\mu'=n\mu\mu'.$$

当 $X_{(\alpha)}\sim N_p(\mu_\alpha,\Sigma)$ $(\alpha=1,\cdots,n)$相互独立时，非中心参数

$$\Delta=\sum_{\alpha=1}^{n}\mu_\alpha\mu'_\alpha \quad 或 \quad \Delta=M'M.$$

这里

$$M=\begin{bmatrix}\mu_{11} & \cdots & \mu_{1p}\\ \vdots & & \vdots\\ \mu_{n1} & \cdots & \mu_{np}\end{bmatrix}=\begin{bmatrix}\mu'_1\\ \vdots\\ \mu'_n\end{bmatrix},$$

其中 p 为随机阵 W 的阶数，n 为自由度，一元统计中的 σ^2 对应 p 元统计中的协方差阵 Σ.

随机阵 W 的密度函数是威沙特于 1928 年推导出来的，故此分布称为威沙特分布.

2. 威沙特分布的性质

性质 1　设 $X_{(\alpha)}\sim N_p(\mu,\Sigma)$ $(\alpha=1,\cdots,n)$相互独立，则样本离差

阵 A 服从威沙特分布，即

$$A=\sum_{\alpha=1}^{n}(X_{(\alpha)}-\overline{X})(X_{(\alpha)}-\overline{X})'\sim W_p(n-1,\Sigma).$$

证明 根据第二章的定理 2.5.2 知

$$A=\sum_{\alpha=1}^{n-1}Z_\alpha Z_\alpha',$$

而 $Z_\alpha\sim N_p(0,\Sigma)$ $(\alpha=1,\cdots,n-1)$相互独立，由定义 3.1.4 可知

$$A\sim W_p(n-1,\Sigma).$$ （证毕）

由于威沙特分布是 χ^2 分布的推广，因此它还具有 χ^2 分布的一些其他性质.

性质 2 关于自由度 n 具有**可加性**：设 $W_i\sim W_p(n_i,\Sigma)$ $(i=1,\cdots,k)$相互独立，则

$$\sum_{i=1}^{k}W_i\sim W_p(n,\Sigma),\quad \text{其中 } n=n_1+\cdots+n_k.$$

性质 3 设 p 阶随机阵 $W\sim W_p(n,\Sigma)$，C 是 $m\times p$ 常数矩阵，则 m 阶随机阵 CWC' 也服从威沙特分布，即

$$CWC'\sim W_m(n,C\Sigma C').$$

证明 因 $W\overset{\mathrm{d}}{=\!=}\sum_{\alpha=1}^{n}Z_\alpha Z_\alpha'\sim W_p(n,\Sigma)$，其中 $Z_\alpha\sim N_p(0,\Sigma)$ $(\alpha=1,\cdots,n)$相互独立.

令 $Y_\alpha=CZ_\alpha$，则 $Y_\alpha\sim N_m(0,C\Sigma C')$. 故

$$\sum_{\alpha=1}^{n}Y_\alpha Y_\alpha'=\sum_{\alpha=1}^{n}CZ_\alpha\cdot Z_\alpha'C'$$

$$\overset{\mathrm{d}}{=\!=}CWC'\sim W_m(n,C\Sigma C').$$ （证毕）

特别地：

(1) $aW\sim W_p(n,a\Sigma)$ $(a>0$，为常数).

在性质 3 中只须取 $C=\sqrt{a}\,I_p$，即得此结论.

(2) 设 $l'=(l_1,\cdots,l_p)$，则 $l'Wl=\xi\sim W_1(n,l'\Sigma l)$，即

$$\xi\sim\sigma^2\chi^2(n)\quad(\text{其中 }\sigma^2=l'\Sigma l).$$

在性质 3 中只须取 $C=l'$，即得此结论.

性质 4 分块威沙特矩阵的分布（习题三中第 3-4 题）：设

$X_{(\alpha)} \sim N_p(0,\Sigma)$ $(\alpha=1,\cdots,n)$相互独立,其中

$$\Sigma = \begin{bmatrix} \Sigma_{11} & \Sigma_{12} \\ \Sigma_{21} & \Sigma_{22} \end{bmatrix} \begin{matrix} r \\ p-r \end{matrix}.$$

又已知随机阵

$$W = \sum_{\alpha=1}^{n} X_{(\alpha)} X'_{(\alpha)} = \begin{bmatrix} W_{11} & W_{12} \\ W_{21} & W_{22} \end{bmatrix} \begin{matrix} r \\ p-r \end{matrix} \sim W_p(n,\Sigma),$$

则

(1) $W_{11} \sim W_r(n,\Sigma_{11})$, $W_{22} \sim W_{p-r}(n,\Sigma_{22})$;

(2) 当 $\Sigma_{12}=O$ 时, W_{11}与W_{22}相互独立.

性质 5 设 $W \sim W_p(n,\Sigma)$,记 $W_{22\cdot1}=W_{22}-W_{21}W_{11}^{-1}W_{12}$,则

$$W_{22\cdot1} \sim W_{p-r}(n-r,\Sigma_{22\cdot1}),$$

其中 $\Sigma_{22\cdot1}=\Sigma_{22}-\Sigma_{21}\Sigma_{11}^{-1}\Sigma_{12}$,且 $W_{22\cdot1}$与 W_{11}相互独立.

性质 6 设随机阵 $W \sim W_p(n,\Sigma)$,则 $\mathrm{E}(W)=n\Sigma$.

性质 7 设 $X \sim N_{n\times p}(M,I_n\otimes\Sigma)$, A 为 n 阶对称矩阵,则

$$X'AX \sim W_p(r,\Sigma,\Delta),$$

其中 $\Delta=M'AM \iff A^2=A$,且 $\mathrm{rank}(A)=r$.

这是一元统计中 n 维观测向量 X 的二次型分布在 p 维情况下的推广(证明见参考文献[2]).

性质 8 设 $X \sim N_{n\times p}(M,I_n\otimes\Sigma)$, A 和 B 均为 n 阶对称幂等矩阵,则

$$X'AX \text{ 与 } X'BX \text{ 相互独立} \iff AB=O.$$

这是一元统计中($p=1$)n 维观测向量 X 的两个二次型相互独立的条件在 p 维情况下的推广(证明见参考文献[2]).

三、霍特林(Hotelling) T^2 分布

1. 霍特林 T^2 分布的定义

一元统计中, 若 $X \sim N(0,1)$,$\xi \sim \chi^2(n)$,X 与 ξ 相互独立,则随机变量

$$t = \frac{X}{\sqrt{\xi/n}} \sim t(n).$$

下面把 $t^2=nX^2/\xi=nX'\xi^{-1}X$ 的分布推广到 p 元总体. 设总体 $X\sim N_p(0,\Sigma)$, 随机阵 $W\sim W_p(n,\Sigma)$, 我们来讨论 $T^2=nX'W^{-1}X$ 的分布.

定义 3.1.5 设 $X\sim N_p(0,\Sigma)$, 随机阵 $W\sim W_p(n,\Sigma)$ $(\Sigma>0, n\geqslant p)$, 且 X 与 W 相互独立, 则称统计量 $T^2=nX'W^{-1}X$ 为**霍特林 T^2 统计量**, 其分布称为**服从 n 个自由度的 T^2 分布**, 记为

$$T^2\sim T^2(p,n).$$

更一般地, 若 $X\sim N_p(\mu,\Sigma)$ $(\mu\neq 0)$, 则称 T^2 的分布为**非中心霍特林 T^2 分布**, 记为 $T^2\sim T^2(p,n,\mu)$.

2. 霍特林 T^2 分布的性质

性质 1 设 $X_{(\alpha)}(\alpha=1,\cdots,n)$ 是来自 p 元总体 $N_p(\mu,\Sigma)$ 的随机样本, $\overline{X}$ 和 A 分别是正态总体 $N_p(\mu,\Sigma)$ 的样本均值向量和样本离差阵, 则统计量

$$\begin{aligned}T^2 &= (n-1)[\sqrt{n}(\overline{X}-\mu)]'A^{-1}[\sqrt{n}(\overline{X}-\mu)]\\ &= n(n-1)(\overline{X}-\mu)'A^{-1}(\overline{X}-\mu)\\ &\sim T^2(p,n-1).\end{aligned}$$

证明 事实上, 因 $\overline{X}\sim N_p\left(\mu,\frac{1}{n}\Sigma\right)$, 则 $\sqrt{n}(\overline{X}-\mu)\sim N_p(0,\Sigma)$. 而 $A\sim W_p(n-1,\Sigma)$, 且 A 与 $\overline{X}$ 相互独立. 由定义 3.1.5 知

$$T^2\sim T^2(p,n-1).$$ **(证毕)**

性质 2 T^2 与 F 分布的关系: 设 $T^2\sim T^2(p,n)$, 则

$$\frac{n-p+1}{np}T^2\sim F(p,n-p+1).$$

在一元统计中, 若 $t=\dfrac{X}{\sqrt{\xi/n}}\sim t(n)$, 则 $t^2=\dfrac{X^2/1}{\xi/n}\sim F(1,n)$.

当 $p=1$ 时, 一元总体 $X\sim N(0,\sigma^2)$, $X_{(\alpha)}(\alpha=1,\cdots,n)$ 为来自总体 X 的随机样本, 则

$$W\overset{\mathrm{d}}{=\!=}\sum_{\alpha=1}^{n}X_{(\alpha)}X'_{(\alpha)}=\sum_{\alpha=1}^{n}X_{(\alpha)}^2\sim W_1(n,\sigma^2)\quad(\text{即 }\sigma^2\chi^2(n)).$$

所以

$$\frac{n}{n}T^2=nX'W^{-1}X=\frac{nX^2}{W}=\frac{(X/\sigma)^2}{(W/\sigma^2 n)}\sim F(1,n).$$

一般地,

$$\frac{n-p+1}{p}\cdot\frac{T^2}{n}\overset{\mathrm{d}}{=\!=}\frac{n-p+1}{p}X'W^{-1}X$$
$$=\frac{n-p+1}{p}X'\Sigma^{-1}X\Big/\frac{X'\Sigma^{-1}X}{X'W^{-1}X}\overset{\mathrm{def}}{=\!=}\frac{n-p+1}{p}\cdot\frac{\xi}{\eta}$$
$$=\frac{\xi/p}{\eta/(n-p+1)}\sim F(p,n-p+1),$$

其中 $\xi=X'\Sigma^{-1}X\sim\chi^2(p,\delta)$ $(\delta=0)$. 还可证明

$$\eta=\frac{X'\Sigma^{-1}X}{X'W^{-1}X}\sim\chi^2(n-p+1),$$

且 ξ 与 η 独立(详细证明见参考文献[2]).

性质 3　设 $X_{(\alpha)}(\alpha=1,2,\cdots,n)$为来自 p 元总体 $N_p(\mu,\Sigma)$的随机样本. $\overline{X},A$ 分别为样本均值向量和样本离差阵. 记

$$T^2=n(n-1)\overline{X}'A^{-1}\overline{X},$$

则
$$\frac{n-p}{p}\frac{T^2}{n-1}\sim F(p,n-p,\delta),$$

其中 $\delta=n\mu'\Sigma^{-1}\mu$.

一元统计中($p=1$ 时), t 统计量与参数 σ^2 无关. 类似地有以下性质.

性质 4　T^2 统计量的分布只与 p,n 有关,而与 Σ 无关.

设 $U\sim N_p(0,I_p)$, $W_0\sim W_p(n,I_p)$, U 和 W_0 相互独立,则

$nU'W_0^{-1}U\overset{\mathrm{d}}{=\!=}nX'W^{-1}X\sim T^2(p,n)$. (d 的含义见第 23 页注 ①)

事实上,因 $X\sim N_p(0,\Sigma)$ $(\Sigma>0)$, $W\sim W_p(n,\Sigma)$,则 $\Sigma^{-1/2}X\sim N_p(0,I_p)$,且 $\Sigma^{-1/2}W\Sigma^{-1/2}\sim W_p(n,I_p)$,因此

$$U\overset{\mathrm{d}}{=\!=}\Sigma^{-1/2}X,\quad W_0\overset{\mathrm{d}}{=\!=}\Sigma^{-1/2}W\Sigma^{-1/2}.$$

所以 $nU'W_0^{-1}U\overset{\mathrm{d}}{=\!=}nX'W^{-1}X\sim T^2(p,n)$.

性质 5　T^2 统计量对非退化变换保持不变.

设 $X_{(\alpha)}(\alpha=1,\cdots,n)$是来自 p 元总体 $N_p(\mu,\Sigma)$的随机样本, $\overline{X}_x$ 和 A_x 分别表示正态总体 X 的样本均值向量和样本离差阵,则由性质 1 有

$$T_x^2=n(n-1)(\overline{X}_x-\mu)'A_x^{-1}(\overline{X}_x-\mu)\sim T^2(p,n-1).$$

令 $Y_{(\alpha)}=CX_{(\alpha)}+d$ $(\alpha=1,\cdots,n)$,其中 C 为 $p\times p$ 非退化常数矩阵, d 为 p 维常向量,则可以证明(习题三中第 3-4 题)

$$T_y^2 = T_x^2.$$

四、威尔克斯(Wilks)Λ统计量及其分布

1. 威尔克斯Λ分布的定义

一元统计中,设$\xi \sim \chi^2(m)$,$\eta \sim \chi^2(n)$,且相互独立,则

$$F = \frac{\xi/m}{\eta/n} \sim F(m,n).$$

在两个总体($N(\mu_1,\sigma_x^2)$和$N(\mu_2,\sigma_y^2)$)方差齐性检验中(H_0: $\sigma_x^2 = \sigma_y^2$),设$X_{(i)}(i=1,\cdots,m)$为来自$N(\mu_1,\sigma_x^2)$的随机样本,$Y_{(j)}(j=1,\cdots,n)$为来自$N(\mu_2,\sigma_y^2)$的随机样本,取σ_x^2和σ_y^2的估计量(样本方差)分别为

$$s_x^2 = \frac{1}{m-1}\sum_{i=1}^{m}(X_{(i)} - \overline{X})^2 \quad 和 \quad s_y^2 = \frac{1}{n-1}\sum_{i=1}^{n}(Y_{(i)} - \overline{Y})^2,$$

则检验统计量

$$F = \frac{s_x^2}{s_y^2} \overset{H_0下}{\sim} F(m-1,n-1).$$

在p元总体$N_p(\mu,\Sigma)$中,协方差阵Σ的估计量为

$$\hat{\Sigma} = \frac{1}{n-1}A \quad \left(或\frac{1}{n}A\right).$$

在检验H_0: $\Sigma_1 = \Sigma_2$时,如何用一个数值来描述对矩阵的离散程度的估计呢?一般可用矩阵的行列式、迹或特征值等数量指标来描述总体的分散程度.

定义 3.1.6 设$X \sim N_p(\mu,\Sigma)$,则称协方差阵的行列式$|\Sigma|$为X的**广义方差**.若$X_{(\alpha)}(\alpha=1,\cdots,n)$为$p$元总体$X$的随机样本,$A$为样本离差阵,则称$\left|\frac{1}{n}A\right|$或$\left|\frac{1}{n-1}A\right|$为**样本广义方差**.

有了广义方差的概念后,在多元统计的协方差阵齐性检验中,类似一元统计,可考虑两个广义方差之比构成的统计量——威尔克斯统计量的分布.

定义 3.1.7 设$A_1 \sim W_p(n_1,\Sigma)$,$A_2 \sim W_p(n_2,\Sigma)$ ($\Sigma > 0, n_1 \geqslant p$),且$A_1$与$A_2$独立,则称广义方差之比

$$\Lambda = \frac{|A_1|}{|A_1 + A_2|}$$

为**威尔克斯统计量或 Λ 统计量**,其分布称为**威尔克斯分布**,记为

$$\Lambda \sim \Lambda(p, n_1, n_2).$$

当 $p=1$ 时, Λ 统计量的分布正是一元统计中的参数为 $n_1/2$, $n_2/2$ 的 β 分布(记为 $\beta(n_1/2, n_2/2)$).

2. Λ 统计量与 T^2 或 F 统计量的关系

在实际应用中,常把 Λ 统计量化为 T^2 统计量,进而化为 F 统计量. 然后我们利用熟悉的 F 统计量来解决多元统计分析中有关检验的问题.

结论 1　当 $n_2=1$ 时,设 $n_1=n>p$,则

$$\Lambda(p,n,1) \xlongequal{\mathrm{d}} \frac{1}{1 + \frac{1}{n} T^2(p,n)},$$

或

$$T^2(p,n) = n \cdot \frac{1 - \Lambda(p,n,1)}{\Lambda(p,n,1)},$$

$$\frac{n-p+1}{np} T^2 = \frac{n-p+1}{p} \frac{1-\Lambda}{\Lambda} \xlongequal{\mathrm{d}} F(p, n-p+1).$$

证明　设 $X_{(\alpha)}(\alpha=1,\cdots,n,n+1)$ 相互独立同 $N_p(0,\Sigma)$ 分布,显然有

$$W_1 = \sum_{\alpha=1}^{n} X_{(\alpha)} X'_{(\alpha)} \sim W_p(n,\Sigma),$$

$$W = \sum_{\alpha=1}^{n+1} X_{(\alpha)} X'_{(\alpha)} \sim W_p(n+1,\Sigma).$$

由定义 3.1.7,知

$$\Lambda = \frac{|W_1|}{|W|} \sim \Lambda(p,n,1),$$

又因 $W=W_1+X_{(n+1)} \cdot X'_{(n+1)}$,我们利用分块矩阵行列式的公式(见附录),可得

$$|W| = |W_1 + X_{(n+1)} X'_{(n+1)}| = \begin{vmatrix} W_1 & -X_{(n+1)} \\ X'_{(n+1)} & 1 \end{vmatrix} \begin{matrix} p \\ 1 \end{matrix}$$

$$\xlongequal{\text{分块求行列式公式}} |W_1|(1 + X'_{(n+1)} W_1^{-1} X_{(n+1)}).$$

所以

$$\Lambda = \frac{|W_1|}{|W|} = \frac{1}{1 + X'_{(n+1)} W_1^{-1} X_{(n+1)}}$$

$$\overset{d}{=\!=} \frac{1}{1 + \frac{1}{n} T^2(p,n)}. \qquad \text{（证毕）}$$

结论 2 当 $n_2=2$ 时，设 $n_1=n>p$，则

$$\frac{n-p+1}{p} \frac{1-\sqrt{\Lambda(p,n,2)}}{\sqrt{\Lambda(p,n,2)}} \overset{d}{=\!=} F(2p, 2(n-p+1)).$$

结论 3 当 $p=1$ 时，则

$$\frac{n_1}{n_2} \frac{1-\Lambda(1,n_1,n_2)}{\Lambda(1,n_1,n_2)} \overset{d}{=\!=} F(n_2,n_1).$$

利用 $\Lambda(1,n_1,n_2)$就是 $\beta(n_1/2,n_2/2)$，以及 β 分布与 F 分布的关系即得此结论.

结论 4 当 $p=2$ 时，则

$$\frac{n_1-1}{n_2} \cdot \frac{1-\sqrt{\Lambda(2,n_1,n_2)}}{\sqrt{\Lambda(2,n_1,n_2)}} \overset{d}{=\!=} F(2n_2, 2(n_1-1)).$$

结论 5 当 $n_2>2, p>2$ 时，可用 χ^2 统计量或 F 统计量近似.

博克斯(Box)(1949)给出以下结论：

设 $\Lambda \sim \Lambda(p,n_1,n_2)$，则当 $n_1 \to \infty$时，

$$-r \ln \Lambda \sim \chi^2(pn_2),$$

其中 $r=n_1-\frac{1}{2}(p-n_2+1)$.

当 n 不太大时也有一些近似分布，我们将在相应的假设检验中介绍.

3. 两个重要结论

下面不加证明地给出两个很有用的结论.

结论 1 若 $\Lambda \sim \Lambda(p,n_1,n_2)$，则存在 $B_k \sim \beta\left(\frac{n_1-p+k}{2}, \frac{n_2}{2}\right)$ $(k=1,\cdots,p)$相互独立，使得

$$\Lambda \overset{d}{=\!=} B_1 B_2 \cdots B_p.$$

结论 2 若 $n_2<p$，则

$$\Lambda(p,n_1,n_2) \xlongequal{\mathrm{d}} \Lambda(n_2,p,n_1+n_2-p).$$

结论 2 是一元统计中 $F(n,m) \xlongequal{\mathrm{d}} \dfrac{1}{F(m,n)}$ 的推广.

§ 3.2 单总体均值向量的检验及置信域

本节讨论单个 p 元正态总体 $N_p(\mu,\Sigma)$ 的统计推断问题,包括均值向量的检验和均值的置信域问题. p 维正态随机向量的每一个分量都是一元正态变量,关于均值向量的推断问题能否化为 p 个一元正态的均值推断问题呢? 显然这是不完全的. 因为 p 个分量之间往往有互相依赖的关系,分开进行统计推断,往往得不出正确的结论. 但我们可以构造出类似于一元统计中的统计量,用来对均值向量进行检验或求置信域.

一、均值向量的检验

设总体 $X\sim N_p(\mu,\Sigma)$,随机样本 $X_{(\alpha)}(\alpha=1,\cdots,n)$. 检验

$$H_0:\ \mu=\mu_0(\mu_0\ \text{为已知向量}),\quad H_1:\ \mu\neq\mu_0.$$

1. 当 $\Sigma=\Sigma_0$ 已知时均值向量的检验

因

$$\overline{X}\sim N_p\left(\mu,\frac{1}{n}\Sigma_0\right),\qquad \sqrt{n}\,(\overline{X}-\mu)\sim N_p(0,\Sigma_0),$$

利用二次型分布的结论,知

$$(\overline{X}-\mu)'\left(\frac{1}{n}\Sigma_0\right)^{-1}(\overline{X}-\mu)\sim\chi^2(p).$$

取检验统计量为

$$T_0^2=n(\overline{X}-\mu_0)'\Sigma_0^{-1}(\overline{X}-\mu_0)\ \overset{H_0\text{下}}{\sim}\ \chi^2(p).$$

按传统的检验方法,对给定的显著性水平 α,查 χ^2 分布临界值表得 λ_α,使 $P\{T_0^2>\lambda_\alpha\}=\alpha$,则否定域为 $\{T_0^2>\lambda_\alpha\}$.

由样本值 $x_{(\alpha)}(\alpha=1,\cdots,n)$,计算 $\overline{X}$ 及 T_0^2 值,若 $T_0^2>\lambda_\alpha$,则否定 H_0,否则 H_0 相容.

利用统计软件(如SAS系统),还可以通过计算显著性概率值(p值)给出检验结果,且由此得出的结论更丰富.

假设在H_0成立情况下,随机变量$T_0^2 \sim \chi^2(p)$,由样本值计算得到T_0^2的值为d,同时可以计算以下概率值:

$$p = P\{T_0^2 \geqslant d\},$$

常称此概率值为**显著性概率值**,或简称为p**值**.

对给定的显著性水平α,当$p<\alpha$时,则在显著性水平α下否定假设H_0;在这种情况下,可能犯"以真当假"的第一类错误,且α就是犯第一类错误的概率.

当$p \geqslant \alpha$时,则在显著性水平α下H_0相容;在这种情况下,可能犯"以假当真"的第二类错误,且犯第二类错误的概率β为

$$\beta = P\{T_0^2 \leqslant \lambda_\alpha \mid 当\ \mu = \mu_1 \neq \mu_0\},$$

其中检验统计量$T_0^2 \sim \chi^2(p,\delta)$,非中心参数

$$\delta = n(\mu_1 - \mu_0)' \Sigma_0^{-1} (\mu_1 - \mu_0).$$

p值的直观含义可这样看,检验统计量T_0^2的大小反映$\overline{X}$与μ_0的偏差大小,当H_0成立时T_0^2值应较小.现由观测数据计算T_0^2值为d;当H_0成立时统计量$T_0^2 \sim \chi^2(p)$,由χ^2分布可计算该统计量$\geqslant d$的概率值(即p值).比如$p=0.02<\alpha=0.05$,这时出现一个比小概率标准($\alpha=0.05$)还要小的事件$\{T_0^2 \geqslant d\}$.也就是说,在$\mu=\mu_0$假设下,观测数据中极少情况会出现T_0^2的值大于等于d值,故在0.05显著性水平下有足够的证据否定原假设,即认为μ与μ_0有显著地差异.

又比如当$p=0.22 \geqslant \alpha=0.05$时,表示在$\mu=\mu_0$的假设下,观测数据中经常会出现$T_0^2$的值大于等于$d$值的情况,故在0.05显著性水平下没有足够的证据否定原假设,即认为μ与μ_0没有显著地差异.

2. 当Σ未知时均值向量的检验

当$p=1$时(一元统计),取检验统计量为

$$t = \frac{(\overline{X} - \mu_0)\sqrt{n}}{\sqrt{\dfrac{1}{n-1}\sum_{i=1}^{n}(X_{(i)} - \overline{X})^2}} \sim t(n-1),$$

或等价地取检验统计量

$$t^2 = n(\overline{X} - \mu_0)'\left(\frac{1}{n-1}\sum_{i=1}^{n}(X_{(i)} - \overline{X})^2\right)^{-1}(\overline{X} - \mu_0).$$

推广到多元，考虑统计量

$$T^2 = n(\overline{X} - \mu_0)'\left(\frac{1}{n-1}A\right)^{-1}(\overline{X} - \mu_0),$$

因

$$\overline{X} \overset{H_0\text{下}}{\sim} N_p\left(\mu_0, \frac{1}{n}\Sigma\right), \quad \sqrt{n}(\overline{X} - \mu_0) \overset{H_0\text{下}}{\sim} N_p(0, \Sigma).$$

样本离差阵为

$$A = \sum_{\alpha=1}^{n}(X_{(\alpha)} - \overline{X})(X_{(\alpha)} - \overline{X})' \sim W_p(n-1, \Sigma).$$

由定义 3.1.5 可知

$$\begin{aligned} T^2 &= (n-1)\cdot[\sqrt{n}(\overline{X} - \mu_0)]'A^{-1}[\sqrt{n}(\overline{X} - \mu_0)] \\ &= (n-1)n(\overline{X} - \mu_0)'A^{-1}(\overline{X} - \mu_0) \sim T^2(p, n-1), \end{aligned}$$

再利用 T^2 与 F 分布的关系，检验统计量取为

$$\begin{aligned} F = \frac{(n-1) - p + 1}{(n-1)p}T^2 &\overset{H_0\text{下}}{\sim} F(p, (n-1) - p + 1) \\ &\overset{H_0\text{下}}{\sim} F(p, n-p). \end{aligned}$$

例 3.2.1　人的出汗多少与人体内钠和钾的含量有一定的关系. 今测量了 20 名健康成年女性的出汗量(X_1)、钠的含量(X_2)和钾的含量(X_3)(数据见表 3.1). 试检验 H_0: $\mu = \mu_0 = (4, 50, 10)'$, H_1: $\mu \neq \mu_0$ ($\alpha = 0.05$).

表 3.1　成年女性的出汗量及其体内钠和钾含量的数据

序号	X_1	X_2	X_3	序号	X_1	X_2	X_3
1	3.7	48.5	9.3	2	4.7	65.1	8.0
3	3.8	47.2	10.9	4	3.2	53.2	12.0
5	3.1	55.5	9.7	6	4.6	36.1	7.9
7	2.4	24.8	14.0	8	7.2	33.1	7.6
9	6.7	47.4	8.5	10	5.4	54.1	11.3
11	3.9	36.9	12.7	12	4.5	58.8	12.3
13	3.5	27.8	9.8	14	4.5	40.2	8.4
15	1.5	13.5	10.1	16	8.5	56.4	7.1
17	4.5	71.6	8.2	18	6.5	52.8	10.9
19	4.1	44.1	11.2	20	5.5	40.9	9.4

解 记随机向量 $X=(X_1,X_2,X_3)'$，假定 $X\sim N_3(\mu,\Sigma)$. 检验 H_0：$\mu=\mu_0$，H_1：$\mu\neq\mu_0$. 取检验统计量为

$$F=\frac{n-p}{(n-1)p}T^2 \quad (p=3,n=20).$$

由样本值计算得：$\overline{X}=(4.64,45.4,9.965)'$，及

$$A=\begin{bmatrix} 54.708 & & \\ 190.190 & 3795.98 & \\ -34.372 & -107.16 & 68.926 \end{bmatrix}^{①},$$

$$A^{-1}=\begin{bmatrix} 0.0308503 & & \\ -0.0011620 & 0.0003193 & \\ 0.0135773 & -0.0000830 & 0.0211498 \end{bmatrix}.$$

进一步计算可得

$$\begin{aligned} D^2 &= (n-1)(\overline{X}-\mu_0)'A^{-1}(\overline{X}-\mu_0)=19\times(\overline{X}-\mu_0)'Y \\ &= 19\times 0.02563 = 0.48694, \end{aligned}$$

其中 $Y=A^{-1}(\overline{X}-\mu_0)$. Y 也可通过解线性方程组 $AY=(\overline{X}-\mu_0)$得到.

$$T^2=n(n-1)(\overline{X}-\mu_0)'A^{-1}(\overline{X}-\mu_0)=9.7388,$$

$$F=\frac{n-p}{(n-1)p}T^2=2.9045.$$

对给定 $\alpha=0.05$，按传统的检验方法，可查 F 分布临界值表得 $\lambda_\alpha=F_{3,17}(0.05)=3.2$. 比较由样本值计算得到的 F 值及临界值，因 $F=2.9045<3.2$，故 H_0 相容.

利用统计软件进行检验时，首先计算 p 值(此时检验统计量 $F\sim F(3,17)$)：

$$p=P\{F\geqslant 2.9045\}=0.06493.$$

因 $p=0.06493>0.05=\alpha$，故 H_0 相容. 在这种情况下，可能犯第二类错误，且犯第二类错误的概率为 $\beta=P\{F\leqslant 3.2\,|\,\mu=\overline{X}\}=0.3616$ (假定总体均值 $\mu=\mu_1\neq\mu_0$，取 $\mu_1=\overline{X}$).

下面介绍构造检验法的似然比原理，并说明由一元统计推广得到的 T^2 统计量是检验 H_0 的似然比统计量.

---

① 因 A 为对称矩阵，故只列出下三角部分，以下同.

二、似然比统计量

在数理统计中关于总体参数的假设检验，通常是利用最大似然原理导出似然比统计量来进行检验. 在多元统计分析中几乎所有重要的检验都是利用最大似然比原理给出的. 下面我们回顾一下最大似然比原理.

设 p 元总体的密度函数为 $f(x,\theta)$，其中 θ 是未知参数，且 $\theta\in\Theta$（参数空间），又设 Θ_0 是 Θ 的子集，我们希望对下列假设：

$$H_0:\theta\in\Theta_0,\quad H_1:\theta\overline{\in}\Theta_0$$

作出判断，这就是假设检验问题. 称 H_0 为**原假设**（或**零假设**），H_1 为**对立假设**（或**备择假设**）.

从总体 X 抽取容量为 n 的样本 $X_{(t)}(t=1,\cdots,n)$. 把样本的联合密度函数

$$L(x_{(1)},\cdots,x_{(n)};\theta)=\prod_{t=1}^{n}f(x_{(t)};\theta)$$

记为 $L(X;\theta)$，并称它为**样本的似然函数**.

引入统计量

$$\lambda=\max_{\theta\in\Theta_0}L(X;\theta)\Big/\max_{\theta\in\Theta}L(X;\theta),$$

它是样本 $X_{(t)}(t=1,\cdots,n)$ 的函数，常称 λ 为**似然比统计量**. 由于 $\Theta_0\subset\Theta$，从而 $0\leqslant\lambda\leqslant1$.

由最大似然比原理知，如果 λ 取值太小，说明 H_0 为真时观测到此样本 $X_{(t)}(t=1,\cdots,n)$ 的概率比 H_0 为不真时观测到此样本 $X_{(t)}(t=1,\cdots,n)$ 的概率要小得多. 故有理由认为假设 H_0 不成立，所以从似然比出发，以上检验问题的否定域为

$$\{\lambda(X_{(1)},\cdots,X_{(n)})<\lambda_\alpha\}.$$

按传统的检验方法，λ_α 是由显著性性水平 α 确定的临界值，它满足当 H_0 成立时使得：

$$P\{\lambda(X_{(1)},\cdots,X_{(n)})<\lambda_\alpha\}=\alpha.$$

为了得到 λ_α，必须研究似然比统计量 λ 的抽样分布. 在一些特殊的情况下，可以得到 λ 的精确分布；但在很多情况下是得不到 λ 的精确分布的. 当样本量很大且满足一定正则条件时，$-2\ln\lambda$ 的抽样分布

与 χ^2 分布十分接近. 下面不加证明地给出一条很有用的结论.

定理 3.2.1 当样本容量 n 很大时,

$$-2\ln\lambda=-2\ln\left[\max_{\theta\in\Theta_0}L(X;\theta)\Big/\max_{\theta\in\Theta}L(X;\theta)\right]$$

近似服从自由度为 f 的 χ^2 分布,其中 $f=\Theta$ 的维数 $-\Theta_0$ 的维数.

本章将讨论的一些检验问题,就是利用似然比统计量的近似分布进行检验的方法. 下面我们来导出当 Σ 未知时检验均值向量 $\mu=\mu_0$ 的似然比统计量,并讨论它的分布.

设样本的似然函数为 $L(\mu,\Sigma)$. 检验均值向量 $\mu=\mu_0$ 的似然比统计量为

$$\lambda=\max_{\mu=\mu_0,\Sigma>0}L(\mu_0,\Sigma)\Big/\max_{\mu,\Sigma>0}L(\mu,\Sigma).$$

在第二章 §2.5 中已经导出: 上面比式的分母当 $\mu=\overline{X}$, $\Sigma=\frac{1}{n}A$ 时达最大值,且最大值为

$$\max_{\mu,\Sigma>0}L(\mu,\Sigma)=(2\pi)^{-np/2}\left|\frac{1}{n}A\right|^{-n/2}\mathrm{e}^{-np/2}.$$

由习题二第 2-15 题知,上面比式的分子当

$$\Sigma=\frac{1}{n}\sum_{i=1}^{n}(X_{(i)}-\mu_0)(X_{(i)}-\mu_0)'=\frac{1}{n}A_0$$

时达最大值,且最大值为

$$\max_{\Sigma>0}L(\mu_0,\Sigma)=(2\pi)^{-np/2}\left|\frac{1}{n}A_0\right|^{-n/2}\mathrm{e}^{-np/2}.$$

故
$$\lambda=\frac{|A_0|^{-n/2}}{|A|^{-n/2}}=\left(\frac{|A|}{|A_0|}\right)^{n/2}.$$

以下来推导似然比统计量 λ 与 T^2 的关系:

$$\begin{aligned}A_0&=\sum_{i=1}^{n}(X_{(i)}-\mu_0)(X_{(i)}-\mu_0)'\\&=\sum_{i=1}^{n}(X_{(i)}-\overline{X}+\overline{X}-\mu_0)(X_{(i)}-\overline{X}+\overline{X}-\mu_0)'\\&=A+n(\overline{X}-\mu_0)(\overline{X}-\mu_0)',\end{aligned}$$

利用分块矩阵行列式的性质有:

$$|A_0|=|A+n(\overline{X}-\mu_0)(\overline{X}-\mu_0)'|$$

$$= \left| \begin{array}{c:c} A & -\sqrt{n}(\overline{X}-\mu_0) \\ \hdashline \sqrt{n}(\overline{X}-\mu_0)' & 1 \end{array} \right|$$

$$= |A| \cdot (1 + n(\overline{X}-\mu_0)'A^{-1}(\overline{X}-\mu_0)).$$

所以

$$\frac{|A|}{|A_0|} = \frac{1}{1+n(\overline{X}-\mu_0)'A^{-1}(\overline{X}-\mu_0)} = \frac{1}{1+\frac{1}{n-1}T^2},$$

其中

$$T^2 = (n-1)n(\overline{X}-\mu_0)'A^{-1}(\overline{X}-\mu_0) \overset{H_0\text{下}}{\sim} T^2(p,n-1).$$

否定域：

$$\{\lambda < \lambda_\alpha\} \Longleftrightarrow \{T^2 > T^2_\alpha\} \Longleftrightarrow \{F > F_\alpha\},$$

其中 $F = \frac{n-p}{p}\frac{T^2}{n-1} \overset{H_0\text{下}}{\sim} F(p,n-p)$.

三、置信域与联立置信区间

在一元统计中，讨论均值的假设检验问题本质上也等价于求均值的置信区间. 下面就单个多维正态总体均值向量的置信域的概念作为一元统计中置信区间的推广给出简单介绍.

1. 置信域

假设 $X_{(t)}(t=1,2,\cdots,n)$ 来自 p 元正态总体 $N_p(\mu,\Sigma)$ (Σ 未知)，由前面的讨论可知

$$T^2 = n(\overline{X}-\mu)'S^{-1}(\overline{X}-\mu) \sim T^2(p,n-1),$$

或者

$$F = \frac{n-p}{(n-1)p}T^2 \sim F(p,n-p).$$

任给置信度 $1-\alpha$，查 F 分布临界值表得 F_α 满足

$$P\{F \leqslant F_\alpha\} = 1-\alpha, \tag{3.2.1}$$

则均值向量 μ 的置信度为 $1-\alpha$ 的置信域为

$$T^2 = n(\overline{X}-\mu)'S^{-1}(\overline{X}-\mu) \leqslant \frac{(n-1)p}{n-p}F_\alpha.$$

该置信域是一个中心在 $\overline{X}$ 的椭球.

当检验假设 H_0: $\mu=\mu_0$ 时，若 μ_0 落入上述置信域内，即

$$T^2 = n(\overline{X} - \mu_0)'S^{-1}(\overline{X} - \mu_0) \leqslant \frac{(n-1)p}{n-p}F_\alpha,$$

则在显著性水平 α 下，H_0 相容；若 μ_0 没有落入上述置信域内，则否定 H_0. 可见在多元统计中，讨论均值向量的假设检验问题本质上也等价于求均值向量的置信域.

例 3.2.2 沿用例 3.2.1 的数据，试求 μ 的置信度为 95%的置信椭球.

解 由观测数据计算样本均值向量 $\overline{X}$ 和样本离差阵 A 及样本协方差阵 S

$$S = \frac{1}{n-1}A = \begin{bmatrix} 2.8794 & & \\ 10.0100 & 199.7884 & \\ -1.8090 & -5.6400 & 3.6277 \end{bmatrix},$$

S 的特征值 λ 和单位正交特征向量 l 分别为

$$\lambda_1 = 200.4625, \quad \lambda_2 = 4.5316, \quad \lambda_3 = 1.3014;$$
$$l_1 = (0.05084, 0.9983, -0.02907)',$$
$$l_2 = (-0.5737, 0.05302, 0.8173)',$$
$$l_3 = (0.8175, -0.02488, 0.5754)'.$$

记 $c^2 = \frac{(n-1)p}{n(n-p)}F_{0.05} = \frac{19\times 3}{20\times 17}\times 3.2 = 0.5365$. 由 S^{-1} 的谱分解式

$$S^{-1} = \sum_{i=1}^{3}\frac{1}{\lambda_i}l_i l_i',$$

并令 $Y_i = (\overline{X} - \mu)'l_i (i = 1,2,3)$，则 μ 的置信度为 95%的置信椭球为

$$\frac{Y_1^2}{\lambda_1 c^2} + \frac{Y_2^2}{\lambda_2 c^2} + \frac{Y_3^2}{\lambda_3 c^2} \leqslant 1.$$

置信椭球的第一长轴半径为 $d_1 = \sqrt{\lambda_1}c = 10.3703$，方向沿 l_1；第二长轴半径为 $d_2 = \sqrt{\lambda_2}c = 1.5592$，方向沿 l_2；短轴半径为 $d_3 = \sqrt{\lambda_3}c = 0.8356$，方向沿 l_3. 第一长轴与短轴的比为 $d_1/d_3 = 12.4106$，即第一长轴的长度是短轴的 12 倍还多.

2. 联立置信区间

在构造均值向量 μ 的置信域 $n(\overline{X} - \mu_0)'S^{-1}(\overline{X} - \mu_0) \leqslant c^2$ 的同时，我们往往更需要考查 μ 的线性组合的联立置信区间.

设 $X \sim N_p(\mu, \Sigma)$，考虑 X 的线性组合

$$Z = a_1X_1 + a_2X_2 + \cdots + a_pX_p = a'X,$$

由多元正态分布的性质 2 可知：$Z \sim N(a'\mu, a'\Sigma a)$. 假设 $X_{(t)}$ $(t=1,2,\cdots,n)$为 p 元正态总体 $N_p(\mu, \Sigma)$的简单随机样本，则总体 Z 的样本为

$$Z_{(t)} = a'X_{(t)} \quad (t = 1,2,\cdots,n),$$

且样本均值和样本方差分别为 $\overline{Z}=a'\overline{X}$，$s_z^2=a'Sa$，这里 $\overline{X}$ 和 S 分别是样本 $X_{(t)}(t=1,2,\cdots,n)$的样本均值和样本协方差阵.

对任意的 a，考虑 $a'\mu$ 的置信区间便能够得到所要的联立置信区间. 事实上，当 a 固定而 $\sigma_z^2=a'\Sigma a$ 未知时，$\mu_z=a'\mu$ 的置信度为 $1-\alpha$ 的置信区间可根据 t 统计量

$$t = \frac{\overline{Z} - \mu_z}{s_z/\sqrt{n}} = \frac{\sqrt{n}\,(a'\overline{X} - a'\mu)}{\sqrt{a'Sa}}$$

得到. 于是置信区间为

$$a'\overline{X} - t_{\alpha/2}\frac{\sqrt{a'Sa}}{\sqrt{n}} \leqslant a'\mu \leqslant a'\overline{X} + t_{\alpha/2}\frac{\sqrt{a'Sa}}{\sqrt{n}}, \qquad (3.2.2)$$

其中 $t_{\alpha/2}$ 满足：$P\{|t|\leqslant t_{\alpha/2}\}=1-\alpha$ (这里 $t\sim t(n-1)$).

由(3.2.2)式可以给出 μ 的分量 $\mu_i(i=1,2,\cdots,p)$的置信区间，如取 $a=e_i=(0,\cdots,1,\cdots,0)'$，即 e_i 的第 i 个分量为 1，其余均为 0 的向量，则(3.2.2)式给出一元正态均值 $a'\mu=\mu_i$ 的置信区间. 显然通过选择不同的系数向量 a，便可得到 μ 的若干个线性组合的置信度为 $1-\alpha$ 的置信区间；但请注意，这时总的置信度不再是 $1-\alpha$，而比 $1-\alpha$ 低. 下面给出构造所有 $a'\mu$ 的联立置信区间估计的 Scheffe 方法.

对给定的样本 $X_{(t)}(t=1,2,\cdots,n)$和系数向量 a，若全体 $a'\mu$ 值的置信区间是由(3.2.2)式给出的，则不等式

$$t^2 = \frac{n[a'(\overline{X} - \mu)]^2}{a'Sa} \leqslant t_{\alpha/2}^2$$

成立. 若让 a 变化，求所有 $a'\mu$ 的联立置信区间，那么应将(3.2.2)式的右边换上更大的常数才较为合理. 为此来求最大值

$$\max_{a\neq 0} t^2 = \max_{a\neq 0}\frac{n[a'(\overline{X} - \mu)]^2}{a'Sa}.$$

根据附录中定理 7.1 有

$$\max_{a\neq 0}\frac{n[a'(\overline{X}-\mu)]^2}{a'Sa}=n(\overline{X}-\mu)'S^{-1}(\overline{X}-\mu)=T^2,\tag{3.2.3}$$

且最大值在 a 与 $S^{-1}(\overline{X}-\mu)$成比例时达到.

定理 3.2.2 假设 $X_{(t)}(t=1,2,\cdots,n)$为来自 p 元正态总体 $N_p(\mu,\Sigma)$ ($\Sigma>0$ 未知)的随机样本,则对所有的 a,区间

$$[a'\overline{X}-d,a'\overline{X}+d]\quad\left(\text{其中 } d=\sqrt{\frac{(n-1)p}{n(n-p)}F_\alpha a'Sa}\right)$$

包含 $a'\mu$ 的概率为 $1-\alpha$ (其中 F_α 满足(3.2.1)式).

证明 由(3.2.3)式知,$T^2=n(\overline{X}-\mu)'S^{-1}(\overline{X}-\mu)\leqslant c^2$ 意味着对一切 a,有

$$\frac{n[a'(\overline{X}-\mu)]^2}{a'Sa}\leqslant c^2,$$

即对一切 a,有

$$a'\overline{X}-c\sqrt{\frac{a'Sa}{n}}\leqslant a'\mu\leqslant a'\overline{X}+c\sqrt{\frac{a'Sa}{n}}.$$

取 $c^2=\dfrac{(n-1)p}{n-p}F_\alpha$($F_\alpha$ 满足(3.2.1)式),故对所有 a,则有

$$P\{T^2\leqslant c^2\}=1-\alpha.$$ **(证毕)**

由于置信概率由 T^2 分布确定,因此为方便起见,以后称定理 3.2.2 给出的联立置信区间为 T^2 **区间**. 在 T^2 区间中,若取 $a=e_i=(0,\cdots,1,\cdots,0)'$,我们便同时得到 $\mu_i(i=1,\cdots,p)$的**置信度**均为 $1-\alpha$ 的 T^2 区间

$$\bar{x}_i-c\sqrt{\frac{s_{ii}}{n}}\leqslant\mu_i\leqslant\bar{x}_i+c\sqrt{\frac{s_{ii}}{n}}\quad\left(\text{其中 } c=\sqrt{\frac{(n-1)p}{(n-p)}F_\alpha}\right),\tag{3.2.4}$$

其中 s_{ii} 为样本协方差阵 S 的第 i 个对角元素.

请注意:如果在(3.2.2)式中取 $a=e_i(i=1,\cdots,p)$,即每次考虑一个分量的置信区间,则得到单个 $\mu_i(i=1,2,\cdots,p)$的置信度为 $1-\alpha$ 的置信区间

$$\bar{x}_i - t_{\alpha/2}\sqrt{\frac{s_{ii}}{n}} \leqslant \mu_i \leqslant \bar{x}_i + t_{\alpha/2}\sqrt{\frac{s_{ii}}{n}}. \qquad (3.2.5)$$

比如在例 3.2.2 中,均值向量 μ 的第一个分量 μ_1,由(3.2.4)式可得置信度为 95%的置信限为[3.3972,5.8828];由(3.2.5)式可得单个 μ_1 的置信度为 95%的置信限为[3.8459,5.4341].

若把这 p 个形如(3.2.5)式的区间合在一起构成 $\mu_i(i=1,2,\cdots,p)$的联立置信区间,其置信度比 $1-\alpha$ 低.请读者仔细比较(3.2.4)和(3.2.5)式在统计意义上的差别.

§3.3　多总体均值向量的检验

一、两正态总体均值向量的检验

1. 两总体协方差阵相等(但未知)时均值向量的检验

设 $X_{(\alpha)}(\alpha=1,\cdots,n)$为来自总体 $X\sim N_p(\mu^{(1)},\Sigma)$的随机样本;$Y_{(\alpha)}(\alpha=1,\cdots,m)$为来自总体 $Y\sim N_p(\mu^{(2)},\Sigma)$的随机样本,且相互独立,$\Sigma$ 未知.检验

$$H_0:\ \mu^{(1)}=\mu^{(2)},\quad H_1:\ \mu^{(1)}\neq\mu^{(2)}.$$

当 $p=1$ 时,因 $\overline{X}\sim N_1\left(\mu^{(1)},\dfrac{\sigma^2}{n}\right)$, $\overline{Y}\sim N_1\left(\mu^{(2)},\dfrac{\sigma^2}{m}\right)$,且相互独立,故有

$$\overline{X}-\overline{Y}\sim N_1\left(\mu^{(1)}-\mu^{(2)},\left(\frac{1}{n}+\frac{1}{m}\right)\sigma^2\right),$$

$$\frac{1}{\sigma^2}\left[\sum_{i=1}^{n}(X_{(i)}-\overline{X})^2+\sum_{j=1}^{m}(Y_{(j)}-\overline{Y})^2\right]\sim\chi^2(n-1+m-1).$$

取检验统计量为

$$t=\frac{(\overline{X}-\overline{Y})\Big/\sqrt{\dfrac{1}{n}+\dfrac{1}{m}}}{\sqrt{\left[\sum(X_{(i)}-\overline{X})^2+\sum(Y_{(j)}-\overline{Y})^2\right]\Big/(n+m-2)}}$$

$$\overset{H_0\text{下}}{\sim}\ t(n+m-2),$$

即

$$t^2=\frac{nm}{m+n}(\overline{X}-\overline{Y})'\left[\frac{\sum(X_{(i)}-\overline{X})^2+\sum(Y_{(j)}-\overline{Y})^2}{n+m-2}\right]^{-1}(\overline{X}-\overline{Y})$$

$$\overset{H_0\text{下}}{\sim} F(1,n+m-2).$$

推广到 p 元总体，检验统计量的形式类似，可考虑以下检验统计量 T^2：

$$T^2=\frac{nm}{n+m}(\overline{X}-\overline{Y})'\left(\frac{A_1+A_2}{n+m-2}\right)^{-1}(\overline{X}-\overline{Y}),$$

其中 A_1 和 A_2 是两总体的样本离差阵. A_1 是一元统计中的偏差平方和 $\sum(X_{(i)}-\overline{X})^2$ 在 p 元情况下的推广.

以下来证明统计量 $T^2\sim T^2(p,n+m-2)$. 因

$$(\overline{X}-\overline{Y})\overset{H_0\text{下}}{\sim} N_p\left(0,\left(\frac{1}{n}+\frac{1}{m}\right)\Sigma\right),$$

$$\sqrt{\frac{nm}{n+m}}(\overline{X}-\overline{Y})\sim N_p(0,\Sigma),$$

$$A_1=\sum_{\alpha=1}^{n}(X_{(\alpha)}-\overline{X})(X_{(\alpha)}-\overline{X})'\sim W_p(n-1,\Sigma),$$

$$A_2=\sum_{\alpha=1}^{m}(Y_{(\alpha)}-\overline{Y})(Y_{(\alpha)}-\overline{Y})'\sim W_p(m-1,\Sigma).$$

由威沙特分布的可加性知

$$A_1+A_2\sim W_p(n+m-2,\Sigma).$$

由 T^2 统计量的定义 3.1.5 可知

$$T^2=(n+m-2)\frac{nm}{n+m}(\overline{X}-\overline{Y})'(A_1+A_2)^{-1}(\overline{X}-\overline{Y})$$

$$\overset{H_0\text{下}}{\sim} T^2(p,n+m-2).$$

利用 T^2 与 F 的关系，检验统计量取为

$$F=\frac{(n+m-2)-p+1}{(n+m-2)\cdot p}T^2\sim F(p,n+m-p-1).$$

可以证明 T^2(或 F)统计量是检验以上假设 H_0 的似然比统计量.

例 3.3.1 为了研究日、美两国在华投资企业对中国经营环境的评价是否存在差异，今从两国在华投资企业中各抽出 10 家，让其对中国的政治、经济、法律、文化等环境进行打分，评分结果如表 3.2 所示(表中序号 1 至 10 为美国在华投资企业的代号，11 至 20 为日

本在华投资企业的代号. 数据来源于：国务院发展研究中心 APEC 在华投资企业情况调查).

表 3.2　日、美两国在华投资企业对中国经营环境的评价数据

序号	政治环境	经济环境	法律环境	文化环境
1	65	35	25	60
2	75	50	20	55
3	60	45	35	65
4	75	40	40	70
5	70	30	30	50
6	55	40	35	65
7	60	45	30	60
8	65	40	25	60
9	60	50	30	70
10	55	55	35	75
11	55	55	40	65
12	50	60	45	70
13	45	45	35	75
14	50	50	50	70
15	55	50	30	75
16	60	40	45	60
17	65	55	45	75
18	50	60	35	80
19	40	45	30	65
20	45	50	45	70

解　比较日、美两国在华投资企业对中国多方面的经营环境的评价是否有差异问题,就是两总体均值向量是否相等的检验问题. 记美国在华投资企业对中国 4 个方面的经营环境的评价为 4 元总体 X,并设 $X\sim N_4(\mu^{(1)},\Sigma)$. 日本在华投资企业对中国经营环境的评价为 4 元总体 Y,并设 $Y\sim N_4(\mu^{(2)},\Sigma)$. 来自两总体的样本容量 $n=m=10$. 检验

$$H_0:\ \mu^{(1)}=\mu^{(2)},\quad H_1:\ \mu^{(1)}\neq\mu^{(2)}.$$

取检验统计量为

$$F=\frac{n+m-p-1}{(n+m-2)p}T^2\quad (p=4,n=m=10),$$

由样本值计算得：

$$\overline{X}=(64,43,30.5,63)',$$
$$\overline{Y}=(51.5,51,40,70.5)',$$
$$A_1=\sum_{\alpha=1}^{n}(X_{(\alpha)}-\overline{X})(X_{(\alpha)}-\overline{X})'$$
$$=\begin{bmatrix}490 & & & \\ -170 & 510 & & \\ -120 & 10 & 322.5 & \\ -245 & 310 & 260.0 & 510\end{bmatrix},$$
$$A_2=\sum_{\alpha=1}^{m}(Y_{(\alpha)}-\overline{Y})(Y_{(\alpha)}-\overline{Y})'$$
$$=\begin{bmatrix}502.5 & & & \\ 60.0 & 390 & & \\ 175.0 & 50 & 450 & \\ -7.5 & 195 & -100 & 322.5\end{bmatrix}.$$

进一步计算可得：

$$D^2=(n+m-2)(\overline{X}-\overline{Y})'(A_1+A_2)^{-1}(\overline{X}-\overline{Y})$$
$$=18\times 0.3318055=5.9725,$$
$$T^2=\frac{nm}{n+m}D^2=29.8625,$$
$$F=\frac{n+m-p-1}{(n+m-2)p}T^2=6.2214.$$

对给定显著性水平 $\alpha=0.01$，利用统计软件进行检验时，首先计算 p 值(此时检验统计量 $F\sim F(4,15)$)：

$$p=P\{F\geqslant 6.2214\}=0.0037.$$

因 $p=0.0037<0.01=\alpha$，故否定 H_0，即日、美两国在华投资企业对中国经营环境的评价存在显著性差异. 在这种情况下，可能犯第一类错误，且犯第一类错误的概率为 0.01.

2. 两总体协方差阵不等时均值向量的检验

在一元统计中($p=1$ 时)，当 $\sigma_1^2\neq\sigma_2^2$ 时，检验 H_0：$\mu^{(1)}=\mu^{(2)}$ 也没有很好的方法，以下介绍实用中的几种方法.

(1) 当 $n=m$ 时，作为成对数据进行处理：令

$$Z_{(i)} = X_{(i)} - Y_{(i)} \quad (i = 1, \cdots, n),$$

将两个总体化为单个 p 元总体 Z 的均值检验问题

$$H_0: \mu^{(1)} = \mu^{(2)} \iff H_0: \mu_Z = 0_p.$$

利用§3.2中介绍的方法进行检验. 注意：在这里 $X_{(i)}$ 与 $Y_{(i)}(i=1, \cdots, n)$ 相互独立的信息没有利用.

(2) 当 $n \neq m$ 时(不妨设 $n<m$)：想法也是将其化为单个 p 元新总体的均值检验问题. 若只取 n 对数据，按(1)的方法处理又将损失一些信息. 改进的办法是利用 $X_{(i)}(i=1, \cdots, n)$ 和 $Y_{(j)}(j=1, \cdots, m)$ 构造新总体 Z 的样本 $Z_{(i)}$，令

$$Z_{(i)} = X_{(i)} - \sqrt{\frac{n}{m}} Y_{(i)} + \frac{1}{\sqrt{nm}} \sum_{j=1}^{n} Y_{(j)} - \frac{1}{m} \sum_{j=1}^{m} Y_{(j)}$$

$$(i = 1, 2, \cdots, n),$$

可以证明：

$$\begin{aligned} \mathrm{E}(Z_{(i)}) &= \mu^{(1)} - \sqrt{\frac{n}{m}} \mu^{(2)} + \frac{1}{\sqrt{nm}} n \mu^{(2)} - \frac{1}{m} \cdot m \mu^{(2)} \\ &= \mu^{(1)} - \mu^{(2)} \left(\sqrt{\frac{n}{m}} + 1 - \sqrt{\frac{n}{m}} \right) = \mu^{(1)} - \mu^{(2)}, \end{aligned}$$

$$\mathrm{COV}(Z_{(i)}, Z_{(j)}) = \begin{cases} \Sigma_1 + \dfrac{n}{m} \Sigma_2, & \text{当 } i = j \text{ 时} \\ O, & \text{当 } i \neq j \text{ 时} \end{cases} \overset{\text{def}}{=\!=\!=} \Sigma_Z \delta_{ij}.$$

所以 $Z_{(i)} \sim N_p(\mu^{(1)} - \mu^{(2)}, \Sigma_Z)$ $(i=1, \cdots, n)$，且相互独立. 利用前面介绍的单个正态总体均值向量的检验方法进行检验.

(3) 当 Σ_1, Σ_2 相差甚大时，可构造近似检验统计量进行检验(见参考文献[1]).

二、多个正态总体均值向量的检验——多元方差分析

设有 k 个 p 元正态总体 $N_p(\mu^{(t)}, \Sigma)$ $(t=1, \cdots, k)$，$X_{(\alpha)}^{(t)}(t=1, 2, \cdots, k, \alpha=1, \cdots, n_t)$ 是来自 $N_p(\mu^{(t)}, \Sigma)$ 的随机样本，检验 H_0: $\mu^{(1)} = \cdots = \mu^{(k)}$，$H_1$: 至少存在 $i \neq j$ 使得 $\mu^{(i)} \neq \mu^{(j)}$(即 $\mu^{(1)}, \cdots, \mu^{(k)}$ 中至少有一对不等).

当 $p=1$ 时,此检验问题就是一元方差分析问题,比如比较 k 个不同品牌的同类产品中某一个质量指标 X(如耐磨度)有无显著差异的问题. 我们把不同品牌对应不同总体(假定为正态总体),这种多组比较问题就是检验

H_0: $\mu^{(1)}=\mu^{(2)}=\cdots=\mu^{(k)}$; H_1: 至少存在 $i\neq j$ 使 $\mu^{(i)}\neq\mu^{(j)}$.

从第 i 个总体抽取容量为 n_i 的随机样本如下($i=1,\cdots,k$;记 $n=n_1+n_2+\cdots+n_k$):

$$X_{(1)}^{(1)},\quad X_{(2)}^{(1)},\quad \cdots,\quad X_{(n_1)}^{(1)},$$

$$\cdots\cdots\cdots\cdots\cdots\cdots\cdots\cdots$$

$$X_{(1)}^{(k)},\quad X_{(2)}^{(k)},\quad \cdots,\quad X_{(n_k)}^{(k)}.$$

记

$$\overline{X}=\frac{1}{n}\sum_{t=1}^{k}\sum_{j=1}^{n_t}X_{(j)}^{(t)},\quad \overline{X}^{(t)}=\frac{1}{n_t}\sum_{j=1}^{n_t}X_{(j)}^{(t)}\quad (t=1,\cdots,k).$$

当 $p=1$ 时,利用一元方差分析的思想来构造检验统计量. 记:

总偏差平方和 $\mathrm{SST}=\sum_{i=1}^{k}\sum_{j=1}^{n_i}(X_{(j)}^{(i)}-\overline{X})^2$;

组内偏差平方和 $\mathrm{SSE}=\sum_{i=1}^{k}\sum_{j=1}^{n_i}(X_{(j)}^{(i)}-\overline{X}^{(i)})^2$;

组间偏差平方和 $\mathrm{SSA}=\sum_{i=1}^{k}n_i(\overline{X}^{(i)}-\overline{X})^2$.

则有平方和分解公式:

$$\mathrm{SST}=\mathrm{SSA}+\mathrm{SSE}.$$

直观考察,若 H_0 成立,当总偏差平方和 SST 固定不变时,应有 SSA 小而 SSE 大,因而比值 SSA/SSE 应很小. 检验统计量取为

$$F=\frac{\mathrm{SSA}/(k-1)}{\mathrm{SSE}/(n-k)}\ \overset{H_0\text{下}}{\sim}\ F(k-1,n-k).$$

给定显著性水平 α,按传统检验方法,查 F 分布临界值表得 F_α 满足:$P\{F>F_\alpha\}=\alpha$,否定域 $W=\{F>F_\alpha\}$.

推广到 k 个 p 元总体 $N_p(\mu^{(i)},\Sigma)$ (假定 k 个总体的协方差阵相等,且记为 Σ),记第 i 个 p 元总体的数据阵为

$$X^{(i)}=\begin{bmatrix}x_{11}^{(i)} & \cdots & x_{1p}^{(i)}\\ \vdots & & \vdots\\ x_{n_i1}^{(i)} & \cdots & x_{n_ip}^{(i)}\end{bmatrix}=\begin{bmatrix}X_{(1)}^{(i)\prime}\\ \vdots\\ X_{(n_i)}^{(i)\prime}\end{bmatrix}\quad(i=1,\cdots,k).$$

对总离差阵 T 进行分解：

$$\begin{aligned}T=&\sum_{i=1}^{k}\sum_{j=1}^{n_i}(X_{(j)}^{(i)}-\overline{X})(X_{(j)}^{(i)}-\overline{X})'\\ =&\sum_{i=1}^{k}\sum_{j=1}^{n_i}(X_{(j)}^{(i)}-\overline{X}^{(i)}+\overline{X}^{(i)}-\overline{X})(X_{(j)}^{(i)}-\overline{X}^{(i)}+\overline{X}^{(i)}-\overline{X})'\\ =&\sum_{i=1}^{k}\sum_{j=1}^{n_i}(X_{(j)}^{(i)}-\overline{X}^{(i)})(X_{(j)}^{(i)}-\overline{X}^{(i)})'\\ &+\sum_{i=1}^{k}\sum_{j=1}^{n_i}(\overline{X}^{(i)}-\overline{X})(\overline{X}^{(i)}-\overline{X})'\\ =&\sum_{i=1}^{k}A_i+\sum_{i=1}^{k}n_i(\overline{X}^{(i)}-\overline{X})(\overline{X}^{(i)}-\overline{X})'\\ =&A+B,\end{aligned}$$

其中 $A=\sum_{i=1}^{k}A_i$ 称为**组内离差阵**，

$$B=\sum_{i=1}^{k}n_i(\overline{X}^{(i)}-\overline{X})(\overline{X}^{(i)}-\overline{X})'$$

称为**组间离差阵**.

根据直观想法及用似然比原理得到检验 H_0 的统计量为

$$\Lambda=\frac{|A|}{|A+B|}=\frac{|A|}{|T|}.$$

易见：

(1) 因 $A_i\sim W_p(n_i-1,\Sigma)$ 且相互独立 $(i=1,\cdots,k)$，由可加性可得

$$A=\sum_{i=1}^{k}A_i\sim W_p(n-k,\Sigma)\quad(n=n_1+\cdots+n_k).$$

(2) 在 H_0 下，$T\sim W_p(n-1,\Sigma)$.

(3) 还可以证明在 H_0 下，$B\sim W_p(k-1,\Sigma)$，且 B 与 A 相互独立.

根据 Λ 分布的定义，可知

$$\Lambda = \frac{|A|}{|A+B|} \overset{H_0\text{下}}{\sim} \Lambda(p, n-k, k-1).$$

给定显著性水平 α，查威尔克斯分布临界值表，可得 λ_α，使

$$P\{\Lambda < \lambda_\alpha\} = \alpha,$$

故否定域 $W=\{\Lambda<\lambda_\alpha\}$. 当手头没有威尔克斯临界值表时，可用 χ^2 分布或 F 分布来近似，即由 Λ 的函数的近似分布进行检验(见参考文献[1]或[2]).

例 3.3.2 为了研究某种疾病，对一批人同时测量了 4 个指标：β 脂蛋白(X_1)，甘油三酯(X_2)，α 脂蛋白(X_3)，前 β 脂蛋白(X_4). 按不同年龄、不同性别分为三组(20 至 35 岁的女性、20 至 25 岁的男性和 35 至 50 岁的男性)，数据见表 3.3. 试问这三个组的 4 项指标间有无显著性差异($\alpha=0.01$)？

表 3.3 身体指标化验数据

X_1	X_2	X_3	X_4	组	X_1	X_2	X_3	X_4	组	X_1	X_2	X_3	X_4	组
260	75	40	18	1	310	122	30	21	2	320	64	39	17	3
200	72	34	17	1	310	60	35	18	2	260	59	37	11	3
240	87	45	18	1	190	40	27	15	2	360	88	28	26	3
170	65	39	17	1	225	65	34	16	2	295	100	36	12	3
270	110	39	24	1	170	65	37	16	2	270	65	32	21	3
205	130	34	23	1	210	82	31	17	2	380	114	36	21	3
190	69	27	15	1	280	67	37	18	2	240	55	42	10	3
200	46	45	15	1	210	38	36	17	2	260	55	34	20	3
250	117	21	20	1	280	65	30	23	2	260	110	29	20	3
200	107	28	20	1	200	76	40	17	2	295	73	33	21	3
225	130	36	11	1	200	76	39	20	2	240	114	38	18	3
210	125	26	17	1	280	94	26	11	2	310	103	32	18	3
170	64	31	14	1	190	60	33	17	2	330	112	21	11	3
270	76	33	13	1	295	55	30	16	2	345	127	24	20	3
190	60	34	16	1	270	125	24	21	2	250	62	22	16	3
280	81	20	18	1	280	120	32	18	2	260	59	21	19	3
310	119	25	15	1	240	62	32	20	2	225	100	34	30	3
270	57	31	8	1	280	69	29	20	2	345	120	36	18	3
250	67	31	14	1	370	70	30	20	2	360	107	25	23	3
260	135	39	29	1	280	40	37	17	2	250	117	36	16	3

解　比较三个组($k=3$)的 4 项指标($p=4$)间是否有差异问题，就是多总体均值向量是否相等的检验问题. 设第 i 组为 4 元总体 $N_4(\mu^{(i)},\Sigma)$ $(i=1,2,3)$，来自 3 个总体的样本容量 $n_1=n_2=n_3=20$. 检验：

$$H_0:\ \mu^{(1)}=\mu^{(2)}=\mu^{(3)},\quad H_1:\ \mu^{(1)},\mu^{(2)},\mu^{(3)}\ \text{至少有一对不相等}.$$

因似然比统计量 $\Lambda\sim\Lambda(p,n-k,k-1)$，在此例中 $k-1=2$，可以利用 Λ 统计量与 F 统计量的关系，取检验统计量为 F 统计量：

$$F=\frac{(n-k)-p+1}{p}\,\frac{1-\sqrt{\Lambda}}{\sqrt{\Lambda}}\quad(k=3,p=4,n=60),$$

由样本值计算得：$\overline{X}=(259.08,84.12,32.37,17.8)'$，以及

$$\overline{X}^{(1)}=\begin{bmatrix}231.0\\89.6\\32.9\\17.1\end{bmatrix},\quad \overline{X}^{(2)}=\begin{bmatrix}253.50\\72.55\\32.45\\17.90\end{bmatrix},\quad \overline{X}^{(3)}=\begin{bmatrix}292.75\\90.20\\31.75\\18.40\end{bmatrix},$$

$$A=A_1+A_2+A_3=\sum_{t=1}^{3}\sum_{\alpha=1}^{n_t}(X_{(\alpha)}^{(t)}-\overline{X}^{(t)})(X_{(\alpha)}^{(t)}-\overline{X}^{(t)})'$$

$$=\begin{bmatrix}125408.75&&&\\23278.50&40466.95&&\\-3950.75&-1937.75&2082.50&\\1748.00&2166.30&-26.90&1024.40\end{bmatrix},$$

$$T=\sum_{t=1}^{3}\sum_{\alpha=1}^{n_t}(X_{(\alpha)}^{(t)}-\overline{X})(X_{(\alpha)}^{(t)}-\overline{X})'$$

$$=\begin{bmatrix}164474.580&&&\\25586.417&44484.183&&\\-4674.833&-1973.567&2095.933&\\2534.000&2139.400&-41.600&1041.600\end{bmatrix}.$$

进一步计算可得

$$\Lambda=\frac{|A|}{|T|}=\frac{7.8419\times10^{15}}{1.1844\times10^{16}}=0.6621,$$

$$f=\frac{n-k-p+1}{p}\,\frac{1-\sqrt{\Lambda}}{\sqrt{\Lambda}}=\frac{54}{4}\,\frac{1-\sqrt{0.6621}}{\sqrt{0.6621}}=3.0907.$$

对给定 $\alpha=0.01$，利用统计软件(如 SAS 系统)，首先计算 p 值(此时检验统计量 $F\sim F(8,108)$)：

$$p=P\{F\geqslant 3.09007\}=0.003538.$$

因 $p=0.003538<0.01=\alpha$，故否定 H_0，这表明三个组的指标之间有显著的差异. 在这种情况下，可能犯第一类错误，且犯第一类错误的概率为 0.01.

进一步地若还想了解三个组指标间的差异究竟是由哪几项指标引起的，可以对 4 项指标逐项用一元方差分析方法进行检验，我们将发现三个组指标间只有第一项指标 X_1 有显著差异.

事实上，用一元方差分析检验第一项指标 X_1 在三个组中是否有显著差异时，因

$$f_1=\frac{(t_{11}-a_{11})/(k-1)}{a_{11}/(n-k)}=\frac{(164474.58-125408.75)/2}{125408.75/57}=8.8780,$$

其中 t_{11} 和 a_{11} 分别是 T 和 A 中的第一个对角元素，有

$$p_1=P\{F_1\geqslant 8.8780\}=0.0004401\quad(\text{检验统计量 } F_1\sim F(2,57)),$$

因 $p_1=0.0004401$ 显著地小于 0.01，故第一项指标 X_1 在三个组中有显著差异.

§ 3.4 协方差阵的检验

一、单个 p 元正态总体协方差阵的检验

设 $X_{(\alpha)}(\alpha=1,\cdots,n)$ 为来自 p 元正态总体 $N_p(\mu,\Sigma)$ ($\Sigma>0$ 未知)的随机样本，检验

$$H_0:\ \Sigma=\Sigma_0(\Sigma_0>0\ \text{为已知矩阵}),\quad H_1:\ \Sigma\neq\Sigma_0.$$

1. 当 $\Sigma_0=I_p$ 时检验 H_0: $\Sigma=I_p$, H_1: $\Sigma\neq I_p$

利用似然比原理来导出似然比统计量 λ_1：

$$\lambda_1=\max_{\mu}L(\mu,I_p)\Big/\max_{\mu,\Sigma>0}L(\mu,\Sigma).$$

当 $\Sigma=I_p$ 成立时，似然函数 $L(\mu,I_p)$ 在 $\mu=\overline{X}$ 达最大值，因此

$$\lambda_1\text{ 表示式的分子}=L(\overline{X},I_p)$$
$$=(2\pi)^{-np/2}|I_p|^{-n/2}\exp\left[-\frac{1}{2}\mathrm{tr}(I_p^{-1}A)\right],$$
$$\lambda_1\text{ 表示式的分母}=L\left(\overline{X},\frac{1}{n}A\right)=(2\pi)^{-np/2}\left|\frac{1}{n}A\right|^{-n/2}\mathrm{e}^{-np/2}$$
$$=(2\pi)^{-np/2}\left(\frac{\mathrm{e}}{n}\right)^{-np/2}|A|^{-n/2}.$$

所以似然比统计量

$$\lambda_1=\exp\left\{-\frac{1}{2}\mathrm{tr}(A)\right\}|A|^{n/2}\left(\frac{\mathrm{e}}{n}\right)^{np/2},$$

其中
$$A=\sum_{\alpha=1}^{n}(X_{(\alpha)}-\overline{X})(X_{(\alpha)}-\overline{X})'.$$

利用定理 3.2.1 可知，当 n 很大且 H_0 成立时，$\xi=-2\ln\lambda_1$ 的近似分布为 $\chi^2\left(\frac{p(p+1)}{2}\right)$，利用检验统计量 ξ 来构造检验方法.

2. 当 $\Sigma_0\neq I_p$ 时检验 H_0: $\Sigma=\Sigma_0$, H_1: $\Sigma\neq\Sigma_0$

因 $\Sigma_0>0$，存在非退化矩阵 $D_{p\times p}$，使 $D\Sigma_0D'=I_p$. 令

$$Y_{(\alpha)}=DX_{(\alpha)}\quad(\alpha=1,\cdots,n),$$

则

$$Y_{(\alpha)}\sim N_p(D\mu,D\Sigma D')\xlongequal{\text{def}}N_p(\mu^*,\Sigma^*).$$

检验

$$H_0:\ \Sigma=\Sigma_0\Longleftrightarrow H_0:\ \Sigma^*=I_p.$$

从新样本 $Y_{(\alpha)}(\alpha=1,\cdots,n)$ 出发，检验 H_0: $\Sigma^*=I_p$ 的似然比统计量取为（以下记 $\exp(\mathrm{tr}A)\xlongequal{\text{def}}\mathrm{etr}(A)$）：

$$\lambda_2=\exp\left\{-\frac{1}{2}\mathrm{tr}(A^*)\right\}|A^*|^{n/2}\left(\frac{\mathrm{e}}{n}\right)^{np/2}$$
$$=\mathrm{etr}\left(-\frac{1}{2}A^*\right)|A^*|^{n/2}\left(\frac{\mathrm{e}}{n}\right)^{np/2},$$

其中
$$A^*=\sum_{\alpha=1}^{n}(Y_{(\alpha)}-\overline{Y})(Y_{(\alpha)}-\overline{Y})'=DAD'.$$

若注意到 $D\Sigma_0D'=I_p$，则似然比统计量 λ_2 还可以表示为

$$\lambda_2 = \operatorname{etr}\left(-\frac{1}{2}A\Sigma_0^{-1}\right)\left|A\Sigma_0^{-1}\right|^{n/2}\left(\frac{\mathrm{e}}{n}\right)^{np/2}.$$

研究似然比统计量 λ_2 的抽样分布是很困难的,通常根据定理 3.2.1 由 λ_2 的近似分布来构造检验法.

当样本容量 n 很大,在 H_0 成立时,$-2\ln\lambda_2$ 的极限分布为

$$\chi^2\left(\frac{p(p+1)}{2}\right).$$

除此以外,在不同适用范围下还有其他近似分布可用来构造检验法(见参考文献[1]或[2]).

3. 检验 H_0: $\Sigma=\sigma^2\Sigma_0$(σ^2 未知)

当 $\Sigma_0=I_p$ 时此检验常称为**球性检验**. 以下利用似然比原理来导出似然比统计量 λ_3:

$$\lambda_3 = \max_{\mu,\sigma^2>0} L(\mu,\sigma^2\Sigma_0)\Big/\max_{\mu,\Sigma>0} L(\mu,\Sigma).$$

当 σ^2 给定时,似然函数 $L(\mu,\sigma^2\Sigma_0)$ 在 $\mu=\overline{X}$ 达最大值,且

$$\begin{aligned} L(\overline{X},\sigma^2\Sigma_0) &= (2\pi)^{-np/2}\left|\sigma^2\Sigma_0\right|^{-n/2}\exp\left[-\frac{1}{2}\operatorname{tr}((\sigma^2\Sigma_0)^{-1}A)\right] \\ &= (2\pi)^{-np/2}(\sigma^2)^{-np/2}\left|\Sigma_0\right|^{-n/2}\operatorname{etr}\left(-\frac{1}{2\sigma^2}(\Sigma_0^{-1}A)\right). \end{aligned}$$

令

$$\begin{aligned} \frac{\partial L(\overline{X},\sigma^2\Sigma_0)}{\partial\sigma^2} &= (2\pi)^{-np/2}(\sigma^2)^{-np/2-2}\left|\Sigma_0\right|^{-n/2}\operatorname{ctr}\left(-\frac{1}{2\sigma^2}(\Sigma_0^{-1}A)\right) \\ &\quad\cdot\left[-\frac{np}{2}\sigma^2+\frac{1}{2}\operatorname{tr}(\Sigma_0^{-1}A)\right]=0, \end{aligned}$$

可得出 $\hat{\sigma}^2=\frac{1}{np}\operatorname{tr}(\Sigma_0^{-1}A)$. 从而有

$$\lambda_3\text{ 表示式的分子} = (2\pi)^{-np/2}\left(\frac{1}{np}\operatorname{tr}(\Sigma_0^{-1}A)\right)^{-np/2}\left|\Sigma_0\right|^{-n/2}\mathrm{e}^{-np/2},$$

$$\lambda_3\text{ 表示式的分母} = L\left(\overline{X},\frac{1}{n}A\right) = (2\pi)^{-np/2}\left(\frac{\mathrm{e}}{n}\right)^{-np/2}\left|A\right|^{-n/2}.$$

所以似然比统计量

$$\lambda_3 = \frac{\left|\Sigma_0^{-1}A\right|^{n/2}}{\left[\operatorname{tr}(\Sigma_0^{-1}A)/p\right]^{np/2}},$$

或等价于

$$W=(\lambda_3)^{2/n}=\frac{p^p|\Sigma_0^{-1}A|}{[\operatorname{tr}(\Sigma_0^{-1}A)]^p}.$$

当样本容量 n 很大,在 H_0 为真时有以下近似分布:

$$-\left((n-1)-\frac{2p^2+p+2}{6p}\right)\ln W \text{ 近似为 } \chi^2\left(\frac{p(p+1)}{2}-1\right).$$

二、多总体协方差阵的检验

设有 k 个总体 $N_p(\mu^{(t)},\Sigma_t)$ $(t=1,\cdots,k)$, $X_{(\alpha)}^{(t)}(t=1,\cdots,k;\ \alpha=1,\cdots,n_t)$为来自第 t 个总体 $N_p(\mu^{(t)},\Sigma_t)$的随机样本,记 $n=\sum_{i=1}^{k}n_i$. 检验 H_0: $\Sigma_1=\Sigma_2=\cdots=\Sigma_k\xlongequal{\text{def}}\Sigma$, H_1: $\Sigma_1,\Sigma_2,\cdots,\Sigma_k$ 不全相等.

样本$\{X_{(\alpha)}^{(t)}\}$的似然函数为

$$L(\mu^{(1)},\Sigma_1,\cdots,\mu^{(k)},\Sigma_k)=\prod_{t=1}^{k}L_t(\mu^{(t)},\Sigma_t),$$

似然比统计量 λ_4 为

$$\lambda_4=\max_{\mu^{(i)},\Sigma>0}L(\mu^{(1)},\cdots,\mu^{(k)},\Sigma)\Big/\max_{\mu^{(i)},\Sigma_i>0}L(\mu^{(1)},\Sigma_1,\cdots,\mu^{(k)},\Sigma_k).$$

从而有

$$\begin{aligned}\text{上式的分母}&=\max_{\mu^{(i)},\Sigma_i>0}L(\mu^{(1)},\Sigma_1,\cdots,\mu^{(k)},\Sigma_k)\\&=\prod_{t=1}^{k}L_t\left(\overline{X}^{(t)},\frac{1}{n_t}A_t\right)\\&=\prod_{t=1}^{k}(2\pi)^{-n_tp/2}\left|\frac{A_t}{n_t}\right|^{-n_t/2}\cdot e^{-n_tp/2}\\&=(2\pi)^{-np/2}e^{-np/2}\prod_{t=1}^{k}\left|\frac{A_t}{n_t}\right|^{-n_t/2},\end{aligned}$$

$$\begin{aligned}\text{上式的分子}&=\max_{\mu^{(i)},\Sigma>0}L(\mu^{(1)},\cdots,\mu^{(k)},\Sigma)\\&=(2\pi)^{-np/2}e^{-np/2}\left|\frac{A}{n}\right|^{-n/2}\quad(\text{其中 }A=A_1+\cdots+A_k),\end{aligned}$$

则似然比统计量 λ_4 为

$$\lambda_4 = \left|\frac{A}{n}\right|^{-n/2} \Big/ \prod_{t=1}^{k}\left|\frac{A_t}{n_t}\right|^{-n_t/2}.$$

根据无偏性的要求进行修正，将 λ_4 中的 n_i 用 n_i-1 替代，n 用 $n-k$ 替代. 然后对 λ_4 取对数，可得到统计量：

$$M = -2\ln\lambda_4^* = (n-k)\ln\left|\frac{A}{n-k}\right| - \sum_{t=1}^{k}(n_t-1)\ln\left|\frac{A_t}{n_t-1}\right|.$$

当样本容量 n 很大时，在 H_0 为真时 M 有以下近似分布：

$$(1-d)M = -2(1-d)\ln\lambda_4^* \sim \chi^2(f),$$

其中

$$f = \frac{1}{2}p(p+1)(k-1),$$

$$d = \begin{cases} \dfrac{2p^2+3p-1}{6(p+1)(k-1)}\left[\displaystyle\sum_{i=1}^{k}\frac{1}{n_i-1} - \frac{1}{n-k}\right], & \text{当 } n_i \text{ 不全等}, \\ \dfrac{(2p^2+3p-1)(k+1)}{6(p+1)(n-k)}, & \text{当 } n_i \text{ 全相等}. \end{cases}$$

例 3.4.1 对例 3.3.2 表 3.3 中给出的身体指标化验数据，试判断三个组(即三个总体)的协方差阵是否相等($\alpha=0.10$)?

解 这是三个 4 元正态总体的协方差阵是否相等的检验问题. 设第 i 组为 4 维总体 $N_4(\mu^{(i)},\Sigma_i)$ $(i=1,2,3)$. 来自三个总体的样本容量 $n_1=n_2=n_3=20$. 检验

$$H_0:\ \Sigma_1=\Sigma_2=\Sigma_3,\quad H_1:\ \Sigma_1,\Sigma_2,\Sigma_3 \text{ 至少有一对不相等}.$$

在 H_0 成立时，取近似检验统计量为 $\chi^2(f)$统计量：

$$\xi = (1-d)M = -2(1-d)\ln\lambda_4^*.$$

由样本值计算三个总体的样本协方差阵：

$$S_1 = \frac{1}{n_1-1}A_1 = \frac{1}{n_1-1}\sum_{\alpha=1}^{n_1}(X_{(\alpha)}^{(1)}-\overline{X}^{(1)})(X_{(\alpha)}^{(1)}-\overline{X}^{(1)})'$$

$$= \frac{1}{19}\begin{bmatrix} 30530 & & & \\ 6298 & 15736.8 & & \\ -1078 & -796.8 & 955.8 & \\ 198 & 1387.8 & 90.2 & 413.8 \end{bmatrix},$$

$$S_2=\frac{1}{n_2-1}A_2=\frac{1}{n_2-1}\sum_{\alpha=1}^{n_2}(X_{(\alpha)}^{(2)}-\overline{X}^{(2)})(X_{(\alpha)}^{(2)}-\overline{X}^{(2)})'$$

$$=\frac{1}{19}\begin{bmatrix}51705.0 & & & \\ 7021.5 & 12288.95 & & \\ -1571.5 & -807.95 & 364.95 & \\ 827.0 & 321.10 & -5.10 & 133.8\end{bmatrix},$$

$$S_3=\frac{1}{n_3-1}A_3=\frac{1}{n_3-1}\sum_{\alpha=1}^{n_3}(X_{(\alpha)}^{(3)}-\overline{X}^{(3)})(X_{(\alpha)}^{(3)}-\overline{X}^{(3)})'$$

$$=\frac{1}{19}\begin{bmatrix}43173.75 & & & \\ 9959.00 & 12441.2 & & \\ -1301.25 & -333.0 & 761.75 & \\ 723.00 & 457.4 & -112.00 & 476.8\end{bmatrix}.$$

进一步计算可得

$$|S|=\left|\frac{1}{57}A\right|=742890016,\quad |S_1|=791325317,$$

$$|S_2|=145821806,\quad |S_3|=1.08116\times 10^9,$$

$$M=22.6054,\quad d=0.1006,\quad f=20,$$

$$\xi=(1-d)M=20.3316.$$

对给定 $\alpha=0.10$，利用统计软件(如 SAS 系统)，首先计算 p 值(此时检验统计量 $\xi\sim\chi^2(20)$)：

$$p=P\{\xi\geqslant 20.3316\}=0.4374.$$

因 $p=0.4374>0.10=\alpha$，故 H_0 相容，这表明三个组的协方差阵之间没有显著的差异.

三、多个正态总体的均值向量和协方差阵同时检验

设有 k 个总体 $N_p(\mu^{(t)},\Sigma_t)$ $(t=1,\cdots,k)$，$X_{(\alpha)}^{(t)}(t=1,\cdots,k;\alpha=1,\cdots,n_t)$为来自第 t 个总体 $N_p(\mu^{(t)},\Sigma_t)$的随机样本. 检验：

$$H_0:\ \mu^{(1)}=\mu^{(2)}=\cdots=\mu^{(k)},\quad 且\ \Sigma_1=\Sigma_2=\cdots=\Sigma_k,$$

$$H_1:\ \mu^{(i)}(i=1,\cdots,k)\ 或\ \Sigma_i(i=1,\cdots,k)\ 至少有一对不相等.$$

记

$$\overline{X}^{(t)} = \frac{1}{n_t}\sum_{j=1}^{n_t} X_{(j)}^{(t)}, \quad \overline{X} = \frac{1}{n}\sum_{t=1}^{k}\sum_{j=1}^{n_t} X_{(j)}^{(t)}, \quad n = \sum_{t=1}^{k} n_t,$$

$$A_t = \sum_{j=1}^{n_t}(X_{(j)}^{(t)} - \overline{X}^{(t)})(X_{(j)}^{(t)} - \overline{X}^{(t)})', \quad A = \sum_{t=1}^{k} A_t,$$

$$\begin{aligned} T &= \sum_{t=1}^{k}\sum_{j=1}^{n_t}(X_{(j)}^{(t)} - \overline{X})(X_{(j)}^{(t)} - \overline{X})' \\ &= A + \sum_{t=1}^{k} n_t(\overline{X}^{(t)} - \overline{X})(\overline{X}^{(t)} - \overline{X})'. \end{aligned}$$

则检验以上假设 H_0 的似然比统计量为

$$\lambda_5 = \frac{\prod_{t=1}^{k} |A_t|^{n_t/2}}{|T|^{n/2}} \cdot \frac{n^{np/2}}{\prod_{t=1}^{k} n_t^{n_t p/2}}.$$

若用 Λ 表示当协方差阵均相同时检验 k 个总体均值向量是否相等的似然比统计量，将发现这里的似然比统计量 $\lambda_5 = \Lambda \cdot \lambda_4$. 在实际应用中我们采用类似的修正方法，在 λ_5 中用 $n_t - 1$ 替代 n_t，用 $n-k$ 替代 n. 修正后的统计量记为 λ_5^*：

$$\lambda_5^* = \frac{\prod_{t=1}^{k} |A_t|^{\frac{n_t-1}{2}}}{|T|^{\frac{n-k}{2}}} \cdot \frac{(n-k)^{\frac{(n-k)p}{2}}}{\prod_{t=1}^{k}(n_t - 1)^{\frac{(n_t-1)p}{2}}}.$$

当样本容量 n 很大，在 H_0 为真时 λ_5^* 有以下近似分布：

$$-2(1-b)\ln\lambda_5^* \sim \chi^2(f),$$

其中

$$f = \frac{1}{2}p(p+3)(k-1),$$

$$b = \left(\sum_{i=1}^{k}\frac{1}{n_i - 1} - \frac{1}{n-k}\right)\left(\frac{2p^2 + 3p - 1}{6(p+3)(k-1)}\right) - \frac{p-k+2}{(n-k)(p+3)}.$$

例 3.4.2 对例 3.3.2 表 3.3 中给出的身体指标化验数据，试判断三个组（即三个总体）的均值向量和协方差阵是否全都相等（$\alpha=$

0.05)?

解　这是三个 4 元正态总体的均值向量和协方差阵是否同时相等的检验问题.取近似检验统计量为近似 χ^2 统计量:

$$\xi = -2(1-b)\ln\lambda_5^* \sim \chi^2(f).$$

由样本值计算这三个总体的样本协方差阵(见例 3.4.1),以及所有样本的总离差阵 T(见例 3.3.2).进一步计算可得

$$\left|\frac{1}{n-k}T\right| = \left|\frac{1}{57}T\right| = 1.12198\times 10^9,\quad |S_1| = 791325317,$$

$$|S_2| = 145821806,\quad |S_3| = 1.08116\times 10^9,$$

$$M_5 = -2\ln\lambda_5^* = 46.1067,\quad b = 0.06433,\quad f = 28,$$

$$\xi = (1-b)M_5 = 43.1408.$$

对给定 $\alpha=0.05$,利用统计软件(如 SAS 系统),首先计算 p 值(此时检验统计量 $\xi\sim\chi^2(28)$):

$$p = P\{\xi \geqslant 43.1408\} = 0.03373.$$

因 $p=0.03373<0.05=\alpha$,故否定 H_0,这表明三个组的均值向量和协方差阵之间有显著的差异.在这种情况下,可能犯第一类错误,且犯第一类错误的概率为 0.05.

§3.5　独立性检验

设总体 $X\sim N_p(\mu,\Sigma)$,将 X 剖分为 k 个子向量,而 μ 和 Σ 也相应剖分为

$$X = \begin{bmatrix} X^{(1)} \\ \vdots \\ X^{(k)} \end{bmatrix}\begin{matrix} p_1 \\ \vdots \\ p_k \end{matrix},\quad \mu = \begin{bmatrix} \mu^{(1)} \\ \vdots \\ \mu^{(k)} \end{bmatrix}\begin{matrix} p_1 \\ \vdots \\ p_k \end{matrix},\quad \Sigma = \begin{bmatrix} \Sigma_{11} & \cdots & \Sigma_{1k} \\ \vdots & & \vdots \\ \Sigma_{k1} & \cdots & \Sigma_{kk} \end{bmatrix}\begin{matrix} p_1 \\ \vdots \\ p_k \end{matrix},$$

其中 $p=p_1+\cdots+p_k$,且知 p_t 维子向量 $X^{(t)}\sim N_{p_t}(\mu^{(t)},\Sigma_{tt})$ $(t=1,\cdots,k)$.若 k 个随机子向量相互独立,则可把 p 维(高维)随机向量的问题化为 k 个低维随机向量的问题来处理,这在处理多元统计分析的许多问题中将带来极大的方便.

在第二章中,我们已介绍过若 $X^{(1)},\cdots,X^{(k)}$ 相互独立 $\Longleftrightarrow$ $\Sigma_{ij}=O$

(对一切 $i\neq j$). 因此检验 $X^{(1)},\cdots,X^{(k)}$是否相互独立的问题等价于检验对任意两个子向量,协方差阵 Σ_{ij} 是否等于 O(对一切 $i\neq j$).

在正态总体下,独立性检验可化为检验:

H_0: $\Sigma_{ij}=O$(一切 $i\neq j$), H_1: $\Sigma_{ij}\neq O$,至少有一对 $i\neq j$.

设 $X_{(\alpha)}(\alpha=1,\cdots,n,n>p)$为来自总体 X 的随机样本. 将 $X_{(\alpha)}$, 样本均值向量 $\overline{X}$ 和样本离差阵

$$A=\sum_{j=1}^{n}(X_{(j)}-\overline{X})(X_{(j)}-\overline{X})'$$

作相应剖分为

$$X_{(\alpha)}=\begin{bmatrix}X_{(\alpha)}^{(1)}\\ \vdots\\ X_{(\alpha)}^{(k)}\end{bmatrix}\begin{matrix}p_1\\ \vdots\\ p_k\end{matrix},\quad \overline{X}=\begin{bmatrix}\overline{X}^{(1)}\\ \vdots\\ \overline{X}^{(k)}\end{bmatrix}\begin{matrix}p_1\\ \vdots\\ p_k\end{matrix},$$

$$A=\begin{bmatrix}A_{11}&\cdots&A_{1k}\\ \vdots&&\vdots\\ A_{k1}&\cdots&A_{kk}\end{bmatrix}\begin{matrix}p_1\\ \vdots\\ p_k\end{matrix}.$$

应用似然比原理, 在 H_0 成立时, $X_{(\alpha)}^{(i)}\sim N_{p_i}(\mu^{(i)},\Sigma_{ii})$ $(i=1,\cdots,k;\ \alpha=1,\cdots,n)$,且相互独立,故样本的似然函数为

$$L(\mu,\Sigma)=\prod_{i=1}^{k}L_i(\mu^{(i)},\Sigma_{ii}).$$

当 $\hat{\mu}^{(i)}=\overline{X}^{(i)}$, $\hat{\Sigma}_{ii}=\dfrac{1}{n}A_{ii}$时, $L_i(\mu^{(i)},\Sigma_{ii})$达最大. 所以似然比统计量表示式的分子为

$$\begin{aligned}\max_{\mu,\Sigma_{ij}=O}L(\mu,\Sigma)&=\prod_{i=1}^{k}(2\pi)^{-np_i/2}\left|\frac{A_{ii}}{n}\right|^{-n/2}\mathrm{e}^{-np_i/2}\\&=(2\pi)^{-np/2}\cdot\mathrm{e}^{-np/2}\prod_{i=1}^{k}\left|\frac{A_{ii}}{n}\right|^{-n/2}.\end{aligned}$$

似然比统计量为

$$\lambda=\prod_{i=1}^{k}\left|\frac{A_{ii}}{n}\right|^{-n/2}\Big/\left|\frac{1}{n}A\right|^{-n/2}=\left(\frac{|A|}{\prod_{i=1}^{k}|A_{ii}|}\right)^{n/2}\xlongequal{\text{def}}V^{n/2},$$

$$\ln\lambda=\frac{n}{2}\ln V.$$

博克斯(Box)证明了，在 H_0 成立下当 $n\to\infty$ 时，

$$-b\ln V \sim \chi^2(f),$$

其中

$$b = n - \frac{3}{2} - \frac{p^3 - \sum_1^k p_\alpha^3}{3\left(p^2 - \sum_1^k p_\alpha^2\right)},$$

$$f = \frac{1}{2}\left[p(p+1) - \sum_{\alpha=1}^k p_\alpha(p_\alpha+1)\right].$$

例 3.5.1 试检验例 3.2.1 女性汗液数据中随机向量 X 的三个分量是否相互独立($\alpha=0.05$).

解 记随机向量 $X=(X_1,X_2,X_3)'$，假定 $X\sim N_3(\mu,\Sigma)$，且记 $\Sigma=(\sigma_{ij})_{3\times 3}$. 检验

$$H_0: \sigma_{12}=0,\ \sigma_{13}=0,\ \sigma_{23}=0,\quad H_1: \sigma_{12},\sigma_{13},\sigma_{23}\ \text{不全为}\ 0.$$

取检验统计量为

$$\xi = -b\ln\left(\frac{|A|}{\prod_{i=1}^k |A_{ii}|}\right).$$

当 X 的三个分量相互独立，且样本容量 n 很大时，ξ 近似于 $\chi^2(f)$. 由表 3.1 的样本值计算样本离差阵 A，可得：

$$A = \begin{bmatrix} 54.708 & & \\ 190.190 & 3795.98 & \\ -34.372 & -107.16 & 68.926 \end{bmatrix}.$$

此例中 $n=20, p=3, p_1=p_2=p_3=1, k=3$. 进一步计算可得：

$$b = 17.166667,\quad f = 3,$$

$$V = \frac{|A|}{\prod_{i=1}^k |A_{ii}|} = \frac{8108729}{54.708\times 3795.98\times 68.926}$$

$$= \frac{8108729}{14313791} = 0.5665,$$

$$\xi = -b\ln V = -17.1667\times \ln(0.5665) = 9.7555.$$

对给定显著性水平 $\alpha=0.05$，用统计软件 SAS 系统计算时，通过计算

p 值进行检验:

$$p = P\{\xi \geqslant 9.7555\} = 0.02076.$$

因 $p=0.02076<0.05=\alpha$,故否定 H_0,即随机向量的三个分量不相互独立. 在这种情况下,可能犯第一类错误,且犯第一类错误的概率为 0.05.

§3.6 正态性检验

在均值向量和协方差阵的检验中,以及以后将介绍的一些统计方法中都是假定样本来自 p 元正态总体. 所作统计推断的结论是否正确,在某种意义上取决于实际总体与正态总体接近的程度如何?因此建立一些方法来检验多元观测数据与多元正态数据的差异是否显著是十分必要的.

设 $X_{(\alpha)}=(X_{\alpha1},\cdots,X_{\alpha p})'$ $(\alpha=1,\cdots,n)$是来自 p 元总体 X 的随机样本,试问总体 X 是否服从 $N_p(\mu,\Sigma)$分布?

若总体 $X=(X_1,\cdots,X_p)'\sim N_p(\mu,\Sigma)$,利用多元正态分布的一些性质可知以下结论(记 $\mu=(\mu_1,\cdots,\mu_p)'$,$\Sigma=(\sigma_{ij})_{p\times p}$):

结论 1 每个分量 $X_i\sim N(\mu_i,\sigma_{ii})$ $(i=1,\cdots,p)$;

结论 2 任意两个分量$(X_i,X_j)\sim$二元正态分布;

结论 3 设 $l=(l_1,\cdots,l_p)'$为任给的 p 维常向量,令 $\xi=l'X$,则

$$\xi \sim N_1(l'\mu,l'\Sigma l);$$

结论 4 令 $\eta=(X-\mu)'\Sigma^{-1}(X-\mu)$,则 $\eta\sim\chi^2(p)$;

结论 5 正态随机向量 X 的概率密度等高线为椭球.

若总体 X 为多元正态总体,必具有以上所列的几条性质. 如果 X 具有以上这些性质,也不一定能得出 X 为 p 元正态分布. 但如果经过检验,比如发现某个分量 X_i 与正态分布有显著差异,即可得出 p 元总体 X 与 p 元正态分布也有显著差异. 利用以上性质,要来构造出好的满意的多元正态的整体性检验是十分困难的. 在实际应用中如果经过从多方面得到的检验结果与正态分布均无显著性差异,也就认为该总体 X 与 p 元正态无显著差异.

关于多元数据的正态性检验问题，常转化为多个一元或二元数据的正态性检验，而一元数据的正态性检验已有一些方法；或者先求 X 分量的线性组合，化为一元数据的正态性检验等. 这些方法虽不是严格的，但一元或二元数据是正态的，而多元非正态的病态数据在实际应用中并不常见.

一、一维边缘分布的正态性检验

设 p 维随机向量 $X=(X_1,\cdots,X_p)'$，检验分量 $X_i\sim N(\mu_i,\sigma_i^2)$ $(i=1,\cdots,p)$. 若要把 p 元正态性检验化为 p 个一元数据的正态性检验，常用的检验方法有以下几种(见参考文献[4],[7]).

(1) χ^2 检验法：这是适用于连续型或离散型随机变量分布的拟合优度检验方法，也称为**皮尔逊**(Pearson) χ^2 **检验法**.

(2) 科尔莫戈罗夫(Kolmogorov)检验法：这是适用于连续型分布的拟合优度检验方法，当然也适用于正态性检验.

以下几种方法是仅适用于正态分布的检验法.

(3) 偏峰检验法.

(4) W(Wilks)检验和 D 检验.

(5) Q-Q(Quantile-Quantile)图检验法.

(6) P-P(Probability-Probability)图检验法：这是与 Q-Q 图检验法类似的图示检验法. Q-Q 图检验法绘制散点$(q_i,x_{(i)}^*)$的散布图，其中 $q_i=\Phi^{-1}(p_i)$为正态总体的 p_i 分位数，

$$p_i=\frac{i-0.5}{n}\quad (i=1,\cdots,n);$$

$x_{(i)}^*$为样本的 p_i 分位数. 如果总体 X 为一元正态总体，这些散点应散布在一条直线上.

另外，我们还可以绘制另一对数据点：$(p_i,F(x_{(i)}^*))$ $(i=1,\cdots,n)$的散布图，记 $F_n(\cdot)$为经验分布函数. 因为

$$p_i=F_n(x_{(i)}^*)\approx F(x_{(i)}^*)=\Phi\left(\frac{x_{(i)}^*-\mu}{\sigma}\right),$$

故这些散点也应散布在一直线上. 这里 $F(x_{(i)}^*)$是正态总体 $X(X\sim$

$N(\mu,\sigma^2)$)的分布函数在点 $x_{(i)}^*$ 上的值,即随机事件$\{X\leqslant x_{(i)}^*\}$的概率(Probability)值,而 p_i 是由经验分布函数 $F_n(x)$得到的样本分布函数在点 $x_{(i)}^*$ 上的值,故称此散布图为 P-P 图,利用此图得到的检验法称为 P-P 图检验法.

(7) "3σ"原则检验法: 如果总体 $X\sim N(\mu,\sigma^2)$,根据"3σ"原则,可知

$$p_k = P\{\mu - k\sigma < X < \mu + k\sigma\} = \begin{cases} 0.683, & \text{当 } k=1 \text{ 时}, \\ 0.954, & \text{当 } k=2 \text{ 时}, \\ 0.997, & \text{当 } k=3 \text{ 时}. \end{cases}$$

若 $X_{(1)},X_{(2)},\cdots,X_{(n)}$是来自总体 X 的样本(假设样本容量 n 很大),又 X 为正态分布,则样品点落入区域$(\mu-k\sigma,\mu+k\sigma)$的比例 $\hat{p}_k$ 与以上列出的概率 p_k 应是相差不多的. 利用大数定律可知, $\hat{p}_k$ 近似为正态分布,由此得出的检验法如下:

由样本值 $x_{(i)}(i=1,\cdots,n)$首先计算样本均值 $\bar{x}$ 和样本标准差 s,然后统计落入区域$(\bar{x}-s,\bar{x}+s)$或$(\bar{x}-2s,\bar{x}+2s)$的样品点个数,并计算占样品总数 n 的比例 $\hat{p}_1$ 或 $\hat{p}_2$,如果

$$|\hat{p}_1 - 0.683| > 3\sqrt{\frac{0.683\times 0.317}{n}} = \frac{1.396}{\sqrt{n}},$$

或

$$|\hat{p}_2 - 0.954| > 3\sqrt{\frac{0.954\times 0.046}{n}} = \frac{0.628}{\sqrt{n}},$$

则认为总体 X 与正态总体有偏离,当 $\hat{p}_1$ 或 $\hat{p}_2$ 都较小时,表示总体 X 的分布比正态分布有较重的尾部.

(8) A^2 和 W^2 统计量检验法: 这是由 SAS 软件系统提供的检验法. 使用的方法主要是经验分布拟合优度检验法,由样本计算得到的经验分布函数 $F_n(x)$可作为总体分布函数 $F(x)$的估计,所以考虑用 $F_n(x)$与原假设指定的分布函数 $F_0(x)$间的差异来检验原假设. 以下几个统计量都是用以度量指定分布函数 $F_0(x)$与经验分布函数 $F_n(x)$这两个函数之间的差异:

科尔莫戈罗夫-斯米尔诺夫(Smirnov)统计量:

$$D=\operatorname*{Sup}_{x}|F_n(x)-F_0(x)|.$$

Anderson-Darling 统计量：

$$A^2=n\int_{-\infty}^{+\infty}(F_n(x)-F_0(x))^2[F_0(x)(1-F_0(x))]^{-1}\mathrm{d}F_0(x).$$

Cramer-von Mises 统计量：

$$W^2=n\int_{-\infty}^{+\infty}(F_n(x)-F_0(x))^2\mathrm{d}F_0(x).$$

当原假设成立时，上面三个统计量应取较小的值. 这三个统计量取很大数值时是极端情况，故度量这三个统计量取极端情况的相应的 p 值若小于给定的显著性水平 α，则有足够证据否定正态性假定(见参考文献[3]，35～39).

二、二元数据的正态性检验

设 $X=(X_1,X_2,\cdots,X_p)'$为 p 维随机向量，X 的任意两个分量的 n 次观测数据记为 $X_{(i)}=(X_{i1},X_{i2})'$ $(i=1,\cdots,n)$. 下面介绍检验二元观测数据是否来自二元正态分布的方法.

1. 等概椭圆检验法

若二维随机向量 $X=(X_1,X_2)'\sim N_2(\mu,\Sigma)$，则 X 的概率密度函数等高线

$$f(x_1,x_2)=a\Longleftrightarrow (X-\mu)'\Sigma^{-1}(X-\mu)=b^2,$$

上式右边是中心在(μ_1,μ_2)由$(X-\mu)'\Sigma^{-1}(X-\mu)=b^2$ 决定的椭圆. 由本章 § 3.1 中所介绍的知识可知

$$D^2=(X-\mu)'\Sigma^{-1}(X-\mu)\sim\chi^2(2).$$

对给定 $p_0\in(0,1)$，则存在 d_0，使

$$P\{D^2\leqslant d_0\}=p_0.$$

比如取 $p_0=1/2$，由统计软件计算或者查有关临界值表，可得 $d_0=1.386$；当 $p_0=0.25$ 时 $d_0=0.575$；$p_0=0.75$ 时 $d_0=2.773$，…. 而

$$P\{(X-\mu)'\Sigma^{-1}(X-\mu)\leqslant 1.386\}=0.5$$

表示样品点 $X_{(i)}$落入由 1.386 指定的椭圆内的概率为 1/2. 利用这一

结论，可对二元观测数据的正态性进行检验，具体步骤请看下面例子.

例 3.6.1 考查由第一章表 1.1 中给出的 12 名学生的数学成绩(X_4)和物理成绩(X_5)所组成的二维向量$(X_4,X_5)'$的观测数据，试问这批二元数据可否认为是来自二元正态总体.

解 首先由二元数据计算样本均值和样本协方差阵：

$$\overline{X}=(80.7500,81.9167)',$$

$$S=\frac{1}{n-1}A=\frac{1}{11}\begin{bmatrix}4710.2500 & \\ 3995.7500 & 5288.9167\end{bmatrix}$$

$$=\begin{bmatrix}428.2046 & \\ 363.2500 & 480.8106\end{bmatrix},$$

$$S^{-1}=\begin{bmatrix}0.006503 & \\ -0.004913 & 0.005792\end{bmatrix}.$$

接着计算第 i 个观测点(学生)的两门课程成绩 $X_{(i)}$到中心点 $\overline{X}=(\overline{X}_4,\overline{X}_5)'=(80.7500,81.9167)'$的 D_i^2(第五章称这样定义的 D_i^2 为马氏距离)：

$$D_i^2=(X_{(i)}-\overline{X})'S^{-1}(X_{(i)}-\overline{X})\quad(i=1,2,\cdots,12).$$

其结果分别为

0.8832， 0.7787， 0.6965， 0.7891， 2.1882， 2.3849，

0.8768， 2.0337， 0.2691， 5.0465， 0.7892， 5.2641.

由上可知，马氏距离 $D_i^2\leqslant 1.386$ 的个数为 7 个，占样品总数的比例为 58.33%. 这与 0.5 相差不多，且因样本容量 $n=12$ 较小，因此可以认为所得结果不能拒绝数据是来自二元正态性的假设.

这个检验法显然比较粗糙，下面我们将介绍的一种判断数据联合正态性原则的比较正规的方法，就是对 n 个观测点的 $D_i^2(i=1,\cdots,n)$作 χ^2 图检验.

2. 二元数据的 χ^2 图检验法

因二元数据的 χ^2 图检验法与 p 元数据的 χ^2 图检验法其原理完全相同，故关于此检验方法的介绍请参阅下面 p 元数据的 χ^2 图检验方法.

三、p 元数据的正态性检验

设 $X_{(\alpha)}=(X_{\alpha 1},\cdots,X_{\alpha p})'$ $(\alpha=1,\cdots,n)$为来自 p 元总体 X 的随机样本. 检验

$$H_0: X \sim N_p(\mu,\Sigma), \quad H_1: X \text{ 不服从 } N_p(\mu,\Sigma).$$

1. χ^2 统计量的 Q-Q 图检验法(或 P-P 图检验法)

这是由正态分布的性质的结论 4 构造的检验法. 在 H_0 下,将样品 X 到总体中心 μ 的马氏距离 $D^2(X,\mu)$记为 D^2,则有

$$D^2=(X-\mu)'\Sigma^{-1}(X-\mu)\sim\chi^2(p).$$

以下构造的检验方法就是检验统计量 D^2 是否有 $D^2\sim\chi^2(p)$成立. 直观的想法是：由样品 $X_{(\alpha)}$计算 $D_\alpha^2(\alpha=1,\cdots,n)$,对 D_α^2 排序：

$$D_{(1)}^2\leqslant D_{(2)}^2\leqslant\cdots\leqslant D_{(n)}^2.$$

统计量 D^2 的经验分布函数取为

$$F_n(D_{(t)}^2)=\frac{t-0.5}{n}\xlongequal{\text{def}}p_t\approx H(D_{(t)}^2\,|\,p),$$

其中 $H(D_{(t)}^2\,|\,p)$表示 $\chi^2(p)$的分布函数在 $D_{(t)}^2$的值.

设 χ^2 分布的 p_t 分位数为 χ_t^2,显然 χ_t^2 满足：$H(\chi_t^2\,|\,p)=p_t$,即 χ^2 分布的 p_t 分位数 $\chi_t^2=H^{-1}(p_t\,|\,p)$. 又由经验分布得到样本的 p_t 分位数 $D_{(t)}^2=F_n^{-1}(p_t)$. 若 $H(x\,|\,p)\approx F_n(x)$,应有

$$D_{(t)}^2\approx\chi_t^2.$$

绘制点$(D_{(t)}^2,\chi_t^2)$的散布图,当 X 为正态总体时,这些点应散布在一条直线上. 这种检验法其实就是 χ^2 分布的 Q-Q 图检验法.

类似地,也可以绘制点$(p_t,H(D_{(t)}^2\,|\,p))$的散布图,当 X 为正态总体时,这些点也应散布在一条直线上. 这种检验法其实就是 χ^2 分布(有时表示为“卡方分布”)的 P-P 图检验法.

具体检验步骤如下：

(1) 由 n 个 p 维样品点 $X_{(\alpha)}(\alpha=1,\cdots,n)$计算样本均值 $\overline{X}$ 和样本协方差阵 S：

$$S=\frac{1}{n-1}\sum_{\alpha=1}^{n}(X_{(\alpha)}-\overline{X})(X_{(\alpha)}-\overline{X})'.$$

(2) 计算样品点 $X_{(t)}$ 到 $\overline{X}$ 的马氏距离：

$$D_t^2=(X_{(t)}-\overline{X})'S^{-1}(X_{(t)}-\overline{X})\quad(t=1,\cdots,n).$$

(3) 对马氏距离 D_t^2 按从小到大的次序排序：

$$D_{(1)}^2\leqslant D_{(2)}^2\leqslant\cdots\leqslant D_{(n)}^2.$$

(4) 计算 $p_t=\frac{t-0.5}{n}\,(t=1,2,\cdots,n)$ 及 χ_t^2，其中 χ_t^2 满足：

$$H(\chi_t^2|p)=p_t\quad(\text{或计算 } H(D_{(t)}^2|p) \text{ 的值}).$$

(5) 以马氏距离为横坐标，χ^2 分位数为纵坐标作平面坐标系，用 n 个点 $(D_{(t)}^2,\chi_t^2)$ 绘制散布图，即得到 χ^2 分布的 Q-Q 图；或者用另 n 个点 $(p_t,H(D_{(t)}^2|p))$ 绘制散布图，即得 χ^2 分布的 P-P 图.

(6) 考察这 n 个点是否散布在一条通过原点，斜率为 1 的直线上. 若是，接受数据来自 p 元正态总体的假设；否则拒绝正态性假设.

2. 主成分检验法

设 $X_{(i)}=(X_{i1},X_{i2},\cdots,X_{ip})'\ (i=1,\cdots,n)$ 为来自 p 元总体 $X=(X_1,\cdots,X_p)'$ 的观测数据(样本)，检验

$$H_0: X\sim N_p(\mu,\Sigma),\quad H_1: X \text{ 不服从 } N_p(\mu,\Sigma).$$

设样本协方差阵 S 的特征值为 $\lambda_1\geqslant\lambda_2\geqslant\cdots\geqslant\lambda_p>0$，相应的特征向量为 $l_1,l_2,\cdots,l_p$，记 $l_t=(l_{1t},l_{2t},\cdots,l_{pt})'$. 令

$$Z_t=l_{1t}X_1+l_{2t}X_2+\cdots+l_{pt}X_p\quad(t=1,2,\cdots,p),$$

即新变量 $Z_1,\cdots,Z_p$ 是 $X_1,\cdots,X_p$ 的线性组合. 则可以证明：$Z_1,\cdots,Z_p$ 是相互独立的；p 元观测数据提供的信息大部分可由前几个新变量所提供. 这时 p 元数据的正态性检验可化为几个相互独立的新变量的一元数据的正态性检验. 这些新变量在第七章中被称为**主成分**. 故此检验法称为**主成分检验法**.

如果正态性假设不能成立，一般应考虑对数据进行变换，使非正态数据更接近正态，然后对变换后的数据进行统计分析. 有关变换的方法请见参考文献[5]、[6]或[7].

习 题 三

3-1 设 $X \sim N_n(\mu, \sigma^2 I_n)$，$A$ 为 n 阶对称幂等矩阵，且 $\mathrm{rank}(A) = r\ (r \leqslant n)$. 证明 $\frac{1}{\sigma^2} X' A X \sim \chi^2(r, \delta)$，其中 $\delta = \frac{1}{\sigma^2} \mu' A \mu$.

3-2 设 $X \sim N_n(\mu, \sigma^2 I_n)$，$A, B$ 为 n 阶对称矩阵. 若 $AB = O$，证明 $X'AX$ 与 $X'BX$ 相互独立.

3-3 设 $X \sim N_p(\mu, \Sigma)$，$\Sigma > 0$，A 和 B 为 p 阶对称矩阵，试证明

$$(X - \mu)' A (X - \mu) \text{ 与 } (X - \mu)' B (X - \mu) \text{ 相互独立}$$
$$\Longleftrightarrow \Sigma A \Sigma B \Sigma = O_{p \times p}.$$

3-4 试证明威沙特分布的性质 4 和霍特林 T^2 分布的性质 5.

3-5 对单个 p 元正态总体 $N_p(\mu, \Sigma)$ 均值向量的检验问题，试用似然比原理导出检验 H_0：$\mu = \mu_0$（$\Sigma = \Sigma_0$ 已知）的似然比统计量及分布.

3-6 （均值向量的各分量间结构关系的检验）设总体

$$X \sim N_p(\mu, \Sigma) \quad (\Sigma > 0),$$

$X_{(\alpha)}$ $(\alpha = 1, \cdots, n)$ $(n > p)$ 为来自 p 元正态总体 X 的样本，记 $\mu = (\mu_1, \cdots, \mu_p)'$. C 为 $k \times p$ 常数矩阵 $(k < p)$，$\mathrm{rank}(C) = k$，r 为已知 k 维向量. 试给出检验 H_0：$C\mu = r$ 的检验统计量及分布.

3-7 设总体 $X \sim N_p(\mu, \Sigma)$ $(\Sigma > 0)$，$X_{(\alpha)}$ $(\alpha = 1, \cdots, n)$ $(n > p)$ 为来自 p 元正态总体 X 的样本，样本均值为 $\overline{X}$，样本离差阵为 A. 记 $\mu = (\mu_1, \cdots, \mu_p)'$. 为检验 H_0：$\mu_1 = \mu_2 = \cdots = \mu_p$，$H_1$：$\mu_1, \mu_2, \cdots, \mu_p$ 至少有一对不相等，令

$$C = \begin{bmatrix} 1 & -1 & 0 & \cdots & 0 \\ 1 & 0 & -1 & \cdots & 0 \\ \vdots & \vdots & \vdots & & \vdots \\ 1 & 0 & 0 & \cdots & -1 \end{bmatrix}_{(p-1) \times p},$$

则上面的假设等价于

$$H_0: C\mu = 0_{p-1}, \quad H_1: C\mu \neq 0_{p-1},$$

其中 0_{p-1} 为 $p-1$ 维零向量. 试求检验 H_0 的似然比统计量和分布.

3-8 假定人体尺寸有这样的一般规律：身高(X_1)，胸围(X_2)和上半臂围(X_3)的平均尺寸比例是 6∶4∶1. 假设 $X_{(\alpha)}(\alpha=1,\cdots,n)$ 为来自总体 $X=(X_1,X_2,X_3)'$ 的随机样本，并设 $X\sim N_3(\mu,\Sigma)$. 试利用表 3.4 中男婴这一组数据来检验其身高、胸围和上半臂围这三个尺寸(变量)是否符合这一规律(写出假设 H_0，并导出检验统计量).

表 3.4 某地区农村两周岁婴儿的体格测量数据

性别	身高(X_1)	胸围(X_2)	上半臂围(X_3)
男	78	60.6	16.5
男	76	58.1	12.5
男	92	63.2	14.5
男	81	59.0	14.0
男	81	60.8	15.5
男	84	59.5	14.0
女	80	58.4	14.0
女	75	59.2	15.0
女	78	60.3	15.0
女	75	57.4	13.0
女	79	59.5	14.0
女	78	58.1	14.5
女	75	58.0	12.5
女	64	55.5	11.0
女	80	59.2	12.5

3-9 对单个 p 元正态总体 $N_p(\mu,\Sigma)$ 协方差阵的检验问题，试用似然比原理导出检验 H_0: $\Sigma=\Sigma_0$ 的似然比统计量及分布.

3-10 对两个 p 元正态总体 $N_p(\mu^{(1)},\Sigma)$ 和 $N_p(\mu^{(2)},\Sigma)$ 均值向量的检验问题，试用似然比原理导出检验 H_0: $\mu^{(1)}=\mu^{(2)}$ 的似然比统计量及分布.

3-11 表 3.4 给出 15 名两周岁婴儿的身高(X_1)，胸围(X_2)和上半臂围(X_3)的测量数据. 假设男婴的测量数据 $X_{(\alpha)}(\alpha=1,\cdots,6)$ 为来自总体 $N_3(\mu^{(1)},\Sigma)$ 的随机样本；女婴的测量数据 $Y_{(\alpha)}(\alpha=1,\cdots,9)$ 为来自总体 $N_3(\mu^{(2)},\Sigma)$ 的随机样本. 试利用表 3.4 中的数据检验 H_0: $\mu^{(1)}=\mu^{(2)}(\alpha=0.05)$.

3-12 地质勘探中，在A,B,C三个地区采集了一些岩石，测量其部分化学成分，其数据见表3.5.假定这三个地区岩石的成分遵从$N_3(\mu^{(i)},\Sigma_i)$ $(i=1,2,3)$ $(\alpha=0.05)$.

(1) 检验H_0: $\Sigma_1=\Sigma_2=\Sigma_3$; H_1: $\Sigma_1,\Sigma_2,\Sigma_3$不全等；

(2) 检验H_0: $\mu^{(1)}=\mu^{(2)}$, H_1: $\mu^{(1)}\neq\mu^{(2)}$；

(3) 检验H_0: $\mu^{(1)}=\mu^{(2)}=\mu^{(3)}$, H_1: 存在$i\neq j$，使$\mu^{(i)}\neq\mu^{(j)}$；

(4) 检验三种化学成分相互独立.

表3.5 岩石部分化学成分数据

	SiO_2	FeO	K_2O
A地区	47.22	5.06	0.10
	47.45	4.35	0.15
	47.52	6.85	0.12
	47.86	4.19	0.17
	47.31	7.57	0.18
B地区	54.33	6.22	0.12
	56.17	3.31	0.15
	54.40	2.43	0.22
	52.62	5.92	0.12
C地区	43.12	10.33	0.05
	42.05	9.67	0.08
	42.50	9.62	0.02
	40.77	9.68	0.04

3-13 对表3.3给出的三组观测数据分别检验是否来自4元正态分布.

(1) 对每个分量检验是否是一元正态？

(2) 利用χ^2图检验法对三组观测数据分别检验是否来自4元正态分布.

第四章　回 归 分 析

回归分析方法是多元统计分析的各种方法中应用最广泛的一种. 它是处理多个变量间相互依赖关系的一种数理统计方法. 变量间的相互依赖关系在实际问题中是大量存在的,回归分析是研究这种相互依赖关系的有效数学方法.

回归分析方法是在众多相关的变量中,根据实际问题的要求,考查其中一个或几个变量与其余变量的依赖关系. 如果只要考查某一个变量(常称为响应变量、因变量或指标)与其余多个变量(称为自变量或因素)的相互依赖关系. 我们称为**多元回归问题**. 如果要同时考查 p 个因变量与 m 个自变量的相互依赖关系,我们称为**多因变量的多元回归问题**(或简称为**多对多回归**).

在一元统计分析中讨论的多元回归是只考虑一个因变量的回归问题. 多元统计分析中讨论的回归问题是指有多个因变量的回归问题,它自然把一元统计中的回归作为特例. 因多元回归问题在实际应用中更为广泛,它涉及的统计推断结论能够推广到多因变量的多元回归的问题中. 本章首先不加证明地介绍经典多元线性回归、逐步回归的一些结论,然后讨论多因变量的多元线性回归和双重筛选逐步回归.

§4.1　经典多元线性回归

多元回归分析是研究因变量 Y 与 m 个自变量 $x_1,x_2,\cdots,x_m$ 的相关关系,而且总是假设因变量 Y 为随机变量,而 $x_1,x_2,\cdots,x_m$ 为一般变量.

一、多元线性回归模型及参数的最小二乘估计

1. 多元线性回归模型

假定因变量 Y 与 $x_1, x_2, \cdots, x_m$ 线性相关. 收集到的 n 组数据 $(y_t, x_{t1}, x_{t2}, \cdots, x_{tm})$ $(t=1,2,\cdots,n)$满足以下回归模型：

$$\begin{cases} y_t = \beta_0 + \beta_1 x_{t1} + \cdots + \beta_m x_{tm} + \varepsilon_t \quad (t = 1,2,\cdots,n), \\ \mathrm{E}(\varepsilon_t) = 0, \quad \mathrm{Var}(\varepsilon_t) = \sigma^2, \quad \mathrm{Cov}(\varepsilon_i, \varepsilon_j) = 0 \quad (i \neq j) \\ \text{或 } \varepsilon_t \sim N(0, \sigma^2), \text{相互独立} \quad (t = 1,2,\cdots,n). \end{cases} \tag{4.1.1}$$

记

$$C = \begin{bmatrix} 1 & x_{11} & x_{12} & \cdots & x_{1m} \\ 1 & x_{21} & x_{22} & \cdots & x_{2m} \\ \vdots & \vdots & \vdots & & \vdots \\ 1 & x_{n1} & x_{n2} & \cdots & x_{nm} \end{bmatrix} = (\mathbf{1}_n \vdots X),$$

$$Y = \begin{bmatrix} y_1 \\ y_2 \\ \vdots \\ y_n \end{bmatrix}, \quad \beta = \begin{bmatrix} \beta_0 \\ \beta_1 \\ \vdots \\ \beta_m \end{bmatrix}, \quad \varepsilon = \begin{bmatrix} \varepsilon_1 \\ \varepsilon_2 \\ \vdots \\ \varepsilon_n \end{bmatrix}.$$

则回归模型(4.1.1)的矩阵形式为

$$\begin{cases} Y = C\beta + \varepsilon, \\ \mathrm{E}(\varepsilon) = 0_n, \quad \mathrm{D}(\varepsilon) = \sigma^2 I_n, \end{cases} \tag{4.1.2}$$

或

$$\begin{cases} Y = C\beta + \varepsilon, \\ \varepsilon \sim N_n(0, \sigma^2 I_n), \end{cases} \tag{4.1.3}$$

并称模型(4.1.2)或(4.1.3)为**经典多元线性回归模型**，其中 Y 是可观测的随机向量，ε 是不可观测的随机向量，C 是已知矩阵，β, σ^2 是未知参数，并设 $n>m$，且 $\mathrm{rank}(C)=m+1$.

在经典回归分析中，我们讨论模型中参数 $\beta=(\beta_0, \beta_1, \cdots, \beta_m)'$ 和 σ^2 的估计和检验问题. 近代回归分析中讨论变量筛选、估计的改进，以及对模型中的一些假定进行诊断等问题.

2. 参数向量 β 的最小二乘估计

定义 4.1.1 在模型(4.1.2)中,参数 β 的**最小二乘估计量** $b=(b_0,b_1,\cdots,b_m)'$ 使得误差平方和 $Q(b)$ 达到最小,即

$$Q(b)=\min_{\text{一切}\beta} Q(\beta),$$

其中

$$\begin{aligned}Q(\beta)&=\sum_{t=1}^{n}\varepsilon_t^2=\sum_{t=1}^{n}[y_t-(\beta_0+\beta_1x_{t1}+\cdots+\beta_mx_{tm})]^2\\&=(Y-C\beta)'(Y-C\beta).\end{aligned}$$

定理 4.1.1 设 $\operatorname{rank}(C)=m+1\leqslant n$,则 $\hat{\beta}=b=(C'C)^{-1}C'Y$ 是 β 的最小二乘估计.

证明略.

参数向量 β 的最小二乘估计 $\hat{\beta}=b$ 正好是 $m+1$ 阶的线性方程组

$$C'C\beta=C'Y$$

的解. 常称以上方程组为**正规方程**.

设 $\hat{Y}=C\hat{\beta}=C(C'C)^{-1}C'Y\overset{\text{def}}{=\!=\!=}HY$ 为 Y 的预测向量值,其中 $H_{n\times n}=C(C'C)^{-1}C'$ 称为**"帽子"矩阵**. 此时残差向量为

$$\hat{\varepsilon}=Y-\hat{Y}=(I_n-H)Y,$$

且残差平方和为

$$Q(\hat{\beta})=\hat{\varepsilon}'\hat{\varepsilon}=Y'(I_n-H)Y=Y'Y-Y'C\hat{\beta}.$$

3. 最小二乘估计的统计性质

性质 1 b 是 β 的最小方差线性无偏估计量.

性质 2 $b\sim N_{m+1}(\beta,\sigma^2(C'C)^{-1})$.

性质 3 在 $\varepsilon\sim N_n(0,\sigma^2I_n)$ 的假定下,b 还是一切无偏估计中方差最小的估计.

4. σ^2 的估计

最小二乘法没有给出 σ^2 的估计. 利用最大似然比原理可得 β 的最大似然估计量仍为 b,同时给出了 σ^2 的最大似然估计为

$$\hat{\sigma}^2=\frac{1}{n}\sum_{i=1}^{n}[y_i-(b_0+b_1x_{i1}+\cdots+b_mx_{im})]^2$$

$$=\frac{1}{n}(Y-Cb)'(Y-Cb)=\frac{1}{n}Q(b).$$

但因 $\hat{\sigma}^2$ 不是 σ^2 的无偏估计量，通常取

$$s^2=\frac{1}{n-m-1}Q(b)$$

作为 σ^2 的估计量，它是 σ^2 的无偏估计量.

定理 4.1.2 设 $\text{rank}(C)=m+1\leqslant n$，则 $\text{E}(s^2)=\sigma^2$.

5. 参数函数 $\alpha'\beta$ 的估计

在回归分析中，求出参数 β 的最小二乘估计 b 并不是我们的目的. 我们的目的是要估计 Y，而 Y 是 β 的线性函数：

$$Y=\beta_0+\beta_1x_1+\cdots+\beta_mx_m=(1,x_1,\cdots,x_m)\beta=\alpha'\beta,$$

即估计参数 β 的线性函数 $\alpha'\beta$.

很自然地我们用 $\alpha'b$ 作为 $\alpha'\beta$ 的估计. 因 b 是 β 的最大似然估计量，故 $\alpha'b$ 也是 $\alpha'\beta$ 的最大似然估计量，它具有最大似然估计量的一切优良性. 特别要强调的，$\alpha'b$ 是 $\alpha'\beta$ 的最小方差线性无偏估计.

二、回归方程和回归系数的显著性检验

在实际问题中，我们事先并不能判定因变量 Y 与自变量 $x_1,x_2,\cdots,x_m$ 之间确有线性关系. 在求出回归系数 β 的估计之前，回归模型(4.1.2)只是一种假定，尽管这种假定常常不是没有根据的，但在求出线性回归方程后，对 Y 与 $x_1,x_2,\cdots,x_m$ 之间是否有线性关系还需进行统计检验，以给出肯定或者否定的结论.

我们假定 $\text{E}(Y)=\beta_0+\beta_1x_1+\cdots+\beta_mx_m$，如果 Y 与 $x_1,x_2,\cdots,x_m$ 之间均无线性相关关系，则(4.1.2)模型中 $x_i(i=1,2,\cdots,m)$的系数 β_i 应均为 0. 故检验 Y 与 $x_1,x_2,\cdots,x_m$ 是否线性相关的问题就等价于检验假设

$$H_0:\ \beta_1=\beta_2=\cdots=\beta_m=0,$$

为了选择合适的检验统计量，我们首先介绍平方和分解公式.

1. 平方和分解公式

引理 4.1.1 对任给定的观测数据阵

$$\begin{bmatrix} y_1 & \vdots & x_{11} & x_{12} & \cdots & x_{1m} \\ y_2 & \vdots & x_{21} & x_{22} & \cdots & x_{2m} \\ \vdots & \vdots & \vdots & \vdots & & \vdots \\ y_n & \vdots & x_{n1} & x_{n2} & \cdots & x_{nm} \end{bmatrix},$$

恒有公式：

$$\sum_{i=1}^{n}(y_i-\overline{y})^2=\sum_{i=1}^{n}(y_i-\hat{y}_i)^2+\sum_{i=1}^{n}(\hat{y}_i-\overline{y})^2, \quad (4.1.4)$$

其中

$$\overline{y}=\frac{1}{n}\sum_{i=1}^{n}y_i,$$

$$\hat{y}_i=\hat{\beta}_0+\hat{\beta}_1x_{i1}+\hat{\beta}_2x_{i2}+\cdots+\hat{\beta}_mx_{im} \quad (i=1,2,\cdots,n).$$

而

$$\hat{\beta}=\begin{bmatrix}\hat{\beta}_0\\ \hat{\beta}_1\\ \vdots\\ \hat{\beta}_m\end{bmatrix}=(C'C)^{-1}C'Y$$

是 β 的最小二乘估计. 公式(4.1.4)称为**平方和分解公式**.

平方和分解公式(4.1.4)等号的左边 $\sum_{i=1}^{n}(y_i-\overline{y})^2$ 体现了 Y 的观测值 $y_1,y_2,\cdots,y_n$ 总波动大小，称为**总偏差平方和**，记作 l_{yy}(或 TSS). (4.1.4)式等号右边的第二项 $\sum_{i=1}^{n}(\hat{y}_i-\overline{y})^2$ 体现了 n 个估计值 $\hat{y}_1,\hat{y}_2,\cdots,\hat{y}_n$ 的波动大小，它是由于 Y 与自变量 $x_1,x_2,\cdots,x_m$ 之间确有线性关系并通过 $x_1,x_2,\cdots,x_m$ 的变化而引起，我们称它为**回归平方和**，记为 U (或 MSS)；(4.1.4)式等号右边第一项 $\sum_{i=1}^{n}(y_i-\hat{y}_i)^2=\sum_{i=1}^{n}\hat{\varepsilon}_i^2$ 称为**残差平方和**，记为 Q(或 ESS). 在模型(4.1.2)假定下，即

$$\mathrm{E}(Y)=\beta_0+\beta_1x_1+\cdots+\beta_mx_m,$$

Q 是由于随机误差引起的. 实际上，模型(4.1.2)只是一种假定，自变量 $x_1,x_2,\cdots,x_m$ 和 Y 的关系除了线性关系外，可能还有非线性的关

系. Q 是除了 $x_1,x_2,\cdots,x_m$ 对 Y 的线性关系之外的一切其他因素(包括 $x_1,x_2,\cdots,x_m$ 对 Y 的非线性关系及随机误差)引起的,故 Q 也称为**剩余平方和**. 利用以上记号,(4.1.4)式可简写为:

$$l_{yy}=Q+U \quad \text{或} \quad \mathrm{TSS}=\mathrm{ESS}+\mathrm{MSS}. \tag{4.1.5}$$

2. 回归方程的显著性检验(或称相关性检验)

由最小二乘准则求回归系数的计算过程中,并不一定知道 Y 与自变量 $x_1,x_2,\cdots,x_m$ 是否有线性关系. 如果不存在线性关系,那么得到的回归方程是毫无意义的. 在一元回归中,若 $\beta_1=0$,则一般地说,Y 并没有随 x_1 的变化而线性的变化. 因此对回归方程的显著性检验就是检验以下假设是否成立:

$$H_0:\ \beta_1=\beta_2=\cdots=\beta_m=0. \tag{4.1.6}$$

由平方和分解公式及 MSS 和 ESS 的意义,若 MSS(回归平方和或模型平方和)比 ESS(残差平方和或误差平方和)大得多,则 Y 的总偏差 TSS 主要由 $x_i(i=1,\cdots,m)$的变化引起的,即所考察的这些自变量对 Y 的影响是显著的,也就是假设(4.1.6)不成立. 利用比值 MSS/ESS 就可以构造检验假设(4.1.6)的检验统计量.

定理 4.1.3　在模型(4.1.3)下有

(1) $\hat{\beta}\sim N_{m+1}(\beta,\sigma^2(C'C)^{-1})$;

(2) $\dfrac{1}{\sigma^2}Q\sim\chi^2_{n-m-1}$;

(3) $\hat{\beta}$ 与 Q 相互独立;

(4) H_0: $\beta_1=\beta_2=\cdots=\beta_m=0$ 成立时, $\dfrac{U}{\sigma^2}=\dfrac{\mathrm{MSS}}{\sigma^2}\sim\chi^2_m$.

利用定理 4.1.3,为检验 H_0,构造的检验统计量为

$$F=\frac{U/m}{Q/(n-m-1)}=\frac{\mathrm{MSS}/m}{\mathrm{ESS}/(n-m-1)}$$
$$=\frac{\mathrm{MMS}(\text{模型均方})}{\mathrm{MSE}(\text{均方误差})}.$$

在 H_0 成立时,检验统计量 $F\sim F(m,n-m-1)$,其中 m 和 $n-m-1$ 分别称为**模型的自由度**和**误差的自由度**.

利用 n 组观测数据,计算检验统计量 F 的值(记为 f_0)及显著性概率(p 值),p 值是指在 H_0 下,利用 F 的分布规律,计算出检验统

计量 F 大于等于 f_0 的概率. 若得出的 p 值很小(小于显著性水平 α),依统计思想,小概率事件在一次实践中一般不会发生. 如果发生小概率事件,将否定前提假定 H_0;否则 H_0 相容.

3. 正规方程的等价形式及 U 的计算公式

回归模型(4.1.1)可以改写为

$$\begin{cases} y_i - \bar{y} = \beta_0^* + \beta_1(x_{i1} - \bar{x}_1) + \cdots + \beta_m(x_{im} - \bar{x}_m) + \varepsilon_i \\ \qquad\qquad\qquad\qquad\qquad\qquad\qquad\qquad (i = 1,2,\cdots,n), \\ \varepsilon = (\varepsilon_1,\varepsilon_2,\cdots,\varepsilon_n)' \sim N_n(0,\sigma^2 I_n). \end{cases} \tag{4.1.7}$$

它与原模型(4.1.1)没有本质差别,只不过 $\beta_0=\beta_0^*-\sum\limits_{i=1}^{m}\beta_i\bar{x}_i+\bar{y}$.

模型(4.1.7)的特点是对观测数据$(x_{i1},x_{i2},\cdots,x_{im},y_i)$ $(i=1,2,\cdots,n)$做了中心化处理. 下面将说明在模型(4.1.7)下得到的正规方程的形式. 记

$$\widetilde{X}=\begin{bmatrix} x_{11}-\bar{x}_1 & x_{12}-\bar{x}_2 & \cdots & x_{1m}-\bar{x}_m \\ x_{21}-\bar{x}_1 & x_{22}-\bar{x}_2 & \cdots & x_{2m}-\bar{x}_m \\ \vdots & \vdots & & \vdots \\ x_{n1}-\bar{x}_1 & x_{n2}-\bar{x}_2 & \cdots & x_{nm}-\bar{x}_m \end{bmatrix},$$

$$B=\begin{bmatrix} \beta_1 \\ \beta_2 \\ \vdots \\ \beta_m \end{bmatrix},\quad \widetilde{Y}=\begin{bmatrix} y_1-\bar{y} \\ y_2-\bar{y} \\ \vdots \\ y_n-\bar{y} \end{bmatrix},\quad \widetilde{C}=(\mathbf{1}_n \mid \widetilde{X}),\quad \widetilde{\beta}=\begin{bmatrix} \beta_0^* \\ B \end{bmatrix}.$$

则模型(4.1.7)的矩阵形式为

$$\begin{cases} \widetilde{Y}=\widetilde{C}\widetilde{\beta}+\varepsilon, \\ \varepsilon \sim N_n(0,\sigma^2 I_n), \end{cases}$$

正规方程为: $\widetilde{C}'\widetilde{C}\widetilde{\beta}=\widetilde{C}'\widetilde{Y}$. 又

$$\widetilde{C}'\widetilde{C}=(\mathbf{1}_n \mid \widetilde{X})'(\mathbf{1}_n \mid \widetilde{X})=\begin{bmatrix} \mathbf{1}_n'\mathbf{1}_n & \mathbf{1}_n'\widetilde{X} \\ \widetilde{X}'\mathbf{1}_n & \widetilde{X}'\widetilde{X} \end{bmatrix} \xlongequal{\text{def}} \begin{bmatrix} n & O_{1\times m} \\ O_{m\times 1} & L \end{bmatrix},$$

其中

$$L = \widetilde{X}' \widetilde{X} = (l_{ij})_{m\times m},$$

$$l_{ij} = \sum_{k=1}^{n} (x_{ki} - \bar{x}_i)(x_{kj} - \bar{x}_j) \quad (i, j = 1, 2, \cdots, m).$$

而

$$\widetilde{C}' \widetilde{Y} = (\mathbf{1}_n \vdots \widetilde{X})' \widetilde{Y} = \begin{bmatrix} \mathbf{1}_n' \widetilde{Y} \\ \widetilde{X}' \widetilde{Y} \end{bmatrix} \xlongequal{\text{def}} \begin{bmatrix} 0 \\ l \end{bmatrix},$$

其中 $l=(l_{1y}, l_{2y}, \cdots, l_{my})'$, $l_{iy}=\sum_{k=1}^{n}(x_{ki}-\bar{x}_i)(y_k-\bar{y})$. 于是正规方程可写为：

$$\begin{bmatrix} n & O_{1\times m} \\ O_{m\times 1} & L \end{bmatrix} \begin{bmatrix} \beta_0^* \\ B \end{bmatrix} = \begin{bmatrix} 0 \\ l \end{bmatrix},$$

由此可得出 $\hat{\beta}_0^*=0$,故正规方程的另一等价形式为：

$$LB = l, \tag{4.1.8}$$

其中 $L=\widetilde{X}'\widetilde{X}$, $l=\widetilde{X}'\widetilde{Y}$. 方程(4.1.8)是 m 元线性方程组,解之得 B 的最小二乘估计为：$\hat{B}=L^{-1}l$,且 $\hat{B}\sim N_m(B, \sigma^2 L^{-1})$.

数据中心化后的线性回归模型(4.1.7)可表为

$$\begin{cases} \widetilde{Y} = \widetilde{X}B + \varepsilon, \\ \varepsilon \sim N_n(0, \sigma^2 I_n). \end{cases} \tag{4.1.9}$$

因为 $U=(\hat{Y}-\bar{y}\mathbf{1}_n)'(\hat{Y}-\bar{y}\mathbf{1}_n)$,在模型(4.1.9)下 $(\hat{Y}-\bar{y}\mathbf{1}_n)=\widetilde{X}\hat{B}$,所以回归平方和 U 有以下计算公式：

$$\begin{aligned} U &= (\widetilde{X}\hat{B})'\widetilde{X}\hat{B} = \hat{B}'L\hat{B} = \hat{B}'l \\ &= \hat{\beta}_1 l_{1y} + \hat{\beta}_2 l_{2y} + \cdots + \hat{\beta}_m l_{my}. \end{aligned}$$

利用平方和分解公式,还可得残差平方和的计算公式为：

$$Q = l_{yy} - U.$$

4. 回归系数的显著性检验

对回归方程进行显著性检验,若否定 H_0,仅表示 $\beta_1, \beta_2, \cdots, \beta_m$ 不全为 0,但并不排除有某个 β_i 为 0. 若 $\beta_i=0$,说明自变量 x_i 对因变量 Y 的影响不明显,应从回归模型中删除. 因此对回归系数 $\beta_i(i=1, 2, \cdots, m)$是否为 0,进行逐个检验是很必要的,即检验以下的假设：

$$H_0^{(i)}: \beta_i = 0 \quad (i = 1, 2, \cdots, m). \tag{4.1.10}$$

为构造检验以上假设的检验统计量，我们引进偏回归平方和的概念. 它是刻画某个自变量对 Y 作用大小的统计量.

定义 4.1.2 设 U 为 $x_1, \cdots, x_m$ 对 Y 的回归平方和；$U(i)$为去掉 x_i 后余下的 $m-1$ 个自变量对 Y 的回归平方和. 则称 $P_i = U - U(i)$(或 $P_i = Q(i) - Q$)为变量 x_i 的**偏回归平方和**.

P_i 表示去掉自变量 x_i 后回归平方和减少(或残差平方和增加)的数值，由定义可知，P_i 这个数值大，说明 x_i 重要，这个数值小，说明 x_i 不重要.

可以证明 P_i 的计算公式为

$$P_i = \hat{\beta}_i^2 / l^{ii} \quad (i = 1, 2, \cdots, m), \tag{4.1.11}$$

其中 l^{ii} 为 L^{-1}的第 i 个对角元素，而 $L = \widetilde{X}'\widetilde{X}$，$\widetilde{X}$ 是中心化的数据阵. 检验 H_0: $\beta_i = 0$ $(i = 1, 2, \cdots, m)$的检验统计量选为

$$F_i = \frac{P_i}{Q/(n-m-1)}, \quad \text{或} \quad t_i = \frac{\hat{\beta}_i / \sqrt{l^{ii}}}{\sqrt{Q/(n-m-1)}}.$$

已知 $Q/\sigma^2 \sim \chi^2(n-m-1)$，而 $P_i = \hat{\beta}_i^2 / l^{ii}$. 又已知

$$\hat{B} = (\hat{\beta}_1, \hat{\beta}_2, \cdots, \hat{\beta}_m)' \sim N_m(B, L^{-1}\sigma^2),$$

所以

$$\hat{\beta}_i \sim N(\beta_i, \sigma^2 l^{ii}).$$

在 $H_0^{(i)}$ 成立时$\dfrac{\hat{\beta}_i}{\sigma\sqrt{l^{ii}}} \sim N(0,1)$，即$\dfrac{\hat{\beta}_i^2}{\sigma^2 l^{ii}} \sim \chi^2(1)$，且与 Q 相互独立，所以

$$F_i = \frac{P_i}{Q/(n-m-1)} \sim F(1, n-m-1),$$

或
$$t_i = \frac{\hat{\beta}_i / \sqrt{l^{ii}}}{\sqrt{Q/(n-m-1)}} \sim t(n-m-1).$$

给定显著性水平 α，由样本观测数据计算 Q、P_i 及检验统计量的值(记为 f_i)，并计算显著性概率值(p 值)：$p = P\{F_i \geqslant f_i\}$. 若 $p < \alpha$，否定 H_0，即认为 x_i 对 Y 的作用是显著的(x_i 在回归方程中是显著的)；否则 H_0 相容.

5. 建立“最优”回归方程

所谓“最优”回归方程是指包含所有在显著性水平 α 下对 Y 作用显著的变量，而不包含在显著性水平 α 下对 Y 作用不显著的变量的回归方程.

经对 m 个变量逐个做检验后，若 m 个变量在给定的显著性水平 α 下对 Y 作用都是显著的，即认为所得方程是“最优”回归方程. 若有不显著变量，则每次只能剔除一个，然后由余下的变量和 Y 再做回归，然后再逐个检验，每次只许剔除一个最不重要的变量. 重复以上步骤，直至方程中的变量都是重要的为止. 这时得到的方程即为“最优”回归方程. 利用此方程可对生产过程作预报或进行控制.

例 4.1.1（水泥数据） 设某种水泥在凝固时所释放的热量 Y（卡/克）与水泥中下列四种化学成分有关：

x_1——$3CaO \cdot Al_2O_3$ 的成分(%)；

x_2——$3CaO \cdot SiO_2$ 的成分(%)；

x_3——$4CaO \cdot Al_2O_3 \cdot Fe_2O_3$ 的成分(%)；

x_4——$2CaO \cdot SiO_2$ 的成分(%).

共观测了 13 组数据(见表 4.1). 试求出 Y 与 x_1, x_2, x_3, x_4 的回归方程，并对该回归方程和各个回归系数进行检验.

表 4.1　水泥数据

序号	x_1	x_2	x_3	x_4	Y
1	7	26	6	60	78.5
2	1	29	15	52	74.3
3	11	56	8	20	104.3
4	11	31	8	47	87.6
5	7	52	6	33	95.9
6	11	55	9	22	109.2
7	3	71	17	6	102.7
8	1	31	22	44	72.5
9	2	54	18	22	93.1
10	21	47	4	26	115.9
11	1	40	23	34	83.8
12	11	66	9	12	113.3
13	10	68	8	12	109.4

解 使用SAS/STAT软件中最常用的REG过程来完成经典多元线性回归分析中的估计和检验问题. REG过程产生的主要结果见输出4.1.1.

输出4.1.1 REG过程产生的主要输出结果

```
                        建立水泥数据的多元线性回归模型
Model: MODEL1
Dependent Variable: Y
                                 Analysis of Variance

                                Sum of          Mean
        Source          DF     Squares        Square       F Value       Prob>F

        Model            4  2667.89944     666.97486       111.479       0.0001
        Error            8    47.86364       5.98295
        C Total         12  2715.76308

            Root MSE       2.44601     R-square       0.9824
            Dep Mean      95.42308     Adj R-sq       0.9736
            C.V.           2.56333

                                Parameter Estimates

                         Parameter      Standard     T for H0:
        Variable  DF      Estimate         Error   Parameter=0     Prob > |T|

        INTERCEP   1     62.405369   70.07095921         0.891         0.3991
        X1         1      1.551103    0.74476987         2.083         0.0708
        X2         1      0.510168    0.72378800         0.705         0.5009
        X3         1      0.101909    0.75470905         0.135         0.8959
        X4         1     -0.144061    0.70905206        -0.203         0.8441
```

输出4.1.1给出以下几方面结果：

(1) 回归方程：

$\hat{Y}=62.4054+1.5511x_1+0.5102x_2+0.1019x_3-0.1441x_4.$

(2) 回归方程显著性检验的结果：由该输出中方差分析(Analysis of Variance)表可得出，平方和分解式为：

$$2715.76308 = 2667.89944 + 47.86364;$$

均方误差为MSE=47.86364/8=5.98295，它是模型中误差方差σ^2的估计；该表还给出检验统计量F值为111.479，p值为0.0001，这表示拟合的模型是高度显著的，该模型解释了这组数据总变差中的主要部分.

(3) 回归系数显著性检验的结果：该输出中参数估计(Parameter Estimates)表不仅给出回归方程的系数，并给出检验$H_0^{(i)}$：$\beta_i=0$ $(i=0,1,\cdots,m)$的结果. 见该表的最右边列"Prob＞|T|"(即显著性概率p值)，若给定$\alpha=0.05$，常数项(或称截距项)和4个自变量的p值均$\geqslant\alpha$，这与回归方程高度显著产生矛盾. 从后面的

讨论将看到此现象是因为 4 个自变量间存在较强的相关性. 为了得到"最优"回归方程,应从方程中删除最不重要的自变量(如 x_3,因 x_3 的 $p=0.8959$ 为最大),重新建立 Y 与其余自变量的回归方程后再检验. 我们将在§4.2 中介绍变量选择问题.

(4) 有关的回归统计量: 决定系数 $R^2=0.9824$(或复相关系数 $R=\sqrt{0.9824}$),标准差 σ 的估计量(Root MSE)为 2.4460,回归平方和 $U=2667.8994$,残差平方和 $Q=47.8636$.

三、预报与控制

在模型(4.1.3)的假定下,由观测数据求得参数 β 的估计值,从而得到回归方程:

$$\hat{Y}=\hat{\beta}_0+\hat{\beta}_1 x_1+\cdots+\hat{\beta}_m x_m, \tag{4.1.12}$$

并经过检验,设以上方程就是"最优"回归方程.

1. 预测 y_0 点的预报区间(区间估计)

设给定点$(x_{01},x_{02},\cdots,x_{0m})$处 Y 的观测值 y_0 是随机变量,它满足

$$y_0=\beta_0+\beta_1 x_{01}+\cdots+\beta_m x_{0m}+\varepsilon_0.$$

但 y_0 未知. 很自然地我们把$(x_{01},x_{02},\cdots,x_{0m})$代入回归方程(4.1.12)得到 Y 的回归值(或称预报值)

$$\hat{y}_0=\hat{\beta}_0+\hat{\beta}_1 x_{01}+\cdots+\hat{\beta}_m x_{0m}.$$

作为 y_0 的估计,它是 y_0 的一个最小方差线性无偏估计量.

但由回归方程仅得出 y_0 的点估计 $\hat{y}_0$ 并没有给出估计的精度. 我们进一步来讨论 y_0 的区间估计问题. 首先给出一条有关的定理.

定理 4.1.4　设给定点$(x_{01},x_{02},\cdots,x_{0m})$处因变量 Y 的观测值为 y_0 及样本$(x_{j1},x_{j2},\cdots,x_{jm},y_j)$ $(j=1,2,\cdots,n)$满足模型:

$$\begin{cases} y_j=\beta_0+\beta_1 x_{j1}+\cdots+\beta_m x_{jm}+\varepsilon_j \quad (j=1,2,\cdots,n), \\ y_0=\beta_0+\beta_1 x_{01}+\cdots+\beta_m x_{0m}+\varepsilon_0, \\ \varepsilon_1,\cdots,\varepsilon_n,\varepsilon_0\sim N(0,\sigma^2),\text{且相互独立}. \end{cases}$$

则

(1) $\hat{y}_0=\hat{\beta}_0+\hat{\beta}_1 x_{01}+\cdots+\hat{\beta}_m x_{0m}=(1,x_{01},x_{02},\cdots,x_{0m})\hat{\beta}\overset{\text{def}}{=\!=}$

$x_0'\hat{\beta}$ 是 y_0 的最小方差线性无偏估计量，且

$$\hat{y}_0 \sim N(x_0'\beta, \sigma^2 x_0'(C'C)^{-1}x_0);$$

(2) $y_0-\hat{y}_0 \sim N(0, \sigma^2(1+x_0'(C'C)^{-1}x_0)$;

(3) 统计量 t 为

$$t=\frac{y_0-\hat{y}_0}{\hat{\sigma}\sqrt{1+x_0'(C'C)^{-1}x_0}} \sim t(n-m-1) \quad \left(其中\ \hat{\sigma}=\sqrt{\frac{Q}{n-m-1}}\right).$$

利用以上定理，可得出 y_0 的预报区间.

给定置信度 $1-\alpha$，选用定理 4.1.4 给出的统计量 t，因 $t\sim t(n-m-1)$，查 t 分布表得临界值 $t_{\alpha/2}$，使

$$P\{|t| < t_{\alpha/2}\} = 1-\alpha,$$

即 $$P\{|y_0-\hat{y}_0| < t_{\alpha/2}\hat{\sigma}\sqrt{1+x_0'(C'C)^{-1}x_0}\} = 1-\alpha.$$

称 $d=t_{\alpha/2}\hat{\sigma}\sqrt{1+x_0'(C'C)^{-1}x_0}$ 为**预报半径**，则 y_0 的置信度为 $1-\alpha$ 的置信区间为 $[\hat{y}_0-d, \hat{y}_0+d]$. 该区间以 $\hat{y}_0$ 为中心，d 为半径. 若预报半径 d 小，则预报就精确. 由 d 的定义可以看出：

(1) 若 $t_{\alpha/2}$ 小(即 $1-\alpha$ 小)，则 d 也小；

(2) 因 $\hat{\sigma}=\sqrt{\frac{Q}{n-m-1}}$，当 Q 小时，d 也小；

(3) 利用分块求逆公式有

$$x_0'(C'C)^{-1}x_0 = (1, x_{01}, \cdots, x_{0m})\begin{bmatrix} \frac{1}{n}+\overline{X}'L_{XX}^{-1}\overline{X} & -\overline{X}'L_{XX}^{-1} \\ -L_{XX}^{-1}\overline{X} & L_{XX}^{-1} \end{bmatrix}\begin{bmatrix} 1 \\ x_{01} \\ \vdots \\ x_{0m} \end{bmatrix}$$

$$= \frac{1}{n} + (\overline{x}_1 - x_{01}, \cdots, \overline{x}_m - x_{0m})L_{XX}^{-1}\begin{bmatrix} \overline{x}_1 - x_{01} \\ \vdots \\ \overline{x}_m - x_{0m} \end{bmatrix}.$$

当样本容量 n 充分大，$\overline{x}_i - x_{0i} \approx 0\ (i=1,2,\cdots,m)$ 时 d 小. 在实际问题中，常近似地认为 $y_0-\hat{y}_0 \sim N(0,\hat{\sigma}^2)$，当 $\alpha=0.05$ 时，预报区间为 $[\hat{y}_0-2\hat{\sigma}, \hat{y}_0+2\hat{\sigma}]$；当 $\alpha=0.01$ 时，预报区间为 $[\hat{y}_0-3\hat{\sigma}, \hat{y}_0+3\hat{\sigma}]$.

2. $\mathrm{E}(y_0)$的预报区间

以上给出单个 y_0 的预报区间，类似可以讨论 $\mathrm{E}(y_0)$ 的预报区

间. 由 $E(y_0)$的点估计 $\hat{y}_0$ 的分布容易得出 $E(y_0)$的置信度为 $1-\alpha$ 的置信区间为

$$[\hat{y}_0 - d_1, \hat{y}_0 + d_1] \quad (\text{其中 } d_1 = t_{\alpha/2}\hat{\sigma}\sqrt{x_0'(C'C)^{-1}x_0}).$$

该区间以 $\hat{y}_0$ 为中心,d_1 为半径(显然 $d_1<d$).

3. 控制问题

控制问题实际上是预报的反问题. 如实际问题要求 y_0 落在一定的范围内: $A<y_0<B$,问如何控制自变量 $x_1,x_2,\cdots,x_m$ 的取值,这就是控制问题.

给置信度 $1-\alpha$ (α 称为显著性水平),则近似地有(当 $\alpha=0.05$)

$$P\{\hat{y}_0 - 2\hat{\sigma} < y_0 < \hat{y}_0 + 2\hat{\sigma}\} = 0.95.$$

解不等式:

$$\begin{cases} \hat{y}_0 + 2\hat{\sigma} < B, \\ \hat{y}_0 - 2\hat{\sigma} > A. \end{cases}$$

如果不等式有解,即得自变量 $x_{01},x_{02},\cdots,x_{0m}$ 的控制范围.

在实际问题中,常常希望通过控制 m 个变量中的某一个(或少数几个)来满足对 y_0 的要求.

§4.2　回归变量的选择与逐步回归

在实际问题中,影响因变量 Y 的因素(自变量)可能很多,人们希望从中挑选出影响显著的自变量来建立回归关系式,这就涉及到自变量选择问题.

在回归方程中若漏掉对 Y 影响显著的自变量,那么建立的回归式用于预测时将会产生较大的偏差. 但回归式中若包含的变量太多,且其中有些对 Y 影响不大,显然这样的回归式不仅使用不方便,而且反而会影响预测的精度. 因而选择合适的变量用于建立一个"最优"的回归方程是十分重要的问题.

一、变量选择问题

什么是"最优"回归方程? 直观考虑应该是方程中包含的所有自

变量对因变量 Y 的影响都是显著的；而不包含在方程中的变量对 Y 的影响是不显著的(可忽略)．也就是从自变量集 $\{x_1, x_2, \cdots, x_m\}$ 中选出适当的子集 $\{x_{i_1}, x_{i_2}, \cdots, x_{i_l}\}$ $(l \leqslant m)$，使得建立 Y 与 $x_{i_1}, x_{i_2}, \cdots, x_{i_l}$ 的回归方程就是这样的"最优"回归方程(或"最优"回归子集)．这就是回归变量的选择问题．

1. 选择"最优"回归子集的方法

在 REG 过程中，选择变量子集的方法有八种，可分为三类：

1)"最优"子集的变量筛选法

该方法包括逐步回归法(逐步筛选法)(STEPWISE)、向前引入法(FORWARD)和向后剔除法(BACKWARD)．

向前引入法是从回归方程仅包含常数项开始，把自变量逐个引入回归方程．具体地说，先在 m 个自变量中选择一个与因变量线性关系最密切的变量，记为 x_{i_1}，然后在剩余的 $m-1$ 个自变量中，再选一个 x_{i_2}，使得 $\{x_{i_1}, x_{i_2}\}$ 联合起来二元回归效果最好，第三步在剩下的 $m-2$ 个自变量中选择一个变量 x_{i_3}，使得 $\{x_{i_1}, x_{i_2}, x_{i_3}\}$ 联合起来回归效果最好，……如此下去，直至得到"最优"回归方程为止．

在向前引入法中的终止条件，一般有下列三种供选择的方法：

(1) 给定显著性水平 α，当某一步对将被引入变量的回归系数作显著性检查时，若 $p \geqslant \alpha$，则引入变量的过程结束，所得方程即为"最优"回归方程；

(2) 指定方程中自变量个数 m_0，当方程中引入的变量个数 $=m_0$ 时，逐步引入过程结束；

(3) 给定选择自变量的某个准则(后面将介绍)，逐个引入变量，于是我们得到的分别含有一个，两个，……及全部自变量的 m 个回归方程，按给定准则从中选出一个最优的回归方程．

向前引入法有一个明显的缺点，就是由于各自变量之间可能存在着相关关系，因此后续变量的选入可能会使前面已选入的自变量变得不重要．这样最后得到的"最优"回归方程可能包含一些对 Y 影响不大的自变量．

向后剔除法与向前引入法正相反，首先将全部 m 个自变量引入回归方程，然后逐个剔除对因变量 Y 作用不显著的自变量. 具体地说，从回归式 m 个自变量中选择一个对 Y 贡献最小的自变量，比如是 x_{j_1}，将它从回归方程中剔除；然后重新计算 Y 与剩下的 $m-1$ 个自变量的回归方程，再剔除一个贡献最小的自变量，比如 x_{j_2}，依次下去，直到得到“最优”回归方程为止. 在向后剔除法中终止条件与向前引入法类似.

向后剔除法的缺点有二：一是计算量大，特别当自变量个数 m 很大，其中不显著变量又很多时，其计算量比向前引入法大得多；二是前面剔除的变量有可能因以后变量的剔除变为相对重要的变量，这样最后得到的“最优”回归方程中有可能漏掉相对重要的变量.

逐步回归法是上述两个方法的综合. 向前引入法中被选入的变量，将一直保留在方程中. 向后剔除法中被剔除的变量，将永远排除在方程之外. 这两种方法在某些情况下会得到不合理的结果，于是产生了一个自然的想法，被选入的变量当它的作用在新变量引入后变得微不足道时，可以将它剔除；被剔除的变量，当它的作用在新变量引入情况下变得重要时，也可将它重新选入回归方程. 这样一种以向前引入法为主，变量可进可出的筛选变量方法，称为逐步回归法.

在应用上，逐步回归法面临的一个较大的困难是引入或删除时的显著性水平 α_{in} 或 α_{out} 的选择，若 α_{in} 和 α_{out} 都选得大，最后所得方程含较多的自变量；相反，方程所含的自变量则偏少. 理论上为保证筛选过程有限步停止，要求 $\alpha_{\text{in}}\leqslant\alpha_{\text{out}}$，但在很多实际应用中，人们一般令 $\alpha_{\text{in}}=\alpha_{\text{out}}$. 显然逐步回归法最终所得“最优”回归方程与显著水平 α 的选择有关，并不能保证所挑选出的回归方程在某种准则下是最优. 但从长期实践看，一般地逐步回归法所选出的回归方程是较好的，加之计算量少，因而到目前为止它仍是被广泛使用的变量选择方法.

2）计算量很大的全子集法

通过计算所有**可能回归子集**后按变量选择的标准选择最优回归方程. 选择方法包括 R^2 选择法（RSQUARE）、C_p 选择法（CP）和修正 R^2 选择法（ADJRSQ）.

设有 m 个自变量，这 m 个自变量的任一个子集都可以和 Y 建立回归方程，为了寻找最符合要求的回归方程，一个自然的想法是将

m 个自变量所有可能的组合,一一与因变量 Y 建立回归方程,然后根据实际的需要,按某一选择变量准则,逐一比较所有可能回归子集,找出最优回归方程. 这就是**全子集法**. 全子集法的最大优点是能够得到在某准则下的最优回归方程,这是上面 1)中所提到的三种方法所不及的. 但是此法计算量很大, 当自变量个数为 m 时, 包含一个自变量的回归子集有 m 个, 包含两个自变量的回归子集有 C_m^2($=m\times(m+1)/2$)个,一般包含 k 个自变量的回归子集有 C_m^k 个,那么所有可能回归子集共有 2^m-1 个. 如 $m=10$ 时,共有 1023 个,当 m 较大时,数字 2^m-1 大得惊人,若没有一个巧妙的算法,即使是用计算机也难以承受. 目前不少学者提出了一些保留全子集法的优点,又可以大大减少计算量的算法,从而使全子集法成为一般工作中也能够使用的普通方法.

3) 计算量适中的选择法

不需要计算所有可能回归子集,但比较的子集个数多于 1)中所提到三种筛选方法的一些选择法,如最小 R^2 增量法(MINR)和最大 R^2 增量法(MAXR). 这两个选择法的细节请参见参考文献[18]和[20].

2. 变量选择的几个准则

回归变量的选择问题在实用中和理论上都是十分重要的. 这个问题最大的困难就是如何比较不同选择(即不同子集)的优劣,即最优选择的标准. 从不同的角度出发,可以有不同的比较准则,在不同的准则下,“最优”回归方程也可能不同.

评价一个回归方程: $\hat{Y}=\hat{\beta}_0+\hat{\beta}_1x_1+\cdots+\hat{\beta}_mx_m$ 的好坏标准通常从以下几个方面来考虑:

(1) 残差平方和 Q 愈小愈好,或者说,复相关系数 $R=\sqrt{U/l_{yy}}$ 越靠近 1 越好;

(2) 剩余标准差 $s=\sqrt{Q/(n-m-1)}$ 越小越好;

(3) 回归方程中包含的自变量的个数 m 越少越好.

如果按(1), Q 愈小愈好(或 R 愈大愈好)的原则来选择自变量子集,则毫无疑问应该选全部自变量,这与(3)矛盾. 显然(1)和(3)不能独立地作为选择变量的准则，希望给出类似于(2)的同时兼顾 Q，m 都小的准则.

所有自变量个数为 k 的回归子集有 C_m^k 个. 通常记为 $A(k)$. 显然子集 $A(k)$ 中变量个数为 k.

设回归子集 $A(k)=\{i_1,i_2,\cdots,i_k\}\subset\{1,2,\cdots,m\}$. 相应的回归模型为

$$\begin{cases} y_t = \beta_0 + \beta_{i_1}x_{ti_1} + \cdots + \beta_{i_k}x_{ti_k} + \varepsilon_t \quad (t=1,\cdots,n), \\ \varepsilon_1,\varepsilon_2,\cdots,\varepsilon_n \sim N(0,\sigma^2) \text{ 且相互独立.} \end{cases} \tag{4.2.1}$$

记

$$\beta(A(k)) = (\beta_0,\beta_{i_1},\cdots,\beta_{i_k})',$$

$$C(k) = \begin{bmatrix} 1 & x_{1i_1} & \cdots & x_{1i_k} \\ 1 & x_{2i_1} & \cdots & x_{2i_k} \\ \vdots & \vdots & & \vdots \\ 1 & x_{ni_1} & \cdots & x_{ni_k} \end{bmatrix}, \quad Y = \begin{bmatrix} y_1 \\ y_2 \\ \vdots \\ y_n \end{bmatrix},$$

则回归模型(4.2.1)可表为

$$\begin{cases} Y = C(k)\beta(A(k)) + \varepsilon, \\ \varepsilon \sim N_n(0,\sigma^2 I_n). \end{cases} \tag{4.2.2}$$

模型(4.2.2)中参数的最小二乘估计为

$$\hat{\beta}(A(k)) = [C(k)'C(k)]^{-1}C(k)'Y;$$

残差平方和为

$$Q(A(k)) = (Y-\hat{Y})'(Y-\hat{Y}),$$

其中 $\hat{Y}=C(k)\hat{\beta}(A(k))$；决定系数(即复相关系数 R 的平方)为

$$R^2(A(k)) = 1 - \frac{Q(A(k))}{l_{yy}}.$$

对于变量个数为 k 的 C_m^k 个回归子集 $A(k)$ 中，设子集 $L(k)$ 满足

$$Q(L(k)) = \min_{A(k)} Q(A(k)) \xlongequal{\text{def}} Q_k. \tag{4.2.3}$$

即子集 $L(k)$ 是自变量个数为 k 的所有回归子集中残差平方和最小的一个子集.

对于不同的变量选择准则，选择最优子集的方法都可分两步进行，首先对固定变量个数 k $(k=1,2,\cdots,m)$，求满足(4.2.3)式的子集 $L(k)$；然后按不同的准则确定变量个数 k.

比较不同子集优劣的准则常见的有以下几种(记 n 为观测个数，k 为子集模型中自变量个数).

准则1 均方误差 s^2 最小.

选择子集 A，使均方误差：

$$s^2(A)=\frac{Q_k}{n-k-1}\text{ 达最小.}$$

显然均方误差 $s^2(A)$是由子集 A 确定的回归模型中 σ^2 的无偏估计量.

准则2 C_p 统计量准则.

一般称 Y 与 m 个自变量 $x_1,x_2,\cdots,x_m$ 的 n 次观测数据满足的回归模型(4.1.1)为全回归模型. 如果 m 个自变量中有部分对 Y 的影响不显著，这类自变量是无用变量，不妨设 $x_{i_{k+1}},\cdots,x_{i_m}$ 是无用变量. 这时称 Y 与 $x_{i_1},x_{i_2},\cdots,x_{i_k}$(有用变量)的回归模型(4.2.1)为**选回归模型**(简称选模型).

对样本点

$$\begin{aligned}c_{(t)}&=(1,x_{ti_1},\cdots,x_{ti_k}\ \vdots\ x_{ti_{k+1}},\cdots,x_{ti_m})'\\&\overset{\text{def}}{=\!=}(x_t(k)'\ \vdots\ x_t(m-k)')\quad(t=1,2,\cdots,n).\end{aligned}$$

当选用模型(4.2.1)时由回归方程可得样本点 $c_{(t)}$的估计值为 $\hat{y}_t(k)$，它与理论值 $c'_{(t)}\beta$ 的偏差平方和记为 J_k，

$$J_k=\frac{\sum_{t=1}^{n}[x_t(k)'\hat{\beta}(A(k))-c'_{(i)}\beta]^2}{\sigma^2}.$$

可以证明，

$$\mathrm{E}(J_k)=\mathrm{E}(Q(A(k))/\sigma^2+2(k+1)-n,$$

其中 σ^2 为未知参数，一般取 $s^2=\dfrac{Q(A(m))}{n-m-1}$作为 σ^2 的估计.

定义 4.2.1 记 $p=k+1$，称统计量

$$C_p=\frac{Q(A(p-1))}{s^2}+2p-n$$

为 C_p **统计量**,其中 $s^2=\dfrac{Q(A(m))}{n-m-1}$.

C_p 统计量准则 1：根据 $\mathrm{E}(C_p)=\mathrm{E}(J_{p-1})$,选回归子集 A,使得子集 A 的 C_p 值 $\dfrac{Q_k}{s^2}+2(k+1)-n$ 达到最小.

C_p 统计量准则 2：当选模型(4.2.1)正确时,有 $\mathrm{E}(C_p)\approx p$ (当 n 比 m 大得多时),选回归子集 A,使得子集 A 的 C_p 与 p 的差值

$$|C_p-p|=\left|\frac{Q_k}{s^2}+(k+1)-n\right|$$

达到最小.

C_p 统计量准则 3：绘制 C_p 值随 p ($1\leqslant p\leqslant m+1$)变化的图形——$C_p$ 图,综合以上两个 C_p 统计量准则,选 r 使点(p,C_p)接近 $C_p=p$ 的直线,且 C_p 值最小的子集 $L(r)$.

准则 3　修正 R^2(记为 $\widetilde{R}^2$)准则.

令

$$\widetilde{R}^2=1-\frac{n-i}{n-k-i}(1-R^2),$$

其中当模型含截距项 β_0 时 $i=1$,否则 $i=0$. 选回归子集 A,使得 $\widetilde{R}^2$ 达到最大.

理论上我们认为满足以下两条原则的方程是最优的,即：(1) 当增加变量时,不能使 R^2 显著提高；(2) 变量个数尽可能少. 修正 R^2 准则就是在此理论基础上提出的具体准则.

注意,当 $R^2<k/(n-1)$ 时, $\widetilde{R}^2<0$. 这说明相应的子集变量和 Y 的关系不密切.

准则 4　预测均方误差及平方和最小的准则(记 $p=k+1$).

(1) J_p 统计量：这是基于 n 个观测点预测偏差及方差和最小的准则. 即选择子集 A,使得

$$J_p(A)=\frac{n+k+1}{n-k-1}Q_k=(n+p)s^2(A)\text{ 达最小.}$$

(2) S_p 统计量：这是基于 n 个观测点的平均预测均方最小的准则. 即选择子集 A,使得

$$S_p(A)=\frac{Q_k/(n-p)}{n-p-1}=\frac{s^2(A)}{n-p-1}\text{ 达最小.}$$

(3) PRESS 统计量：记 $\hat{y}_i(i)$为删去第 i 个点后用其余 $n-1$ 组观测数据来建立回归方程,并用于预测第 i 个观测点的预测值. 即选择子集 A,使得 PRESS 统计量

$$\mathrm{PRESS}(A)=\sum_{i=1}^{n}(y_i-\hat{y}_i(i))^2 \text{ 达到最小.}$$

准则 5 AIC,SBC 或 BIC 准则.

该法则是赤池弦次等提出的,为同时兼顾 Q_k,k 都小的一类信息量准则.

定义 4.2.2 分别定义 **AIC,SBC 或 BIC 统计量**为($p=k+1$)：

$$\mathrm{AIC}(A(k))=n\ln\frac{Q(A(k))}{n}+2p,$$

$$\mathrm{SBC}(A(k))=n\ln\frac{Q(A(k))}{n}+p\ln n,$$

$$\mathrm{BIC}(A(k))=n\ln\frac{Q(A(k))}{n}+2(p+2)q-2q^2,$$

其中 $q=\dfrac{\hat{\sigma}^2}{Q(A(k))/n}$, $\hat{\sigma}^2=s^2$ 是全回归模型中 σ^2 的估计量.

以上我们采用在 REG 过程中所给出的定义. 对于定义 4.2.2 中的 $Q(A(k))/n$ 我们也可以更换成对应于选模型中 σ^2 的估计,即用 $Q(A(k))/(n-k-1)$ 代替 $Q(A(k))/n$. 选回归子集 $L(r)=\{x_{i_1},\cdots,x_{i_r}\}$,使 AIC(或 SBC 或 BIC)统计量达到最小的回归子集 $L(r)$ 为 AIC(或 SBC 或 BIC)准则下的最优回归子集.

二、逐步回归分析

逐步回归分析是目前被广泛使用的回归分析方法. 全子集法虽最终可得到在某准则下的最优回归方程;但此法计算量大,即使采用一些巧妙算法,当自变量个数 m 特别大(如 $m>30$)时,计算量仍很大. 在这种情况下,人们普遍地应用逐步回归法来解决实际问题. 逐步回归法吸收了向前引入法和向后剔除法的优点,克服了它们的缺点,计算量小,且最终保证得到相对于某显著性水平 α 下的“最优”回归方程.

1. 逐步回归的基本思想和逐步筛选的步骤

以上介绍的选择回归子集的几种方法中，最常用的方法是逐步筛选变量的逐步回归法. 逐步回归的基本思想和基本步骤如下：

基本思想：逐个引入自变量. 每次引入对 Y 影响最显著的自变量，并对方程中的老变量逐个进行检验，把变为不显著的变量逐个从方程中剔除掉，最终得到的方程中既不漏掉对 Y 影响显著的变量，又不包含对 Y 影响不显著的变量.

逐步筛选的步骤：首先给出引入变量的显著性水平 α_{in} 和剔除变量的显著性水平 α_{out}；然后按图 4.1 的框图筛选变量.

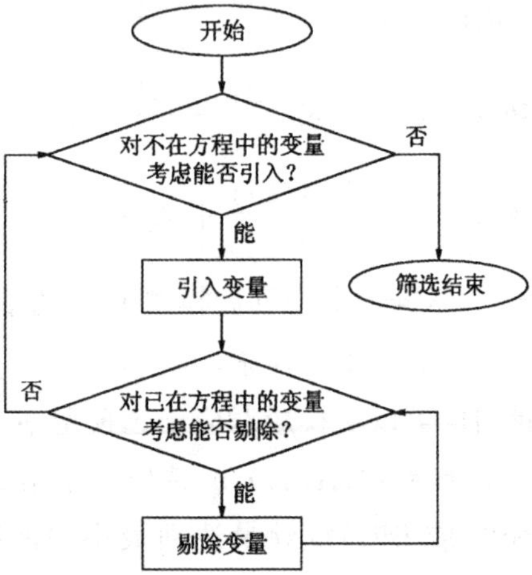

图 4.1　逐步筛选的步骤

2. 逐步筛选法的基本步骤

设因变量 Y 与 m 个自变量 $x_1, x_2, \cdots, x_m$ 满足多元线性回归模型. 从逐步回归的基本思想和图 4.1 给出的变量筛选的过程可知，逐步筛选变量的过程主要包括两个基本步骤：一是从回归方程中考虑剔除不显著变量的步骤；二是从不在方程中的变量考虑引入新变量的步骤. 下面分别讨论这两方面的基本步骤.

(1) 考虑可否剔除变量的基本步骤. 假设已引入回归方程的变量为 $x_{i_1}, x_{i_2}, \cdots, x_{i_r}(r \leqslant m)$.

① 计算已在方程中的变量 x_{i_k} 的偏回归平方和 P_{i_k} 及偏 $R^2_{i_k}$：

$$\begin{aligned} P_{i_k} &= Q(i_1,\cdots,i_{k-1},i_{k+1},\cdots,i_r) - Q(i_1,\cdots,i_r) \\ &= U(i_1,\cdots,i_r) - U(i_1,\cdots,i_{k-1},i_{k+1},\cdots,i_r), \\ \text{偏 } R^2_{i_k} &= R^2(i_1,\cdots,i_r) - R^2(i_1,\cdots,i_{k-1},i_{k+1},\cdots,i_r) \\ &= P_{i_k}/l_{yy} \quad (k=1,\cdots,r), \end{aligned} \tag{4.2.4}$$

其中 $Q(\cdots)$(或 $U(\cdots)$ 或 $R^2(\cdots)$)表示包含括号中这些变量的回归模型的残差平方和(或回归平方和或决定系数). 度量回归方程中变量重要程度的统计量可采用偏回归平方和的大小,也可以采用偏 R^2 的大小. 在 REG 过程中,筛选变量时使用的统计量为偏 R^2. 以下介绍时,我们使用偏回归平方和 P_{i_k} 作为变量 x_{i_k} 重要性的度量. 设

$$P_{i_0} = \min(P_{i_1},\cdots,P_{i_r}),$$

即相应的变量 x_{i_0} 是方程中对 Y 影响最小的变量.

② 检验 x_{i_0} 对 Y 的影响是否显著. 对变量 x_{i_0} 进行回归系数的显著性检验,即检验 H_0: $\beta_{i_0}=0$,检验统计量为

$$F_{i_0} = \frac{P_{i_0}}{Q(i_1,\cdots,i_r)/(n-r-1)}, \tag{4.2.5}$$

及

$$p = P\{F \geqslant F_{i_0}\} \quad (\text{其中 } F \sim F(1,n-r-1)).$$

若 $p \geqslant \alpha_{\text{out}}$,则剔除 x_{i_0},重新建立 Y 与其余 $r-1$ 个变量的回归方程,然后再检验方程中最不重要的变量可否剔除,直到方程中没有变量可剔除后,转入考虑能否引入新变量的步骤. 若 $p < \alpha_{\text{out}}$,不能剔除 x_{i_0},转入考虑能否引入新变量的步骤.

(2) 考虑可否引入新变量的基本步骤. 假设已入选 r 个变量,不在方程中的变量记为 $x_{j_1},\cdots,x_{j_{m-r}}$.

① 计算不在方程中的变量 x_{j_k} 的偏回归平方和 P_{j_k} 及偏 $R^2_{j_k}$:

$$\begin{aligned} P_{j_k} &= Q(i_1,\cdots,i_r) - Q(i_1,\cdots,i_r,j_k), \\ \text{偏 } R^2_{j_k} &= P_{j_k}/l_{yy} \quad (k=1,2,\cdots,m-r), \end{aligned} \tag{4.2.6}$$

并设

$$P_{j_0} = \max(P_{j_1},\cdots,P_{j_{m-r}}),$$

即不在方程中的变量 x_{j_0} 是对 Y 影响最大的变量.

② 检验变量 x_{j_0} 对 Y 的影响是否显著. 对变量 x_{j_0} 作回归系数的显著性检验,即检验 H_0: $\beta_{j_0}=0$,检验统计量为

$$F_{j_0}=\frac{P_{j_0}}{Q(i_1,\cdots,i_r,j_0)/(n-r-2)}, \tag{4.2.7}$$

及

$$p=P\{F\geqslant F_{j_0}\}\quad (其中 F\sim F(1,n-r-2)).$$

若 $p<\alpha_{\mathrm{in}}$,则引入 x_{j_0},并转入考虑可否剔除变量的步骤. 若 $p\geqslant\alpha_{\mathrm{in}}$,则逐步筛选变量的过程结束.

假设用逐步回归法得到 r 个变量 $x_{i_1},x_{i_2},\cdots,x_{i_r}$,再建立 Y 与这 r 个变量的回归方程,这就是用逐步回归法得到的"最优"回归方程.

例 4.2.1(水泥数据) 设某种水泥在凝固时放出的热量 Y(卡/克)与水泥中四种化学成分 $x_1,\cdots,x_4$ 有关. 共观测了 13 组数据(见表 4.1),试用逐步回归法求"最优"回归方程.

解 使用 SAS/STAT 软件的 REG 过程来完成逐步回归计算. 假设引入变量的显著性水平 $\alpha_{\mathrm{in}}=0.10$,剔除变量的显著性水平 $\alpha_{\mathrm{out}}=0.10$(一般取 $\alpha_{\mathrm{in}}=\alpha_{\mathrm{out}}$).

输出的计算结果首先给出筛选变量的过程: 第一步引入 x_4,一元回归模型的 $R^2=0.6745$;第二步引入 x_1,Y 与 x_4,x_1 的二元回归模型的 $R^2=0.9725$;第三步引入 x_2,Y 与 x_4,x_1 和 x_2 的三元回归模型的 $R^2=0.9823$;因引入新变量后原变量 x_4 变得不重要了,故第四步剔除 x_4,Y 与 x_1,x_2 的二元回归模型的 $R^2=0.9787$. 经过这四步后,筛选变量的过程结束,所得到的"最优"回归方程中包含两个变量,即为:

$$Y=52.5774+1.4683x_1+0.6623x_2.$$

例 4.2.2(水泥数据) 试用全子集法求水泥在凝固时放出的热量 Y(卡/克)与四种化学成分 $x_1,\cdots,x_4$ 的最优回归方程.

解 使用 REG 过程可以完成所有可能回归子集的计算. 所有可能回归子集共有 $2^4-1=15$ 个, 各回归子集中回归系数的估计结果见输出 4.2.1. 在输出 4.2.1 中, 首先按回归方程所包含变量的

个数为 1、2、3 和 4 个的顺序给出 15 个所有可能回归子集的参数估计；再对每种变量个数，按 R^2 值从大到小的次序列出回归子集的 R^2(第 2 列)及回归系数的最小二乘估计. 如第 1 列(包含变量的个数)为 2 的第 2 行，给出包含变量 x_1 和 x_4 的回归子集，该回归子集的

$$R^2 = 0.9725,$$

由参数估计给出的回归方程为：

$$\hat{Y} = 103.09738 + 1.43996x_1 - 0.61395x_4.$$

几种最优准则的统计量见输出 4.2.2. 从计算结果可以看出：按C_p 及 SBC 统计量最小的准则得到最优回归子集为$\{x_1, x_2\}$，该子

输出 4.2.1 所有可能回归子集中回归系数的估计

Number in Model	R-Square	Parameter Estimates Intercept	x1	x2	x3	x4
1	0.6745	117.56793	.	.	.	-0.73816
1	0.6663	57.42368	.	0.78912	.	.
1	0.5339	81.47934	1.86875	.	.	.
1	0.2859	110.20266	.	.	-1.25578	.
2	0.9787	52.57735	1.46831	0.66225	.	.
2	0.9725	103.09738	1.43996	.	.	-0.61395
2	0.9353	131.28241	.	.	-1.19985	-0.72460
2	0.8470	72.07467	.	0.73133	-1.00839	.
2	0.6801	94.16007	.	0.31090	.	-0.45694
2	0.5482	72.34899	2.31247	.	0.49447	.
3	0.9823	71.64831	1.45194	0.41611	.	-0.23654
3	0.9823	48.19363	1.69589	0.65691	0.25002	.
3	0.9813	111.68441	1.05185	.	-0.41004	-0.64280
3	0.9728	203.64196	.	-0.92342	-1.44797	-1.55704
4	0.9824	62.40537	1.55110	0.51017	0.10191	-0.14406

输出 4.2.2 所有可能回归子集中几种最优准则的统计量

R-Square Selection Method

Number in Model	R-Square	Adjusted R-Square	C(p)	AIC	MSE	SBC
1	0.6745	0.6450	138.7308	58.8516	80.35154	59.98154
1	0.6663	0.6359	142.4864	59.1780	82.39421	60.30789
1	0.5339	0.4916	202.5488	63.5195	115.06243	64.64937
1	0.2859	0.2210	315.1543	69.0674	176.30913	70.19730
2	0.9787	0.9744	2.6782	25.4200	5.79045	27.11484
2	0.9725	0.9670	5.4959	28.7417	7.47621	30.43655
2	0.9353	0.9223	22.3731	39.8526	17.57380	41.54743
2	0.8470	0.8164	62.4377	51.0371	41.54427	52.73199
2	0.6801	0.6161	138.2259	60.6293	86.88801	62.32417
2	0.5482	0.4578	198.0947	65.1167	122.70721	66.81150
3	0.9823	0.9764	3.0182	24.9739	5.33030	27.23368
3	0.9823	0.9764	3.0413	25.0112	5.34562	27.27099
3	0.9813	0.9750	3.4968	25.7276	5.64846	27.98735
3	0.9728	0.9638	7.3375	30.5759	8.20162	32.83568
4	0.9824	0.9736	5.0000	26.9443	5.98295	29.76903

集正是用逐步回归法得到的；而按其余统计量的有关准则得到最优回归子集为$\{x_1, x_2, x_4\}$.

§4.3 多因变量的多元线性回归

前面介绍的回归模型，因变量仅有一个，自变量可以是多个，简称为**多元线性回归模型**. 在实际问题中，经常要同时考察多个自变量对多个因变量的相关关系. 如环境科学中，在同一时间地点，抽取了大气样品，测得多种污染气体，如 CO，SO_2 等的浓度. 大气样品中多种污染气体组成一个多维的随机向量，作为因变量；而大气中各污染气体的含量又与污染源的排放量以及气象因子（风向，风速，湿度等）有关，这就是一个多个因变量、多个自变量的回归问题. 再如工厂中要同时考察某产品的产量和质量指标，质量指标还可分为若干项，这样产量、质量等指标就是一个多维随机向量，作为因变量；而影响产品产量、质量的因素也有多个，这又是一个多对多的回归问题. 实际问题中，这种考察多个因变量与多个自变量的依赖关系的问题是大量存在的.

多对多的回归问题，当然也可以化为多个多元线性回归问题来解决. 但多个因变量之间一般存在某种相关关系. 如多种污染气体是来自同一大气样品，它们之间可能有某种相关关系，若分别对各种污染气体求其与污染源、气象因子的回归关系式，将会丢失一部分它们之间相互联系的信息. 在介绍了多元线性回归分析和逐步回归分析后，我们还要进一步来讨论多对多的回归模型.

一、模型和最小二乘估计

1. 多因变量的多元线性回归模型

设有 m 个自变量：$x_1, x_2, \cdots, x_m$，p 个因变量：$Y_1, Y_2, \cdots, Y_p$，假设它们之间有线性关系. 今有 n 组自变量与因变量的实测数据$(x_{t1}, x_{t2}, \cdots, x_{tm}; y_{t1}, y_{t2}, \cdots, y_{tp})$ $(t=1,2,\cdots,n)$，数据阵分别用 X, Y 表示：

$$X=\begin{bmatrix} x_{11} & x_{12} & \cdots & x_{1m} \\ x_{21} & x_{22} & \cdots & x_{2m} \\ \vdots & \vdots & & \vdots \\ x_{n1} & x_{n2} & \cdots & x_{nm} \end{bmatrix},\quad Y=\begin{bmatrix} y_{11} & y_{12} & \cdots & y_{1p} \\ y_{21} & y_{22} & \cdots & y_{2p} \\ \vdots & \vdots & & \vdots \\ y_{n1} & y_{n2} & \cdots & y_{np} \end{bmatrix}.$$

设 n 组数据满足如下关系式

$$y_{tj}=\beta_{0j}+\beta_{1j}x_{t1}+\cdots+\beta_{mj}x_{tm}+\varepsilon_{tj}$$
$$(t=1,2,\cdots,n;j=1,2,\cdots,p).$$

记

$$\beta=\begin{bmatrix} \beta_{01} & \beta_{02} & \cdots & \beta_{0p} \\ \beta_{11} & \beta_{12} & \cdots & \beta_{1p} \\ \vdots & \vdots & & \vdots \\ \beta_{m1} & \beta_{m2} & \cdots & \beta_{mp} \end{bmatrix} \xlongequal{\text{def}} \begin{bmatrix} \beta'_{(0)} \\ \beta'_{(1)} \\ \vdots \\ \beta'_{(m)} \end{bmatrix} \xlongequal{\text{def}} (\beta_1,\beta_2,\cdots,\beta_p),$$

$$E=\begin{bmatrix} \varepsilon_{11} & \varepsilon_{12} & \cdots & \varepsilon_{1p} \\ \varepsilon_{21} & \varepsilon_{22} & \cdots & \varepsilon_{2p} \\ \vdots & \vdots & & \vdots \\ \varepsilon_{n1} & \varepsilon_{n2} & \cdots & \varepsilon_{np} \end{bmatrix} \xlongequal{\text{def}} \begin{bmatrix} \varepsilon'_{(1)} \\ \varepsilon'_{(2)} \\ \vdots \\ \varepsilon'_{(n)} \end{bmatrix} \xlongequal{\text{def}} (\varepsilon_1,\varepsilon_2,\cdots,\varepsilon_p),$$

则有

$$Y=(\mathbf{1}_n \mid X)\beta+E=C\beta+E,$$

其中 C 为 $n\times(m+1)$ 矩阵；且假定 $\varepsilon_{(i)}=(\varepsilon_{i1},\varepsilon_{i2},\cdots,\varepsilon_{ip})'$ $(i=1,2,\cdots,n)$ 是相互独立的，其均值向量为 0，协方差阵相等，均为 Σ. 进一步可假定 $\varepsilon_{(i)}\sim N_p(0,\Sigma)$ $(i=1,2,\cdots,n)$.

定义 4.3.1 称模型

$$\begin{cases} Y=(\mathbf{1}_n \mid X)\beta+E=C\beta+E, \\ \varepsilon_{(i)}\sim N_p(0,\Sigma)\ (i=1,2,\cdots,n)\ \text{相互独立}; \end{cases} \tag{4.3.1}$$

或

$$\begin{cases} Y=(\mathbf{1}_n \mid X)\beta+E=C\beta+E, \\ \mathrm{E}(\varepsilon_{(i)})=0,\quad \mathrm{D}(\varepsilon_{(i)})=\Sigma\ (i=1,2,\cdots,n)\ \text{相互独立} \end{cases} \tag{4.3.2}$$

为多个因变量与多个自变量的**线性回归模型**，其中 Y 和 E 是随机阵，$\beta=(\beta_{ij})$，$\Sigma=(\sigma_{ij})$是未知参数矩阵，X 是已知矩阵，$C=(\mathbf{1}_n \vdots X)$，且 $\mathrm{rank}(C)=m+1$.

2. 参数矩阵 β 的最小二乘估计

与一个因变量的多元线性回归分析一样，采用最小二乘法来求 β 的估计. 为此，我们来考察残差平方和 Q. 由(4.3.2)式知

$$E=Y-(\mathbf{1}_n \vdots X)\beta=(\varepsilon_{ij})_{n\times p}$$
$$(i=1,2,\cdots,n;\ j=1,2,\cdots,p),$$

残差平方和 $Q=\sum_{i=1}^{n}\sum_{j=1}^{p}\varepsilon_{ij}^2$.

因模型(4.3.2)等价于"拉直"后的模型：

$$\begin{bmatrix}Y_1\\Y_2\\\vdots\\Y_p\end{bmatrix}=\begin{bmatrix}C&O&\cdots&O\\O&C&\cdots&O\\\vdots&\vdots&&\vdots\\O&O&\cdots&C\end{bmatrix}_{np\times(m+1)p}\begin{bmatrix}\beta_1\\\beta_2\\\vdots\\\beta_p\end{bmatrix}_{(m+1)p\times 1}+\begin{bmatrix}\varepsilon_1\\\varepsilon_2\\\vdots\\\varepsilon_p\end{bmatrix}_{np\times 1},\tag{4.3.3}$$

其中

$$Y_j=\begin{bmatrix}y_{1j}\\y_{2j}\\\vdots\\y_{nj}\end{bmatrix}_{n\times 1},\quad \beta_j=\begin{bmatrix}\beta_{0j}\\\beta_{1j}\\\vdots\\\beta_{mj}\end{bmatrix}_{(m+1)\times 1},\quad \varepsilon_j=\begin{bmatrix}\varepsilon_{1j}\\\varepsilon_{2j}\\\vdots\\\varepsilon_{nj}\end{bmatrix}_{n\times 1}$$
$$(j=1,2,\cdots,p).$$

记

$$D=\begin{bmatrix}C&\cdots&O\\\vdots&&\vdots\\O&\cdots&C\end{bmatrix}=\begin{bmatrix}\mathbf{1}_nX&\cdots&O\\\vdots&&\vdots\\O&\cdots&\mathbf{1}_nX\end{bmatrix},$$

则(4.3.3)式可简记为

$$\mathrm{Vec}(Y)=D\mathrm{Vec}(\beta)+\mathrm{Vec}(E),$$

其中 D 为 $np\times(m+1)p$ 矩阵，β 为$(m+1)\times p$ 矩阵，E 为 $n\times p$ 矩阵. 在模型(4.3.3)下

$$Q[\mathrm{Vec}(\beta)]=\sum_{i=1}^{n}\sum_{j=1}^{p}\varepsilon_{ij}^2=[\mathrm{Vec}(E)]'[\mathrm{Vec}(E)]$$

$$= [\text{Vec}(Y) - D\text{Vec}(\beta)]'[\text{Vec}(Y) - D\text{Vec}(\beta)]$$
$$= [\text{Vec}(Y)]'[\text{Vec}(Y)] - 2[\text{Vec}(\beta)]'D'[\text{Vec}(Y)]$$
$$+ [\text{Vec}(\beta)]'D'D[\text{Vec}(\beta)].$$

令

$$\frac{\partial Q[\text{Vec}(\beta)]}{\partial[\text{Vec}(\beta)]} = 0$$

(见附录中§8的(8.2)和(8.3)式),则正规方程组

$$D'D[\text{Vec}(\beta)] = D'[\text{Vec}(Y)]$$

的解为

$$\text{Vec}(\hat{\beta}) = (D'D)^{-1}D'\text{Vec}(Y).$$

因

$$Q[\text{Vec}(\beta)] = [\text{Vec}(Y) - D\text{Vec}(\beta)]'[\text{Vec}(Y) - D\text{Vec}(\beta)]$$
$$= [\text{Vec}(Y) - D\text{Vec}(\hat{\beta})]'[\text{Vec}(Y) - D\text{Vec}(\hat{\beta})]$$
$$+ [\text{Vec}(\hat{\beta}) - \text{Vec}(\beta)]'D'D[\text{Vec}(\hat{\beta}) - \text{Vec}(\beta)],$$

所以

$$Q[\text{Vec}(\hat{\beta})] = \min_{一切\text{Vec}(\beta)} Q[\text{Vec}(\beta)].$$

这说明正规方程的解 $\text{Vec}(\hat{\beta})$ 是参数向量 $\text{Vec}(\beta)$ 的最小二乘估计.
又

$$\text{Vec}(\hat{\beta}) = \begin{bmatrix} \hat{\beta}_1 \\ \hat{\beta}_2 \\ \vdots \\ \hat{\beta}_p \end{bmatrix} = (D'D)^{-1}D'\text{Vec}(Y)$$

$$= \begin{bmatrix} C'C & O & \cdots & O \\ O & C'C & \cdots & O \\ \vdots & \vdots & & \vdots \\ O & O & \cdots & C'C \end{bmatrix}^{-1} \begin{bmatrix} C' & O & \cdots & O \\ O & C' & \cdots & O \\ \vdots & \vdots & & \vdots \\ O & O & \cdots & C' \end{bmatrix} \begin{bmatrix} Y_1 \\ Y_2 \\ \vdots \\ Y_p \end{bmatrix}$$

$$= \begin{bmatrix} (C'C)^{-1}C'Y_1 \\ (C'C)^{-1}C'Y_2 \\ \vdots \\ (C'C)^{-1}C'Y_p \end{bmatrix},$$

即 $\hat{\beta}_j=(C'C)^{-1}C'Y_j(j=1,2,\cdots,p)$，其中 Y_j 是第 j 个因变量的 n 次观测值. 可见，在模型(4.3.3)下参数的最小二乘估计与§4.1中一个因变量的回归模型(4.1.2)的结果完全相同. 也就是说，在多对多的回归模型下，回归系数矩阵的最小二乘估计等于对各因变量分别建立回归模型时所得的估计量. 这两者的一致性在某种意义下降低了多对多回归模型的地位，因此，必须设法提取其他信息，才能显示多对多回归模型的优越性，这将在§4.4介绍.

为了方便，下面把在"拉直"后的模型(4.3.3)下的正规方程及回归系数的估计"压缩"为矩阵形式.

正规方程

$$\begin{bmatrix} C'C & O & \cdots & O \\ O & C'C & \cdots & O \\ \vdots & \vdots & & \vdots \\ O & O & \cdots & C'C \end{bmatrix} \mathrm{Vec}(\beta) = \begin{bmatrix} C' & O & \cdots & O \\ O & C' & \cdots & O \\ \vdots & \vdots & & \vdots \\ O & O & \cdots & C' \end{bmatrix} \mathrm{Vec}(Y)$$

等价于 $C'C(\beta_1,\beta_2,\cdots,\beta_p)=C'(Y_1,Y_2,\cdots,Y_p)$，即

$$C'C\beta = C'Y \quad (\text{其中 } C = (\mathbf{1}_n \,\vdots\, X) \text{ 为 } n \times (m+1) \text{ 矩阵}).$$

把 $(m+1)\times p$ 的参数矩阵 β 分为两块：$b_{(0)}$ 为 $1\times p$ 矩阵，B 为 $m\times p$ 矩阵，则参数矩阵 β 的估计可表为

$$\hat{\beta} = \begin{bmatrix} \hat{b}_{(0)} \\ \hat{B} \end{bmatrix} = (C'C)^{-1}C'Y.$$

由分块求逆公式有(假定 $\mathrm{rank}(C)=m+1$)

$$(C'C)^{-1} = \begin{bmatrix} \mathbf{1}_n'\mathbf{1}_n & \mathbf{1}_n'X \\ X'\mathbf{1}_n & X'X \end{bmatrix}^{-1}$$

$$= \begin{bmatrix} \dfrac{1}{n} + \overline{X}'L_{XX}^{-1}\overline{X} & -\overline{X}'L_{XX}^{-1} \\ -L_{XX}^{-1}\overline{X} & L_{XX}^{-1} \end{bmatrix},$$

其中

$$L_{XX} = X'\left(I_n - \frac{1}{n}\mathbf{1}_n\mathbf{1}_n'\right)X, \quad \overline{X} = \frac{1}{n}X'\mathbf{1}_n = (\bar{x}_1,\cdots,\bar{x}_m)'.$$

记

$$\overline{Y} = \frac{1}{n}Y'\mathbf{1}_n = (\overline{y}_1, \cdots, \overline{y}_p)',$$

$$L_{YY} = Y'\left(I_n - \frac{1}{n}\mathbf{1}_n\mathbf{1}_n'\right)Y = Y'\left(I_n - \frac{1}{n}J\right)Y,$$

$$L_{XY} = X'\left(I_n - \frac{1}{n}J\right)Y = X'Y - n\overline{X}\,\overline{Y}' = L_{YX}',$$

其中

$$J = \mathbf{1}_n\mathbf{1}_n' = \begin{bmatrix} 1 & \cdots & 1 \\ \vdots & & \vdots \\ 1 & \cdots & 1 \end{bmatrix}.$$

于是分块估计的表达式为

$$\begin{bmatrix} \hat{b}_{(0)} \\ \hat{B} \end{bmatrix} = \begin{bmatrix} \left(\dfrac{1}{n} + \overline{X}'L_{XX}^{-1}\overline{X}\right)n\overline{Y}' - \overline{X}'L_{XX}^{-1}X'Y \\ -L_{XX}^{-1}\overline{X}(n\overline{Y})' + L_{XX}^{-1}X'Y \end{bmatrix}$$

$$= \begin{bmatrix} \overline{Y}' - \overline{X}'L_{XX}^{-1}L_{XY} \\ L_{XX}^{-1}L_{XY} \end{bmatrix},$$

而且称 $\hat{b}_{(0)}, \hat{B}$ 满足的方程

$$\begin{cases} L_{XX}\hat{B} = L_{XY}, \\ \hat{b}_{(0)} = \overline{Y}' - \overline{X}'\hat{B} \end{cases} \tag{4.3.4}$$

为正规方程.

3. 参数矩阵 Σ 的估计

以上求得 β 的最小二乘估计量 $\hat{\beta} \xlongequal{\text{def}} (b_{ij})_{(m+1)\times p}$，即得 p 个因变量的回归方程：

$$\hat{Y}_j = b_{0j} + b_{1j}x_1 + \cdots + b_{mj}x_m \quad (j = 1, 2, \cdots, p).$$

于是得 n 组资料的预报值为

$$\begin{bmatrix} \hat{y}_{11} & \hat{y}_{12} & \cdots & \hat{y}_{1p} \\ \hat{y}_{21} & \hat{y}_{22} & \cdots & \hat{y}_{2p} \\ \vdots & \vdots & & \vdots \\ \hat{y}_{n1} & \hat{y}_{n2} & \cdots & \hat{y}_{np} \end{bmatrix} = \begin{bmatrix} 1 & x_{11} & \cdots & x_{1m} \\ 1 & x_{21} & \cdots & x_{2m} \\ \vdots & \vdots & & \vdots \\ 1 & x_{n1} & \cdots & x_{nm} \end{bmatrix} \begin{bmatrix} b_{01} & b_{02} & \cdots & b_{0p} \\ \hline b_{11} & b_{12} & \cdots & b_{1p} \\ \vdots & \vdots & & \vdots \\ b_{m1} & b_{m2} & \cdots & b_{mp} \end{bmatrix}$$

$$= C\hat{\beta},$$

即

$$\hat{Y} = (\mathbf{1}_n X)\begin{bmatrix}\hat{b}_{(0)} \\ \hat{B}\end{bmatrix} = \mathbf{1}_n \hat{b}_{(0)} + X\hat{B}$$

$$= \mathbf{1}_n \overline{Y}' + \left(I_n - \frac{1}{n}J\right)X\hat{B}.$$

实测值 Y 与预报值 $\hat{Y}$ 之差 $Y-\hat{Y}$ 就称为**残差**. 可以用它构造 Σ(误差向量 $\varepsilon_{(i)}$的协方差阵)的估计量. 残差

$$Y - \hat{Y} = Y - \mathbf{1}_n\overline{Y}' - \left(I_n - \frac{1}{n}J\right)X\hat{B}$$

$$= \left(I_n - \frac{1}{n}J\right)Y - \left(I_n - \frac{1}{n}J\right)XL_{XX}^{-1}L_{XY}$$

$$= \left(I_n - \frac{1}{n}J\right)(Y - XL_{XX}^{-1}L_{XY}),$$

或

$$Y - \hat{Y} = Y - C\hat{\beta} = (I_n - C(C'C)^{-1}C')Y$$

$$= (I_n - H)Y.$$

令 $Q=(Y-\hat{Y})'(Y-\hat{Y})$为 $p\times p$ 矩阵. 当 $p=1$ 时(即多元线性回归模型), 数值 $Q=\sum_{j=1}^{n}(y_j-\hat{y}_j)^2$ 称为**残差平方和**(或剩余平方和). 对一般的 p, Q 是 $p\times p$ 矩阵, 它是残差平方和的推广, 称为**残差阵**. Q 有以下计算公式:

$$Q = (Y - \hat{Y})'(Y - \hat{Y}) = L_{YY} - L_{YX}L_{XX}^{-1}L_{XY}$$

$$= Y'(I_n - H)Y. \tag{4.3.5}$$

很自然地, 我们用残差阵 Q 作为随机误差向量 $\varepsilon_{(i)}$的协方差阵 Σ 的估计, 考虑到无偏性, 常取 Σ 的估计为

$$\hat{\Sigma} = \frac{1}{n-m-1}Q.$$

4. $\hat{\beta}$, $\hat{\Sigma}$ 的统计性质

定理 4.3.1 在多对多回归模型(4.3.2)下

(1) $\hat{\beta} = \begin{bmatrix}\hat{b}_{(0)} \\ \hat{B}\end{bmatrix}$是 β 的无偏估计量;

(2) $\hat{\Sigma}=\dfrac{1}{n-m-1}Q$ 是 Σ 的无偏估计量.

证明 以下只证明(2),因

$$Q = Y'(I_n - H)Y \xlongequal{\text{def}} Y'PY,$$

其中 $P=I_n-H$ 为 $n\times n$ 对称幂等矩阵.因而

$$\begin{aligned}
\mathrm{E}(Q) &= \mathrm{E}(Y'PY)\\
&= \mathrm{E}[(Y-\mathrm{E}(Y)+\mathrm{E}(Y))'P(Y-\mathrm{E}(Y)+\mathrm{E}(Y))]\\
&= \mathrm{E}(E'PE)+\mathrm{E}(Y)'P\mathrm{E}(Y)\\
&= \mathrm{E}(E'PE)\quad (\text{因 } \mathrm{E}(Y)=C\beta,\text{而 } PC=O)\\
&= \mathrm{E}\left[\begin{bmatrix}\varepsilon_1'\\ \vdots\\ \varepsilon_p'\end{bmatrix}P[\varepsilon_1,\cdots,\varepsilon_p]\right]\\
&= (\mathrm{E}[\varepsilon_i'P\varepsilon_j])_{(p\times p)}\quad (i,j=1,2,\cdots,p).
\end{aligned}$$

在模型(4.3.1)下, $\varepsilon_{(i)}=(\varepsilon_{i1},\cdots,\varepsilon_{ip})'\sim N_p(0,\Sigma)$ $(i=1,2,\cdots,n)$相互独立,且 $\Sigma=(\sigma_{kl})_{p\times p}$,即

$$\mathrm{Cov}(\varepsilon_{ik},\varepsilon_{il})=\mathrm{E}(\varepsilon_{ik}\,\varepsilon_{il})=\sigma_{kl}\quad (k,l=1,2,\cdots,p).$$

于是

$$\begin{aligned}
\mathrm{E}(\varepsilon_i'P\varepsilon_j) &= \mathrm{E}\left[(\varepsilon_{1i},\cdots,\varepsilon_{ni})P\begin{bmatrix}\varepsilon_{1j}\\ \vdots\\ \varepsilon_{nj}\end{bmatrix}\right]\\
&= \mathrm{E}\left[\mathrm{tr}\left[P\begin{bmatrix}\varepsilon_{1j}\\ \vdots\\ \varepsilon_{nj}\end{bmatrix}(\varepsilon_{1i},\cdots,\varepsilon_{ni})\right]\right]\\
&= \mathrm{tr}\left[P\mathrm{E}\begin{bmatrix}\varepsilon_{1j}\,\varepsilon_{1i} & \cdots & \varepsilon_{1j}\,\varepsilon_{ni}\\ \vdots & & \vdots\\ \varepsilon_{nj}\,\varepsilon_{1i} & \cdots & \varepsilon_{nj}\,\varepsilon_{ni}\end{bmatrix}\right]\quad (\varepsilon_{(1)},\cdots,\varepsilon_{(n)}\text{ 相互独立})\\
&= \mathrm{tr}(P\mathrm{diag}(\sigma_{ij},\cdots,\sigma_{ij}))\\
&= \sigma_{ij}\ \mathrm{tr}(P)=\sigma_{ij}(n-m-1).
\end{aligned}$$

故有

$$\mathrm{E}\left(\frac{1}{n-m-1}Q\right)=\Sigma. \qquad \text{（证毕）}$$

引理 4.3.1 在模型(4.3.2)下，记 $\hat{\beta}=(b_{ij})_{(m+1)\times p}$，则

$$\mathrm{Cov}(b_{ik},b_{jl})=\sigma_{kl}e_{i+1}'(C'C)^{-1}e_{j+1}$$
$$(i,j=0,1,2,\cdots,m;\ k,l=1,2,\cdots,p),$$

其中 e_i 是第 i 个分量为 1，其余分量全为 0 的单位向量.

证明 因 $b_{ik}=e_{i+1}'\hat{\beta}e_k$，$b_{jl}=e_{j+1}'\hat{\beta}e_l$，故有

$$\begin{aligned}\mathrm{Cov}(b_{ik},b_{jl})&=\mathrm{E}[(e_{i+1}'\hat{\beta}e_k-\mathrm{E}(e_{i+1}'\hat{\beta}e_k))\\&\quad\cdot(e_{j+1}'\hat{\beta}e_l-\mathrm{E}(e_{j+1}'\hat{\beta}e_l))']\\&=\mathrm{E}[e_{i+1}'(\hat{\beta}-\mathrm{E}(\hat{\beta}))e_k\cdot e_l'(\hat{\beta}-\mathrm{E}(\hat{\beta}))'e_{j+1}]\\&=e_{i+1}'(C'C)^{-1}C'\cdot\mathrm{E}[(Y-\mathrm{E}(Y))e_ke_l'(Y-\mathrm{E}(Y))']\\&\quad\cdot C(C'C)^{-1}e_{j+1}\\&=e_{i+1}'(C'C)^{-1}C'(\mathrm{E}(\varepsilon_k\varepsilon_l'))C(C'C)^{-1}e_{j+1}\\&=e_{i+1}'(C'C)^{-1}C'\mathrm{diag}(\sigma_{kl},\cdots,\sigma_{kl})C(C'C)^{-1}e_{j+1}\\&=\sigma_{kl}e_{i+1}'(C'C)^{-1}e_{j+1}.\end{aligned}$$

（证毕）

引理 4.3.2 在模型(4.3.2)下，记 $\hat{\beta}=\begin{bmatrix}\hat{b}_{(0)}\\\hat{B}\end{bmatrix}\begin{matrix}1\\m\end{matrix}$，$L_{XX}^{-1}=(l^{ij})$，而

$$\hat{B}=(b_{ij})_{m\times p}\xlongequal{\text{def}}(\hat{b}_1,\cdots,\hat{b}_p)\xlongequal{\text{或 def}}\begin{bmatrix}\hat{b}_{(1)}\\\vdots\\\hat{b}_{(m)}\end{bmatrix},$$

则

(1) $D(\hat{b}_{(0)}')=\left(\dfrac{1}{n}+\overline{X}'L_{XX}^{-1}\overline{X}\right)\Sigma$；

(2) $\mathrm{COV}(\hat{b}_{(i)}',\hat{b}_{(j)}')=l^{ij}\Sigma\ (i,j=1,2,\cdots,m)$；

(3) $\mathrm{COV}(\hat{b}_i,\hat{b}_j)=\sigma_{ij}L_{XX}^{-1}(i,j=1,2,\cdots,p)$.

证明 由协方差阵的定义及引理 4.3.1 即得以上结论. （证毕）

定理 4.3.2 在模型(4.3.1)下，设 $n>m+1$，

$$\mathrm{rank}(C)=\mathrm{rank}(\mathbf{1}_n\ \vdots\ X)=m+1,$$

则

(1) $\hat{\beta}$ 遵从矩阵正态分布；

(2) $Q \sim W_p(n-m-1,\Sigma)$;

(3) $\hat{\beta}$ 与 Q 相互独立.

证明 (1) 我们有

$$\hat{\beta} = (C'C)^{-1}C'Y = (C'C)^{-1}C'(C\beta + E) = \beta + (C'C)^{-1}C'E.$$

由模型(4.3.1)的假定可知:

$$E \sim N_{n\times p}(O, I_n \otimes \Sigma) \quad (\text{其中 } O \text{ 为 } n \times p \text{ 零矩阵})$$

$$\Longleftrightarrow \mathrm{Vec}(E') \sim N_{np}(0, I_n \otimes \Sigma) \quad (\text{其中 } 0 \text{ 为 } np \text{ 维零向量}).$$

利用随机阵正态分布的性质即得:

$$\hat{\beta} \sim N_{(m+1)\times p}(\beta, (C'C)^{-1}C' \cdot [(C'C)^{-1}C']' \otimes I_p\Sigma I_p'),$$

即

$$\hat{\beta} \sim N_{(m+1)\times p}(\beta, (C'C)^{-1} \otimes \Sigma)$$

$$\Longleftrightarrow \mathrm{Vec}(\hat{\beta}') \sim N_{(m+1)p}(\mathrm{Vec}(\beta'), (C'C)^{-1} \otimes \Sigma).$$

(2) 由 Q 的计算公式(4.3.5)有:

$$Q = Y'(I_n - H)Y \overset{\text{def}}{=\!=} Y'PY,$$

又知 $Y \sim N_{n\times p}(C\beta, I_n \otimes \Sigma)$, $P = I_n - H = I_n - C(C'C)^{-1}C'$ 是对称幂等矩阵,且 $\mathrm{rank}(P) = n-m-1$,由威沙特分布的性质 7 得

$$Q = Y'PY \sim W_p(n-m-1, \Sigma, \Delta),$$

其中 $\Delta = [C\beta]'PC\beta = O$ (因 $PC = O$). 所以

$$Q \sim W_p(n-m-1, \Sigma).$$

(3) 因 $\hat{\beta} = (C'C)^{-1}C'Y$,考虑

$$\hat{\beta}'(C'C)\hat{\beta} = Y'C(C'C)^{-1}(C'C)(C'C)^{-1}C'Y = Y'HY,$$

其中 $H = C(C'C)^{-1}C'$ 为对称幂等矩阵,且有 $PH = PC(C'C)^{-1}C' = O$,由威沙特分布的性质 8 可知

$$Q = Y'PY \quad \text{与} \quad \hat{\beta}'(C'C)\hat{\beta} = Y'HY \text{ 相互独立},$$

故而有 Q 与 $\hat{\beta}$ 相互独立. **(证毕)**

定理 4.3.3 在模型(4.3.1)下,记号同引理 4.3.2,则

(1) $\hat{b}'_{(0)} \sim N_p\left(b'_{(0)}, \left(\frac{1}{n} + \overline{X}'L_{XX}^{-1}\overline{X}\right)\Sigma\right)$;

(2) $\hat{b}'_{(i)} \sim N_p(b'_{(i)}, l^{ii}\Sigma)$ $(i=1,2,\cdots,m)$;

(3) $\hat{b}_j \sim N_m(b_j, \sigma_{jj}L_{XX}^{-1})$ $(j=1,2,\cdots,p)$.

证明 由引理 4.3.2 及定理 4.3.2 即得以上结论. （证毕）

二、回归系数的显著性检验

在多因变量的多元线性回归中,同样要考查某个自变量 x_i 对 p 个因变量的影响是否显著的问题. 若 x_i 对 p 个因变量的作用不显著,那么在模型(4.3.1)中 x_i 的回归系数 $\beta_{(i)}=0_p$. 判断变量 x_i 对 p 个因变量作用是否显著的问题,即要检验假设 $H_0^{(i)}$: $\beta_{(i)}=0_p(i=1,2,\cdots,m)$.

更一般地,可同时考查几个自变量对 p 个因变量是否有影响的问题,即考虑模型:

$$\begin{cases} Y=(\mathbf{1}_n \vdots X_1)\begin{bmatrix} b_{(0)} \\ B_1 \end{bmatrix}+X_2B_2+E, \\ \varepsilon_{(i)} \sim N_p(0,\Sigma)\ (i=1,2,\cdots,n)\ \text{相互独立}, \end{cases} \tag{4.3.6}$$

其中 $C=(\mathbf{1}_n \vdots X)=(\mathbf{1}_n \vdots X_1 \vdots X_2)$, X_1 为 $n\times m_1$ 给定矩阵,X_2 为 $n\times m_2$ 给定矩阵,且 $m_1+m_2=m$.

记 $B=\begin{bmatrix} B_1 \\ B_2 \end{bmatrix}$,其中 B_1 为 $m_1\times p$ 参数矩阵,B_2 为 $m_2\times p$ 参数矩阵 $(m_1+m_2=m)$,且 $\operatorname{rank}(C)=\operatorname{rank}(\mathbf{1}_n \vdots X_1 \vdots X_2)=m+1$. 检验假设 H_0: $B_2=O$. 这就是要检验一部分变量(即 $x_{m_1+1},\cdots,x_m$)是否对 p 个因变量没有显著影响.

1. 检验 $H_0^{(i)}$: $\beta_{(i)}=0_p$

首先来讨论某个自变量 x_i 对 $Y_1,\cdots,Y_p$ 的作用是否显著问题. 利用定理 4.3.2 和定理 4.3.3 即可得出检验 $H_0^{(i)}$ 的统计量. 由定理 4.3.3 知

$$\hat{\beta}_{(i)}=\hat{b}'_{(i)} \sim N_p(\beta_{(i)},l^{ii}\Sigma),$$

记 $E_i=\dfrac{1}{\sqrt{l^{ii}}}I_p$,则在 $H_0^{(i)}$ 下

$$E_i\hat{\beta}_{(i)} \sim N_p(0,\Sigma).$$

由定理 4.3.2 及 Q 的计算公式(4.3.5)知

$$Q = L_{YY} - L_{YX}L_{XX}^{-1}L_{XY} \sim W_p(n-m-1,\Sigma),$$

且 Q 与 $\hat{\beta}_{(i)}$ 相互独立. 由第三章 T^2 的定义 3.1.5 知,统计量

$$\begin{aligned}T^2 &= (n-m-1)(E_i\hat{\beta}_{(i)})'Q^{-1}(E_i\hat{\beta}_{(i)}) \\ &= (n-m-1)\hat{\beta}'_{(i)}Q^{-1}\hat{\beta}_{(i)}/l^{ii} \\ &\sim T^2(p,n-m-1) \quad (\text{在 } H_0^{(i)} \text{ 成立时}).\end{aligned}$$

于是检验统计量为

$$F = \frac{(n-m-1)-p+1}{(n-m-1)p}T^2 = \frac{n-m-p}{p}\frac{\hat{\beta}'_{(i)}Q^{-1}\hat{\beta}_{(i)}}{l^{ii}}$$

$$\sim F(p,n-m-p) \quad (\text{在 } H_0^{(i)} \text{ 成立时}).$$

显然,当 $H_0^{(i)}$ 成立时有 $\hat{\beta}_{(i)}\approx 0_p$,于是数值 $V_i=\dfrac{\hat{\beta}'_{(i)}Q^{-1}\hat{\beta}_{(i)}}{l^{ii}}$应较小,常称 V_i 为变量 x_i 对 p 个因变量 $Y_1,\cdots,Y_p$ 的"贡献". 当 $p=1$ 时,$V_i=\hat{\beta}^2_{(i)}/l^{ii}Q=P_i/Q$ (P_i 为 x_i 的偏回归平方和).

给定显著性水平 α,由样本观测数据计算 V_i 及 $f_i=\dfrac{n-m-p}{p}V_i$,并计算显著性概率值(p 值)$=P\{F\geqslant f_i\}$,若 $p<\alpha$,则否定 $H_0^{(i)}$,表示 x_i 对 p 个因变量的作用显著;否则,x_i 对 p 个因变量的作用不显著.

2. 检验 H_0: $B_2=O$

在模型(4.3.6)下,记

$$C_1 = (\mathbf{1}_n \,\vdots\, X_1), \quad C = (\mathbf{1}_n \,\vdots\, X_1 \,\vdots\, X_2) = (C_1 \,\vdots\, X_2),$$

残差阵

$$Q = Y'(I_n - C(C'C)^{-1}C')Y = Y'(I_n - H)Y.$$

当 H_0 成立(即 $B_2=O$)时,模型变为(设 $\operatorname{rank}(\mathbf{1}_n \,\vdots\, X_1)=m_1+1$)

$$\begin{cases} Y = (\mathbf{1}_n \,\vdots\, X_1)\begin{bmatrix} b_{(0)} \\ B_1 \end{bmatrix} + E = C_1\beta(1) + E, \\ \varepsilon_{(i)} \sim N_p(0,\Sigma) \ (i=1,2,\cdots,n) \text{ 相互独立}, \end{cases} \tag{4.3.7}$$

其相应的残差阵为

$$Q_1 = Y'(I_n - C_1(C_1'C_1)^{-1}C_1')Y = Y'(I_n - H_1)Y,$$

其中 $H_1=C_1(C_1'C_1)^{-1}C_1'$.

首先计算 Q_1-Q 的表达式. 因 $C=(C_1 \,\vdots\, X_2)$,记

$$D = X_2'(I_n - H_1)X_2,$$

故有

$$(C'C)^{-1} = \begin{bmatrix} C_1'C_1 & C_1'X_2 \\ X_2'C_1 & X_2'X_2 \end{bmatrix}^{-1} = \begin{bmatrix} (C_1'C_1)^{-1} & O \\ O & O \end{bmatrix}$$

$$+ \begin{bmatrix} (C_1'C_1)^{-1}C_1'X_2 \\ -I_{m_2} \end{bmatrix} D^{-1}(X_2'C_1(C_1'C_1)^{-1} \vdots -I_{m_2}).$$

因此

$$Q = Y'\left(I_n - (C_1 \vdots X_2)(C'C)^{-1}\begin{bmatrix} C_1' \\ X_2' \end{bmatrix}\right)Y$$

$$= Y'(I_n - C_1(C_1'C_1)^{-1}C_1')Y - Y'(I_n$$

$$- C_1(C_1'C_1)^{-1}C_1')X_2D^{-1}X_2'(I_n - C_1(C_1'C_1)^{-1}C_1')Y,$$

即得　$$Q_1 - Q = Y'(I_n - H_1)X_2D^{-1}X_2'(I_n - H_1)Y.$$

另一方面，

$$\hat{\beta} = (C'C)^{-1}C'Y$$

$$= \begin{bmatrix} (C_1'C_1)^{-1}C_1'Y - (C_1'C_1)^{-1}C_1'X_2D^{-1}X_2'(I_n - H_1)Y \\ D^{-1}X_2'(I_n - H_1)Y \end{bmatrix}\begin{matrix} m_1+1 \\ m_2 \end{matrix}.$$

于是 $\hat{B}_2 = D^{-1}X_2'(I_n - H_1)Y$.

所以

$$Q_1 - Q = Y'(I_n - H_1)X_2D^{-1}X_2'(I_n - H_1)Y$$

$$= \hat{B}_2'D\hat{B}_2 = \hat{B}_2'X_2'(I_n - H_1)X_2\hat{B}_2. \qquad (4.3.8)$$

定理 4.3.4　在模型(4.3.1)下，有

(1) $Q \sim W_p(n-m-1, \Sigma)$；

(2) 在模型(4.3.7)下(即 H_0 成立时)，$Q_1 - Q \sim W_p(m_2, \Sigma)$；

(3) Q 与 $Q_1 - Q$ 相互独立.

证明　(1) 定理 4.3.2 已证明.

(2) 因 $Q_1 - Q = Y'(I_n - H_1)X_2D^{-1}X_2'(I_n - H_1)Y$，记 $R = (I_n - H_1)X_2$ 为 $n \times m_2$ 矩阵，$D = X_2'(I_n - H_1)X_2$ 为 m_2 阶矩阵，其中 $H_1 =$

$C_1(C_1'C_1)^{-1}C_1'$. 则

$$Q_1 - Q = Y'RD^{-1}R'Y \xlongequal{\text{def}} Y'BY.$$

在模型(4.3.7)下(即 H_0 成立时),

$$Y \sim N_{n\times p}(C_1\beta(1), I_n \otimes \Sigma),$$

且容易验证 $B=RD^{-1}R'$ 是对称幂等矩阵. 而

$$R'R = X_2'(I_n - H_1)'(I_n - H_1)X_2 = X_2'(I_n - H_1)X_2 = D,$$

故

$$\begin{aligned}\operatorname{rank}(B) &= \operatorname{tr}(B) = \operatorname{tr}(RD^{-1}R') = \operatorname{tr}(D^{-1}R'R) \\ &= \operatorname{tr}(D^{-1}D) = \operatorname{tr}(I_{m_2}) = m_2.\end{aligned}$$

由威沙特分布的性质 7 可得

$$Q_1 - Q = Y'BY \sim W_p(m_2, \Sigma, \Delta),$$

其中 $\Delta=[C_1\beta(1)]'BC_1\beta(1)=[C_1\beta(1)]'RD^{-1}R'C_1\beta(1)=O$,这是因为 $R'C_1=X_2'(I_n-H_1)C_1=O$,所以 $Q_1 - Q \sim W_p(m_2,\Sigma)$.

(3) 下面来证明 Q 与 Q_1-Q 相互独立.

已知 $Q_1-Q=Y'BY$, $Q_1=Y'(I_n-H_1)Y$,从而

$$\begin{aligned}Q &= Y'PY = Q_1 - (Q_1 - Q) = Y'(I_n - H_1)Y - Y'BY \\ &= Y'(I_n - H_1 - B)Y,\end{aligned}$$

故有

$$PB = (I_n - H_1 - B)B = -H_1B = -C_1(C_1'C_1)^{-1}C_1'B = O$$

(因 $C_1'R=O$). 由威沙特分布的性质 8 可知

$$Q = Y'PY \text{ 与 } Q_1 - Q = Y'BY \text{ 相互独立.}$$ **(证毕)**

下面来导出检验 H_0 的似然比统计量.

在模型(4.3.6)下,似然函数(即 $\mathrm{Vec}(Y')$ 的联合密度函数)为

$$\begin{aligned}L(\beta,\Sigma) &= \left(\frac{1}{2\pi}\right)^{np/2}\frac{1}{|\Sigma|^{n/2}} \\ &\quad\cdot \exp\left[-\frac{1}{2}\sum_{i=1}^{n}(Y_{(i)} - \beta' c_{(i)})'\Sigma^{-1}(Y_{(i)} - \beta' c_{(i)})\right] \\ &= \left(\frac{1}{2\pi}\right)^{np/2}\frac{1}{|\Sigma|^{n/2}}\exp\left[-\frac{1}{2}\operatorname{tr}\Sigma^{-1}\right.\end{aligned}$$

$$\cdot \sum_{i=1}^{n}(Y_{(i)}-\beta' c_{(i)})(Y_{(i)}-\beta' c_{(i)})'\Big]$$

$$=(2\pi)^{-np/2}(|\Sigma|)^{-n/2}\exp\Big[-\frac{1}{2}\mathrm{tr}\Sigma^{-1}(Y-C\beta)'(Y-C\beta)\Big].$$

当 $\beta=\hat{\beta}$ ，$\Sigma=\frac{1}{n}Q$ 时，

$$L\left(\hat{\beta}\ ,\frac{Q}{n}\right)=\max_{\beta,\Sigma}L(\beta,\Sigma)$$

$$=(2\pi)^{-np/2}\left(\left|\frac{Q}{n}\right|\right)^{-n/2}\exp\Big[-\frac{1}{2}\mathrm{tr}\left(\frac{1}{n}Q\right)^{-1}Q\Big]$$

$$=(2\pi)^{-np/2}\left(\left|\frac{Q}{n}\right|\right)^{-n/2}\exp\Big[-\frac{1}{2}np\Big].$$

在模型(4.3.7)下，似然函数

$$L(\beta(1),\Sigma)=(2\pi)^{-np/2}(|\Sigma|)^{-n/2}$$

$$\cdot\exp\Big[-\frac{1}{2}\mathrm{tr}\Sigma^{-1}(Y-C_1\beta(1))'(Y-C_1\beta(1))\Big],$$

其中 $\beta(1)=\begin{bmatrix}b_{(0)}\\ B_1\end{bmatrix}$，$C_1=(\mathbf{1}_n\ \vdots\ X_1)$；且当 $\beta(1)=\hat{\beta}(1)$，$\Sigma=\frac{1}{n}Q_1$ 时，

$$L\left(\hat{\beta}(1),\frac{Q_1}{n}\right)=\max_{\beta(1),\Sigma}L(\beta(1),\Sigma)$$

$$=(2\pi)^{-np/2}\left(\left|\frac{Q_1}{n}\right|\right)^{-n/2}\exp\Big[-\frac{1}{2}np\Big].$$

因此似然比统计量为

$$\lambda=\frac{\max L(\beta(1),\Sigma)}{\max L(\beta,\Sigma)}=\frac{|Q_1/n|^{-n/2}}{|Q/n|^{-n/2}}$$

$$=\frac{|Q_1|^{-n/2}}{|Q|^{-n/2}}=\left(\frac{|Q|}{|Q+(Q_1-Q)|}\right)^{n/2},$$

等价于

$$U=\frac{|Q|}{|Q+(Q_1-Q)|}=\frac{|Q|}{|Q+\hat{B}_2'D\,\hat{B}_2|}.$$

在 H_0 成立时，$Q_1-Q=\hat{B}_2'D\,\hat{B}_2\sim W_p(m_2,\Sigma)$，又因 $Q\sim W_p(n-m-1,\Sigma)$，且 Q 与 Q_1-Q 相互独立，由第三章定义 3.1.7 知

$$U\sim\Lambda(p,n-m-1,m_2).$$

直观地看，若 H_0 成立，则 U 值应近似等于 1；若 U 值太小，则应否定假设 H_0. 对给定的显著性水平 α，由样本资料计算 U 值为 u，利用检验统计量 U 的分布，计算显著性概率值（p 值）$=P\{U\leqslant u\}$. 当 $p<\alpha$ 时，否定 H_0，即认为 m_2 个自变量 $x_{m_1+1},\cdots,x_m$ 对 p 个因变量的作用显著；当 $p\geqslant\alpha$ 时，H_0 相容，即认为 m_2 个自变量 $x_{m_1+1},\cdots,x_m$ 对 p 个因变量的作用不显著.

当 $m_2=1$ 时，X_2 是 n 维向量，$D=X_2'(I_n-H_1)X_2$ 是一数值，记为 d，而 $\hat{B}_2=\hat{\beta}'_{(m)}$ 为 $1\times p$ 矩阵，所以

$$U=\frac{|Q|}{|Q+\hat{\beta}_{(m)}d\,\hat{\beta}'_{(m)}|}.$$

利用分块求行列式的公式有：

$$\begin{vmatrix} 1 & -d\,\hat{\beta}'_{(m)} \\ \hat{\beta}_{(m)} & Q \end{vmatrix}=|Q+d\,\hat{\beta}_{(m)}\,\hat{\beta}'_{(m)}|$$

$$=|Q|\,|1+d\,\hat{\beta}'_{(m)}Q^{-1}\,\hat{\beta}_{(m)}|,$$

因此

$$U=\frac{1}{1+d\,\hat{\beta}'_{(m)}Q^{-1}\,\hat{\beta}_{(m)}}. \tag{4.3.9}$$

另一方面，当 $m_2=1$ 时，由第三章 §3.1 中的结论知

$$\Lambda(p,n-m-1,1)=\frac{1}{1+\frac{1}{n-m-1}T^2(p,n-m-1)}. \tag{4.3.10}$$

比较(4.3.9)和(4.3.10)式得

$$T^2(p,n-m-1)=(n-m-1)d\,\hat{\beta}'_{(m)}Q^{-1}\,\hat{\beta}_{(m)}$$

$$=(n-m-1)\,\frac{1-U}{U},$$

即 U 统计量可化为 T^2 统计量；再根据第三章的有关定理知

$$F=\frac{(n-m-1)-p+1}{(n-m-1)p}T^2(p,n-m-1)$$

$$\sim F(p,n-m-p),$$

即

$$F = \frac{n-m-p}{p} \frac{1-U}{U} \sim F(p, n-m-p).$$

这表明 U 统计量在筛选变量过程中是很重要的统计量.

例 4.3.1　设发电量 Y_1,工业总产值 Y_2 与钢材产量 x_1,水泥产量 x_2,机械工业总产值 x_3,棉纱产量 x_4,机制纸产量 x_5 之间有线性相关关系. 现收集了 1949 到 1978 年共 30 年的数据(见表 4.2). 试用 REG 过程求出 Y_1, Y_2 与 x_1, x_2, x_3, x_4, x_5 的关系式.

表 4.2　发电量与经济发展数据

年	x_1	x_2	x_3	x_4	x_5	Y_1	Y_2
1949	0.9	0.8	0.14	6.63	0.24	1.47	7.31
1950	1.0	2.1	0.15	7.07	0.46	1.25	7.42
1951	2.9	6.3	0.33	7.60	1.02	2.05	11.13
1952	5.0	4.4	0.78	12.88	1.61	2.49	16.08
1953	8.2	13.3	1.18	15.86	1.63	3.16	22.86
1954	13.1	16.8	1.56	18.79	1.93	3.87	29.52
1955	23.8	17.8	2.11	14.63	2.31	4.50	34.54
1956	34.8	27.8	3.09	19.79	3.32	6.09	41.22
1957	35.4	22.1	3.58	16.50	4.44	6.78	47.54
1958	47.0	32.2	7.31	26.22	7.18	10.73	60.00
1959	62.6	33.2	9.61	28.00	8.77	17.65	78.00
1960	68.0	55.6	12.85	27.56	9.89	26.84	96.20
1961	35.3	24.4	6.76	10.95	5.58	24.20	52.37
1962	31.3	17.9	5.08	10.15	6.03	20.08	37.77
1963	35.2	24.8	5.54	14.23	7.18	19.28	40.07
1964	45.3	37.8	7.14	20.38	8.80	22.89	50.36
1965	49.5	78.8	11.20	26.56	10.45	28.94	65.33
1966	59.7	101.6	15.89	33.18	12.51	39.05	83.64
1967	47.8	74.9	10.86	23.90	11.42	39.09	68.16
1968	17.7	40.2	5.10	17.56	9.03	26.81	41.64
1969	36.0	73.3	13.14	27.20	8.05	37.19	67.30
1970	62.0	138.6	25.54	36.28	10.30	54.09	103.57
1971	97.0	247.0	31.31	41.53	14.18	77.39	135.80
1972	95.2	270.0	28.79	40.24	15.19	84.02	118.10
1973	118.4	233.5	28.03	38.20	15.77	88.39	119.62
1974	99.9	205.0	26.50	31.54	12.29	86.32	112.39
1975	151.0	288.0	38.61	46.87	17.36	107.94	144.41
1976	108.0	262.2	31.46	38.62	15.10	102.76	130.66
1977	162.5	358.6	46.21	52.48	20.48	118.84	175.10
1978	238.2	454.8	55.86	55.96	26.40	139.30	214.44

解 此例因变量个数 $p=2$,自变量个数 $m=5$,观测数据 $n=30$.仍使用 REG 过程来完成多因变量的多元线性回归计算.

输出的结果中给出两个因变量的回归方程如下：

$$\begin{cases}\hat{Y}_1 = 8.9911 - 0.1675x_1 + 0.1724x_2 + 1.7036x_3 - 0.7622x_4 + 1.9756x_5, \\ \hat{Y}_2 = 4.3224 + 0.2757x_1 - 0.1341x_2 + 2.2313x_3 + 0.9880x_4 + 1.0502x_5.\end{cases}$$

两回归方程经检验都是高度显著的($p<0.0001$)；Y_1 与 $x_1,\cdots,x_5$ 的回归系数在显著性水平 $\alpha=0.10$ 下也都是显著的,复相关系数 $R_1=0.9901$(决定系数 $R_1^2=0.9804$)；误差标准差(Root MSE) $s_1=6.25355$.

Y_2 与 $x_1,\cdots,x_5$ 的回归系数除 x_5 外在显著性水平 $\alpha=0.05$ 下也都是显著的,复相关系数 $R_2=0.9933$(决定系数 $R_2^2=0.9867$)；误差标准差(Root MSE)$s_2=6.56271$.

使用 REG 过程还可以完成几个自变量对于因变量的作用是否显著的检验.如输出 4.3.1 给出三个自变量 x_3,x_4,x_5 对 Y_1,Y_2 的影响是否显著的检验统计量.除 Λ 统计量外还给出其他几个统计量,结论都是否定 $B_2=O$ 的假定,即自变量 x_3,x_4,x_5 对 Y_1,Y_2 的影响是显著的.

输出 4.3.1 多变量检验统计量

Multivariate Statistics and F Approximations

S=2 M=0 N=10.5

Statistic	Value	F Value	Num DF	Den DF	Pr > F
Wilks' Lambda	0.17390860	10.72	6	46	<.0001
Pillai's Trace	1.08953122	9.57	6	48	<.0001
Hotelling-Lawley Trace	3.23532937	12.16	6	28.955	<.0001
Roy's Greatest Root	2.66743672	21.34	3	24	<.0001

NOTE: F Statistic for Roy's Greatest Root is an upper bound.
NOTE: F Statistic for Wilks' Lambda is exact.

§4.4 多因变量的逐步回归

本节讨论多个因变量时关于自变量的逐步筛选方法,它的基本思想及基本步骤和一个因变量情况下逐步回归的基本思想和基本步骤一样.只是由于因变量个数 $p>1$,考虑引入自变量或剔除自变量时要计算这个自变量对 p 个因变量的贡献大小,并且体现贡献大小的量已不是偏回归平方和,而要引入其他统计量来描述它(如§4.3 的 V_i 统计量).本节重点介绍多个因变量与一个因变量情况下的逐步回归不一样的内容.

一、基本理论

为考察某个自变量对 p 个因变量的贡献大小,以下来讨论两个基本模型下参数估计的关系.

设 r 个自变量(不妨记为 $x_1,\cdots,x_r$)与 p 个因变量 $Y_1,Y_2,\cdots,Y_p$ 的 n 次观测数据满足以下模型

$$\begin{cases} Y = C\beta + E,\ \operatorname{rank}(C) = \operatorname{rank}(\mathbf{1}_n \vdots X) = r+1, \\ \varepsilon_{(i)} \sim N_p(0,\Sigma)\ (i=1,2,\cdots,n)\ \text{相互独立}, \end{cases} \tag{4.4.1}$$

其中

$$X = \begin{bmatrix} x_{11} & x_{12} & \cdots & x_{1r} \\ x_{21} & x_{22} & \cdots & x_{2r} \\ \vdots & \vdots & & \vdots \\ x_{n1} & x_{n2} & \cdots & x_{nr} \end{bmatrix}, \quad \beta = \begin{bmatrix} b_{(0)} \\ B \end{bmatrix}_{(r+1)\times p}.$$

如果增添一个自变量 x_u,相应 n 次观测值为

$$(u_1,u_2,\cdots,u_n)' \xlongequal{\text{def}} u,$$

这时 $r+1$ 个自变量与 p 个因变量的 n 次观测值满足模型:

$$\begin{cases} Y = (C \vdots u)\begin{bmatrix} b_{(0)} \\ B \\ b_{(u)} \end{bmatrix} + E \xlongequal{\text{def}} C_u\beta(u) + E,\ \operatorname{rank}(C_u) = r+2, \\ \varepsilon_{(i)} \sim N_p(0,\Sigma)\ (i=1,2,\cdots,n)\ \text{相互独立}. \end{cases} \tag{4.4.2}$$

1. 在模型(4.4.1)和(4.4.2)下参数估计量间的关系

用 $\hat{b}_{(0)},\hat{B},Q$ 表示在模型(4.4.1)下参数 β 的最小二乘估计及残

差阵,用 $\hat{b}_{(0)}(u)$, $\hat{B}(u)$, $\hat{b}_{(u)}$ 及 $Q(u)$ 表示在模型(4.4.2)下参数 $\beta(u)$ 的最小二乘估计及残差阵.

定理 4.4.1 在模型(4.4.1)和(4.4.2)下参数阵的最小二乘估计及残差阵之间有如下关系:

$$\begin{cases}\hat{b}_{(u)} = d^{-1}(L_{uY} - L_{uX}L_{XX}^{-1}L_{XY}),\\ \hat{B}(u) = \hat{B} - L_{XX}^{-1}L_{Xu}\hat{b}_{(u)},\\ \hat{b}_{(0)}(u) = \overline{Y}' - \overline{X}'\hat{B}(u) - \overline{u}\hat{b}_{(u)},\\ Q(u) = Q - d\hat{b}_{(u)}'\hat{b}(u),\end{cases} \tag{4.4.3}$$

其中

$$\overline{Y} = \frac{1}{n}Y'\mathbf{1}_n,\quad \overline{X} = \frac{1}{n}X'\mathbf{1}_n,\quad \overline{u} = \frac{1}{n}u'\mathbf{1}_n,$$

$$L_{uu} = u'\left(I_n - \frac{1}{n}J\right)u,\quad L_{uX} = u'\left(I_n - \frac{1}{n}J\right)X = L_{Xu}',$$

$$L_{uY} = u'\left(I_n - \frac{1}{n}J\right)Y = L_{Yu}',\quad d = L_{uu} - L_{uX}L_{XX}^{-1}L_{Xu}.$$

证明 在模型(4.4.2)下,

$$\hat{\beta}(u) = (C_u'C_u)^{-1}C_u'Y = \left[\begin{array}{c|c} C'C & C'u \\ \hline u'C & u'u\end{array}\right]^{-1}\begin{bmatrix} C'Y \\ u'Y\end{bmatrix}$$

$$= \begin{bmatrix}(C'C)^{-1} & O_{(m+1)\times 1}\\ O_{1\times(m+1)} & 0\end{bmatrix}\begin{bmatrix}C'Y\\ u'Y\end{bmatrix} + \begin{bmatrix}(C'C)^{-1}C'u\\ -1\end{bmatrix}$$

$$\cdot d^{-1}(u'C(C'C)^{-1}, -1)\begin{bmatrix}C'Y\\ u'Y\end{bmatrix}$$

$$= \begin{bmatrix}(C'C)^{-1}C'Y\\ O_{1\times p}\end{bmatrix}$$

$$+ \begin{bmatrix}(C'C)^{-1}C'ud^{-1}[u'C(C'C)^{-1}C'Y - u'Y]\\ -d^{-1}[u'C(C'C)^{-1}C'Y - u'Y]\end{bmatrix}$$

$$= \begin{bmatrix}\hat{b}_{(0)}\\ \hat{B}\\ O_{1\times p}\end{bmatrix} + \begin{bmatrix}-(C'C)^{-1}C'ud^{-1}u'(I_n - H)Y\\ d^{-1}u'(I_n - H)Y\end{bmatrix},$$

其中

$$d = u'u - u'C(C'C)^{-1}C'u = u'(I_n - H)u$$

$$= u'u - u'(\mathbf{1}_n \vdots X)\begin{bmatrix} \frac{1}{n} + \overline{X}'L_{XX}^{-1}\overline{X} & -\overline{X}'L_{XX}^{-1} \\ -L_{XX}^{-1}\overline{X} & L_{XX}^{-1} \end{bmatrix}\begin{bmatrix} \mathbf{1}_n' \\ X' \end{bmatrix}u$$

$$= u'\left(I_n - \frac{1}{n}J\right)u + u'\frac{1}{n}JXL_{XX}^{-1}X'\left(I_n - \frac{1}{n}J\right)u$$

$$- u'XL_{XX}^{-1}X'\left(I_n - \frac{1}{n}J\right)u$$

$$= L_{uu} \quad u'\left(I_n - \frac{1}{n}J\right)XL_{XX}^{-1}X'\left(I_n - \frac{1}{n}J\right)u$$

$$= L_{uu} - L_{uX}L_{XX}^{-1}L_{Xu}.$$

类似可得 $u'(I_n - H)Y = L_{uY} - L_{uX}L_{XX}^{-1}L_{XY}$. 所以

$$\hat{b}_{(u)} = d^{-1}(L_{uY} - L_{uX}L_{XX}^{-1}L_{XY}).$$

而

$$\begin{bmatrix} \hat{b}_{(0)}(u) \\ \hat{B}(u) \end{bmatrix} = \begin{bmatrix} \hat{b}_{(0)} \\ \hat{B} \end{bmatrix} - (C'C)^{-1}C'u\hat{b}_{(u)}$$

$$= \begin{bmatrix} \hat{b}_{(0)} \\ \hat{B} \end{bmatrix} - \begin{bmatrix} \frac{1}{n} + \overline{X}'L_{XX}^{-1}\overline{X} & -\overline{X}'L_{XX}^{-1} \\ -L_{XX}^{-1}\overline{X} & L_{XX}^{-1} \end{bmatrix}\begin{bmatrix} \mathbf{1}_n'u \\ X'u \end{bmatrix}\hat{b}_{(u)}$$

$$= \begin{bmatrix} \hat{b}_{(0)} - \overline{u}\hat{b}_{(u)} + \overline{X}'L_{XX}^{-1}L_{Xu}\hat{b}_{(u)} \\ \hat{B} - L_{XX}^{-1}L_{Xu}\hat{b}_{(u)} \end{bmatrix},$$

所以

$$\hat{B}(u) = \hat{B} - L_{XX}^{-1}L_{Xu}\hat{b}_{(u)},$$

$$\hat{b}_{(0)}(u) = \hat{b}_{(0)} - \overline{u}\hat{b}_{(u)} + \overline{X}'L_{XX}^{-1}L_{Xu}\hat{b}_{(u)}$$

$$= \hat{b}_{(0)} - \overline{u}\hat{b}_{(u)} + \overline{X}'(\hat{B} - \hat{B}(u))$$

$$= \overline{Y}' - \overline{X}'\hat{B}(u) - \overline{u}\hat{b}_{(u)}.$$

又在模型(4.3.6)及(4.3.7)下，已证明

$$Q_1 - Q = \hat{B}_2'X_2'(I_n - H_1)X_2\hat{B}_2.$$

对应于模型(4.4.2)及(4.4.1)有：$\hat{B}_2 = \hat{b}_{(u)}$，$X_2 = u$，$C_1 = C$. 故有

$$Q - Q(u) = \hat{b}'_{(u)}u'(I_n - H)u\hat{b}_{(u)}$$
$$= \hat{b}'_{(u)}d\hat{b}_{(u)} = d\hat{b}'_{(u)}\hat{b}_{(u)},$$

所以

$$Q(u) = Q - d\hat{b}'_{(u)}\hat{b}_{(u)}. \qquad \text{(证毕)}$$

2. 检验 H_0: $b(u)=O_{1\times p}$

根据§4.3的公式(4.3.10)选检验统计量

$$T^2(p,n-r-2) = (n-r-2)d\hat{b}_{(u)}Q_{(u)}^{-1}\hat{b}'_{(u)},$$

其中 $d=u'u-u'C(C'C)^{-1}C'u=u'(I_n-H)u$;又

$$(C'_uC_u)^{-1} = \begin{bmatrix} C'C & C'u \\ u'C & u'u \end{bmatrix}^{-1} = \begin{bmatrix} * & * \\ * & d^{-1} \end{bmatrix}_{(r+2)\times(r+2)},$$

所以

$$d^{-1} = e'_{r+2}(C'_uC_u)^{-1}e_{r+2}$$
$$= (C'_uC_u)^{-1}\text{ 的第 } r+2 \text{ 个对角元素}.$$

利用定理4.4.1及附录中§4的定理4.2可得

$$\hat{b}_{(u)}Q_{(u)}^{-1}\hat{b}'_{(u)} = \hat{b}_{(u)}(Q - d\hat{b}'_{(u)}\hat{b}_{(u)})^{-1}\hat{b}'_{(u)}$$
$$= \hat{b}_{(u)}\left(Q^{-1} + \frac{dQ^{-1}\hat{b}'_{(u)}\hat{b}_{(u)}Q^{-1}}{1 - d\hat{b}_{(u)}Q^{-1}\hat{b}'_{(u)}}\right)\hat{b}'_{(u)}$$
$$= \frac{\hat{b}_{(u)}Q^{-1}\hat{b}'_{(u)}}{1 - d\hat{b}_{(u)}Q^{-1}\hat{b}'_{(u)}},$$

因而

$$T^2 = (n-r-2)\frac{d\hat{b}_{(u)}Q^{-1}\hat{b}'_{(u)}}{1 - d\hat{b}_{(u)}Q^{-1}\hat{b}'_{(u)}}.$$

在 H_0 成立时 $T^2 \sim T^2(p,n-r-2)$,从而

$$F = \frac{(n-r-2)-p+1}{p}\frac{T^2}{n-r-2}$$
$$= \frac{n-r-p-1}{p}\frac{d\hat{b}_{(u)}Q^{-1}\hat{b}'_{(u)}}{1 - d\hat{b}_{(u)}Q^{-1}\hat{b}'_{(u)}}$$
$$\sim F(p,n-r-p-1).$$

给定显著性水平 α，由样本观测值计算 T^2、F 值(记为 f)及显著性概率值(p 值)：

$$p = P\{F \geqslant f\} \quad (\text{检验统计量 } F \sim F(p, n-r-p-1)),$$

若 $p<\alpha$，否定 H_0，即变量 x_u 对 p 个因变量的作用显著；若 $p \geqslant \alpha$，则 H_0 相容，即变量 x_u 对 p 个因变量的作用不显著.

利用似然比原理，可引入统计量 U，且由 U 和 T^2 的关系有：

$$\begin{aligned} U &= \frac{1}{1 + d\hat{b}_{(u)}Q^{-1}(u)\hat{b}'_{(u)}} \\ &= \frac{1}{1 + \dfrac{T^2}{n-r-2}} = \frac{1}{1 + \dfrac{d\hat{b}_{(u)}Q^{-1}\hat{b}'_{(u)}}{1 - d\hat{b}_{(u)}Q^{-1}\hat{b}'_{(u)}}} \\ &= 1 - d\hat{b}_{(u)}Q^{-1}\hat{b}'_{(u)} \xlongequal{\text{def}} 1 - V_u, \end{aligned}$$

其中

$$V_u = d\hat{b}_{(u)}Q^{-1}\hat{b}'_{(u)}. \qquad (4.4.4)$$

显然 $V_u = d\hat{b}_{(u)}Q^{-1}\hat{b}'_{(u)}$ 是变量 u 对 p 个因变量的“贡献”.

3. 在模型(4.4.1)下检验 $H_0^{(i)}: b_{(i)} = O_{1\times p}$

在模型(4.4.1)下检验 $H_0^{(i)}: b_{(i)} = O_{1\times p}$ $(i=1,2,\cdots,r)$，其中 $b_{(i)}$ 是参数矩阵 B 中第 i 个行向量：

$$B = \begin{bmatrix} b_{(1)} \\ \vdots \\ b_{(r)} \end{bmatrix}.$$

由§4.3中小节二“回归系数的显著性检验”的讨论可知，在 $H_0^{(i)}$ 成立时统计量

$$\begin{aligned} T^2 &= (n-r-1) b_{(i)} Q^{-1} b'_{(i)} / l^{ii} \\ &\sim T^2(p, n-r-1), \end{aligned}$$

其中 l^{ii} 为 L_{XX}^{-1} 的第 i 个对角元素. 于是在 $H_0^{(i)}$ 成立时，

$$F = \frac{n-r-p}{p} \frac{T^2}{n-r-1} \sim F(p, n-r-p).$$

给定显著性水平 α，由样本值计算检验统计量 F 的值(记为 f)及显著性概率值(p 值)：

$$p=P\{F\geqslant f\}\quad(\text{检验统计量 } F\sim F(p,n-r-p)),$$

若 $p<\alpha$，否定 $H_0^{(i)}$，即变量 x_i 对 p 个因变量的作用显著；若 $p\geqslant\alpha$，则 $H_0^{(i)}$ 相容，即变量 x_i 对 p 个因变量的作用不显著.

二、多因变量逐步回归的步骤及算法

设有 p 个因变量与 m 个自变量，观测数据阵为

$$X=\begin{bmatrix} x_{11} & x_{12} & \cdots & x_{1m} \\ x_{21} & x_{22} & \cdots & x_{2m} \\ \vdots & \vdots & & \vdots \\ x_{n1} & x_{n2} & \cdots & x_{nm} \end{bmatrix},\quad Y=\begin{bmatrix} y_{11} & y_{12} & \cdots & y_{1p} \\ y_{21} & y_{22} & \cdots & y_{2p} \\ \vdots & \vdots & & \vdots \\ y_{n1} & y_{n2} & \cdots & y_{np} \end{bmatrix}.$$

1. 准备工作

(1) 考虑是否对原始数据进行标准化. 由于变量 $x_i(i=1,2,\cdots,m)$ 和 $Y_j(j=1,2,\cdots,p)$ 所取单位不同，取值范围不同，为了减少量纲的影响及减少计算误差，经常对数据进行标准化. 标准化的方法有多种，在这里我们采用标准差标准化，即令

$$x_{ti}^{*}=\frac{x_{ti}-\bar{x}_i}{s_i(x)}\quad(i=1,2,\cdots,m;\ t=1,2,\cdots,n),$$

其中 $\bar{x}_i=\frac{1}{n}\sum_{t=1}^{n}x_{ti}$，$s_i(x)=\sqrt{\frac{1}{n-1}\sum_{t=1}^{n}(x_{ti}-\bar{x}_i)^2}$. 令

$$y_{tj}^{*}=\frac{y_{tj}-\bar{y}_j}{s_j(y)}\quad(j=1,2,\cdots,p;\ t=1,2,\cdots,n),$$

其中 $\bar{y}_j=\frac{1}{n}\sum_{t=1}^{n}y_{tj}$，$s_j(y)=\sqrt{\frac{1}{n-1}\sum_{t=1}^{n}(y_{tj}-\bar{y}_j)^2}$.

(2) 计算 $m+p$ 阶矩阵 L. 设中心化后的数据阵记为 $\widetilde{X}$ 和 $\widetilde{Y}$，记 $L=L^{(0)}$，则

$$L^{(0)}=\begin{bmatrix} \widetilde{X}'\widetilde{X} & \widetilde{X}'\widetilde{Y} \\ \widetilde{Y}'\widetilde{X} & \widetilde{Y}'\widetilde{Y} \end{bmatrix} \xlongequal{\text{def}} (l_{ij}^{(0)})=\begin{bmatrix} L_{XX}^{(0)} & L_{XY}^{(0)} \\ L_{YX}^{(0)} & L_{YY}^{(0)} \end{bmatrix}\begin{matrix} m \\ p \end{matrix}$$

为 $(m+p)\times(m+p)$ 矩阵. 如果数据已做标准化变换，则矩阵 $L^{(0)}$ 就是 $m+p$ 个变量的相关阵.

(3) 给定引入变量时的显著性水平 α_{in} 和剔除变量时的显著性水平 α_{out}（要求 $\alpha_{\text{in}} \leqslant \alpha_{\text{out}}$）.

2. 逐步筛选自变量

下面我们从 $L^{(0)}$ 出发利用消去变换进行多因变量逐步回归计算.

第 1 步：考虑从 m 个自变量 $x_1,\cdots,x_m$ 中能否引入变量的步骤和公式. 具体如下：

(1) 计算自变量 $x_i(i=1,2,\cdots,m)$ 对因变量的贡献，由公式 (4.4.4) 可得

$$V_i = d_i\hat{b}_{(i)}Q^{-1}\hat{b}'_{(i)} \quad (i=1,2,\cdots,m),$$

此时方程中变量个数 $r=0$，故 $d_i=l_{ii}^{(0)}$，$\hat{b}_{(i)}=l_{iY}^{(0)}/l_{ii}^{(0)}$，其中

$$l_{iY}^{(0)} = (l_{i(m+1)}^{(0)}, l_{i(m+2)}^{(0)}, \cdots, l_{i(m+p)}^{(0)}), \quad Q = L_{YY}.$$

于是

$$V_i = l_{ii}^{(0)} \frac{l_{iY}^{(0)}}{l_{ii}^{(0)}} L_{YY}^{-1} \left(\frac{l_{iY}^{(0)}}{l_{ii}^{(0)}}\right)' = \frac{l_{iY}^{(0)} L_{YY}^{-1} l_{Yi}^{(0)}}{l_{ii}^{(0)}}.$$

(2) 选 V_i 最大者，记为 V_{i_1}，即 $V_{i_1}=\max\limits_{i=1,\cdots,m} V_i$.

(3) 检验 x_{i_1} 对因变量的作用是否显著（即检验 H_0: $\beta_{(i_1)}=0_p$ 或 $b_{(i_1)}=O_{1\times p}$）. 因检验统计量

$$F_1 = \frac{n-p-1}{p} \frac{d_{i_1}\hat{b}_{(i_1)}Q^{-1}\hat{b}'_{(i_1)}}{1-d_{i_1}\hat{b}_{(i_1)}Q^{-1}\hat{b}'_{(i_1)}} = \frac{n-p-1}{p} \frac{V_{i_1}}{1-V_{i_1}}$$

$$\sim F(p, n-p-1) \quad (\text{当 } b_{(i_1)} = O_{1\times p} \text{ 时}).$$

由 $L^{(0)}$ 矩阵出发计算检验统计量 F_1 的值（记为 f_1）及显著性概率值（p 值）：

$$p = P\{F_1 \geqslant f_1\} \quad (\text{其中 } F_1 \sim F(p, n-p-1)).$$

若 $p<\alpha_{\text{in}}$，则引入变量 x_{i_1}，并对 $L^{(0)}$ 作消去变换得

$$L^{(1)} = T_{i_1}[L^{(0)}] = \begin{bmatrix} L_{XX}^{(1)} & L_{XY}^{(1)} \\ L_{YX}^{(1)} & L_{YY}^{(1)} \end{bmatrix},$$

且从 $L^{(1)}$ 中，可得

$$\hat{b}_{(i_1)} = l_{i_1Y}^{(1)} (L_{XY}^{(1)} \text{ 的第 } i_1 \text{ 行}), \quad Q(i_1) = L_{YY}^{(1)}.$$

若 $p\geqslant\alpha_{\text{in}}$，则自变量的筛选停止.

第 k 步：考虑能否剔除变量的步骤和公式. 不妨设已引入回归方程的变量记为 $x_1,\cdots,x_r(r\leqslant m)$. 每引入或剔除一个自变量作一次消去变换，$L^{(0)}$经若干次消去变换后化为 $L^{(r)}=T_r\cdots T_1[L^{(0)}]$. 记

$$L^{(r)}=\left[\begin{array}{c|c} L_{XX}^{(r)} & L_{XY}^{(r)} \\ \hline L_{YX}^{(r)} & L_{YY}^{(r)} \end{array}\right]=\left[\begin{array}{cc|c} L_{XX}^{(r)}(1,1) & L_{XX}^{(r)}(1,2) & L_{XY}^{(r)}(1) \\ L_{XX}^{(r)}(2,1) & L_{XX}^{(r)}(2,2) & L_{XY}^{(r)}(2) \\ \hline L_{YX}^{(r)}(1) & L_{YX}^{(r)}(2) & L_{YY}^{(r)} \end{array}\right]\begin{array}{l} r \\ m-r. \\ p \end{array}$$

利用消去变换的性质可知：

$$L^{(r)}=\begin{bmatrix} L_{11} & L_{12} & L_{13} \\ L_{21} & L_{22} & L_{23} \\ L_{31} & L_{32} & L_{33} \end{bmatrix},$$

其中

$$\begin{aligned}
&L_{11}=L_{XX}^{-1}(1,1),\quad L_{12}=L_{XX}^{-1}(1,1)L_{XX}(1,2),\\
&L_{13}=L_{XX}^{-1}(1,1)L_{XY}(1),\\
&L_{21}=-L_{XX}(2,1)L_{XX}^{-1}(1,1),\\
&L_{22}=L_{XX}(2,2)-L_{XX}(2,1)L_{XX}^{-1}(1,1)L_{XX}(1,2),\\
&L_{23}=L_{XY}(2)-L_{XX}(2,1)L_{XX}^{-1}(1,1)L_{XY}(1),\\
&L_{31}=-L_{YX}(1)L_{XX}^{-1}(1,1),\\
&L_{32}=L_{YX}(2)-L_{XX}(2,1)L_{XX}^{-1}(1,1)L_{XX}(1,2),\\
&L_{33}=L_{YY}-L_{YX}(1)L_{XX}^{-1}(1,1)L_{XY}(1).
\end{aligned}$$

显然，模型 $Y=(\mathbf{1}_n \vdots X(r))\begin{bmatrix} b_{(0)} \\ B \end{bmatrix}+E$ 中参数矩阵 B 的最小二乘估计为

$$\hat{B}=L_{XX}^{-1}(1,1)L_{XY}(1)=L_{XY}^{(r)}(1).$$

残差阵

$$Q=L_{YY}-L_{YX}(1)L_{XX}^{-1}(1,1)L_{XY}(1)=L_{YY}^{(r)}.$$

以下是能否剔除变量的具体步骤：

(1) 计算自变量 $x_i(i=1,2,\cdots,r)$对 p 个因变量的贡献：

$$V_i=d_i\,\hat{b}_{(i)}Q^{-1}\hat{b}'_{(i)}\quad(i=1,2,\cdots,r),$$

其中 $d_i=1/l_{ii}^{(r)}$，$\hat{b}_{(i)}=l_{iY}^{(r)}$，$Q=L_{YY}^{(r)}$. 又因为 x_i 为已入选的变量，由消去变换的性质知

$$(l_{iY}^{(r)})'=-l_{Yi}^{(r)}\quad(i=1,\cdots,r),$$

所以

$$\begin{aligned}V_i&=l_{iY}^{(r)}(L_{YX}^{(r)})^{-1}(-l_{Yi}^{(r)})/l_{ii}^{(r)}\\&=-\frac{l_{iY}^{(r)}(L_{YY}^{(r)})^{-1}l_{Yi}^{(r)}}{l_{ii}^{(r)}}\quad(i=1,2,\cdots,r).\end{aligned}$$

(2) 选 V_i 最小者，记为 V_{i_0}，即 $V_{i_0}=\min\limits_{i=1,\cdots,r}V_i$.

(3) 检验变量 x_{i_0} 是否可以剔除(即检验 H_0：$\beta_{(i_0)}=0_p$ 或 $b_{(i_0)}=O_{1\times p}$). 计算检验统计量

$$f_2=\frac{(n-r-1)-p+1}{p}\frac{T_{i_0}^2}{n-r-1}=\frac{n-p-r}{p}V_{i_0},$$

及

$$p=P\{F_2\geqslant f_2\}\quad(\text{其中 }F_2\sim F(p,n-p-r)).$$

若 $p\geqslant\alpha_{\text{out}}$，则剔除变量 x_{i_0}，并对 $L^{(r)}$ 作消去变换得 $L^{(r+1)}=T_{i_0}[L^{(r)}]$，且以 $L^{(r+1)}$ 为当前矩阵，重复第 k 步的几个步骤，直到没有变量可剔除为止；若 $p<\alpha_{\text{out}}$，则转入考虑能否引入新变量的步骤.

第 $k+1$ 步：考虑能否引入新变量的步骤和公式. 不妨设从未入选回归方程的变量为 $x_{r+1},\cdots,x_m$；当前矩阵为 $L^{(r)}$. 考虑可否引入新变量的步骤如下：

(1) 计算自变量 $x_j(j=r+1,\cdots,m)$ 对 p 个因变量的贡献：

$$V_j=d_j\hat{b}_{(j)}Q^{-1}\hat{b}'_{(j)}\quad(j=r+1,\cdots,m).$$

利用模型(4.4.1)和(4.4.2)下参数最小二乘估计的关系(4.4.3)可知，$\hat{b}_{(j)}=d_j^{-1}(l_{jY}-l_{jX}L_{XX}^{-1}L_{XY})$. 所以

$$\begin{aligned}V_j&=d_jd_j^{-1}(l_{jY}-l_{jX}L_{XX}^{-1}L_{XY})Q^{-1}(l_{Yj}-L_{YX}L_{XX}^{-1}l_{Xj})d_j^{-1}\\&=\frac{l_{jY}^{(r)}(L_{YY}^{(r)})^{-1}(l_{jY}^{(r)})'}{l_{jj}^{(r)}}\quad(j=r+1,\cdots,m).\end{aligned}$$

上式中

$$d_j=X_j'[I_n-C(C'C)^{-1}C']X_j=l_{jj}-l_{jX}L_{XX}^{-1}l_{Xj}=l_{jj}^{(r)},$$

其中 $C=(\mathbf{1}_n\mid X(r))$，$X_j$ 为 $X(r)$ 矩阵的第 j 列. 又因为 $x_j(j=r+1,\cdots,m)$ 为未入选变量，由消去变换的性质可知

$$l_{jY}^{(r)} = (l_{Yj}^{(r)})'.$$

故 $V_j > 0\ (j=r+1,\cdots,m)$.

(2) 选 V_j 的最大者，记为 V_{j_0}，即 $V_{j_0} = \max\limits_{j=r+1,\cdots,m} V_j$.

(3) 检验变量 x_{j_0} 是否可以引入回归方程(即检验 H_0: $\beta_{(j_0)} = 0_p$ 或 $b_{(j_0)} = O_{1\times p}$). 计算检验统计量

$$f_1 = \frac{(n-r-2)-p+1}{p} \frac{T_{j_0}^2}{n-(r+1)-1} = \frac{n-p-r-1}{p} \frac{V_{j_0}}{1-V_{j_0}},$$

及

$$p = P\{F_1 \geqslant f_1\} \quad (F_1 \sim F(p, n-p-r-1)).$$

若 $p < \alpha_{\text{in}}$，则引入变量 x_{j_0}，并对 $L^{(r)}$ 作消去变换得 $L^{(r+1)} = T_{j_0}[L^{(r)}]$，且以 $L^{(r+1)}$ 为当前矩阵，转入考虑能否剔除老变量的步骤；若 $p \geqslant \alpha_{\text{in}}$，则逐步筛选自变量的过程结束.

3. 给出计算结果

设筛选自变量的过程结束时，入选的自变量为 $x_{i_1}, x_{i_2}, \cdots, x_{i_r}$ $(r \leqslant m)$，矩阵 $L^{(0)}$ 经多次消去变换后化为 $L^{(r)} = T(i_1, i_2, \cdots, i_r)\ (L^{(0)})$. 记

$$L^{(r)} = \left[\begin{array}{c|c} L_{XX}^{(r)} & L_{XY}^{(r)} \\ \hline L_{YX}^{(r)} & L_{YY}^{(r)} \end{array}\right]\begin{matrix} m \\ p \end{matrix}.$$

(1) Y_j 与 $x_{i_1}, x_{i_2}, \cdots, x_{i_r}$ 的回归方程为

$$\hat{Y}_j = \hat{\beta}_{0j} + l_{i_1(m+j)}^{(r)} x_{i_1} + \cdots + l_{i_r(m+j)}^{(r)} x_{i_r},$$

其中
$$\hat{\beta}_{0j} = \bar{y}_j - \sum_{t=1}^{r} l_{i_t(m+j)}^{(r)} \bar{x}_{i_t} \quad (j=1,2,\cdots,p).$$

(2) 协方差阵 Σ 的无偏估计为: $\hat{\Sigma} = \dfrac{1}{n-r-1} L_{YY}^{(r)}$.

(3) 考虑第 j 个因变量 Y_j 对 $x_{i_1}, x_{i_2}, \cdots, x_{i_r}$ 的多对一回归模型，回归方程见(1)中所示方程. 残差平方和：

$$Q_j = l_{(m+j)(m+j)}^{(r)} \quad (j=1,2,\cdots,p).$$

复相关系数：

$$R_j = \sqrt{1 - \frac{Q_j}{l_{(m+j)(m+j)}^{(0)}}} \quad (j = 1,2,\cdots,p).$$

例 4.4.1（例 4.3.1 的继续）　试用逐步筛选的方法求 Y_1,Y_2 与 $x_1,x_2,\cdots,x_5$ 的关系式.

解　取显著性水平 $\alpha_{\text{in}}=\alpha_{\text{out}}=0.05$，利用消去变换对自变量作筛选，最终入选的变量为 x_3,x_4,x_5，回归关系式为

$$\hat{Y}_1 = 8.499 + 2.841x_3 - 0.849x_4 + 1.348x_5,$$

$$\hat{Y}_2 = 5.293 + 1.725x_3 + 1.005x_4 + 1.973x_5.$$

复相关系数 $R_1=0.9855, R_2=0.9900$.

§4.5　双重筛选逐步回归

在多因变量的逐步回归方法中，引入（或剔除）自变量的准则是考察此变量对 p 个因变量的"贡献"大小，如果某一变量 x_i 只对因变量 Y_{i_0} 影响显著，而对其余变量作用不显著时，那么对 x_i 作显著性检验，很可能 x_i 不能引入方程. 在最终得到的回归方程组中，有的回归方程可能不是"最优"的，如在 Y_{i_0} 的回归方程中，重要变量 x_i 就没有被引入.

在多因变量与多个自变量的回归问题中，实际情况可以理解为这样，因变量的一部分与自变量的一部分有密切关系. 例如（不妨设为）$Y_1,Y_2,\cdots,Y_{p_1}$ 与 $x_{i_1},x_{i_2},\cdots,x_{i_k}$ $(k\leqslant m)$ 有密切的关系，另一部分 $Y_{p_1+1},\cdots,Y_{p_2}$ 与 $x_{j_1},x_{j_2},\cdots,x_{j_l}$ $(l\leqslant m)$ 有密切的关系，……最后一部分 $Y_{p_r+1},\cdots,Y_p$ 与 $x_{h_1},x_{h_2},\cdots,x_{h_t}$ $(t\leqslant m)$ 有密切的关系. 显然各部分的因变量中不能有共同的变量；而各部分的自变量中可以有共同的变量，因为同一个自变量 x_i 可能对许多不同的 Y_i 甚至全部的 Y_i 都有密切关系. 因此就提出了一个问题，是否有一种逐步的算法，既能依因变量和自变量的关系来将因变量进行分组，又能使每个自变量对各组因变量的影响都能反映出来. 这就是本节将要介绍的双重筛选逐步回归问题.

一、基本理论和公式

1. 筛选自变量的基本公式

设考查 p_1 个因变量组成的因变量组与自变量的相关关系；且在某一步骤引入方程的自变量为 $x_{i_1},x_{i_2},\cdots,x_{i_r}$. 由§4.4可得出筛选自变量的几个基本公式(设当前矩阵为 $L^{(r)}=(l_{ij}^{(r)})$).

(1) 变量 x_i 对 p_1 个因变量组的贡献

$$V_i=\frac{l_{iY}^{(r)}(L_{YY}^{(r)})^{-1}l_{Yi}^{(r)}}{l_{ii}^{(r)}}\quad(i=1,2,\cdots,m).$$

注意：当 x_i 是已入选的变量时，$(l_{iY}^{(r)})'=-l_{Yi}^{(r)}$，故 $V_i<0$；当 x_i 未入选时，$V_i>0$.

(2) 考虑是否引入变量 x_{j_0} 时，计算统计量

$$F_1=\frac{(n-(r+1)-1)-p_1+1}{p_1}\frac{T_{j_0}^2}{n-(r+1)-1}$$

$$=\frac{n-r-p_1-1}{p_1}\frac{V_{j_0}}{1-V_{j_0}}.$$

(3) 考虑是否剔除变量 x_{i_0} 时，计算统计量

$$F_2=\frac{(n-r-1)-p_1+1}{p_1}\frac{T_{i_0}^2}{n-r-1}=\frac{n-r-p_1}{p_1}(-V_{i_0}).$$

2. 筛选因变量的理论和公式

设 m_1 个自变量(不妨设为 $x_1,\cdots,x_{m_1}$)与 p_1 个因变量(不妨设为 $Y_1,\cdots,Y_{p_1}$)的 n 次观测资料满足以下模型：

$$\begin{cases}Y=(\mathbf{1}_n \mid X)\begin{bmatrix}b_{(0)}\\ B\end{bmatrix}+E,\ \mathrm{rank}(\mathbf{1}_n \mid X)=m_1+1,\\ \varepsilon_{(i)}\sim N_{p_1}(0,\Sigma)\ (i=1,2,\cdots,n)\ \text{相互独立}.\end{cases}\tag{4.5.1}$$

如果添加一个因变量 $Y_j(j>p_1)$，其相应的观测值为 $Y_j=(y_{1j},y_{2j},\cdots,y_{nj})'$，设 m_1 个自变量与 p_1+1 个因变量的 n 次观测资料满足模型

$$\begin{cases}(Y \mid Y_j) = (\mathbf{1}_n \mid X)\begin{bmatrix} b_{(0)}^* \\ B^* \end{bmatrix} + E^*, \operatorname{rank}(\mathbf{1}_n \mid X) = m_1 + 1, \\ \varepsilon_{(i)}^* \sim N_{p_1+1}(0, \Sigma^*)\ (i = 1,2,\cdots,n)\ \text{相互独立}, \end{cases} \tag{4.5.2}$$

其中

$$\Sigma^* = \begin{bmatrix} \Sigma & \Sigma_{12} \\ \Sigma_{21} & \Sigma_{22} \end{bmatrix}\begin{matrix} p_1 \\ 1 \end{matrix},$$

$$\begin{bmatrix} b_{(0)}^* \\ B^* \end{bmatrix} = \left[\begin{array}{ccc:c} \beta_{01} & \cdots & \beta_{0p_1} & \beta_{0(p_1+1)} \\ \hdashline \beta_{11} & \cdots & \beta_{1p_1} & \beta_{1(p_1+1)} \\ \vdots & & \vdots & \vdots \\ \beta_{m_1 1} & \cdots & \beta_{m_1 p_1} & \beta_{m_1(p_1+1)} \end{array}\right] = \left[\begin{array}{c:c} b_{(0)} & r_0 \\ \hdashline B & r \end{array}\right]\begin{matrix} 1 \\ m_1 \end{matrix}.$$

定理 4.5.1 在模型(4.5.2)下有

$$\begin{cases} \hat{b}_{(0)}^* = (\overline{Y}' \mid \overline{y}_j) - \overline{X}'\hat{B}^*, \\ \hat{B}^* = L_{XX}^{-1}(L_{XY} \mid L_{XY_j}), \\ Q^* = \left[\begin{array}{c:c} L_{YY} - L_{YX}L_{XX}^{-1}L_{XY} & L_{YY_j} - L_{YX}L_{XX}^{-1}L_{XY_j} \\ \hdashline L_{Y_jY} - L_{Y_jX}L_{XX}^{-1}L_{XY} & L_{Y_jY_j} - L_{Y_jX}L_{XX}^{-1}L_{XY_j} \end{array}\right]\begin{matrix} p_1 \\ 1 \end{matrix}. \end{cases}$$

证明 在模型(4.5.2)下有

$$\begin{aligned} \begin{bmatrix} \hat{b}_{(0)}^* \\ \hat{B}^* \end{bmatrix} &= (C'C)^{-1}C'(Y \mid Y_j) \\ &= \begin{bmatrix} \frac{1}{n}\mathbf{1}_n' - \frac{1}{n}\mathbf{1}_n'XL_{XX}^{-1}X'\left(I_n - \frac{1}{n}J\right) \\ L_{XX}^{-1}X'\left(I_n - \frac{1}{n}J\right) \end{bmatrix}(Y \mid Y_j). \end{aligned}$$

所以

$$\hat{b}_{(0)}^* = (\overline{Y}' \mid \overline{y}_j) - \overline{X}'L_{XX}^{-1}(L_{XY} \mid L_{XY_j}) = (\overline{Y}' \mid \overline{y}_j) - \overline{X}'\hat{B}^*,$$

$$\hat{B}^* = L_{XX}^{-1}(L_{XY} \mid L_{XY_j}),$$

$$\begin{aligned} Q^* &= (Y \mid Y_j)'(I_n - C(C'C)^{-1}C')(Y \mid Y_j) \\ &= \left[\begin{array}{c:c} Y'(I_n - H)Y & Y'(I_n - H)Y_j \\ \hdashline Y_j'(I_n - H)Y & Y_j'(I_n - H)Y_j \end{array}\right] \quad (H = C(C'C)^{-1}C') \end{aligned}$$

$$=\left[\begin{array}{c:c} L_{YY}-L_{YX}L_{XX}^{-1}L_{XY} & L_{YY_j}-L_{YX}L_{XX}^{-1}L_{XY_j} \\ \hdashline L_{Y_jY}-L_{Y_jX}L_{XX}^{-1}L_{XY} & L_{Y_jY_j}-L_{Y_jX}L_{XX}^{-1}L_{XY_j} \end{array}\right].\quad \text{（证毕）}$$

(1) 考察因变量 Y_j 可否引入的统计量. 在模型(4.5.1)下，引入威尔克斯统计量 $\Lambda_1=\frac{|Q|}{|L_{YY}|}$，它反映了变量 $x_1,x_2,\cdots,x_{m_1}$ 与 $Y_1,Y_2,\cdots,Y_{p_1}$ 之间的线性关系是否密切，Λ_1 值越小，表明 $x_1,x_2,\cdots,x_{m_1}$ 与 $Y_1,Y_2,\cdots,Y_{p_1}$ 的线性相关程度越高.

在模型(4.5.2)下，$\Lambda_2=\frac{|Q^*|}{|L_{(Y\,\vdots\,Y_j)(Y\,\vdots\,Y_j)}|}$，反映 $x_1,x_2,\cdots,x_{m_1}$ 与 $Y_1,Y_2,\cdots,Y_{p_1},Y_j$ 之间相关关系的密切程度，且 $\Lambda_2\leqslant\Lambda_1$.

考察比值 $\frac{\Lambda_2}{\Lambda_1}$，显然 $\frac{\Lambda_2}{\Lambda_1}\leqslant 1$. 若 $\frac{\Lambda_2}{\Lambda_1}\approx 1$，这说明引入因变量 Y_j 对回归方程没有显著影响. 若 $\frac{\Lambda_2}{\Lambda_1}\ll 1$，即 $\Lambda_2\ll\Lambda_1$，表明引入因变量 Y_j 对回归方程有显著影响.

令统计量 $U_j=1-\frac{\Lambda_2}{\Lambda_1}$，则 U_j 的大小就是因变量 Y_j 对回归方程的“贡献”. 下面来推导 U_j 的表达式：

$$\begin{aligned} L_{(Y\,\vdots\,Y_j)(Y\,\vdots\,Y_j)} &= (Y\,\vdots\,Y_j)'\left(I_n-\frac{1}{n}J\right)(Y\,\vdots\,Y_j) \\ &= \left[\begin{array}{c:c} Y'\left(I_n-\frac{1}{n}J\right)Y & Y'\left(I_n-\frac{1}{n}J\right)Y_j \\ \hdashline Y_j'\left(I_n-\frac{1}{n}J\right)Y & Y_j'\left(I_n-\frac{1}{n}J\right)Y_j \end{array}\right] \\ &= \left[\begin{array}{c:c} L_{YY} & L_{YY_j} \\ \hdashline L_{Y_jY} & L_{Y_jY_j} \end{array}\right]\begin{matrix} p_1 \\ 1 \end{matrix}. \end{aligned}$$

记

$$\begin{aligned} L_{YY}(X) &= L_{YY}-L_{YX}L_{XX}^{-1}L_{XY}, \\ L_{YY_j}(X) &= L_{YY_j}-L_{YX}L_{XX}^{-1}L_{XY_j}, \\ L_{Y_jY}(X) &= L_{Y_jY}-L_{Y_jX}L_{XX}^{-1}L_{XY}, \\ L_{Y_jY_j}(X) &= L_{Y_jY_j}-L_{Y_jX}L_{XX}^{-1}L_{XY_j}, \end{aligned}$$

则

$$Q^* = \left[\begin{array}{c:c} L_{YY}(X) & L_{YY_j}(X) \\ \hdashline L_{Y_jY}(X) & L_{Y_jY_j}(X) \end{array}\right]\begin{matrix} p_1 \\ 1 \end{matrix},$$

且

$$\begin{aligned} |Q^*| &= |L_{YY}(X)| \cdot |L_{Y_jY_j}(X) - L_{Y_jY}(X)L_{YY}^{-1}(X)L_{YY_j}(X)| \\ &= |L_{YY}(X)| \cdot |L_{Y_jY_j}(X \vdots Y)|, \end{aligned}$$

其中

$$\begin{aligned} L_{Y_jY_j}(X \vdots Y) &= L_{Y_jY_j} - L_{Y_j(X \vdots Y)}L_{(X \vdots Y)(X \vdots Y)}^{-1}L_{(X \vdots Y)Y_j} \\ &= L_{Y_jY_j} - (L_{Y_jX} \vdots L_{Y_jY})\left[\begin{array}{c:c} L_{XX} & L_{XY} \\ \hdashline L_{YX} & L_{YY} \end{array}\right]^{-1}\begin{bmatrix} L_{XY_j} \\ L_{YY_j} \end{bmatrix} \\ &= \cdots\cdots\cdots(\text{展开整理}) \\ &= L_{Y_jY_j}(X) - L_{Y_jY}(X)L_{YY}^{-1}(X)L_{YY_j}(X). \end{aligned}$$

所以

$$\begin{aligned} U_j &= 1 - \frac{\Lambda_2}{\Lambda_1} = 1 - \frac{|Q^*|}{|L_{(Y \vdots Y_j)(Y \vdots Y_j)}|} \cdot \frac{|L_{YY}|}{|Q|} \\ &= 1 - \frac{|L_{YY}(X)| \cdot |L_{Y_jY_j}(X \vdots Y)| \cdot |L_{YY}|}{|L_{YY}| \cdot |L_{Y_jY_j} - L_{Y_jY}L_{YY}^{-1}L_{YY_j}| \cdot |L_{YY}(X)|} \\ &= 1 - \frac{L_{Y_jY_j}(X \vdots Y)}{L_{Y_jY_j}(Y)} \quad (j = p_1 + 1, \cdots, p). \end{aligned}$$

利用 Λ 统计量与 F 统计量的关系，可以证明

$$F_1 = \frac{n - p_1 - m_1 - 1}{m_1}\frac{U_j}{1 - U_j} \sim F(m_1, n - p_1 - m_1 - 1).$$

利用统计量 F_1 可检验 Y_j 可否引入.

(2) 在模型(4.5.2)下检验 Y_j 可否剔除的统计量. 在模型(4.5.2)下，威尔克斯统计量

$$\Lambda_2 = \frac{|Q^*|}{|L_{(Y \vdots Y_j)(Y \vdots Y_j)}|}.$$

当剔除 Y_j 后得模型(4.5.1)，且 $\Lambda_1 = \frac{|Q|}{|L_{YY}|}$. 记 $U_j = \frac{\Lambda_1 - \Lambda_2}{\Lambda_2} = \frac{\Lambda_1}{\Lambda_2} - 1$，并称 U_j 为 Y_j 的“贡献”. 则

$$F_2=\frac{n-p_1-m_1}{m_1}U_j\sim F(m_1,n-p_1-m_1),$$

利用 F_2 可检验 Y_j 可否剔除.

3. 因变量筛选的另一模型

在考虑因变量的筛选时,我们也可以把 $x_1,x_2,\cdots,x_m$ 和 $Y_1,Y_2,\cdots,Y_p$ 所处的地位交换一下,即把 m 个变量 $x_1,x_2,\cdots,x_m$ 作为 m 维随机向量,来考察它与 $Y_1,Y_2,\cdots,Y_p$ 的依赖关系.

假设变量 $x_1,x_2,\cdots,x_{m_1}$ 与变量 $Y_1,Y_2,\cdots,Y_{p_1}$ 的 n 次观测数据满足模型:

$$\begin{cases}X_{n\times m_1}=(\mathbf{1}_n\ \vdots\ Y)\begin{bmatrix}b_{(0)}\\B\end{bmatrix}_{(1+p_1)\times m_1}+E,\\ \varepsilon_{(i)}\sim N_{m_1}(0,\Sigma_X)\ (i=1,2,\cdots,n)\text{ 相互独立}.\end{cases}\tag{4.5.3}$$

记

$$Y=\begin{bmatrix}y_{11}&y_{12}&\cdots&y_{1p_1}\\y_{21}&y_{22}&\cdots&y_{2p_1}\\\vdots&\vdots&&\vdots\\y_{n1}&y_{n2}&\cdots&y_{np_1}\end{bmatrix},\quad Y_j=\begin{bmatrix}y_{1j}\\y_{2j}\\\vdots\\y_{nj}\end{bmatrix}\quad(j=p_1+1,\cdots,p).$$

(1) 考虑逐个剔除 $Y_i(i=1,\cdots,p_1)$后模型(4.5.3)变为:

$$\begin{cases}X_{n\times m_1}=(\mathbf{1}_n\ \vdots\ \widetilde{Y}(i))\begin{bmatrix}\widetilde{b}_{(0)}\\\widetilde{B}(i)\end{bmatrix}_{p_1\times m_1}+E,\\ \varepsilon_{(i)}\sim N_{m_1}(0,\Sigma_X)\ (i=1,2,\cdots,n)\text{ 相互独立},\end{cases}\tag{4.5.4}$$

其中 $\widetilde{Y}(i)$为从 Y 中删去第 i 列数据后的数据阵. $\widetilde{B}(i)$为从 B 中删去第 i 个行参数 $b_{(i)}$后的参数矩阵. 检验 Y_i 能否从方程中剔除即检验 $H_0^{(i)}$: $b_{(i)}=O_{1\times m_1}$. 根据似然比原理选统计量:

$$U=\frac{|Q(p_1)|}{|Q(p_1-1)|}=\frac{|Q(p_1)|}{|Q(p_1)+[Q(p_1-1)-Q(p_1)]|}$$
$$\sim\Lambda(m_1,n-p_1-1,1),$$

其中 $Q(p_1)$表示包含 p_1 个变量时模型(4.5.3)的残差阵. 由第三章§3.1 的有关结论可得

$$T^2(m_1, n-p_1-1) = (n-p_1-1)\frac{1-U}{U}$$

$$= (n-p_1-1)\, d\hat{b}_{(i)}Q^{-1}(p_1)\hat{b}'_{(i)}.$$

记 $u_i = d\hat{b}_{(i)}Q^{-1}(p_1)\hat{b}'_{(i)}(i=1,2,\cdots,p_1)$，则称 u_i 为变量 Y_i 对变量 x_1，$x_2,\cdots,x_{m_1}$ 的贡献. 所以

$$F = \frac{n-m_1-p_1}{m_1}\frac{1-U}{U} = \frac{n-m_1-p_1}{m_1}u_i$$

$$\sim F(m_1, n-m_1-p_1).$$

利用 F 统计量可检验假设 $H_0^{(i)}$.

(2) 考虑引入变量 $Y_j(j=p_1+1,\cdots,p)$后模型(4.5.3)变为：

$$\begin{cases} X_{n\times m_1} = (\mathbf{1}_n \vdots Y \vdots Y_j)\begin{bmatrix} b_{(0)} \\ B \\ b_{(j)} \end{bmatrix}_{(p_1+2)\times m_1} + E, \\ \varepsilon_{(i)} \sim N_{m_1}(0, \Sigma_X)\ (i=1,2,\cdots,n)\ \text{相互独立}, \end{cases} \tag{4.5.5}$$

检验 Y_j 可否引入方程中即检验 $H_0^{(j)}$：$b_{(j)} = O_{1\times m_1}$.

计算 $Y_j(j=p_1+1,\cdots,p)$对变量 $x_1,x_2,\cdots,x_{m_1}$ 的贡献 u_j，

$$u_j = d_j\hat{b}_{(j)}Q^{-1}(p_1)\hat{b}'_{(j)} \quad (j=p_1+1,\cdots,p).$$

而

$$\frac{T^2}{n-p_1-2} = \frac{d_j\hat{b}_{(j)}Q^{-1}(p_1)\hat{b}'_{(j)}}{1-d_j\hat{b}_{(j)}Q^{-1}(p_1)\hat{b}'_{(j)}} = \frac{u_j}{1-u_j},$$

则统计量

$$F = \frac{(n-p_1-2)-m_1+1}{m_1}\frac{T^2}{n-p_1-2}$$

$$= \frac{n-p_1-m_1-1}{m_1}\frac{u_j}{1-u_j}$$

$$\sim F(m_1, n-p_1-m_1-1).$$

利用 F 统计量可检验假设 $H_0^{(j)}$.

由上可见，关于因变量的两类不同模型，用来筛选因变量的统计量是一样的.

二、双重筛选逐步回归的基本步骤

设自变量(因子)为 $x_1,x_2,\cdots,x_m$,因变量(预报量)为 $Y_1,Y_2,\cdots,Y_p$,记为 $x_{m+1},x_{m+2},\cdots,x_{m+p}$. 它们共有 n 次观测数据,其数据阵 $X=(x_{ij})_{n\times(m+p)}$,其中 x_{ij} 表示第 j 个变量的第 i 次观测值.

1. 准备工作

计算 m 个自变量,p 个因变量 n 次观测数据的平均值;计算 $m+p$ 个变量的相关阵(即标准化数据的样本协方差阵). 规定筛选自变量和因变量的显著性水平 α_X 和 $\alpha_Y(0<\alpha_X,\alpha_Y<1)$. 一般规定筛选自变量时引进和剔除变量的显著性水平相等,且记为 α_X;规定筛选因变量时引进和剔除变量的显著性水平均为 α_Y.

2. 双重逐步筛选过程

第一步:选入一个因变量 Y_{j_1}. 考虑 $Y_j(j=1,2,\cdots,p)$与 $x_i(i=1,2,\cdots,m)$的一元回归. 从 $p\times m$ 个回归平方和中选最大者,相应的因变量作为 Y_{j_1};也可以就取 Y_1 或任一个 $Y_j(j=1,\cdots,p)$作为 Y_{j_1}.

假设已计算了 k 步,入选的自变量有 m_1 个(不妨设为 $x_1,\cdots,x_{m_1}$),因变量有 p_1 个(不妨设为 $Y_1,\cdots,Y_{p_1}$). 每引入(或剔除)一个因变量 Y_{j_l}时,对前面得到的 R 矩阵的相应块作消去变换.

第 $k+1$ 步:筛选自变量(筛选因子).

(1) 计算各个自变量对 p_1 个因变量的"贡献";

(2) 考虑可否剔除自变量. 对已入选的变量 x_i,选出对 $Y_1,Y_2,\cdots,Y_{p_1}$贡献最小的变量,记为 x_{i_0},并检验 x_{i_0}可否剔除. 若不能剔除变量,转入下面的(3)考虑能否引入新变量;若可以剔除变量 x_{i_0},则对当前 R 矩阵的相应块作消去变换,并计算 m_1-1 个自变量与 p_1 个因变量的回归模型下的威尔克斯统计量 $\Lambda(m_1-1,p_1)$. 然后重复第 $k+1$ 步,继续考虑自变量的筛选.

(3) 考虑可否引入新变量. 对未入选的变量 x_j,选出对 $Y_1,Y_2,\cdots,Y_{p_1}$贡献最大的变量,记为 x_{j_0},并检验 x_{j_0}可否引入. 若 x_{j_0}不能被引入,则自变量的筛选过程结束;若可以引入变量 x_{j_0},则对当前 R 矩阵的相应块作消去变换,并计算 m_1+1 个自变量与 p_1 个因变量的回归模型下的威尔克斯统计量 $\Lambda(m_1+1,p_1)$. 然后重复第 $k+1$ 步,继续考虑自变量的筛选.

第 $k+2$ 步：筛选因变量(筛选预报量). 仍假设此时入选的自变量为 m_1 个(不妨设为 $x_1,\cdots,x_{m_1}$),因变量为 p_1 个(不妨设为 $Y_1,\cdots,Y_{p_1}$). 每引入(或剔除)一个自变量时,对前面得到的 R 矩阵的相应块作消去变换.

(1) 计算各因变量 Y_j 对 m_1 个自变量贡献.

(2) 考虑可否剔除因变量. 对已入选的因变量 Y_j,选出对 $x_1,x_2,\cdots,x_{m_1}$ 贡献最小的变量,记为 Y_{i_0},并检验 Y_{i_0} 可否剔除. 若 Y_{i_0} 不能剔除,转入考虑引入新因变量;若可以剔除 Y_{i_0},则对当前 R 矩阵的相应块作消去变换,并计算 m_1 个自变量与 p_1-1 个因变量的回归模型下的威尔克斯统计量 $\Lambda(p_1-1,m_1)$. 然后重复第 $k+2$ 步,继续考虑因变量的筛选.

注意：当 $p_1=1$ 时,考虑可否剔除的步骤应该跳过,直接考虑可否引入新因变量.

(3) 考虑可否引入新因变量. 对未入选的因变量 Y_j,选出对 $x_1,x_2,\cdots,x_{m_1}$ 贡献最大的变量,记为 Y_{j_0},并检验 Y_{j_0} 可否引入. 若 Y_{j_0} 不能被引入,因变量的筛选过程结束;重复第 $k+1$ 步,考虑自变量的筛选. 如果自变量既没有可剔除的,又没有可引入的,则双重筛选过程结束,转入计算本组回归模型的有关结果. 若因变量 Y_{j_0} 可以引入,则对当前 R 矩阵的相应块作消去变换,并计算 m_1 个自变量与 p_1+1 个因变量的回归模型下的威尔克斯统计量 $\Lambda(p_1+1,m_1)$. 然后重复第 $k+2$ 步,继续考虑因变量的筛选.

在以上给出的双重逐步筛选过程中,自变量和因变量的地位是同等的. 在引入一个因变量后,对自变量进行筛选,找出对这一因变量影响显著的自变量组 $\{x_{i_1},x_{i_2},\cdots,x_{i_r}\}$;然后考虑因变量的筛选,这相当于把 $x_1,x_2,\cdots,x_m$ 和 $Y_1,Y_2,\cdots,Y_p$ 的地位作一交换. 类似地,用逐步筛选法筛选因变量,设 $\{Y_{j_1},Y_{j_2},\cdots,Y_{j_l}\}$ 为对 r 个变量 $\{x_{i_1},x_{i_2},\cdots,x_{i_r}\}$ 影响显著的变量组,接着再筛选自变量,找出对 l 个因变量影响显著的自变量组,这一过程直至某步当自变量筛选后,没有因变量可剔除,同时也没有因变量可引入时,双重逐步筛选过程结束.

在张尧庭和方开泰编著的《多元统计分析引论》一书中,关于双重筛选逐步回归方法的筛选过程是:每当引入一个因变量,立即转入自变量的筛选;每当剔除一个因变量,也立即转入自变量的筛选.显然这一过程突出了因变量,即逐次考察一个因变量的选入(或剔除)对于影响显著的自变量组的变化.

以上两种筛选过程有区别,计算结果有时也不完全一致,特别当 p 较大时,对因变量的分组结果可能不相同.如果希望对因变量的分组细一些,一般采用《多元统计分析引论》中介绍的筛选过程.

3. 计算该多因变量组回归模型的有关结果

假设最终入选的因变量为 $Y_1,Y_2,\cdots,Y_{p_1}$,自变量为 $x_1,x_2,\cdots,x_{m_1}$.观测数据阵 $X(1)$和 $X(3)=Y(1)$ ($X(1)$为 $n\times m_1$ 矩阵, $X(3)$为 $n\times p_1$ 矩阵)满足以下模型:

$$\begin{cases}Y(1)=(\mathbf{1}_n \vdots X(1))\begin{bmatrix}b_{(0)}\\B(1)\end{bmatrix}+E,\ \mathrm{rank}(\mathbf{1}_n \vdots X(1))=m_1+1,\\ \varepsilon_{(i)}\sim N_{p_1}(0,\Sigma)\ (i=1,2,\cdots,n)\ \text{相互独立}.\end{cases}\tag{4.5.6}$$

(1) 计算回归方程组.但注意到原始观测数据阵 X 已经标准化处理了,故得到的回归方程应还原为原变量的回归方程.

(2) 计算模型(4.5.6)的残差阵 Q.

(3) 计算模型(4.5.6)的威尔克斯统计量 $\Lambda(m_1,p_1)$.当 $p_1=1$ 时,

$$\Lambda(m_1,1)=\frac{|Q(m_1,1)|}{|l_{Y_1Y_1}|}=1-\frac{U(m_1)}{l_{Y_1Y_1}}=1-R^2,$$

其中 R 是 Y_1 与 $x_1,\cdots,x_{m_1}$ 的复相关系数,R^2 称为该模型的决定系数.$\Lambda(m_1,p_1)$值越小,表明 m_1 个自变量和 p_1 个因变量的关系越密切.

4. 计算下一组回归方程组

从原始数据阵中删去已入选的因变量的数据(注意,自变量的数据均不删),重复以上 **2** 和 **3** 两小节中的步骤,考虑 $p-p_1$ 个因变量与 m 个自变量的双重筛选逐步回归,即可求得第二组,第三组,……

第 L 组的全部因变量的回归方程. 至此 p 个因变量, m 个自变量的双重筛选逐步回归计算全部结束.

例 4.5.1(马尾松毛虫的虫情预测) 马尾松毛虫危害极其严重,有时使整片森林树木死光. 利用上几代虫情、各种气象因子、防治否、坡向地形,以及虫龄等因素对下几代虫情进行预测预报是松毛虫综合防治中一项有意义的工作. 某县为对松毛虫的发生情况进行分析,在高山、丘陵与平地共均匀分布的设 20 个点,每月上、下旬分别调查统计有虫株率与虫口密度;并记录气象因子的资料. 试用双重筛选方法建立虫情预报公式(见参考文献[16]).

解 预测的指标(因变量)有:

Y_1——本月上旬有虫株率(%),

Y_2——本月上旬虫口密度(虫数/株),

Y_3——本月下旬有虫株率(%),

Y_4——本月下旬虫口密度(虫数/株).

对以上几个指标可能有影响的因素(自变量)有:

$$\left.\begin{array}{l} x_1\text{——}\cos\left(\dfrac{2\pi}{12}i\right) \\[2ex] x_2\text{——}\sin\left(\dfrac{2\pi}{12}i\right) \end{array}\right\}(i=1,2,\cdots,12),\ (x_1,x_2)\text{表示月份},$$

x_3——上月的气温(℃),

x_4——上月相对湿度(%),

x_5——上月雨量(mm),

x_6——上月气压(mbar),

x_7——上月蒸发量(mm),

x_8——上月日照时数,

x_9——上月上旬有虫株率(%),

x_{10}——上月上旬虫口密度(虫数/株),

x_{11}——上月下旬有虫株率(%),

x_{12}——上月下旬虫口密度(虫数/株),

x_{13}——上月防治否,这是定性变量,若 $x_{13}=1$ 表示上月进行防治;若 $x_{13}=0$ 表示上月没有防治.

以下是考虑交互作用后引入的自变量：

x_{14}——上月防治与否(x_{13})和上月上旬有虫株率(x_9)的交互作用：$x_{14}=x_{13}\times x_9$，

x_{15}——x_{13}和上月上旬虫口密度(x_{10})的交互作用：$x_{15}=x_{13}\times x_{10}$，

x_{16}——x_{13}和上月下旬有虫株率(x_{11})的交互作用：$x_{16}=x_{13}\times x_{11}$，

x_{17}——x_{13}和上月下旬虫口密度(x_{12})的交互作用：$x_{17}=x_{13}\times x_{12}$，

x_{18}——x_{13}和上月相对湿度(x_4)的交互作用：$x_{18}=x_{13}\times x_4$.

此例因变量共有 $p=4$ 个，自变量个数 $m=18$. 部分原始数据见表 4.3 (1976 年 1 月至 1980 年 11 月 20 个点的平均资料).

表 4.3 部分原始数据

序号	x_1	x_2	x_3	x_4	x_5	x_6	x_7	x_8	x_9	x_{10}	x_{11}
1	0.866	0.5	12.6	67	49.3	1021.1	128.5	161.4	3.3	0.05	3.3
2	0.5	0.866	13.6	69	2.5	1020.2	130.1	159.0	3.3	0.037	7.0
3	0.0	1.0	15.7	81	21.3	1015.0	93.1	94.1	7.0	0.06	1.7
4	−0.5	0.866	16.5	85	44.8	1014.3	87.0	49.7	8.0	0.11	8.3
⋮	⋮	⋮	⋮	⋮	⋮	⋮	⋮	⋮	⋮	⋮	⋮
序号	x_{12}	x_{13}	x_{14}	x_{15}	x_{16}	x_{17}	x_{18}	Y_1	Y_2	Y_3	Y_4
1	0.05	0	0	0	0	0	0	3.3	0.037	7.0	0.06
2	0.06	0	0	0	0	0	0	7.0	0.06	1.7	0.03
3	0.03	0	0	0	0	0	0	8.0	0.11	8.3	0.26
4	0.26	1	8.0	0.11	8.3	0.26	85	9.0	0.69	4.6	0.07
⋮	⋮	⋮	⋮	⋮	⋮	⋮	⋮	⋮	⋮	⋮	⋮

由调查资料发现，有虫株率和虫口密度这两个指标很重要，如虫口密度较大，而有虫株率较低时，是幼龄的群集期；当这两个指标同时下降到较低点时，是世代交替期；当两指标同时上升时，是成灾速发期等. 要预测的指标是 4 个，它们之间可能有联系，自变量(因素)共 18 个，有的因素对指标影响大，有的可能影响很小，用双重筛选方法将指标分组以构造预报公式. 计算结果如下：当取 $F_x=2, F_y=1$ 时(计算该例的软件通过规定筛选因变量和自变量的临界值 F_y 和 F_x 来筛选变量)，将 4 个指标分为两组.

第一组包括 Y_1 和 Y_3，其回归方程分别为：

$$\hat{Y}_1=11.117-0.036x_8+0.874x_9-0.168x_{18},$$

复相关系数 $R_1=0.88$；

$$\hat{Y}_3 = 22.548 - 0.095x_8 + 0.832x_9 - 0.300x_{18},$$

复相关系数 $R_3 = 0.86$.

第二组包括 Y_2 和 Y_4,其回归方程分别为:

$$\hat{Y}_2 = -131.838 + 17.806x_1 + 1.579x_4 + 0.553x_9 + 0.323x_{12},$$

复相关系数 $R_2 = 0.79$;

$$\hat{Y}_4 = -159.4 + 23.087x_1 + 1.952x_4 + 0.505x_9 + 0.347x_{12},$$

复相关系数 $R_4 = 0.74$.

筛选的结果将 Y_1 和 Y_3 归为一组，即本月的有虫株率主要与上月日照时数(x_8)、上月上旬有虫株率(x_9)、上月防治与否和相对湿度交互作用(x_{18})相关. Y_2 与 Y_4 归为一组,本月的虫口密度与上月上旬有虫株率(x_9)及下月下旬虫口密度(x_{12})均显著相关;且与月份及相对湿度也显著相关.

当取 $F_x = F_y = 8$ 时,4 个指标分为四组. 因 F_y 很大,相当于对 4 个指标分别作逐步回归. 所得回归方程分别为:

$\hat{Y}_1 = 4.614 + 0.869x_9$,　　复相关系数 $R_1 = 0.87$;

$\hat{Y}_2 = 6.164 + 0.820x_9$,　　复相关系数 $R_2 = 0.81$;

$\hat{Y}_3 = -3715 + 0.466x_9 + 0.402x_{12}$,　　复相关系数 $R_3 = 0.73$;

$\hat{Y}_4 = 7.270 + 0.636x_{12}$,　　复相关系数 $R_4 = 0.63$.

由以上计算结果可见,影响本月虫情的最本质因素是上月的虫情. 当进行虫情预报时,仅侧重气象因子的作用是不够全面的,因为虫口原来的状况的重要性超过了气象因子,而且人为措施在害虫数量变动中也起了重要作用,这些都必须考虑在内.

为了检验预测公式的精确度,我们用未参加计算的 1980 年 12 月的资料代入以上两种筛选临界值的回归方程,计算结果和实测值见表 4.4. 由表可见,Y_1, Y_2, Y_3 的预测结果比 Y_4 好.

表 4.4　预测结果

因变量	实测值	预测值	
		$F_x=2, F_y=1$	$F_x=F_y=8$
Y_1	42.4	42.86	39.03
Y_2	41.0	47.82	38.64
Y_3	7.3	9.36	6.95
Y_4	2.3	10.05	4.05

用双重筛选逐步回归还可以对松毛虫虫情进行较长期的预报.例如不仅对本月的松毛虫发生进行分析与预测,同时对今后两个月或更长时间的虫情也可进行分析与预测,当然这要求有长期的虫情发生的历史资料.

习 题 四

4-1 设

$$\begin{cases} y_1 = a + \varepsilon_1, \\ y_2 = 2a - b + \varepsilon_2, \\ y_3 = a + 2b + \varepsilon_3, \end{cases} \quad \varepsilon = \begin{bmatrix} \varepsilon_1 \\ \varepsilon_2 \\ \varepsilon_3 \end{bmatrix} \sim N_3(0, \sigma^2 I_3).$$

(1) 试求参数 a,b 的最小二乘估计;

(2) 试导出检验 H_0: $a=b$ 的似然比统计量,并指出当假设成立时,这个统计量的分布是什么?

4-2 在多元线性回归模型(4.1.3)中($p=1$),试求出参数向量 β 和 σ^2 的最大似然估计.

4-3 设 Y 与 x_1,x_2,x_3 有相关关系,其 8 组观测数据见表 4.5.

表 4.5 观测数据

序号	x_1	x_2	x_3	Y
1	38	47.5	23	66.0
2	41	21.3	17	43.0
3	34	36.5	21	36.0
4	35	18.0	14	23.0
5	31	29.5	11	27.0
6	34	14.2	9	14.0
7	29	21.0	4	12.0
8	32	10.0	8	7.6

(1) 设 $Y=\beta_0+\beta_1x_1+\beta_2x_2+\beta_3x_3+\varepsilon$,试求回归方程及决定系数 R^2 和均方误差 s^2;

(2) 考虑二次回归模型:

$$Y = \beta_0 + \beta_1 x_1 + \beta_2 x_2 + \beta_3 x_3 + \beta_4 x_1^2 + \beta_5 x_2^2$$

$$+ \beta_6 x_3^2 + \beta_7 x_1 x_2 + \beta_8 x_1 x_3 + \beta_9 x_2 x_3 + \varepsilon,$$

用逐步回归法筛选变量($\alpha_{\text{in}} = \alpha_{\text{out}} = 0.05$)，并写出决定系数 R^2 和均方误差 s.

4-4　试对第一章表 1.2 给出的肺活量数据建立肺活量(OXY)与其他 6 个变量的回归方程：

(1) 求肺活量(OXY)与其他 6 个变量的回归方程，并写出决定系数 R^2 和均方根(Root MSE)s；

(2) 用逐步回归方法建立"最优"回归方程($\alpha = 0.15$ 和 $\alpha = 0.05$)；

(3) 用全子集法在修正 R^2 准则下求最优回归方程.

4-5　考虑 Y 与 $x_1, x_2, \cdots, x_m$ 的逐步回归，由

$$A^{(0)} = \begin{bmatrix} X'X & X'Y \\ \hline Y'X & Y'Y \end{bmatrix}$$

出发，第一步引入 x_{i_1}，记 $A^{(1)} = T_{i_1}(A^{(0)})$；第二步引入 x_{i_2}，记 $A^{(2)} = T_{i_2}(A^{(1)})$. 证明第三步不可能剔除变量(用反证法).

4-6　称观测向量 Y 和估计向量 $\hat{Y}$ 的相关系数 R 为全相关系数，即

$$R = \frac{\sum_{i=1}^{n} (y_i - \bar{y})(\hat{y}_i - \bar{\hat{y}})}{\sqrt{\sum_{i=1}^{n} (y_i - \bar{y})^2 \sum_{i=1}^{n} (\hat{y}_i - \bar{\hat{y}})^2}} \quad \left(其中\ \bar{\hat{y}} = \frac{1}{n} \sum_{i=1}^{n} \hat{y}_i\right).$$

试证明：(1) $\bar{\hat{y}} = \bar{y}$；

(2) $R^2 = \sum_{i=1}^{n} (\hat{y}_i - \bar{y})^2 \Big/ \sum_{i=1}^{n} (y_i - \bar{y})^2$；

(3) 残差平方和 $Q(\hat{\beta}) = (1 - R^2) \sum_{i=1}^{n} (y_i - \bar{y})^2$.

4-7　在多因变量的多元线性回归模型中，给定 $Y_{n \times p}, X_{n \times m}$，且 $\operatorname{rank}(X) = m$. 记 $C = (\mathbf{1}_n \vdots X)$. 则

$$\begin{aligned} Q(\beta) &= (Y - C\beta)'(Y - C\beta) \\ &= (Y - C\hat{\beta})'(Y - C\hat{\beta}) + (\hat{\beta} - \beta)'C'C(\hat{\beta} - \beta), \end{aligned}$$

其中 $\hat{\beta} = (C'C)^{-1}C'Y$.

4-8 在多对多的回归模型中，令 $Q(\beta)=(Y-C\beta)'(Y-C\beta)$. 试证明 $\hat{\beta}=(C'C)^{-1}C'Y$ 在下列四种意义下达最小：

(1) $\mathrm{tr}Q(\hat{\beta})\leqslant\mathrm{tr}Q(\beta)$；

(2) $Q(\hat{\beta})\leqslant Q(\beta)$；

(3) $|Q(\hat{\beta})|\leqslant|Q(\beta)|$；

(4) $\mathrm{ch}_1(Q(\hat{\beta}))\leqslant\mathrm{ch}_1(Q(\beta))$，其中 $\mathrm{ch}_1(A)$ 表示 A 的最大特征值.

以上 β 是 $(m+1)\times p$ 的任意矩阵.

4-9 设多对多回归模型为

$$\begin{cases} Y=(\mathbf{1}_n \vdots X_1 \vdots X_2)\begin{bmatrix} b_{(0)} \\ B_1 \\ B_2 \end{bmatrix}+E=C\beta+E, \\ E\sim N_{n\times p}(O,I_n\otimes\Sigma), \end{cases}$$

其中 X_1 和 X_2 均为 $n\times q$ 的数据阵，E 和 O 均为 $n\times p$ 的矩阵，B_1 和 B_2 均为 $q\times p$ 参数矩阵.

(1) 试写出以上模型中当 $B_1=B_2\xlongequal{\text{def}}B$ 时，B 的最小二乘估计和 Σ 的无偏估计量；

(2) 试导出检验 H_0：$B_1=B_2$ 的似然比统计量.

4-10 考虑洛河在某河段河水受污染情况. 考察的指标(因变量)有两个，Y_1 表示 BOD 浓度；Y_2 表示氧亏浓度. 而 Y_1,Y_2 又与以下几个因素(自变量)有关：

x_1——初始断面的 BOD 浓度 L_0，

x_2——初始断面的氧亏浓度 C_0，

x_3——水温 T，

x_4——河流流量 Q，

x_5——排污口流量 g，

x_6——污水 BOD 浓度 l，

x_7——流过该河段所需时间 t.

共观测了 15 组数据(见表 4.6)，试用逐步回归或双重筛选逐步回归求出 BOD 浓度 Y_1、氧亏浓度 Y_2 与 $x_1,x_2,\cdots,x_7$ 的回归方程.

表 4.6 水污数据

序号	X_1	X_2	X_3	X_4	X_5	X_6	X_7	Y_1	Y_2
1	6.88	−0.25	27.0	67.4784	1.1232	477.0	0.083	9.35	−2.66
2	6.08	−2.21	27.5	47.7792	1.1232	193.0	0.083	12.30	−4.02
3	2.14	−3.04	26.0	47.7792	1.1232	404.0	0.083	15.60	−4.59
4	5.02	−0.73	26.0	85.6224	1.1232	363.0	0.073	5.88	−3.96
5	7.89	−2.26	26.0	85.6224	1.1232	363.0	0.069	6.34	−3.02
6	2.38	−1.65	15.0	149.0400	1.5552	428.0	0.104	4.00	−1.74
7	1.86	−1.35	15.8	149.0400	1.5552	428.0	0.104	3.76	−1.47
8	1.02	−2.12	17.1	149.4720	1.3824	428.0	0.104	3.98	−2.33
9	1.22	−1.92	17.5	149.4720	1.3824	428.0	0.104	3.98	−2.19
10	0.90	−0.27	17.0	362.8800	0.9936	202.0	0.104	2.78	0.33
11	2.58	−0.09	17.0	362.8800	0.9936	202.0	0.104	1.88	0.23
12	2.78	−1.17	13.5	326.5920	0.9936	114.0	0.104	2.56	−0.74
13	2.10	−1.30	13.5	326.5920	0.9936	114.0	0.104	2.72	−0.80
14	2.32	−0.60	14.5	364.6080	0.8640	57.3	0.104	1.64	−0.62
15	2.96	−0.60	14.5	364.6080	0.8640	57.3	0.104	2.36	−0.32

第五章　判 别 分 析

判别分析是用于判断样品所属类型的一种统计分析方法. 在生产、科研和日常生活中经常遇到如何根据观测到的数据资料对所研究的对象进行判别归类的问题. 例如：在医学诊断中，一个病人肺部有阴影，医生要判断他患的是肺结核、肺部良性肿瘤还是肺癌？这里由肺结核病人、良性肿瘤病人、肺癌病人组成三个总体，病人来源于这三个总体之一. 判别分析的目的是通过测得病人的指标(阴影的大小、边缘是否光滑、体温多少……)来判断他应该属哪个总体(即判断他患的什么病).

在气象学中，根据已有气象资料(气温、气压、湿度等)来判断明天是阴天还是晴天，是有雨还是无雨. 在经济学中，根据人均国民收入、人均工农业产值、人均消费水平等多种指标来判定一个国家的经济发展程度所属的类型. 股票持有者根据某种股票近期的变化情况判断此种股票价格下一周是上升还是下跌. 在市场预测中，根据以往调查所得的种种指标，判断下季度(或下个月)产品是畅销、平常或滞销？在考古学中，根据挖掘出来的人头盖骨的高、宽等特征来判别其民族或性别. 在环境科学中，根据某地区的气象条件，以及大气污染元素浓度等来判断该地区是属严重污染、一般污染还是无污染. 在地质勘探中，需要从岩石标本的多种特征来判断地层的地质年代，是有矿还是无矿，是富矿还是贫矿. 在农林虫害预报中，根据以往的虫情及多种气象因子判别一个月后的虫情是大发生、中发生或正常. 在体育运动中，根据运动员的多项运动指标来判定游泳运动员的"苗子"是适合练蛙泳、仰泳还是自由泳等等.

总之，判别分析是应用性很强的一种多元统计方法，已渗透到各个领域. 但不管是哪个领域，判别分析问题都可以这样描述：设有 k 个 m 维总体 $G_1, G_2, \cdots, G_k$，其分布特征已知(如已知分布函数分别为

$F_1(x), F_2(x), \cdots, F_k(x)$，或知道来自各个总体的训练样本). 对给定的一个新样品 X，我们要判断它来自哪个总体.

进行判别归类时，由假设前提、判别依据及处理手法的不同可得到不同判别方法. 如距离判别，贝叶斯(Bayes)判别，费希尔(Fisher)判别，逐步判别，序贯判别等. 本章介绍几个常用的判别方法.

§5.1 距离判别

距离判别的基本思想是：样品和哪个总体距离最近，就判断它属哪个总体. 距离判别也称为**直观判别法**.

一、马氏距离

已知有两个类 G_1 和 G_2，比如 G_1 是设备 A 生产的产品，G_2 是设备 B 生产的同类产品. 设备 A 的产品质量高(如考察指标为耐磨度 X)，其平均耐磨度 $\mu^{(1)}=80$，反映设备精度的方差 $\sigma_1^2=0.25$；设备 B 的产品质量稍差，其平均耐磨度 $\mu^{(2)}=75$，反映设备精度的方差 $\sigma_2^2=4$. 今有一产品 X_0，测得耐磨度 $x_0=78$，试判断该产品是哪一台设备生产的？

直观地看，x_0 与 $\mu^{(1)}$(设备 A)的绝对距离近些，按距离最近的原则是否应把该产品 X_0 判断为设备 A 生产的？

下面考虑一种相对于分散性的距离. 记 X_0 与 G_1 或 G_2 的相对平方距离为 $d_1^2(x_0)$ 或 $d_2^2(x_0)$，则有：

$$d_1^2(x_0)=\frac{(x_0-\mu^{(1)})^2}{\sigma_1^2}=\frac{(78-80)^2}{0.25}=16,$$

$$d_2^2(x_0)=\frac{(x_0-\mu^{(2)})^2}{\sigma_2^2}=\frac{(78-75)^2}{4.00}=2.25.$$

因为 $d_2(x_0)=1.5<4=d_1(x_0)$，按这种距离准则应判 X_0 为设备 B 生产的. 从图 5.1 可以看出，设备 B 生产的产品质量较分散，出现 x_0 为 78 的可能性较大；而设备 A 生产的产品质量较集中，出现 x_0 为 78 的可能性较小. 判断 X_0 为设备 B 生产的产品更合理.

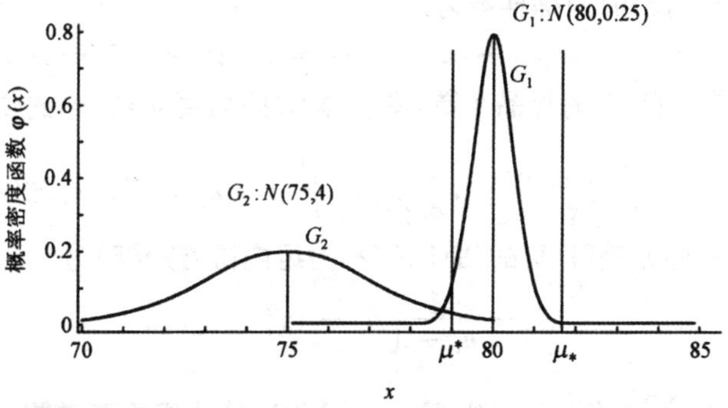

图 5.1 利用马氏距离对两个一元正态总体判别归类的示意图

一般地,我们假设总体 G_1 的分布为 $N(\mu^{(1)},\sigma_1^2)$,总体 G_2 的分布为 $N(\mu^{(2)},\sigma_2^2)$,则利用相对距离的定义,可以找出分界点 μ^* 和 μ_*(不妨设 $\mu^{(2)}<\mu^{(1)},\sigma_1<\sigma_2$),令

$$\frac{(x-\mu^{(1)})^2}{\sigma_1^2}=\frac{(x-\mu^{(2)})^2}{\sigma_2^2}\Longrightarrow x=\frac{\mu^{(1)}\sigma_2+\mu^{(2)}\sigma_1}{\sigma_1+\sigma_2}\xlongequal{\text{def}}\mu^*,$$

和

$$x=\frac{\mu^{(1)}\sigma_2-\mu^{(2)}\sigma_1}{\sigma_2-\sigma_1}\xlongequal{\text{def}}\mu_*.$$

此例中 $\mu^*=79,\mu_*=81.6667$.而按这种距离最近准则的判别法为:

$$\begin{cases}\text{判 } X\in G_1, & \text{当}\dfrac{(x-\mu^{(1)})^2}{\sigma_1^2}<\dfrac{(x-\mu^{(2)})^2}{\sigma_2^2}\ (\text{即 } \mu^*<x<\mu_*),\\ \text{判 } X\in G_2, & \text{当}\dfrac{(x-\mu^{(1)})^2}{\sigma_1^2}\geqslant\dfrac{(x-\mu^{(2)})^2}{\sigma_2^2}\ (\text{即 } x\leqslant\mu^* \text{ 或 } x\geqslant\mu_*).\end{cases}$$

下面给出一般 m 元总体中这种相对距离——马氏(全称:马哈拉诺比斯(Mahalanobis))距离的定义.

定义 5.1.1 (马氏距离) 设总体 G 为 m 元总体(考察 m 个指标),均值向量为 $\mu=(\mu_1,\mu_2,\cdots,\mu_m)'$,协方差阵为 $\Sigma=(\sigma_{ij})_{m\times m}$,则样品 $X=(x_1,x_2,\cdots,x_m)'$ 与总体 G 的**马氏距离**定义为

$$d^2(X,G)=(X-\mu)'\Sigma^{-1}(X-\mu).$$

当 $m=1$ 时,$d^2(x,G)=(x-\mu)'(x-\mu)/\sigma^2=(x-\mu)^2/\sigma^2$.

二、两总体的距离判别

先考虑两个总体($k=2$)的情况.设有两个总体 G_1 和 G_2,已知来

自 G_i $(i=1,2)$的训练样本为

$$X_{(t)}^{(i)}=(x_{t1}^{(i)},x_{t2}^{(i)},\cdots,x_{tm}^{(i)})' \quad (i=1,2;t=1,2,\cdots,n_i),$$

其中 n_i 是取自 G_i 的样品个数,则总体 G_i 的均值向量 $\mu^{(i)}$的估计量为

$$\overline{X}^{(i)}=\left(\frac{1}{n_i}\sum_{t=1}^{n_i}x_{t1}^{(i)},\cdots,\frac{1}{n_i}\sum_{t=1}^{n_i}x_{tm}^{(i)}\right)'=(\overline{x}_1^{(i)},\overline{x}_2^{(i)},\cdots,\overline{x}_m^{(i)})'.$$

总体 G_i 的协方差阵 Σ_i 的估计 S_i(称为**组内协方差阵**)为

$$S_i=\frac{1}{n_i-1}A_i=(s_{lj}^{(i)})_{m\times m},$$

其中 $A_i=\sum_{t=1}^{n_i}(X_{(t)}^{(i)}-\overline{X}^{(i)})(X_{(t)}^{(i)}-\overline{X}^{(i)})'$ 称为**组内离差阵**;

$$s_{lj}^{(i)}=\frac{1}{n_i-1}\sum_{t=1}^{n_i}(x_{tl}^{(i)}-\overline{x}_l^{(i)})(x_{tj}^{(i)}-\overline{x}_j^{(i)})$$
$$(l,j=1,\cdots,m).$$

当假定 $\Sigma_1=\Sigma_2\overset{\text{def}}{=\!=}\Sigma$ 时,反映分散性的协方差阵 Σ 的估计为

$$S=\frac{1}{n-k}\sum_{i=1}^{k}A_i=(s_{lj})_{m\times m},$$

并称 S 为**合并样本协方差阵**,其中

$$s_{lj}=\frac{1}{n-k}\sum_{i=1}^{2}\sum_{t=1}^{n_i}(x_{tl}^{(i)}-\overline{x}_l^{(i)})(x_{tj}^{(i)}-\overline{x}_j^{(i)})$$
$$(l,j=1,2,\cdots,m).$$

问题是对任给定的 m 维样品 $X=(x_1,x_2,\cdots,x_m)'$,要判断它来自哪个总体.

1. $\Sigma_1=\Sigma_2$ 时的判别方法

一个最直观的想法是,分别计算样品 X 到两个总体的距离 $d_1^2(X)$和 $d_2^2(X)$(或记为 $d^2(X,G_1)$和 $d^2(X,G_2)$),并按**距离最近准则**判别归类,判别准则为①:

$$\begin{cases}\text{判 } X\in G_1, & \text{当 } d^2(X,G_1)<d^2(X,G_2) \text{ 时},\\ \text{判 } X\in G_2, & \text{当 } d^2(X,G_1)\geqslant d^2(X,G_2) \text{ 时};\end{cases}$$

或

① 本章一般采用第一种形式的准则.

$$\begin{cases} 判\ X \in G_1, & 当\ d^2(X,G_1) < d^2(X,G_2)\ 时, \\ 判\ X \in G_2, & 当\ d^2(X,G_1) > d^2(X,G_2)\ 时, \\ 待判, & 当\ d^2(X,G_1) = d^2(X,G_2)\ 时, \end{cases}$$

这里的距离是指马氏距离. 利用马氏距离的定义及两总体协方差阵相等的假设,可以简化马氏距离的计算公式:

$$\begin{aligned} d^2(X,G_i) &= (X - \overline{X}^{(i)})'S^{-1}(X - \overline{X}^{(i)}) \\ &= X'S^{-1}X - 2\left[(S^{-1}\overline{X}^{(i)})'X - \frac{1}{2}(\overline{X}^{(i)})'S^{-1}\overline{X}^{(i)}\right] \\ &= X'S^{-1}X - 2Y_i(X) \quad (i = 1,2), \end{aligned}$$

其中 $Y_i(X)$是 X 的线性函数. 对给定样品 X,为计算 X 到各总体的马氏距离,只须计算 $Y_i(X)$:

$$Y_i(X) = (S^{-1}\overline{X}^{(i)})'X - \frac{1}{2}(\overline{X}^{(i)})'S^{-1}\overline{X}^{(i)} \quad (i = 1,2).$$

$Y_i(X)$ 称为**线性判别函数**, $a_i = S^{-1}\overline{X}^{(i)}$ 称为**判别系数向量**, $c_i = -\frac{1}{2}(\overline{X}^{(i)})'S^{-1}\overline{X}^{(i)}$ 称为**常数项**.

若考察这两个马氏距离之差,经计算可得:

$$\begin{aligned} d_2^2(X) - d_1^2(X) &= 2\left(X - \frac{1}{2}(\overline{X}^{(1)} + \overline{X}^{(2)})\right)'S^{-1}(\overline{X}^{(1)} - \overline{X}^{(2)}) \\ &\xlongequal{\text{def}} 2W(X), \end{aligned}$$

其中

$$W(X) = (X - X^*)'S^{-1}(\overline{X}^{(1)} - \overline{X}^{(2)}),$$

$$X^* = \frac{1}{2}(\overline{X}^{(1)} + \overline{X}^{(2)}).$$

则判别准则还可以写为: $\begin{cases} 判\ X \in G_1, & 当\ W(X) > 0\ 时, \\ 判\ X \in G_2, & 当\ W(X) \leqslant 0\ 时. \end{cases}$

$W(X)$是 X 的线性函数,即 $W(X) = a'(X - X^*)$,其中 $a = S^{-1}(\overline{X}^{(1)} - \overline{X}^{(2)})$. $W(X)$也称为**线性判别函数**,a 为**判别系数**.

$W(X)$把 m 维空间 $\mathbb{R}^m$ 划分为两个部分: $D_1 = \{X: W(X) > 0\}$ 和 $D_2 = \{X: W(X) \leqslant 0\}$,即 D_1, D_2 是 $\mathbb{R}^m$ 的一个划分. 显然,判别方法的最终结果是得到 $\mathbb{R}^m$ 中的一个划分. 由判别函数 $W(X)$得到划分 D_1, D_2,当样品 X 落入 D_1 时判 $X \in G_1$;当 X 落入 D_2 时判 $X \in G_2$.

下面考察 $m=1$ 的特殊情况，并设两总体为正态总体，已知其分布为 $N(\mu^{(1)},\sigma^2)$ 和 $N(\mu^{(2)},\sigma^2)$（两总体的方差相同，记为 σ^2），这时判别函数为

$$W(x)=\left(x-\frac{\mu^{(1)}+\mu^{(2)}}{2}\right)\frac{1}{\sigma^2}(\mu^{(1)}-\mu^{(2)})=a(x-\bar{\mu}),$$

其中 $\bar{\mu}=\dfrac{\mu^{(1)}+\mu^{(2)}}{2}$，$a=\dfrac{\mu^{(1)}-\mu^{(2)}}{\sigma^2}$. 不妨设 $\mu^{(1)}>\mu^{(2)}$，则 a 为正数，$W(x)$ 的符号取决于 $x>\bar{\mu}$ 或 $x\leqslant\bar{\mu}$. 当 $x>\bar{\mu}$ 时判样品 $X\in G_1$；当 $x\leqslant\bar{\mu}$ 时判样品 $X\in G_2$. 从图 5.2 可以看出，用这种判别法会发生错判，如 X 来自 G_1，但却落入 D_2，被判为属于 G_2. 错判的概率为图 5.2 中阴影左半部分的面积，并记为 $P(2|1)$. 类似有 $P(1|2)$.

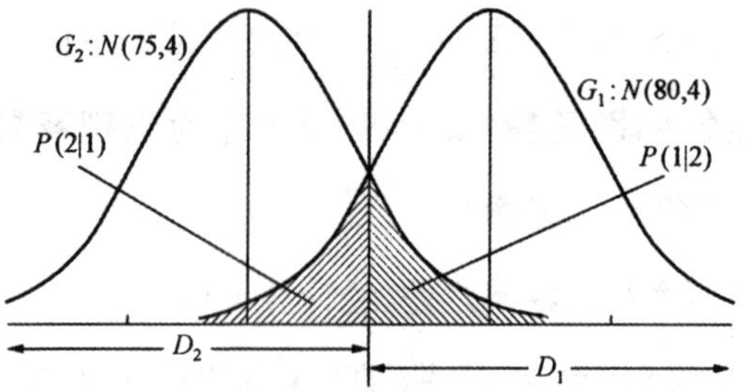

图 5.2　两个一元正态总体距离判别法($\sigma_1=\sigma_2$)的示意图

经计算可得 $P(2|1)=P(1|2)=1-\Phi\left(\dfrac{\mu^{(1)}-\mu^{(2)}}{2\sigma}\right)$. 比如当 $\mu^{(1)}=80$，$\mu^{(2)}=75$，$\sigma=2$ 时，$P(2|1)=0.1056$. 由错判概率的公式及图 5.2 可见，当两总体均值靠得很近（即 $|\mu^{(1)}-\mu^{(2)}|$ 很小）时，则错判概率很大，这时作判别分析是没有意义的. 因此只有当两总体的均值有显著性差异时，作判别分析才有意义.

2. $\Sigma_1\neq\Sigma_2$ 时的判别方法

当两总体协方差阵不等时，按距离判别准则先分别计算 X 到两个总体的距离 $d^2(X,G_1)$ 和 $d^2(X,G_2)$，然后按距离最近准则判别归类，或者类似地计算判别函数 $W(X)$，并用于判别归类. 令

$$W(X)=d^2(X,G_2)-d^2(X,G_1)=\cdots\overset{\text{def}}{=\!=}Z(X)-Z_0,$$

其中 $Z(X)$ 为 X 的二次函数(因 $\Sigma_1\neq\Sigma_2$)，Z_0 是一常数(具体表达式省略了). 判别准则仍可以写为：

$$\begin{cases}判\ X\in G_1, & 当\ W(X)>0\ 时,\\ 判\ X\in G_2, & 当\ W(X)\leqslant 0\ 时.\end{cases}$$

当 $m=1$,两总体为正态总体时,记 G_i 的均值为 $\mu^{(i)}$,方差为 σ_i^2 $(i=1,2)$,这时马氏距离的平方根为

$$d_i(x)=\frac{|x-\mu^{(i)}|}{\sigma_i}\quad(i=1,2).$$

不妨设 $\mu^{(2)}<\mu^{(1)}$,$\sigma_1<\sigma_2$(见示意图 5.1).

(1) 当观测值 x 满足：$\mu^{(2)}<x<\mu^{(1)}$时,

$$d_2(x)-d_1(x)=\frac{x-\mu^{(2)}}{\sigma_2}-\frac{\mu^{(1)}-x}{\sigma_1}=\frac{\sigma_1+\sigma_2}{\sigma_1\sigma_2}(x-\mu^*),$$

其中

$$\mu^*=\frac{\mu^{(1)}\sigma_2+\mu^{(2)}\sigma_1}{\sigma_1+\sigma_2},$$

它是 $\mu^{(1)}$,$\mu^{(2)}$的加权平均值. 它把区间$(\mu^{(2)},\mu^{(1)})$分为两部分：

当 $\mu^{(2)}<x\leqslant\mu^*$ 时,因 $d_2(x)\leqslant d_1(x)$,故判 $X\in G_2$;

当 $\mu^*<x<\mu^{(1)}$时,因 $d_1(x)<d_2(x)$,故判 $X\in G_1$.

(2) 当观测值 x 满足：$x\geqslant\mu^{(1)}$时,

$$d_2(x)-d_1(x)=\frac{x-\mu^{(2)}}{\sigma_2}-\frac{x-\mu^{(1)}}{\sigma_1}=\frac{\sigma_1-\sigma_2}{\sigma_1\sigma_2}(x-\mu_*),$$

其中 $$\mu_*=\frac{\mu^{(1)}\sigma_2-\mu^{(2)}\sigma_1}{\sigma_2-\sigma_1}\text{(此时 }\mu_*>\mu^{(1)}\text{)}.$$

当 $\mu^{(1)}\leqslant x<\mu_*$ 时,因 $d_2(x)>d_1(x)$,故判 $X\in G_1$.

当 $x\geqslant\mu_*$ 时,因 $d_2(x)\leqslant d_1(x)$,故判 $X\in G_2$.

(3) 当观测值 x 满足：$x\leqslant\mu^{(2)}$时(此时 $\mu^{(2)}<\mu^{(1)}<\mu_*$),

$$d_2(x)-d_1(x)=\frac{\mu^{(2)}-x}{\sigma_2}-\frac{\mu^{(1)}-x}{\sigma_1}=\frac{\sigma_2-\sigma_1}{\sigma_2\sigma_1}(x-\mu_*)<0,$$

故判 $X\in G_2$.

综合之(不妨设 $\mu^{(1)}>\mu^{(2)}$,$\sigma_1<\sigma_2$),

$$\begin{cases}X\in G_1, & 当\ \mu^*<x<\mu_*\ 时,\\ X\in G_2, & 当\ x\leqslant\mu^*\ 或\ x\geqslant\mu_*\ 时.\end{cases}$$

例 5.1.1（盐泉含钾性判别） 某地区经勘探证明，A 盆地是一个钾盐矿区，B 盆地是一个钠盐（不含钾）矿区，其他盐盆地是否含钾盐有待作出判断. 今从 A 和 B 两盆地各抽取 5 个盐泉样品；从其他盆地抽得 8 个盐泉样品，18 个盐泉的特征数值见表 5.1. 试对后 8 个待判盐泉进行含钾性判别.

表 5.1 盐泉的特征数值

盐泉类别	序号	K·10^3/Cl (X_1)	Br·10^3/Cl (X_2)	K·10^3/Σ盐 (X_3)	K/Br (X_4)	类别号
第一类：含钾盐泉（A 盆地）	1	13.85	2.79	7.80	49.60	A
	2	22.31	4.67	12.31	47.80	A
	3	28.82	4.63	16.18	62.15	A
	4	15.29	3.54	7.50	43.20	A
	5	28.79	4.90	16.12	58.10	A
第二类：含钠盐泉（B 盆地）	6	2.18	1.06	1.22	20.60	B
	7	3.85	0.80	4.06	47.10	B
	8	11.40	0.00	3.50	0.00	B
	9	3.66	2.42	2.14	15.10	B
	10	12.10	0.00	5.68	0.00	B
待判盐泉	1	8.85	3.38	5.17	26.10	
	2	28.60	2.40	1.20	127.00	
	3	20.70	6.70	7.60	30.20	
	4	7.90	2.40	4.30	33.20	
	5	3.19	3.20	1.43	9.90	
	6	12.40	5.10	4.43	24.60	
	7	16.80	3.40	2.31	31.30	
	8	15.00	2.70	5.02	64.00	

解 把 A 盆地和 B 盆地看作两个不同的总体，并假定两总体协方差阵相等. 本例中变量个数 $m=4$，两类总体各有 5 个训练样品（$n_1=n_2=5$），另有 8 个待判样品. 使用 SAS/STAT 软件中的 DISCRIM 过程进行判别归类.

计算结果，首先给出两组间的平方距离（即马氏距离）为 37.02876，检验 H_0：$\mu^{(1)}=\mu^{(2)}$的 F 统计量为 14.46436，相应的 $p=0.0059<0.01$，这说明 A 和 B 两盆地的盐泉特征有显著差异，因此讨论判别归类问题是有意义的.

然后得出线性判别函数为：

$$Y_1(X)=-42.2473+7.6741X_1+5.5488X_2-13.9631X_3+1.1813X_4,$$

$$Y_2(X) = -5.1627 + 2.9311X_1 + 1.3570X_2 - 5.3738X_3 + 0.4558X_4.$$

回判结果给出对来自 A 或 B 盆地的 10 个盐泉样品都判对了；对 8 个待判样品判别的结果为：第 2,3,6,7,8 五个盐泉为含钾盐泉，其余三个不含钾，即为含钠盐泉.

三、多总体的距离判别

设有 k 个 m 元总体：$G_1, G_2, \cdots, G_k$ $(k>2)$. 它们的均值向量和协方差阵分别为 $\mu^{(i)}$，Σ_i $(i=1,2,\cdots,k)$. 对任给定的 m 元样品 $X=(x_1, x_2, \cdots, x_m)'$，要判断它来自哪个总体.

多个总体的情况，按距离最近的准则对 X 进行判别归类时，首先计算样品 X 到 k 个总体的马氏距离 $d_i^2(X)$ $(i=1,2,\cdots,k)$，然后进行比较，把 X 判归距离最小的那个总体. 设 $i=l$ 时，若

$$d_l^2(X) = \min_{i=1,\cdots,k} \{d_i^2(X)\},$$

则 $X \in G_l$.

计算马氏距离 $d_i^2(X)$ $(i=1,2,\cdots,k)$ 时，类似地可考虑 $\Sigma_1 = \Sigma_2 = \cdots = \Sigma_k$ 或 Σ_i 不全相等的两种情况，并用样本统计量作为 $\mu^{(i)}$ 和 Σ_i 的估计进行计算.

§5.2 贝叶斯(Bayes)判别法及广义平方距离判别法

距离判别只要求知道总体的特征量(即参数)——均值和协方差阵，不涉及总体的分布类型. 当参数未知时，就用样本均值和样本协方差阵来估计. 距离判别方法简单，结论明确，是很实用的方法. 但该方法也有缺点：一是该判别法与各总体出现的机会大小(先验概率)完全无关；二是判别方法没有考虑错判造成的损失，这是不合理的. 贝叶斯判别法正是为解决这两方面问题而提出的判别方法.

贝叶斯的统计思想总是假定对研究的对象已有一定的认识，常用先验概率分布来描述这种认识；然后抽取一个样本，用样本来修正

已有的认识(先验概率分布),得到后验概率分布.各种统计推断都通过后验概率分布来进行.将贝叶斯思想用于判别分析就得到贝叶斯判别法.

在正态总体的假设下,按贝叶斯判别的思想,在错判造成的损失相等时得到的判别函数,其实就是马氏距离判别在考虑先验概率及协方差阵是否相等情况下的推广,故在 SAS/STAT 软件的 DISCRIM 过程中称为**广义平方距离判别法**.

所谓判别方法,就是给出空间 $\mathbb{R}^m$ 的一种划分:$D=\{D_1,D_2,\cdots,D_k\}$.一种划分对应一种判别方法,不同的划分就是不同的判别方法.贝叶斯判别法也是给出空间 $\mathbb{R}^m$ 的一种划分.

一、先验概率(先知知识)

设有 k 个总体 $G_1,G_2,\cdots,G_k$.假设事先对所研究的问题有一定的认识,这种认识常用先验概率来描述,即已知这 k 个总体各自出现的概率(验前概率)为 $q_1,q_2,\cdots,q_k$(显然 $q_i>0,q_1+q_2+\cdots+q_k=1$).比如研究人群中得癌($G_1$)和没有得癌($G_2$)两类群体的问题,由长期经验知:$q_1=0.001$,$q_2=0.999$.这组验前概率 $q_1,\cdots,q_k$ 称为**先验概率**.

先验概率是一种权重(比例).所谓"先验"是指先于我们抽取样品作判别分析之前.贝叶斯判别法要求给出 q_i $(i=1,2,\cdots,k)$的值.q_i 的赋值方法有以下几种:

(1) 利用历史资料及经验进行估计.例如某地区成年人中得癌症的概率为 $P(\text{癌})=0.001\overset{\text{def}}{=\!=}q_1$,而 $P(\text{无癌})=0.999\overset{\text{def}}{=\!=}q_2$.

(2) 利用训练样本中各类样品占的比例 n_i/n 做为 q_i 的值,即 $q_i=n_i/n$ $(i=1,\cdots,k)$,其中 n_i 是第 i 类总体的样品数,而 $n=n_1+\cdots+n_k$.这时要求训练样本是通过随机抽样得到的,各类样品被抽到的机会大小就是验前概率.

(3) 假定 $q_1=q_2=\cdots=q_k=1/k$.

二、广义平方距离

在马氏距离判别的基础上,进一步考虑先验概率及各组内协方差阵的不同,定义样品 X 到总体 G_t $(t=1,\cdots,k)$的广义平方距离 $D_t^2(X)$或 $D^2(X,G_t)$为:

$$D_t^2(X)=D^2(X,G_t)=d_t^2(X)+g_1(t)+g_2(t),$$

其中

$$g_1(t)=\begin{cases}\ln|S_t|, & \text{若各组的协方差阵 } \Sigma_i \text{ 不全相等},\\ 0, & \text{若各组的协方差阵 } \Sigma_i \text{ 全相等};\end{cases}$$

$$g_2(t)=\begin{cases}-2\ln|q_t|, & \text{若先验概率不全相等},\\ 0, & \text{若先验概率全相等},\end{cases}$$

其中 S_t 为第 t 类的组内样本协方差阵. 由以上公式可见,当 $d_t^2(X)$不变,而某个 q_t 大(即总体 G_t 出现的机会大)时,则 $g_2(t)$变小,故广义平方距离 $D_t^2(X)$也变小,进而判 X 为 G_t 的可能性大.

利用广义平方距离的判别法为:

判 $X\in G_t$, 当 $D_t^2(X)<D_i^2(X)$ 时 $(i\neq t, i=1,\cdots,k)$.

三、后验概率(条件概率)

标准的贝叶斯判别法应该计算后验概率分布. 即计算当样品 X 已知时,它属于 G_t 的概率,记为 $P(G_t|X)$(或 $P(t|X)$),这个概率作为判别归类的准则,其概率意义更为直观. 假定总体 G_t 的概率密度函数 $f_t(x)$ $(t=1,\cdots,k)$给定,由条件概率的定义可以导出:

$$P(t|X)=P\{X\in G_t|X\text{ 已知}\}=\frac{q_tf_t(x)}{\sum_{i=1}^k q_if_i(x)}.$$

若假设 G_i $(i=1,\cdots,k)$为正态总体,其密度函数 $f_i(x)$为

$$f_i(x)=(2\pi)^{-m/2}|\Sigma_i|^{-1/2}\exp(-0.5d_i^2(x)),$$

则 X 属于第 t 组的后验概率为:

$$P(t|X)=\frac{\exp(-0.5D_t^2(x))}{\sum_{i=1}^k\exp(-0.5D_i^2(x))},$$

其中 $D_i^2(x)$是 X 到第 i 组的广义平方距离. 采用后验概率的判别准则为

判 $X\in G_t$， 当 $P(t|X)>P(i|X)$时 $(i\neq t,i=1,\cdots,k)$.

在正态假设下按后验概率最大进行归类的准则,等价于按广义平方距离最小准则进行归类.由下面的介绍将知道,按后验概率最大准则归类的判别法就是贝叶斯判别法的一种情况.一般地,贝叶斯判别法既考虑先验概率的不同,还考虑了错判损失的大小,在这里我们假定错判损失相等.

四、贝叶斯判别准则

所谓**贝叶斯判别准则**,就是给出空间 $\mathbb{R}^m$ 的一个划分：$D=\{D_1, D_2,\cdots,D_k\}$,使得当通过这个划分 D 来判别归类时,所带来的平均损失达到最小.

1. 错判概率和错判损失

当样品 $X\in G_i$,但用判别法 D 判别归类时,却把 X 判归 G_j(即 X 落入区域 D_j, $j\neq i$),即判错了,我们用 $P(j|i;D)$(或简记为 $P(j|i)$)表示用判别法 D 把实属 G_i 的样品错判为 G_j 的概率.显然

$$P\{j|i;D\}=\int\cdots\int_{D_j} f_i(x_1,\cdots,x_m)\mathrm{d}x_1\cdots\mathrm{d}x_m$$

$$=\int_{D_j} f_i(X)\mathrm{d}X \quad (j\neq i). \tag{5.2.1}$$

错判概率的估计方法有以下几种：

(1) 利用训练样本作为检验集,即用判别方法对已知类别的样品进行回判,统计判错的个数及占样品总数的比率,作为错判率的估计.此法得出的估计一般偏低.

(2) 当训练样本足够大时,可留出一些已知类别的样品不参加建立判别准则,而是作为**检验集**,并把错判的比率作为错判率的估计.此法当检验集较小时,估计的方差大.

(3) 舍一法(或称交叉确认法),每次留出一个已知类别的样品,而用其余 $n-1$ 个样品建立判别准则,然后对留出的这一个已知类别的样品进行判别归类.对训练样本中 n 个样品按此法逐个归类后,最后把错判的比率作为错判率的估计.

以上三种估计方法的估计结果在 SAS/STAT 软件的 DISCRIM 过程中都可以得到.

用 $L(j|i;D)$表示样品实属第 i 个总体 G_i,今用判别法 D 判别时将其错判为属 $G_j(j\neq i)$时所造成的损失;在不会引起混淆时,简记为 $L(j|i)$.

在实际问题中,错判的损失可以给出定性的分析,但很难用数值来表示.但应用贝叶斯判别准则时,要求定量地给出 $L(j|i)$. $L(j|i)$的赋值法常用以下两种:

(1) 由经验人为赋值.例如 L(判癌|得肺结核)=10, L(判肺结核|得癌症)=1000.

(2) 假定各种错判损失都相等,即令

$$L(j|i;D)=\begin{cases}1, & i\neq j\\ 0, & i=j\end{cases}\overset{\text{def}}{=\!=}1-\delta_{ij}.$$

2. 关于先验概率的平均损失

有了先验概率的概念后,判别法 D 关于先验概率的错判平均损失 $g(D)$定义为

$$g(D)=\sum_{t=1}^{k}q_t\sum_{j=1}^{k}P(j|t)L(j|t)\overset{\text{def}}{=\!=}\sum_{t=1}^{k}q_tr_t(D),\quad(5.2.2)$$

其中 $r_t(D)$表示实属 G_t 的样品被错判为其他总体的损失.

3. 什么是贝叶斯判别准则

定义 5.2.1 设有 k 个总体: $G_1,G_2,\cdots,G_k$,相应的先验概率为 $q_1,q_2,\cdots,q_k$ ($q_i>0,q_1+\cdots+q_k=1$).如果有判别法 D^*,使得 D^* 带来的平均损失 $g(D^*)$达最小,即

$$g(D^*)=\min_{\text{一切}D}g(D),$$

则称判别法 D^* **符合贝叶斯判别准则**,或称 D^* 为**贝叶斯判别的解**.

4. 符合贝叶斯准则的判别法(贝叶斯判别的解)

定理 5.2.1 设有 k 个总体: $G_1,G_2,\cdots,G_k$,已知 G_i 的联合密度函数为 $f_i(X)$,先验概率为 $q_i(i=1,\cdots,k)$,错判损失为 $L(j|i)$,则贝叶斯判别的解 $D^*=\{D_1^*,\cdots,D_k^*\}$为

$$D_t^*=\{X\,|\,h_t(X)<h_j(X),j\neq t,j=1,\cdots,k\}\quad(t=1,\cdots,k),$$

其中

$$h_j(X)=\sum_{i=1}^{k}q_iL(j|i)f_i(X),\tag{5.2.3}$$

它表示把样品 X 判归 G_j 的平均损失.

证明 由(5.2.1)、(5.2.2)和(5.2.3)式得:

$$\begin{aligned}g(D^*)&=\sum_{i=1}^{k}q_i\sum_{t=1}^{k}L(t|i)\int_{D_t^*}f_i(X)\mathrm{d}X\\&=\sum_{t=1}^{k}\int_{D_t^*}\sum_{i=1}^{k}q_iL(t|i)f_i(X)\mathrm{d}X\\&=\sum_{t=1}^{k}\int_{D_t^*}h_t(X)\mathrm{d}X.\end{aligned}$$

若 $D=\{D_1,\cdots,D_k\}$ 是 $\mathbb{R}^m$ 上的任一种划分,则它带来的平均损失为

$$g(D)=\sum_{j=1}^{k}\int_{D_j}h_j(X)\mathrm{d}X,$$

于是

$$\begin{aligned}g(D^*)-g(D)&=\sum_{t=1}^{k}\int_{D_t^*}h_t(X)\mathrm{d}X-\sum_{j=1}^{k}\int_{D_j}h_j(X)\mathrm{d}X\\&=\sum_{j=1}^{k}\sum_{t=1}^{k}\int_{D_t^*\cap D_j}[h_t(X)-h_j(X)]\mathrm{d}X.\end{aligned}$$

由 D^* 的定义知,在 D_t^* 上恒有 $h_t(X)<h_j(X)$ $(j=1,\cdots,k)$,所以

$$g(D^*)-g(D)\leqslant 0,$$

即

$$g(D^*)=\min_{一切D}g(D).$$

由定义 5.2.1 知,D^* 是贝叶斯判别的解. **(证毕)**

以上定理是贝叶斯判别法的基本定理.它给出了具体的判别方法:对样品 X,分别计算 k 个 $h_j(X)$ $(j=1,\cdots,k)$,选其最小者,即可判定样品来自相应的总体.当错判损失都相等时,判别方法还可以由以下的推论给出.

推论 当 $L(j|i)=1-\delta_{ij}$ 时(即错判损失都相等),则贝叶斯判别的解 $D^*=\{D_1^*,\cdots,D_k^*\}$ 为

$$D_t^*=\{X|q_tf_t(X)>q_jf_j(X),j\neq t,j=1,\cdots,k\}\quad(t=1,\cdots,k),\tag{5.2.4}$$

其中 $f_j(X)$ 是 G_j 的联合概率密度函数.

证明 由假设可知

$$h_t(X)=\sum_{i=1}^{k}q_iL(t|i)f_i(X)=\sum_{i\neq t}q_if_i(X)=C(X)-q_tf_t(X),$$

其中 $C(X)=\sum_{i=1}^{k}q_if_i(X)$ 为依赖 X 的数值.

由定理 5.2.1,可得(5.2.4)式. (**证毕**)

例 5.2.1 试导出 $k=2$ 时的贝叶斯判别的解.

解 由(5.2.3)式得

$$h_1(X)=q_2f_2(X)L(1|2),\quad h_2(X)=q_1f_1(X)L(2|1),$$

从而

$$D_1=\{X|q_2f_2(X)L(1|2)<q_1f_1(X)L(2|1)\},$$

$$D_2=\{X|q_1f_1(X)L(2|1)\leqslant q_2f_2(X)L(1|2)\}.$$

若令判别函数为

$$W(X)=\frac{f_1(X)}{f_2(X)},\quad d=\frac{q_2L(1|2)}{q_1L(2|1)},\tag{5.2.5}$$

则贝叶斯判别准则为

$$\begin{cases}X\in G_1, & 若\ W(X)>d,\\ X\in G_2, & 若\ W(X)\leqslant d,\end{cases}$$

这与距离判别准则有相似的形式.

5. 正态总体的贝叶斯判别法

设 G_i 为正态总体 $N_m(\mu^{(i)},\Sigma_i)$ $(i=1,\cdots,k)$,并假定错判损失相等,先验概率为 $q_1,q_2,\cdots,q_k$.

(1) 当 $\Sigma_1=\Sigma_2=\cdots=\Sigma_m\xlongequal{\text{def}}\Sigma$ 时,设总体 G_i 的概率密度函数为 $f_i(X)$,则

$$q_if_i(X)=\frac{q_i}{(2\pi)^{m/2}|\Sigma|^{1/2}}\exp\left\{-\frac{1}{2}(X-\mu^{(i)})'\Sigma^{-1}(X-\mu^{(i)})\right\},$$

$$\ln q_if_i(X)=-\frac{1}{2}[\ln|\Sigma|+m\ln(2\pi)+X'\Sigma^{-1}X]$$

$$+\ln q_i-\frac{1}{2}(\mu^{(i)})'\Sigma^{-1}\mu^{(i)}+X'\Sigma^{-1}\mu^{(i)}$$

$$= C_0 + C_{i0} + X'C_i$$

$$\xlongequal{\text{def}} C_0 + Y_i(X),$$

其中

$$C_0 = -\frac{1}{2}[\ln|\Sigma| + m\ln(2\pi) + X'\Sigma^{-1}X]$$

是与 G_i 无关的依赖于样品 X 的常数；

$$C_{i0} = \ln q_i - \frac{1}{2}(\mu^{(i)})'\Sigma^{-1}\mu^{(i)};$$

$$C_i = \Sigma^{-1}\mu^{(i)} \xlongequal{\text{def}} (C_{i1},\cdots,C_{im})'.$$

当 $\mu^{(i)}$ $(i=1,\cdots,k)$，Σ 未知时，由样本可计算第 i 个总体的样本均值向量为 $\overline{X}^{(i)}$ $(i=1,\cdots,k)$，合并样本协方差阵为

$$S = \frac{1}{n-k}(A_1 + \cdots + A_k).$$

计算 $\ln q_i f_i(X)$时，把样本均值向量与合并样本协方差阵代入，即得贝叶斯判别的解 $D^* = \{D_1^*,\cdots,D_k^*\}$为

$$D_t^* = \{X|Y_t(X) > Y_j(X), j \neq t, j = 1,\cdots,k\} \quad (t = 1,\cdots,k), \tag{5.2.6}$$

其中 $Y_j(X) = C_{j0} + C_j'X$，并且称 $Y_j(X)$ 为**线性判别函数**，而称 $C_j = S^{-1}\overline{X}^{(j)}$ 为**判别系数**，$C_{j0} = \ln q_j - \frac{1}{2}[\overline{X}^{(j)}]'S^{-1}\overline{X}^{(j)}$ 为常数项.

上面所得结果与距离判别法的结果相比较可以看出，除线性判别函数的常数项增加了考虑先验概率的部分($\ln q_j$)外，此时的贝叶斯判别法与协方差阵相等情况下的马氏距离判别法是一致的.

(2) 当 Σ_i $(i=1,\cdots,k)$不全相等时：

$$\ln q_i f_i(X) = d_0 - \frac{1}{2}[-2\ln q_i + \ln|\Sigma_i|$$

$$+ (X-\mu^{(i)})'\Sigma_i^{-1}(X-\mu^{(i)})]$$

$$\xlongequal{\text{def}} d_0 + Z_i(X),$$

其中 $d_0 = -\frac{m}{2}\ln(2\pi)$是与 G_i 及样品 X 无关的常数.

当 $\mu^{(i)}$ $(i=1,2,\cdots,k)$，Σ_i 未知时，由样本可计算第 i 个总体的

样本均值向量为 $\overline{X}^{(i)}$，样本协方差阵为 S_i $(i=1,2,\cdots,k)$. 计算 $\ln q_i f_i(X)$时，把样本均值向量和样本协方差阵代入. 记

$$d_i^2(X) = (X - \overline{X}^{(i)})' S_i^{-1} (X - \overline{X}^{(i)}),$$

它表示样品 X 到第 i 个总体 G_i 的马氏距离，即可得贝叶斯判别的解 $D^* = \{D_1^*, \cdots, D_k^*\}$为

$$D_t^* = \{X \mid Z_t(X) > Z_j(X), j \neq t, j = 1, \cdots, k\} \quad (t = 1, \cdots, k), \tag{5.2.7}$$

其中

$$\begin{aligned} Z_j(X) &= \ln q_j f_j(X) - d_0 \\ &= -\frac{1}{2}[-2\ln q_j + \ln|S_j| + d_j^2(X)] \\ &= -\frac{1}{2} D_j^2(X). \end{aligned}$$

因 $Z_j(X)$是 X 的二次型，故称 $Z_j(X)$为**二次判别函数**. 可见，此时的贝叶斯判别法与协方差阵不全相等情况下的广义平方距离判别法是一致的.

例 5.2.2（**胃癌的鉴别**） 表 5.2 是从病例中随机抽取的部分资料. 这里有三个总体：胃癌、萎缩性胃炎和非胃炎患者. 从每个总体抽 5 个病人，每人化验 4 项生化指标：血清铜蛋白(X_1)、蓝色反应(X_2)、尿吲哚乙酸(X_3)和中性硫化物(X_4). 试用广义平方距离判别法建立判别准则，并对这 15 个样品进行判别归类.

解 此例中总体个数 $k=3$，变量个数 $m=4$，各组样品个数为：$n_1=n_2=n_3=5$ $(n=15)$. 这是多总体的判别归类问题. 我们仍应用 SAS/STAT 软件中的 DISCRIM 过程进行判别归类. 假设三个总体的协方差阵不相等，采用广义平方距离进行判别归类.

在实际应用中，先验概率是很难估计的. 即使有历史资料可查，比如从普查资料分析可得出，胃癌发病率(q_1)为十万分之一至十万分之五十之间，但该值在诊断疾病时并没有实用价值. 所以在实际应用中还是把先验概率取为相等.

输出结果中给出三个总体间两两配对的组间平方距离，用记号

表 5.2　胃癌检验的生化指标值

类别		序号	血清铜蛋白 X_1	蓝色反应 X_2	尿吲哚乙酸 X_3	中性硫化物 X_4
胃癌患者	胃癌患者	1	228	134	20	11
		2	245	134	10	40
		3	200	167	12	27
		4	170	150	7	8
		5	100	167	20	14
非胃癌患者	萎缩性胃炎患者	6	225	125	7	14
		7	130	100	6	12
		8	150	117	7	6
		9	120	133	10	26
		10	160	100	5	10
	非胃炎患者	11	185	115	5	19
		12	170	125	6	4
		13	165	142	5	3
		14	135	108	2	12
		15	100	117	7	2

注：X_3,X_4 是原始数据的 100 倍.

$d^2(2|1)$表示 $\overline{X}^{(2)}$到 G_1 的平方距离. 若 $\Sigma_1=\Sigma_2$,则

$$d^2(2|1) = d^2(1|2);$$

但此例中协方差阵 Σ_1 与 Σ_2 不等,因此

$$d^2(2|1)=22.1219,\quad d^2(1|2)=486.03104.$$

输出结果又给出三个总体间两两配对的组间广义平方距离,用记号 $D^2(2|1)$表示 $\overline{X}^{(2)}$到 G_1 的广义平方距离. 此例中协方差阵 Σ_1 与 Σ_2 不等,因此 $D^2(2|1)=43.06467$, $D^2(1|2)=498.2681$,且知

$$D^2(1|1)=20.9428=\ln|S_1|.$$

最后,输出结果给出回判的结果：三个类中 15 个样品都判对了;判别矩阵汇总了判别归类的结果,并指出错判的比率为 0.

§5.3　费希尔(Fisher)判别

一、费希尔判别的基本思想

费希尔判别的基本思想是**投影**. 将 k 组 m 元数据投影到某一个

方向，使得投影后组与组之间尽可能地分开. 而衡量组与组之间是否分开的方法借助于一元方差分析的思想. 利用方差分析的思想来导出判别函数，这个函数可以是线性的，也可以是很一般的函数. 因线性判别函数在实际应用中最方便，本节仅讨论线性判别函数的导出.

设从总体 G_t $(t=1,\cdots,k)$分别抽取 m 元样本如下：

$$X_{(i)}^{(t)} = (x_{i1}^{(t)},\cdots,x_{im}^{(t)})' \quad (t = 1,\cdots,k;i = 1,\cdots,n_t).$$

令 $a=(a_1,\cdots,a_m)'$ 为 m 维空间的任一向量，$u(x)=a'X$ 为 X 向以 a 为法线方向上的投影. 上述 k 个组中的 m 元数据投影后为

$$G_1:\ a'X_{(1)}^{(1)},\cdots,a'X_{(n_1)}^{(1)}, \quad 记\ \overline{X}^{(1)} = \frac{1}{n_1}\sum_{j=1}^{n_1}X_{(j)}^{(1)},$$

$$\cdots\cdots\cdots\cdots \qquad \cdots\cdots\cdots\cdots$$

$$G_k:\ a'X_{(1)}^{(k)},\cdots,a'X_{(n_k)}^{(k)}, \quad 记\ \overline{X}^{(k)} = \frac{1}{n_k}\sum_{j=1}^{n_k}X_{(j)}^{(k)}.$$

每个总体的数据投影后均为一元数据. 对这 k 组一元数据进行一元方差分析，其组间平方和为

$$\begin{aligned} B_0 &= \sum_{t=1}^{k} n_t(a'\overline{X}^{(t)} - a'\overline{X})^2 \\ &= a'\left[\sum_{t=1}^{k} n_t(\overline{X}^{(t)} - \overline{X})(\overline{X}^{(t)} - \overline{X})'\right]a \\ &= a'Ba, \end{aligned}$$

其中 $\overline{X}^{(t)}$和 $\overline{X}$ 分别为 G_t 的样本均值和总样本均值，并记

$$\overline{X} = \frac{1}{n}\sum_{t=1}^{k}\sum_{j=1}^{n_t}X_{(j)}^{(t)},$$

而 B 为组间离差阵：

$$B = \sum_{t=1}^{k} n_t(\overline{X}^{(t)} - \overline{X})(\overline{X}^{(t)} - \overline{X})'.$$

合并的组内平方和为

$$A_0 = \sum_{t=1}^{k}\sum_{j=1}^{n_t}(a'X_{(j)}^{(t)} - a'\overline{X}^{(t)})^2$$

$$= a'\left[\sum_{t=1}^{k}\sum_{j=1}^{n_t}(X_{(j)}^{(t)} - \overline{X}^{(t)})(X_{(j)}^{(t)} - \overline{X}^{(t)})'\right]a$$

$$= a'Aa,$$

其中合并的组内离差阵(或称交叉乘积阵)A 为

$$A = \sum_{t=1}^{k}\sum_{j=1}^{n_t}(X_{(j)}^{(t)} - \overline{X}^{(t)})(X_{(j)}^{(t)} - \overline{X}^{(t)})'.$$

因此,若 k 个总体(类)的均值有显著差异,则比值

$$\frac{a'Ba}{a'Aa} \xlongequal{\text{def}} \Delta(a)$$

应充分大. 利用方差分析的思想,此问题化为求投影方向 a,使 $\Delta(a)$ 达极大值. 显然使 $\Delta(a)$ 达极大的解 a 不唯一. 若 a 使 $\Delta(a)$ 达极大,则 Ca (C 是任意不为零常数)也使 $\Delta(\cdot)$ 达极大,故对 a 附加一约束条件,即选取 a,使 $a'Aa=1$. 因此,问题又化为求 a,使 $\Delta(a)=a'Ba$ 在 $a'Aa=1$ 条件下达极大.

二、线性判别函数的求法

已知 a 是在 $a'Aa=1$ 条件下使 $\Delta(a)=a'Ba$ 达极大的方向,称 $u(X)=a'X$ 为**线性判别函数**. 以下利用拉格朗日乘子法来求条件极值问题的解. 令

$$\varphi(a) = a'Ba - \lambda(a'Aa - 1),$$

解方程组

$$\begin{cases} \dfrac{\partial\varphi}{\partial a} = 2(B - \lambda A)a = 0, \\ \dfrac{\partial\varphi}{\partial\lambda} = 1 - a'Aa = 0. \end{cases} \tag{5.3.1}$$

由方程组(5.3.1)的第一式可知,λ 是 $A^{-1}B$ 的特征值,a 是相应的特征向量,且可以证明 $\lambda=\Delta(a)$. 事实上,由 $Ba=\lambda Aa$ 两边左乘 a',得 $\Delta(a)=a'Ba=\lambda a'Aa=\lambda$.

因此,以上条件极值问题化为求 $A^{-1}B$ 的最大特征值和相应特征向量问题.

设 $A^{-1}B$ 的非零特征值为 $\lambda_1\geqslant\lambda_2\geqslant\cdots\geqslant\lambda_r>0$,相应的满足约束

条件的特征向量为 $l_1, l_2, \cdots, l_r$，取 $a=l_1$ 时可使 $\Delta(a)$ 达最大，且最大值为 λ_1. $\Delta(a)$ 的大小可衡量判别函数 $u(X)=a'X$ 的判别效果，故称 $\Delta(a)$ 为**判别效率**. 综上所述得如下结论.

结论 1 在费希尔准则下，线性判别函数 $u(X)=a'X$ 的解 a，即为特征方程 $|A^{-1}B-\lambda I|=0$ 的最大特征根 λ_1 所对应的满足 $l_1'Al_1=1$ 的特征向量 l_1；且相应的判别效率 $\Delta(l_1)=\lambda_1$.

在有些问题中，仅用一个线性判别函数不能很好地区分 k 个总体，这时可用第二大特征值 λ_2，它所对应的满足 $l_2'Al_2=1$ 的特征向量 l_2，建立第二个线性判函数 $l_2'X$；如还不够，还可建立第三个线性判别函数 $l_3'X$；依次类推.

定义 5.3.1 设 $A^{-1}B$ 的非零特征值为 $\lambda_1 \geqslant \lambda_2 \geqslant \cdots \geqslant \lambda_r > 0$，其相应的满足约束条件的特征向量为 $l_1, l_2, \cdots, l_r$，称

$$P_1 = \lambda_1 \Big/ \sum_{i=1}^{r} \lambda_i$$

为线性判别函数 $u_1(X)=l_1'X$ 的**判别能力**；称

$$P_{(l)} = (\lambda_1 + \cdots + \lambda_l) \Big/ \sum_{i=1}^{r} \lambda_i$$

为前 l 个 $(l \leqslant r)$ 线性判别函数 $u_1(X)=l_1'X, \cdots, u_l(X)=l_l'X$ 的**累计判别能力**.

三、费希尔判别准则

设 $A^{-1}B$ 的非零特征值为 $\lambda_1 \geqslant \lambda_2 \geqslant \cdots \geqslant \lambda_r > 0$，其相应特征向量为 $l_1, l_2, , \cdots, l_r$ $(r \leqslant \min(m, k-1))$.

1. 判别准则 I ($r=1$ 情况)

如果只有一个判别函数 $u(X)=l'X$，它将 m 元数据投影到一维直线上. 例如 $k=2$ 情况，线性判别函数只有一个.

例 5.3.1 若 $k=2$，试求费希尔线性判别函数及其相应的判别效率.

解 当 $k=2$ 时，两总体的组间离差阵 B 为

$$B = n_1(\overline{X}^{(1)} - \overline{X})(\overline{X}^{(1)} - \overline{X})' + n_2(\overline{X}^{(2)} - \overline{X})(\overline{X}^{(2)} - \overline{X})',$$

利用 $\overline{X}=\frac{1}{n_1+n_2}(n_1\overline{X}^{(1)}+n_2\overline{X}^{(2)})$ 可得

$$B=\frac{n_1n_2}{n_1+n_2}(\overline{X}^{(1)}-\overline{X}^{(2)})(\overline{X}^{(1)}-\overline{X}^{(2)})'. \qquad (5.3.2)$$

合并的组内离差阵 A 为 $A=A_1+A_2$，其中

$$A_t=\sum_{i=1}^{n_t}(X_{(i)}^{(t)}-\overline{X}^{(t)})(X_{(i)}^{(t)}-\overline{X}^{(t)})' \quad (t=1,2).$$

由于 B 的秩为 1，故特征方程 $|A^{-1}B-\lambda I|=0$ 的非零特征根只有一个. 事实上，因为

$$A^{-1}B=\frac{n_1n_2}{n_1+n_2}A^{-1}(\overline{X}^{(1)}-\overline{X}^{(2)})(\overline{X}^{(1)}-\overline{X}^{(2)})',$$

利用线性代数有关结论：AB 和 BA 的非零特征根相同知，$A^{-1}B$ 的非零特征根等同于

$$\frac{n_1n_2}{n_1+n_2}(\overline{X}^{(1)}-\overline{X}^{(2)})'A^{-1}(\overline{X}^{(1)}-\overline{X}^{(2)})=\frac{n_1n_2}{n_1+n_2}d^2, \qquad (5.3.3)$$

其中

$$d^2=(\overline{X}^{(1)}-\overline{X}^{(2)})'A^{-1}(\overline{X}^{(1)}-\overline{X}^{(2)}).$$

(5.3.3)式为一个数值，它就是欲求的特征根 λ. 记 l 为对应于 λ 的在条件 $l'Al=1$ 下的特征向量，它满足 $Bl=\lambda Al$，即

$$\frac{n_1n_2}{n_1+n_2}(\overline{X}^{(1)}-\overline{X}^{(2)})(\overline{X}^{(1)}-\overline{X}^{(2)})'l$$

$$=\frac{n_1n_2}{n_1+n_2}(\overline{X}^{(1)}-\overline{X}^{(2)})'A^{-1}(\overline{X}^{(1)}-\overline{X}^{(2)})\cdot Al.$$

若取 $l=\frac{1}{d}A^{-1}(\overline{X}^{(1)}-\overline{X}^{(2)})$，不难看出它满足以上方程，且 $l'Al=1$. 于是得费希尔线性判别函数为

$$u(X)=\frac{1}{d}X'A^{-1}(\overline{X}^{(1)}-\overline{X}^{(2)}),$$

其相应的判别效率为

$$\Delta(l)=\frac{n_1n_2}{n_1+n_2}(\overline{X}^{(1)}-\overline{X}^{(2)})'A^{-1}(\overline{X}^{(1)}-\overline{X}^{(2)}),$$

这里线性判别系数 l 与两总体间的马氏距离判别法的线性判别系数

$a=S^{-1}(\overline{X}^{(1)}-\overline{X}^{(2)})$相差一个倍数.注意这里

$$S=\frac{1}{n_1+n_2-2}A.$$

下面以 $k=2$ 为例来导出按距离准则判断样品归类的判别法.设两总体的样本均值为 $\overline{X}^{(1)},\overline{X}^{(2)}$,则线性判别函数值为

$$\overline{u}^{(1)}=l'\overline{X}^{(1)},\quad \overline{u}^{(2)}=l'\overline{X}^{(2)}.$$

在§5.1曾介绍过两总体协差阵相等或不相等时的判别法.当协差阵相等时,记

$$\overline{u}=\frac{1}{2}(l'\overline{X}^{(1)}+l'\overline{X}^{(2)})=\frac{1}{2}l'(\overline{X}^{(1)}+\overline{X}^{(2)}),\qquad(5.3.4)$$

由(5.3.4)式确定的 $\overline{u}$ 给出的判别准则为:当 $u(X)>\overline{u}$ 时判 $X\in G_1$;当 $u(X)\leqslant\overline{u}$ 时判 $X\in G_2$.当协差阵不等时,记

$$u_{(i)}^{(t)}=l'X_{(i)}^{(t)}\quad(t=1,2;i=1,\cdots,n_t).$$

投影后总体 G_t $(t=1,2)$的样本方差为

$$\begin{aligned}\hat{\sigma}_t^2&=\frac{1}{n_t-1}\sum_{i=1}^{n_t}(u_{(i)}^{(t)}-\overline{u}^{(t)})^2\\&=\frac{1}{n_t-1}l'\left[\sum_{i=1}^{n_t}(X_{(i)}^{(t)}-\overline{X}^{(t)})(X_{(i)}^{(t)}-\overline{X}^{(t)})'\right]l\\&=\frac{1}{n_t-1}l'A_tl=l'S_tl.\end{aligned}$$

这时分界点 u^* 和 u_* 为

$$u^*=\frac{\hat{\sigma}_2\overline{u}^{(1)}+\hat{\sigma}_1\overline{u}^{(2)}}{\hat{\sigma}_1+\hat{\sigma}_2},\quad u_*=\frac{\hat{\sigma}_2u^{(1)}-\hat{\sigma}_1\overline{u}^{(2)}}{\hat{\sigma}_2-\hat{\sigma}_1},\qquad(5.3.5)$$

判别准则为(不妨设 $l'\overline{X}^{(1)}>l'\overline{X}^{(2)},\hat{\sigma}_1<\hat{\sigma}_2$)

$$\begin{cases}判\ X\in G_1,\quad 当\ u^*<u(X)<u_*\ 时;\\判\ X\in G_2,\quad 当\ u(X)\leqslant u^*\ 或\ u(X)\geqslant u_*\ 时.\end{cases}$$

2. 判别准则Ⅱ ($r>1$ 情况)

先取判别效率最大(记为 λ_1)的线性判别函数 $u_1(X)=l_1'X$,k 个总体的均值向量在 l_1 上的投影为 $\overline{u}_1^{(t)}=l_1'\overline{X}^{(t)}$ $(t=1,\cdots,k)$.对样品 $X=(x_1,\cdots,x_m)'$,计算它在 l_1 上投影:$u_1(X)=l_1'X$.若存在唯一的 i_1,使

$$\frac{|u_1(X)-\overline{u}_1^{(i_1)}|}{\hat{\sigma}_{i_1}}=\min_{t=1,\cdots,k}\frac{|u_1(X)-\overline{u}_1^{(t)}|}{\hat{\sigma}_t}$$

时，判 $X\in G_{i_1}$. 如果存在 j 个总体 $G_{k_1},\cdots,G_{k_j}$ $(j>1)$，使其与 $u_1(X)$ 距离相等且为最小，记序号集 $L=\{k_1,\cdots,k_j\}$，则再取判别效率为 λ_2（次大）的判别函数 $u_2(X)=l_2'X$，当存在唯一的 i_2，使

$$\frac{|u_2(X)-\overline{u}_2^{(i_2)}|}{\hat{\sigma}_{i_2}}=\min_{t\in L}\frac{|u_2(X)-\overline{u}_2^{(t)}|}{\hat{\sigma}_t}$$

时，则判 $X\in G_{i_2}$，其中 $\overline{u}_2^{(t)}=l_2'\overline{X}^{(t)}$. 如果第二个判别函数仍不能判别样品 X 所属总体，则还可以取第三个线性判别函数，依此类推. 这个准则借用了序贯判别的思想.

3. 判别准则Ⅲ

如果有 r 个非零特征根($1\leqslant r\leqslant m$)，相应的有 r 个线性判别函数 $u_1(X),\cdots,u_r(X)$. 这时相当于把原来 m 个变量综合成 r 个新变量. 在实用中常取 $l\leqslant r$，且满足 $(\lambda_1+\cdots+\lambda_l)/(\lambda_1+\cdots+\lambda_l+\cdots+\lambda_r)\geqslant P_0$（一般取 $P_0\geqslant 0.7$）. 这样 m 元总体的判别问题即化为 l 元总体的判别问题，一般地新变量个数比原变量个数减少了. 由于特征向量线性无关，故 l 个新变量互不相关. 然后对 l 元数据按 §5.1 的距离判别准则来进行判别归类.

例 5.3.2 试对表 5.2 中胃癌检验的生化指标值用费希尔判别的方法进行判别归类.

解 首先使用典型判别(CANDISC)过程，由第十章将介绍的典型相关分析方法求出两个典型变量（即 $u_1(X)$ 和 $u_2(X)$）：

$$u_1(X)=0.0100X_1+0.04018X_2+0.1764X_3+0.03055X_4,$$

$$u_2(X)=-0.003880X_1-0.05462X_2+0.1600X_3+0.06206X_4.$$

然后计算典型变量的得分，也就是用中心化后的观测数据代入以上 $u_1(X)$ 和 $u_2(X)$ 的关系式中所得到的值. 如果绘制第一和第二典型变量得分的散布图，还可以直观地看出，这三个类基本上是能够分开的，特别是第 1 类与其他两类.

接着调用判别归类(DISCRIM)过程，由典型判别方法产生的两个典型变量的得分（这时把 4 元总体简化为 2 元总体）进行判别归

类. 首先给出用两个典型变量得分进行判别归类时计算的两两配对的组间距离及均值差异的显著性检验的结果. 记 $\nu^{(i)}$ $(i=1,2,3)$为变换后第 i 个 2 元总体的均值向量,如检验 $H_0^{(12)}$: $\nu^{(1)}=\nu^{(2)}$的 $p=0.0019<\alpha=0.05$;检验 $H_0^{(13)}$: $\nu^{(1)}=\nu^{(3)}$的 $p=0.0010<\alpha=0.05$;检验 $H_0^{(23)}$: $\nu^{(2)}=\nu^{(3)}$的 $p=0.3231>\alpha=0.05$. 这表明变换后第 1 类与第 2 和第 3 类之间有显著性差异,而第 2 类与第 3 类之间的差异就不显著. 接着给出用费希尔判别方法对 15 个观测进行判别的结果,从输出中可以看到判错的个数为 3 个(把原属于第 1 类的第 4 号观测判归为第 3 类;把原属于第 2 类的第 8 号观测判归为第 3 类;把原属于第 3 类的第 11 号观测判归为第 2 类).

如果假定三个类的协方差阵不等,由 DISCRIM 过程对 15 个观测进行判别的结果为错判了两个(即第 8 号和第 11 号观测).

§5.4 判别效果的检验及各变量判别能力的检验

以上几节介绍的判别准则,都是根据已知观测值(即训练样本),建立判别函数,并由判别函数给出空间 $\mathbb{R}^m$ 的一个划分 D(即判别法). 建立在样本基础上的判别法则,其判别能力显然与样本是否来自不同的总体有关;也与所考察的 m 个判别指标变量是否能区分 k 个不同的总体(组)有关.

假设总体 G_t 的分布为 $N_m(\mu^{(t)},\Sigma_t)$ $(t=1,2,\cdots,k)$, $X_{(i)}^{(t)}(t=1,\cdots,k;i=1,2,\cdots,n_t)$为来自 G_t 的 m 元样本.

一、两总体判别效果的检验

先考虑 $k=2$ 的简单情况. 所谓判别效果的检验,就是检验两总体的均值是否有显著性差异. 一般我们提出的原假设 H_0 为两总体的均值是相等的. 如果 H_0 被否定,则说明两个总体 G_1 和 G_2 确实可以区分,建立的判别准则是有意义的. 如果 H_0 不能被拒绝,说明两个总体均值的差异不显著,此时来讨论判别分析是自欺欺人,毫无意义，除非考虑其他新的判别变量.

假设 G_i 为 $N(\mu^{(i)},\Sigma)$ $(i=1,2)$. 检验两总体的均值是否有显著性差异(即检验 H_0: $\mu^{(1)}=\mu^{(2)}$)时，根据第三章的结论，首先计算两总体样本均值 $\overline{X}^{(1)}$ 与 $\overline{X}^{(2)}$ 之间的马氏距离 $d^2(1,2)$：

$$d^2(1,2) = (\overline{X}^{(1)} - \overline{X}^{(2)})' S^{-1} (\overline{X}^{(1)} - \overline{X}^{(2)}),$$

其中 S 是合并样本协方差阵. 然后，由马氏距离 d^2 构造检验统计量——F 统计量：

$$F = \frac{(n_1 + n_2 - m - 1) n_1 n_2}{m(n_1 + n_2)(n_1 + n_2 - 2)} d^2(1,2),$$

其中 n_i 是第 i 个总体的样品个数$(i=1,2)$. 在两总体均值相等的假设成立下，F 统计量服从分子自由度为 m，而分母自由度为 n_1+n_2-m-1 的 F 分布. 利用样本可计算 F 统计量的值，由该值还可求出显著性概率值(p 值). 若 p 值小于给定的显著性水平 α (常取 $\alpha=0.05$)，则否定两总体的均值向量是相等的假设，即对这两总体讨论判别问题是有意义的. 若 p 值大于等于给定的显著性水平 α，则两总体的均值没有显著性的差异. 这时讨论两总体的判别问题是没有意义的. 如果盲目地应用以上介绍的方法进行判别归类，则错判的机会将很大.

二、k 个总体判别效果的检验($k>2$)

当 $k>2$ 时，判别效果的检验问题包括以下两方面：首先检验 k 个类的均值向量是否全都相等(即检验 H_0: $\mu^{(1)}=\mu^{(2)}=\cdots=\mu^{(k)}$)；若不全相等，则进一步对 k 个总体两两配对，然后逐对检验这两个总体的均值是否有显著差异(检验 $H_0^{(ij)}$: $\mu^{(i)}=\mu^{(j)}, i\neq j$)，也就是检验这两总体的判别效果是否显著. 具体方法仍是通过计算各总体间的马氏距离及 F 统计量，并利用 p 值的大小来判断其判别效果.

1. 检验 H_0: $\mu^{(1)}=\mu^{(2)}=\cdots=\mu^{(k)}$

假设 k 个总体的协方差阵相同：$\Sigma_1=\Sigma_2=\cdots=\Sigma_k \stackrel{\text{def}}{=\!=} \Sigma$. 根据第三章多元方差分析的方法. 我们把样本的总离差阵 T 分解为：

$$T=\sum_{t=1}^{k}\sum_{j=1}^{n_t}(X_{(j)}^{(t)}-\overline{X})(X_{(j)}^{(t)}-\overline{X})'=A+B, \quad (5.4.1)$$

其中

$$A=\sum_{t=1}^{k}A_t=\sum_{t=1}^{k}\sum_{i=1}^{n_t}(X_{(i)}^{(t)}-\overline{X}^{(t)})(X_{(i)}^{(t)}-\overline{X}^{(t)})' \quad (5.4.2)$$

称为合并组内离差阵,

$$B=\sum_{i=1}^{k}n_i(\overline{X}^{(i)}-\overline{X})(\overline{X}^{(i)}-\overline{X})'$$

称为组间离差阵.

利用似然比原则可导出检验 H_0 的似然比统计量

$$\Lambda=\frac{|A|}{|A+B|}=\frac{|A|}{|T|}.$$

根据 Λ 分布的定义,可知(记 $n=n_1+n_2+\cdots+n_k$)

$$\Lambda=\frac{|A|}{|A+B|}\overset{H_0\text{下}}{\sim}\Lambda(m,n-k,k-1).$$

给定显著性水平 α,查威尔克斯分布临界值表,可得 λ_α,使

$$P\{\Lambda\leqslant\lambda_\alpha\}=\alpha,$$

故否定域 $W=\{\Lambda\leqslant\lambda_\alpha\}$. 当 $k=2$ 或 3 时,可把 Λ 分布转化为 F 分布,更一般地情况可用 χ^2 分布或 F 分布来近似,即由 Λ 函数的近似分布进行检验(见参考文献[1]或[2]).

2. 分别检验 $H_0^{(ij)}$: $\mu^{(i)}=\mu^{(j)}$

把 k 个总体两两配对,逐对检验,辨明各对的判别效果. 具体方法同小节一"两总体判别效果的检验". 计算中作了如下处理(假定 $\Sigma_1=\cdots=\Sigma_k\overset{\text{def}}{=\!=}\Sigma$),检验 $H_0^{(ij)}$: $\mu^{(i)}=\mu^{(j)}$ $(i,j=1,\cdots,k,i\neq j)$时,取

$$F_{ij}=\frac{n-k-m+1}{m(n-k)}\frac{n_in_j}{n_i+n_j}d_{ij}^2,$$

其中

$$d_{ij}^2=(\overline{X}^{(i)}-\overline{X}^{(j)})'S^{-1}(\overline{X}^{(i)}-\overline{X}^{(j)}),$$

$$\overline{X}^{(i)}-\overline{X}^{(j)}\overset{H_0^{(ij)}\text{下}}{\sim}N_m\left(0,\left(\frac{1}{n_i}+\frac{1}{n_j}\right)\Sigma\right),$$

$$(n-k)S=A_1+A_2+\cdots+A_k\sim W_m(n-k,\Sigma),$$

且 $\overline{X}^{(i)}$, A_i 分别是第 i 个总体 G_i 的样本均值和离差阵. 故

$$T_{ij}^2 = \frac{n_i n_j}{n_i + n_j} d_{ij}^2 \overset{H_0^{(ij)}\text{下}}{\sim} T^2(m, n-k),$$

$$F_{ij} = \frac{n-k-m+1}{m(n-k)} T_{ij}^2 \overset{H_0^{(ij)}\text{下}}{\sim} F(m, n-k-m+1).$$

从而可以利用 F 统计量对假设 $H_0^{(ij)}$ 进行检验.

三、各变量判别能力的检验

当检验 k 个类的均值向量是否全都相等(即检验 H_0: $\mu^{(1)} = \mu^{(2)} = \cdots = \mu^{(k)}$)时,若否定假设 H_0(即表明 k 个总体的均值向量之间有显著性差异),也并不能保证其各分量的均值向量有显著差异. 若第 i 个分量间没有显著差异时,说明相应的变量 X_i 对判别分类不起作用,应该剔除. 关于各变量判别能力的检验问题是筛选判别变量的理论基础,也是下一节介绍逐步判别的理论依据.

1. 变量判别能力的度量

以上检验 H_0: $\mu^{(1)} = \mu^{(2)} = \cdots = \mu^{(k)}$ 时,引入检验统计量

$$\Lambda_{(m)} = \frac{|A|}{|T|},$$

$\Lambda_{(m)}$ 的值越小,表明 m 个指标(变量)对 k 个总体的判别效果越好. 用附录中 § 9 介绍的消去变换法可以求行列式的值:

$$|A| = \begin{vmatrix} a_{11} & a_{12} & \cdots & a_{1m} \\ a_{21} & a_{22} & \cdots & a_{2m} \\ \vdots & \vdots & & \vdots \\ a_{m1} & a_{m2} & \cdots & a_{mm} \end{vmatrix} = a_{11} \begin{vmatrix} 1 & \frac{a_{12}}{a_{11}} & \cdots & \frac{a_{1m}}{a_{11}} \\ 0 & a_{22}^{(1)} & \cdots & a_{2m}^{(1)} \\ \vdots & \vdots & & \vdots \\ 0 & a_{m2}^{(1)} & \cdots & a_{mm}^{(1)} \end{vmatrix}$$

$$= a_{11} \begin{vmatrix} a_{22}^{(1)} & \cdots & a_{2m}^{(1)} \\ \vdots & & \vdots \\ a_{m2}^{(1)} & \cdots & a_{mm}^{(1)} \end{vmatrix} = \cdots = a_{11} a_{22}^{(1)} \cdots a_{mm}^{(m-1)},$$

其中(记 $a_{ij} = a_{ij}^{(0)}$)

$$a_{ii}^{(i-1)} = a_{ii}^{(i-2)} - \frac{a_{i(i-1)}^{(i-2)} \cdot a_{(i-1)i}^{(i-2)}}{a_{(i-1)(i-1)}^{(i-2)}} \quad (i = 2, 3, \cdots, m).$$

类似地有$|T|=t_{11}t_{22}^{(1)}\cdots t_{mm}^{(m-1)}$. 所以

$$\Lambda_{(m)}=\frac{|A|}{|T|}=\frac{a_{11}}{t_{11}}\frac{a_{22}^{(1)}}{t_{22}^{(1)}}\cdots\frac{a_{mm}^{(m-1)}}{t_{mm}^{(m-1)}}\stackrel{\text{def}}{=\!=}U_{(1,2,\cdots,m)}.$$

以上行列式的计算是按自然顺序做消去变换. 由消去变换的性质可知,亦可不按自然顺序进行. 设$(i_1,i_2,\cdots,i_m)$是$(1,2,\cdots,m)$的任一排列,第k次以(i_k,i_k)为主元做消去变换$(k=1,2,\cdots,m)$,于是有:

$$\Lambda_{(m)}=\frac{a_{i_1i_1}}{t_{i_1i_1}}\frac{a_{i_2i_2}^{(1)}}{t_{i_2i_2}^{(1)}}\cdots\frac{a_{i_mi_m}^{(m-1)}}{t_{i_mi_m}^{(m-1)}}\stackrel{\text{def}}{=\!=}U_{(i_1,i_2,\cdots,i_m)}.$$

$\Lambda_{(m)}$的大小可以用来度量m个指标$X_1,X_2,\cdots,X_m$对k个总体的判别效果, $\Lambda_{(m)}$越小,判别效果越好.

如果只考虑$m-1$个变量,不妨设为$X_1,X_2,\cdots,X_{m-1}$,则

$$\Lambda_{(m-1)}=\frac{|A_{m-1}|}{|T_{m-1}|}=\frac{a_{11}}{t_{11}}\frac{a_{22}^{(1)}}{t_{22}^{(1)}}\cdots\frac{a_{(m-1)(m-1)}^{(m-2)}}{t_{(m-1)(m-1)}^{(m-2)}}$$

$$\stackrel{\text{def}}{=\!=}U_{(1,2,\cdots,m-1)}.$$

显然

$$U_{(1,2,\cdots,m)}=U_{(1,2,\cdots,m-1)}\cdot\frac{a_{mm}^{(m-1)}}{t_{mm}^{(m-1)}}.$$

记

$$U_{m|(1,\cdots,m-1)}=\frac{a_{mm}^{(m-1)}}{t_{mm}^{(m-1)}},$$

并称它为给定$X_1,X_2,\cdots,X_{m-1}$时,变量X_m的判别能力,它是变量X_m判别能力的一个度量. 它的值愈小,变量X_m的判别能力越强. 在以上记号下,有递推公式:

$$U_{(1,2,\cdots,m)}=U_{(1,2,\cdots,m-1)}\cdot U_{m|(1,\cdots,m-1)}.$$

类似地,可定义变量X_i判别能力的度量$U_{i|(1,\cdots,i-1,i+1,\cdots,m)}(i=1,\cdots,m)$,且

$$U_{(1,2,\cdots,m)}=U_{(1,\cdots,i-1,i+1,\cdots,m)}\cdot U_{i|(1,\cdots,i-1,i+1,\cdots,m)}.$$

变量判别能力的度量采用删去该变量后考察判别能力的变化,若变化小表示该变量对区分k个总体不起作用,否则该变量对区分k个总体是重要的.

2. 变量判别能力的检验(附加信息检验)

若已知 r 个变量 $X_{i_1},\cdots,X_{i_r}$ $(r<m)$对 k 个总体的判别效果显著. 相应的度量这 r 个变量判别能力的统计量为

$$U_{(i_1,\cdots,i_r)}=\frac{a_{i_1i_1}}{t_{i_1i_1}}\frac{a_{i_2i_2}^{(1)}}{t_{i_2i_2}^{(1)}}\cdots\frac{a_{i_ri_r}^{(r-1)}}{t_{i_ri_r}^{(r-1)}},$$

在此基础上考虑添加另一变量 $X_{i_{r+1}}$后,对应的 U 统计量为

$$U_{(i_1,\cdots,i_r,i_{r+1})}=U_{(i_1,\cdots,i_r)}\cdot U_{i_{r+1}|(i_1,\cdots,i_r)},$$

其中
$$U_{i_{r+1}|(i_1,\cdots,i_r)}=\frac{a_{i_{r+1}i_{r+1}}^{(r)}}{t_{i_{r+1}i_{r+1}}^{(r)}}$$

表示在已引入 r 个变量 $X_{i_1},\cdots,X_{i_r}$之后,再添加 $X_{i_{r+1}}$对 U 统计量的影响. 为检验 $X_{i_{r+1}}$对 k 个总体的判别效果能否提供附加信息(即它新提供的信息是否被包含在 $X_{i_1},\cdots,X_{i_r}$ 提供的信息之中)需作统计检验.

请注意,这时不是简单地检验 H_0: $\mu_{i_{r+1}}^{(1)}=\mu_{i_{r+1}}^{(2)}=\cdots=\mu_{i_{r+1}}^{(k)}$(即 k 个均值向量的第 i_{r+1}个分量是否相等). 而是首先要从 $X_{i_{r+1}}$ 中将 X_{i_1}, $\cdots,X_{i_r}$ 提供的信息扣除,再检验扣除后的均值向量是否相等. 这里需要利用条件均值的概念. 令

$$\mu_{i_{r+1}|(i_1,\cdots,i_r)}^{(t)}=\mathrm{E}[X_{ji_{r+1}}^{(t)}|X_{ji_1}^{(t)},\cdots,X_{ji_r}^{(t)}]$$
$$(t=1,2,\cdots,k;j=1,2,\cdots,n_t),$$

其中 $X_{ji_u}^{(t)}(u=1,2,\cdots,r+1)$表示第 t 个总体 G_t 中第 j 个样品 $X_{(j)}^{(t)}=(X_{j1}^{(t)},\cdots,X_{ji_u}^{(t)},\cdots,X_{jm}^{(t)})$的第 i_u 个分量. 附加信息的检验是

$$H_0:\ \mu_{i_{r+1}|(i_1,\cdots,i_r)}^{(1)}=\mu_{i_{r+1}|(i_1,\cdots,i_r)}^{(2)}=\cdots=\mu_{i_{r+1}|(i_1,\cdots,i_r)}^{(k)}. \tag{5.4.3}$$

在总体为正态分布假设下,因正态分布的条件分布仍为正态分布,因此检验(5.4.3)式仍可以用威尔克斯统计量. 由第二章§2.3 定理 2.3.2,不难证明,(5.4.3)式的似然比统计量为

$$U_{i_{r+1}|(i_1,\cdots,i_r)}=\frac{a_{i_{r+1}i_{r+1}}^{(r)}}{t_{i_{r+1}i_{r+1}}^{(r)}}. \tag{5.4.4}$$

可以证明:

$$U_{(i_1,\cdots,i_r)} = \Lambda_{(r)} \sim \Lambda(r, n-k, k-1),$$

$$U_{(i_1,\cdots,i_r,i_{r+1})} = \Lambda_{(r+1)} \sim \Lambda(r+1, n-k, k-1),$$

$$U_{i_{r+1}|(i_1,\cdots,i_r)} \overset{\text{def}}{=\!=} \Lambda_{i_{r+1}|(r)} \sim \Lambda(1, n-k-r, k-1).$$

利用 Λ 统计量与 F 统计量的关系,有

$$F = \frac{n-k-r}{k-1}\frac{1-U_{i_{r+1}|(i_1,\cdots,i_r)}}{U_{i_{r+1}|(i_1,\cdots,i_r)}} \overset{H_0\text{下}}{\sim} F(k-1, n-k-r).$$

利用 F 统计量对假设 H_0 作统计检验:若否定 H_0,表示变量 $X_{i_{r+1}}$ 对 k 个总体的判别能力是显著的(在显著性水平 α 下);否则,变量 $X_{i_{r+1}}$ 对 k 个总体的区分不能提供附加信息,这个变量应剔除.

§5.5 逐步判别

一、逐步判别法的基本思想

前面我们讨论了用全部 m 个变量 $X_1, X_2, \cdots, X_m$ 来建立判别函数,用以对样品进行判别归类的几种方法.在这 m 个变量中,有的变量对区分 k 个总体的判别能力可能很强,有的可能很微弱.如果不加区别地把 m 个变量全部用来建立判别函数,必然增加大量的计算,还可能因为变量间的相关性引起计算上的困难(病态或退化等)及计算精度的降低.另一方面由于一些对区分 k 个总体的判别能力很小的变量的引入,产生干扰,致使建立的判别函数不稳定,反而影响判别效果,因此自然提出一个变量的选择问题.即如何从 m 个变量中挑选出对区分 k 个总体有显著判别能力的变量,来建立判别函数,用以判别归类.

类似于回归分析,判别分析的变量选择方法也有向前法、后退法和逐步筛选法.这里仅介绍逐步筛选法.

逐步判别的基本思想和逐步回归是类似的.逐个引入变量,每次把一个判别能力最强的变量引入判别式,每引入一个新变量,对判别式中的老变量逐个进行检验,如其判别能力因新变量的引入而变得不显著,应把它从判别式中剔除.这种通过逐步筛选变量使得建立的

判别函数中仅保留判别能力显著的变量的方法，就是**逐步判别法**.

二、逐步筛选变量的基本步骤

记合并组内离差阵 $A=(a_{ij})$，总离差阵 $T=(t_{ij})$，A,T 的定义见(5.4.1)和(5.4.2)式.

1. 可否引入变量进入判别式

(1) 考察变量 X_i $(i=1,\cdots,m)$对 k 个总体的判别能力(此时判别式中变量个数 $r=0$). 变量 X_i 的判断能力 $U_{(i)}$为

$$U_{(i)}=\frac{a_{ii}}{t_{ii}}\quad(i=1,\cdots,m),$$

设 $U_{(i_1)}=\min\limits_{i=1,\cdots,m}U_{(i)}$.

(2) 检验 X_{i_1}对 k 个总体的判别效果是否显著，即检验：

$$H_0:\ \mu_{i_1}^{(1)}=\mu_{i_1}^{(2)}=\cdots=\mu_{i_1}^{(k)},$$

其中 $\mu_{i_1}^{(t)}$为总体 G_t 的均值向量 $\mu^{(t)}$的第 i_1 个分量. 在 H_0 成立时

$$U_{(i)}\sim\Lambda(1,n-k,k-1),$$

由 $U_{(i)}$可构造检验统计量

$$F=\frac{1-U_{(i_1)}}{U_{(i_1)}}\frac{n-k}{k-1}=\frac{t_{i_1i_1}-a_{i_1i_1}}{a_{i_1i_1}}\frac{n-k}{k-1}$$

$$\overset{H_0\text{下}}{\sim}F(k-1,n-k).$$

对给定的显著性水平 $\alpha=0.05$，按传统的检验方法，可查 F 分布临界值表得 F_α，使 $P\{F>F_\alpha\}=\alpha$. 比较由样本值计算得到的 F 值及临界值 F_α. 若 $F\leqslant F_\alpha$ 时表明判别能力"最强"的变量 X_{i_1}对 k 个总体判别效果并不显著，逐步筛选变量的过程停止，这时所考察的 m 个变量不能区分 k 个总体，应考虑引入新变量.

若 $F>F_\alpha$，把变量 X_{i_1}引入判别式，并对矩阵 A,T 做消去变换：

$$A^{(1)}=T_{i_1}(A),\quad T^{(1)}=T_{i_1}(T).$$

利用统计软件进行检验时(以后我们均采用此种方法描述统计检验的步骤)，首先由样本值计算得到的 F 统计量的值 f，并计算 p 值：

$$p=P\{F\geqslant f\}\quad(\text{其中 }F\sim F(k-1,n-k)).$$

若 $p \geqslant \alpha$，则 H_0 相容，没有变量引入；若 $p<\alpha$，则把变量 X_{i_1} 引入判别式，并对矩阵 A,T 做消去变换.

2. 考虑能否剔除变量的步骤

设判别式中已有变量 $X_{i_1}, X_{i_2}, \cdots, X_{i_r}$ $(r>1)$. 矩阵 A,T 经若干次消去变换后化为 $A^{(r)}, T^{(r)}$.

(1) 计算判别式中变量 X_{i_j} 在其余 $r-1$ 个变量给定时的判别能力(即威尔克斯统计量). 记

$$U_{i_j|(i_1,\cdots,i_{j-1},i_{j+1},\cdots,i_r)} \xlongequal{\text{def}} U_{i_j|(r-1)},$$

$$U_{i_j|(r-1)} = \frac{a_{i_ji_j}^{(r-1)}}{t_{i_ji_j}^{(r-1)}} = \frac{t_{i_ji_j}^{(r)}}{a_{i_ji_j}^{(r)}} \quad (j=1,\cdots,r),$$

设 $U_{i_0|(r-1)} = \max\limits_{j=1,\cdots,r} U_{i_j|(r-1)}$.

(2) 检验 X_{i_0} 在其余 $r-1$ 个变量给定时对 k 个总体的判别效果是否显著，即检验

$$H_0:\ \mu_{i_0|(r-1)}^{(1)} = \mu_{i_0|(r-1)}^{(2)} = \cdots = \mu_{i_0|(r-1)}^{(k)}.$$

在 H_0 成立时威尔克斯统计量

$$U_{i_0|(r-1)} \sim \Lambda(1, n-k-r+1, k-1),$$

由 $U_{i_0|(r-1)}$ 可构造统计量

$$F = \frac{1-U_{i_0|(r-1)}}{U_{i_0|(r-1)}} \frac{n-(r-1)-k}{k-1}$$

$$\overset{H_0\text{下}}{\sim} F(k-1, n-k-r+1).$$

对给定的显著性水平 $\alpha=0.05$，首先由观测样本计算 F 统计量的值 f，并计算 p 值：

$$p = P\{F \geqslant f\} \quad (\text{其中 } F \sim F(k-1, n-k-r+1)).$$

若 $p<\alpha$，则否定 H_0，表明判别能力“最弱”的变量 X_{i_0} 对 k 个总体判别效果都是显著的，不能剔除，转入考虑可否引入新变量的步骤；若 $p \geqslant \alpha$，则 H_0 相容，表明因新变量的引入使判别式中原有的变量 X_{i_0} 变为不能提供附加信息(即判别效果不显著)，应剔除 X_{i_0}，并对 $A^{(r)}, T^{(r)}$ 做消去变换：

$$A^{(r+1)} = T_{i_0}(A^{(r)}), T^{(r+1)} = T_{i_0}(T^{(r)}),$$

然后再继续考虑能否再剔除变量.

3. 考虑能否引入新变量的步骤

设判别式中已有 r 个变量 $X_{i_1}, X_{i_2}, \cdots, X_{i_r}$,考虑能否从其余 $m-r$ 个变量 $X_{j_1}, X_{j_2}, \cdots, X_{j_{m-r}}$ 中选出在给定 $X_{i_1}, X_{i_2}, \cdots, X_{i_r}$ 的条件下,其判别效果显著的变量.

(1) 对不在判别式中的变量 $X_{j_1}, X_{j_2}, \cdots, X_{j_{m-r}}$ 计算在 $X_{i_1}, X_{i_2}, \cdots, X_{i_r}$ 给定时的判别能力(威尔克斯统计量). X_{j_α} 的威尔克斯统计量为

$$U_{j_\alpha|(r)} = \frac{a_{j_\alpha j_\alpha}^{(r)}}{t_{j_\alpha j_\alpha}^{(r)}} \quad (\alpha = 1, \cdots, m-r),$$

设 $U_{j_0|(r)} = \min\limits_{\alpha=1,\cdots,m-r} U_{j_\alpha|(r)}$.

(2) 检验 H_0: $\mu_{j_0|(r)}^{(1)} = \mu_{j_0|(r)}^{(2)} = \cdots = \mu_{j_0|(r)}^{(k)}$. 在 H_0 成立时威尔克斯统计量

$$U_{j_0|(r)} \sim \Lambda(1, n-k-r, k-1),$$

由 $U_{j_0|(r)}$ 可构造统计量

$$F = \frac{1-U_{j_0|(r)}}{U_{j_0|(r)}} \frac{n-k-r}{k-1} \overset{H_0\text{下}}{\sim} F(k-1, n-k-r).$$

对给定的显著性水平 α,首先由观测样本计算 F 统计量的值 f,并计算 p 值:

$$p = P\{F \geqslant f\} \quad (\text{其中 } F \sim F(k-1, n-k-r)).$$

若 $p \geqslant \alpha$,则 H_0 相容,变量 X_{j_0} 不能引入判别式,筛选变量的过程结束;若 $p < \alpha$,则把变量 X_{j_0} 引入判别式,并对矩阵 $A^{(r)}, T^{(r)}$ 做消去变换:

$$A^{(r+1)} = T_{j_0}(A^{(r)}), \quad T^{(r+1)} = T_{j_0}(T^{(r)}),$$

然后转入考虑能否剔除老变量的步骤.

三、逐步判别的计算方法

设样本 $X_{(j)}^{(t)} = (X_{j1}^{(t)}, X_{j2}^{(t)}, \cdots, X_{jm}^{(t)})'$ $(t=1, \cdots, k; j=1,2,\cdots,n_t)$,

记 $n=n_1+n_2+\cdots+n_k$.

1. 准备工作

(1) 计算各总体(类)的样本均值 $\overline{X}^{(t)}$ $(t=1,\cdots,k)$和总样本均值 $\overline{X}$.

(2) 计算样本的合并组内离差阵 A 和总离差阵 T.

(3) 规定显著性水平 α (如 $\alpha=0.05$).

2. 逐步筛选变量

假设已计算了 L 步($L\geqslant 0$),在判别式中选入了 L 个变量(用 L 表示入选变量的个数,且表示入选变量的集合,如 $L=\{i_1,\cdots,r_L\}$);合并组内离差阵 A 和总离差阵 T 经若干次消去变换化为 $A^{(L)},T^{(L)}$.

(1) 计算所有变量的判别能力 $U_{(i)}$ $(i=1,2,\cdots,m)$:

$$U_{(i)}=\begin{cases}\dfrac{a_{ii}^{(L)}}{t_{ii}^{(L)}}\xlongequal{\text{def}}U_{i|(L)}, & \text{当 } i\overline{\in} L,\\[2ex] \dfrac{t_{ii}^{(L)}}{a_{ii}^{(L)}}\xlongequal{\text{def}}U_{i|(L-1)}, & \text{当 } i\in L,\end{cases}$$

设 $U_{i_0|(L-1)}=\max\limits_{i\in L}U_{i|(L-1)}$, $U_{j_0|(L)}=\min\limits_{i\overline{\in} L}U_{i|(L)}$.

(2) 为检验 X_{i_0}可否从判别式中剔除,计算检验统计量

$$F_1=\frac{1-U_{i_0|(L-1)}}{U_{i_0|(L-1)}}\,\frac{n-(L-1)-k}{k-1}=\frac{a_{i_0i_0}^{(L)}-t_{i_0i_0}^{(L)}}{t_{i_0i_0}^{(L)}}\,\frac{n-L-k+1}{k-1}$$

的值;再由得到的 F_1统计量值 f_1计算 p 值:

$$p=P\{F_1\geqslant f_1\}\quad (\text{其中 } F_1\sim F(k-1,n-k-L+1)).$$

若 $p<\alpha$,不能剔除,转入考虑可否引入新变量的步骤(3);若 $p\geqslant\alpha$,应剔除 X_{i_0},记 $r=i_0$,并转到步骤(4).

(3) 为检验 X_{j_0}可否引入判别式,计算检验统计量

$$F_2=\frac{1-U_{j_0|(L)}}{U_{j_0|(L)}}\,\frac{n-L-k}{k-1}=\frac{t_{j_0j_0}^{(L)}-a_{j_0j_0}^{(L)}}{a_{j_0j_0}^{(L)}}\,\frac{n-k-L}{k-1}$$

的值;再由得到的 F_2统计量值 f_2计算 p 值:

$$p=P\{F_2\geqslant f_2\}\quad (\text{其中 } F_2\sim F(k-1,n-k-L)).$$

若 $p<\alpha$,则把 X_{j_0}引入判别式,记 $r=j_0$,转入步骤(4);若 $p\geqslant\alpha$,没有变量可引入,逐步筛选变量的过程结束.转入进行判别归类.

(4) 计算当前变量 X_r 的威尔克斯统计量,并对 $A^{(L)}$,$T^{(L)}$做消去变换:

当 X_r 为入选变量时(即 $X_r=X_{j_0}$), $U_{(L+1)}=U_{(L)}\dfrac{a_{rr}^{(L)}}{t_{rr}^{(L)}}$,

当 X_r 为剔除变量时(即 $X_r=X_{i_0}$), $U_{(L-1)}=U_{(L)}\dfrac{t_{rr}^{(L)}}{a_{rr}^{(L)}}$;

对 $A^{(L)}$和 $T^{(L)}$同时做以(r,r)为主元的消去变换:

$$A^{(L+1)}=T_r(A^{(L)}),\quad T^{(r+1)}=T_r(T^{(L)}).$$

具体变换公式请见附录中§9 的有关部分.

(5) 重复步骤(1)~(4),直到判别式中没有变量可剔除,且不在判别式中的变量也没有可引入时,逐步筛选变量的计算过程结束.

3. 判别归类

设逐步筛选变量的过程结束后, A,T 变为 $A^{(L)}$和 $T^{(L)}$;选入判别式的变量有 L 个,即 $X_{i_1},X_{i_2},\cdots,X_{i_L}$.接着对选出的判别能力强的 L 个变量,使用前几节介绍的各种方法(如距离判别准则,贝叶斯判别准则等)来建立判别函数并给出判别准则.如果按正态总体下的贝叶斯判别准则,由当前的矩阵 $A^{(L)}$和 $T^{(L)}$可以很方便的计算出判别函数,给出判别准则,并检验这 L 个变量对 k 个总体的判别效果.

例 5.5.1 (胃癌的鉴别)　对表 5.2 的病例资料,试用逐步判别方法建立判别准则,并对 15 个样品进行判别归类.

解　利用 SAS/STAT 软件中的逐步判别(STEPDISC)过程逐步筛选变量,然后利用 DISCRIM 过程进行判别归类.

STEPDISC 过程用于筛选对区分 k 个类能力强的变量集.使用中常要求:(1) 指定筛选变量的方法,如逐步筛选法;(2) 规定引入变量到判别式和剔除变量的显著性水平 α,默认值均为 0.15;(3) 规定最终判别式中变量个数;(4) 规定筛选过程的最大步数.

逐步筛选变量的第一步,首先给出各个变量对于区分 3 个类的

偏 R^2,F 统计量及 p 值，p 值最小者即最能区分 3 个类的变量，其中 X_2 第一个被引入判别式；然后由多元统计量给出此时判别式中这些变量的判别效果. 逐步筛选变量的第二、第三步输出的结果同第一步类似.

用逐步筛选法选出的两个变量 X_2 和 X_3 来按距离准则建立判别方法，并给出回判结果. 在回判结果中我们看到，只有两个病例判错了，即把来自第 2 类的第 6 号观测判为第 3 类；把来自第 3 类的第 15 号观测判为第 2 类.

习 题 五

5-1 已知总体 $G_i(m=1)$ 的分布为 $N(\mu^{(i)},\sigma_i^2)$ $(i=1,2)$，按距离判别准则为(不妨设 $\mu^{(1)}>\mu^{(2)},\sigma_1<\sigma_2$)

$$\begin{cases} x\in G_1, & 若\ \mu^* < x < \mu_*, \\ x\in G_2, & 若\ x\leqslant \mu^*\ 或\ x\geqslant \mu_*, \end{cases}$$

其中 $$\mu^*=\frac{\mu^{(1)}\sigma_2+\mu^{(2)}\sigma_1}{\sigma_1+\sigma_2},\quad \mu_*=\frac{\mu^{(1)}\sigma_2-\mu^{(2)}\sigma_1}{\sigma_2-\sigma_1}.$$

试求错判概率 $P(2|1)$和 $P(1|2)$.

5-2 设三个总体 G_1,G_2 和 G_3 的分布分别为：$N(2,0.5^2)$，$N(0,2^2)$和 $N(3,1^2)$. 试问样品 $x=2.5$ 应判归哪一类？

(1) 按距离判别准则；

(2) 按贝叶斯判别准则$\left(取\ q_1=q_2=q_3=\dfrac{1}{3},L(j|i)=\begin{cases}1,i\neq j\\0,i=j\end{cases}\right)$.

5-3 设总体 G_i 的均值为 $\mu^{(i)}$ $(i=1,2)$，同协方差阵为 Σ. 记

$$\bar{\mu}=\frac{1}{2}(a'\mu^{(1)}+a'\mu^{(2)})\quad (其中\ a=\Sigma^{-1}(\mu^{(1)}-\mu^{(2)})),$$

试证明：

(1) $\mathrm{E}(a'X|G_1)>\bar{\mu}$； (2) $\mathrm{E}(a'X|G_2)<\bar{\mu}$.

5-4 设有两个正态总体 G_1 和 G_2，已知$(m=2)$

$$\mu^{(1)}=\begin{bmatrix}10\\15\end{bmatrix},\quad \mu^{(2)}=\begin{bmatrix}20\\25\end{bmatrix},$$

$$\Sigma_1=\begin{bmatrix}18 & 12\\12 & 32\end{bmatrix},\quad \Sigma_2=\begin{bmatrix}20 & -7\\-7 & 5\end{bmatrix},$$

先验概率 $q_1=q_2$，而 $L(2|1)=10$，$L(1|2)=75$. 试问样品

$$X_{(1)}=\begin{bmatrix}20\\20\end{bmatrix}\quad 及\quad X_{(2)}=\begin{bmatrix}15\\20\end{bmatrix}$$

各应判归哪一类？

(1) 按费希尔判别准则；

(2) 按贝叶斯判别准则$\left(假定\ \Sigma_2=\Sigma_1=\begin{bmatrix}18 & 12\\12 & 32\end{bmatrix}\right)$；

(3) 已知样品 $x=(20,20)'$，试计算后验概率 $P(G_i|x)$ $(i=1,2)$.

5-5　已知 $X_{(i)}^{(t)}(t=1,2;\ i=1,\cdots,n_i)$ 为来自 G_t 的样本. 记

$$d=\overline{X}^{(1)}-\overline{X}^{(2)},$$

其中 $\overline{X}^{(i)}=\dfrac{1}{n_i}\sum\limits_t X_{(t)}^{(i)}\ (i=1,2)$；

$$S=\frac{1}{n_1+n_2-2}(A_1+A_2).$$

试证明：$a=S^{-1}(\overline{X}^{(1)}-\overline{X}^{(2)})$ 使比值 $(a'd)^2/a'Sa$ 达最大值，且最大值为马氏距离 D^2(其中 $D^2=(\overline{X}^{(1)}-\overline{X}^{(2)})'S^{-1}(\overline{X}^{(1)}-\overline{X}^{(2)})$).

5-6　在两个 p 元正态总体 $N_p(\mu^{(i)},\Sigma)$ $(i=1,2)$ 下，设 $\mu^{(1)}$，$\mu^{(2)}$，Σ 均为已知. 又设线性判别函数为

$$W(X)=(X-\bar{\mu})'\Sigma^{-1}(\mu^{(1)}-\mu^{(2)}),\quad \bar{\mu}=\frac{1}{2}(\mu^{(1)}+\mu^{(2)}),$$

判别准则为：

$$\begin{cases}判\ X\in G_1, & 当\ W(X)>0,\\ 判\ X\in G_2, & 当\ W(X)\leqslant 0.\end{cases}$$

试求错判概率 $P(2|1)$ 和 $P(1|2)$.

5-7　已知两个总体的分布为 $N_p(\mu^{(i)},\Sigma)$ $(i=1,2)$. 又设 $\mu^{(1)}$，$\mu^{(2)}$，Σ 均为已知，先验概率为 q_1 和 $q_2(q_1+q_2=1)$，错判损失为 $L(1|2)$ 和 $L(2|1)$. 试写出贝叶斯判别准则和距离判别准则，并说明

它们之间的关系.

5-8　用逐步判别法选择判别变量的过程中(已知训练样本总容量 $n=30$, $k=3$, 考察的变量个数 $m=4$). 已知在第一步引入变量 X_3 后合并组内离差阵 A 和总离差阵 T 分别化为

$$A^{(1)}=T_3(A)=\begin{bmatrix} 28571.5 & 683.4 & -1.123 & 9464.3 \\ 683.4 & 114.9 & -0.519 & 1230.0 \\ 1.123 & 0.519 & 0.0027 & 3.845 \\ 9464.3 & 1230.0 & -3.845 & 15375.8 \end{bmatrix},$$

$$T^{(1)}=T_3(T)=\begin{bmatrix} 28884.9 & 671.2 & -1.172 & 9233.8 \\ 671.2 & 148.3 & -0.347 & 1877.6 \\ 1.172 & 0.347 & 0.0018 & 0.508 \\ 9233.8 & 1877.6 & -0.508 & 27925.9 \end{bmatrix}.$$

试问下一步可否引入变量? 引哪一个?

5-9　设在某地区抽取了 14 块岩石标本, 其中 7 块含矿, 7 块不含矿. 对每块岩石测定了 Cu, Ag, Bi 三种化学成分的含量, 得到的数据如表 5.3.

表 5.3　岩石化学成分的含量数据

类型	序号	Cu	Ag	Bi	类型	序号	Cu	Ag	Bi
含矿	1	2.58	0.90	0.95	不含矿	8	2.25	1.98	1.06
	2	2.90	1.23	1.00		9	2.16	1.80	1.06
	3	3.55	1.15	1.00		10	2.33	1.74	1.10
	4	2.35	1.15	0.79		11	1.96	1.48	1.04
	5	3.54	1.85	0.79		12	1.94	1.40	1.00
	6	2.70	2.23	1.30		13	3.00	1.30	1.00
	7	2.70	1.70	0.48		14	2.78	1.70	1.48

(1) 假定两类样本服从正态分布, 试用广义平方距离判别法进行判别归类(先验概率取为相等, 并假定两类样本的协方差阵相等);

(2) 今得一块标本, 并测得其 Cu, Ag, Bi 的含量分别为 2.95, 2.15 和 1.54, 试判断该标本是含矿还是不含矿?

5-10　已知某研究对象分为三类, 每个样品考察 4 项指标, 各类的观测样品数分别为 7, 4, 6; 另外还有 3 个待判样品(所有观测数据见表 5.4). 假定样本均来自正态总体.

(1) 试用马氏距离判别法进行判别分析,并对 3 个待判样品进行判别归类.

(2) 使用其他的判别法进行判别分析,并对 3 个待判样品进行判别归类,然后比较之.

表 5.4　判别分类的数据

样品号	X_1	X_2	X_3	X_4	类别号
1	6.0	−11.5	19.0	90.0	1
2	−11.0	−18.5	25.0	−36.0	3
3	90.2	−17.0	17.0	3.0	2
4	−4.0	−15.0	13.0	54.0	1
5	0.0	−14.0	20.0	35.0	2
6	0.5	−11.5	19.0	37.0	3
7	−10.0	−19.0	21.0	−42.0	3
8	0.0	−23.0	5.0	−35.0	1
9	20.0	−22.0	8.0	−20.0	3
10	−100.0	−21.4	7.0	−15.0	1
11	−100.0	−21.5	15.0	−40.0	2
12	13.0	−17.2	18.0	2.0	2
13	−5.0	−18.5	15.0	18.0	1
14	10.0	−18.0	14.0	50.0	1
15	−8.0	−14.0	16.0	56.0	1
16	0.6	−13.0	26.0	21.0	3
17	−40.0	−20.0	22.0	−50.0	3
1	−8.0	−14.0	16.0	56.0	
2	92.2	−17.0	18.0	3.0	
3	−14.0	−18.5	25.0	−36.0	

5-11　某城市的环保监测站于 1982 年在全市均匀地布置了 14 个监测点,每日三次定时抽取大气样品,测量大气中二氧化硫、氮氧化物和飘尘的含量. 前后 5 天,每个取样点(监测点)每种污染元素实测 15 次,取 15 次实测值的平均作为该取样点大气污染元素的含量(数据见表 5.5). 表中最后一列给出的类号是使用第六章将介绍的聚类分析方法分析得到的结果(第 1 类为严重污染地区,第 2 类为一般污染地区,第 3 类为基本没有污染地区).

(1) 试用广义平方距离判别法建立判别准则(假设三个总体为多元正态总体,其协方差阵相等,先验概率取为各类样本的比例),并列出回判结果.

(2) 该城市另有两个单位在同一期间测定了所在单位大气中这三种污染元素的含量(见表 5.5 中最后两行),试用马氏距离判别方法判断这两个单位的污染情况属哪一类.

表 5.5 大气污染数据

样品号 \ 污染元素	二氧化硫 (X_1)	氮氧化物 (X_2)	飘尘 (X_3)	类别
1	0.045	0.043	0.265	2
2	0.066	0.039	0.264	2
3	0.094	0.061	0.194	2
4	0.003	0.003	0.102	3
5	0.048	0.015	0.106	3
6	0.210	0.066	0.263	1
7	0.086	0.072	0.274	2
8	0.196	0.072	0.211	1
9	0.187	0.082	0.301	1
10	0.053	0.060	0.209	2
11	0.020	0.008	0.112	3
12	0.035	0.015	0.170	3
13	0.205	0.068	0.284	1
14	0.088	0.058	0.215	2
15	0.101	0.052	0.181	
16	0.045	0.005	0.122	

第六章 聚类分析

聚类分析又称群分析,它是研究对样品或指标进行分类的一种多元统计方法.所谓的“类”,通俗地说就是相似元素的集合.

在实际问题中,经常遇到分类问题,例如对某城市按大气污染的轻重分成几类区域;对某年级学生按各科的学习情况分为几种类型;对学生在中学期间学习的科目按培养运算能力、培养推理能力、培养记忆能力等分成几组;对人体测量的几十个部位的尺寸按反映人体高矮,反映人体胖瘦及人体畸形的部位分为几类;在经济学中根据人均国民收入、人均工农业产值、人均消费水平等多种指标对世界上所有国家的经济发展状况进行分类等等.随着生产技术和科学的发展,在许多领域中都将遇到分类问题.

什么是分类?它只不过是将一个观测对象指定到某一类(组).分类的问题可以分成两种:一种是对当前所研究的问题已知它的类别数目及各类的特征(例如分布规律,或来自各类的训练样本),我们的目的是:要将另一些未知类别的个体正确地归属于其中某一类,这是第五章判别分析所要解决的问题.另一种是事先不知道研究的问题应分为几类,更不知道观测到的个体的具体分类情况,我们的目的是:需要通过对观测数据所进行的分析处理,选定一种度量个体接近程度的统计量,确定分类数目,建立一种分类方法,并按接近程度对观测对象给出合理的分类.后一种问题在实际中大量存在,它正是聚类分析所要解决的问题.

§6.1 聚类分析的方法

聚类分析是实用多元统计分析的一个新的分支,正处于发展阶段,理论上虽不很完善,但由于它能够解决许多实际问题,因此这个方法很受人们的重视,特别是和其他方法联合起来使用往往效果更好.例如对一批观测对象先用聚类分析进行分类,然后用判别分析的方法建立判别准则,用以对新的观测对象判别归类.

聚类分析的功能是建立一种分类方法,它将一批样品或变量,按照它们在性质上的亲疏、相似程度进行分类.

聚类分析的内容十分丰富,按其聚类的方法可分为以下几种:

(1) 系统聚类法:开始每个对象自成一类,然后每次将最相似的两类合并,合并后重新计算新类与其他类的距离或相近性测度.这一过程一直继续直到所有对象归为一类为止.并类的过程可用一张谱系聚类图描述.

(2) 调优法(动态聚类法):首先对 n 个对象初步分类,然后根据分类的损失函数尽可能小的原则对其进行调整,直到分类合理为止.

(3) 最优分割法(有序样品聚类法):开始将所有样品看成一类,然后根据某种最优准则将它们分割为二类、三类,一直分割到所需的 K 类为止.这种方法适用于有序样品的分类问题,也称为有序样品的聚类法.

(4) 模糊聚类法:利用模糊集理论来处理分类问题,它对经济领域中具有模糊特征的两态数据或多态数据具有明显的分类效果.

(5) 图论聚类法:利用图论中最小支撑树的概念来处理分类问题,创造了独具风格的方法.

(6) 聚类预报法:利用聚类方法处理预报问题,在多元统计分析中,可用来作预报的方法很多,如回归分析和判别分析.但对一些异常数据,如气象中的灾害性天气的预报,使用回归分析或判别分析处理的效果都不好,而聚类预报弥补了这一不足,这是一个值得重视的方法.

聚类分析根据分类对象的不同又分为 R 型和 Q 型两大类,R 型是对变量(指标)进行分类,Q 型是对样品进行分类.

R 型聚类分析的目的有以下几方面:

(1) 可以了解变量间及变量组合间的亲疏关系;

(2) 对变量进行分类;

(3) 根据分类结果及它们之间的关系,在每一类中选择有代表性的变量作为重要变量,利用少数几个重要变量进一步作分析计算,如进行回归分析或 Q 型聚类分析等.

Q 型聚类分析的目的主要是对样品进行分类.分类的结果是直观的,且比传统分类方法更细致、全面、合理.当然使用不同的分类方法通常会得到不同的分类结果.对任何观测数据都没有惟一“正确的”的分类方法.实际应用中,常采用不同的分类方法,对数据进行分析计算,以便对分类提供具体意见,并由实际工作者决定所需要的分类数及分类情况.

本章重点介绍在实际问题中应用最广泛的系统聚类法,且主要讨论 Q 型聚类分析问题.

§6.2 距离与相似系数

为了对样品(或变量)进行分类,就必须研究它们之间的关系.描述样品间亲疏相似程度的统计量很多,目前用得最多的是距离和相似系数,这两个统计量与变量的类型密切相关,我们首先回顾一下变量的类型.

根据变量取值的不同,变量可分为两大类:定量变量和定性(属性)变量.

定量变量就是我们通常所说的连续变量,例如长度、重量、产量、人口、温度等,它们是由测量或计数、统计所得到的量,这类变量具有数值特征,称为定量变量.

定性变量并非真有数量上的变化,而只有性质上的差异,例如天气(阴、晴),性别(男、女),职业(工人、教师、干部、农民等),质量(一等、二等、三等),矿石的质量(富、中、贫)等.这些变量都是定性变量,在这类变量中还可以再分为两种:有序变量(没有明确的数量关系,只有次序关系,如质量的等级)和名义变量(变量值是几个没有次序关系的不同状态,如性别、职业等).

不同类型的变量在定义距离或相似性测度时有很大差异.在实际应用中更多遇到的是定量数据的聚类分析问题.下面先介绍定量

变量数据在聚类分析之前进行数据变换的一些方法.

一、数据的变换方法

设有 n 个样品,每个样品测得 m 项指标(变量),得观测数据 x_{ij} $(i=1,\cdots,n;j=1,\cdots,m)$. 通常将数据列成表 6.1 的形式. 表中:

表 6.1 观测数据及特征量

样品 \ 变量	X_1	$\cdots$	X_j	$\cdots$	X_m
$X_{(1)}$	x_{11}	$\cdots$	x_{1j}	$\cdots$	x_{1m}
$\vdots$	$\vdots$		$\vdots$		$\vdots$
$X_{(i)}$	x_{i1}	$\cdots$	x_{ij}	$\cdots$	x_{im}
$\vdots$	$\vdots$		$\vdots$		$\vdots$
$X_{(n)}$	x_{n1}	$\cdots$	x_{nj}	$\cdots$	x_{nm}
均值	$\overline{x}_1$	$\cdots$	$\overline{x}_j$	$\cdots$	$\overline{x}_m$
标准差	s_1	$\cdots$	s_j	$\cdots$	s_m
极差	R_1	$\cdots$	R_j	$\cdots$	R_m

均值 $\overline{x}_j = \dfrac{1}{n}\sum\limits_{t=1}^{n} x_{tj}\ (j = 1,2,\cdots,m)$,

标准差 $s_j = \sqrt{\dfrac{1}{n-1}\sum\limits_{t=1}^{n}(x_{tj} - \overline{x}_j)^2}\ (j = 1,2,\cdots,m)$,

极差 $R_j = \max\limits_{t=1,\cdots,n} x_{tj} - \min\limits_{t=1,\cdots,n} x_{tj}\ (j = 1,2,\cdots,m)$.

我们所考察的 m 个不同变量,一般都有不同的量纲,不同的数量级单位,不同的取值范围. 为了使不同量纲,不同取值范围的数据能够放在一起进行比较,通常需要对数据进行变换处理. 常用的变换方法有以下几种.

1. 中心化变换

称变换

$$x_{ij}^* = x_{ij} - \overline{x}_j \quad (i = 1,2,\cdots,n;j = 1,\cdots,m)$$

为**中心化变换**. 变换后数据的均值为 0,而协方差阵不变,即协方差阵为

$$S^* = S = (s_{ij})_{m\times m},$$

其中 $s_{ij} = \dfrac{1}{n-1}\sum_{t=1}^{n}(x_{ti}-\overline{x}_i)(x_{tj}-\overline{x}_j) = \dfrac{1}{n-1}\sum_{t=1}^{n}x_{ti}^* x_{tj}^*$.

中心化变换是一种方便地计算样本协方差阵的变换.

2. 标准化变换

称变换

$$x_{ij}^* = \frac{x_{ij}-\overline{x}_j}{s_j} \quad \begin{pmatrix} i=1,2,\cdots,n \\ j=1,2,\cdots,m \end{pmatrix}$$

为**标准化变换**. 变换后的数据,每个变量的样本均值为 0,标准差为 1,而且标准化变换后的数据 $\{x_{ij}^*\}$ 与变量的量纲无关.

3. 极差标准化变换

称变换

$$x_{ij}^* = \frac{x_{ij}-\overline{x}_j}{R_j} \quad \begin{pmatrix} i=1,2,\cdots,n \\ j=1,2,\cdots,m \end{pmatrix}$$

为**极差标准化变换**. 变换后的数据,每个变量的样本均值为 0,极差为 1,且 $|x_{ij}^*|<1$,在以后的分析计算中可以减少误差的产生;同时变换后的数据也是无量纲的量.

4. 极差正规化变换(规格化变换)

称变换

$$x_{ij}^* = \frac{x_{ij}-\min\limits_{1\leqslant t\leqslant n} x_{tj}}{R_j} \quad \begin{pmatrix} i=1,2,\cdots,n \\ j=1,2,\cdots,m \end{pmatrix}$$

为**极差正规化变换**. 变换后的数据 $0\leqslant x_{ij}^*\leqslant 1$;极差为 1,也是无量纲的量.

5. 对数变换

称变换

$$x_{ij}^* = \ln(x_{ij}) \quad (\text{要求 } x_{ij}>0,\ i=1,2,\cdots,n;j=1,2,\cdots,m)$$

为**对数变换**. 它可将具有指数特征的数据结构变换为线性数据结构.

此外,还有平方根变换,立方根变换等. 它们的主要作用是把非线性数据结构变为线性数据结构,以适应某些统计方法的需要.

二、样品间的距离和相似系数

描述样品间的亲疏程度最常用的是距离. 设观测数据 x_{ij} $(i=1, 2,\cdots,n;j=1,\cdots,m)$列成表 6.1 的形式. n 个样品看成 m 维空间中的 n 个点,用 d_{ij} 表示样品 $X_{(i)}$和 $X_{(j)}$之间的距离,一般要求:

(1) $d_{ij}\geqslant 0$,对一切 i,j;当 $d_{ij}=0 \Longleftrightarrow X_{(i)}=X_{(j)}$;

(2) $d_{ij}=d_{ji}$,对一切 i,j;

(3) $d_{ij}\leqslant d_{ik}+d_{kj}$,对一切 i,j,k (三角不等式).

对于定量变量,常用的距离有以下几种.

1. 闵科夫斯基(Minkowski)距离

称

$$d_{ij}(q)=\left[\sum_{t=1}^{m}|x_{it}-x_{jt}|^{q}\right]^{1/q} \quad (i,j=1,2,\cdots,n) \tag{6.2.1}$$

为**闵科夫斯基距离**.

(1) 绝对值距离:在(6.2.1)式中,当 $q=1$ 时的一阶闵科夫斯基距离为

$$d_{ij}(1)=\sum_{t=1}^{m}|x_{it}-x_{jt}| \quad (i,j=1,2,\cdots,n),$$

称它为**绝对值距离**.

(2) 欧氏距离:在(6.2.1)式中,当 $q=2$ 时的二阶闵科夫斯基距离为

$$d_{ij}(2)=\sqrt{\sum_{t=1}^{m}|x_{it}-x_{jt}|^{2}} \quad (i,j=1,2,\cdots,n),$$

称它为**欧氏距离**.

欧氏距离是聚类分析中使用最广泛的距离. 但该距离与各变量的量纲有关;没有考虑指标间的相关性;也没有考虑各变量方差的不同. 如从欧氏距离的定义中易见,变差大的变量在距离中的作用(贡献)就会大,这是不合适的. 简单的处理方法就是对各变量加权,比如用 $1/s^2$ 作为权重可得出"统计距离"(或方差加权距离):

$$d_{ij}^{*}(2)=\sqrt{\sum_{t=1}^{m}\left(\frac{x_{it}-x_{jt}}{s_t}\right)^{2}} \quad (i,j=1,2,\cdots,n).$$

(3) 切比雪夫距离：当 q 趋于 ∞ 时，称

$$d_{ij}(\infty)=\max_{1\leqslant t\leqslant m}|x_{it}-x_{jt}| \quad (i,j=1,2,\cdots,n)$$

为**切比雪夫距离**.

2. 兰氏距离(要求 $x_{ij}>0$)

兰氏距离是由 Lance 和 Williams 最早提出的，故称为**兰氏距离**，其定义为

$$d_{ij}(L)=\frac{1}{m}\sum_{t=1}^{m}\frac{|x_{it}-x_{jt}|}{(x_{it}+x_{jt})} \quad (i,j=1,2,\cdots,n).$$

这是一个无量纲的量，克服了闵氏距离与各指标的量纲有关的缺点，且兰氏距离对大的奇异值不敏感，这样使得它特别适合高度偏倚的数据. 但兰氏距离也没有考虑变量间的相关性.

闵氏距离和兰氏距离都是假定变量之间相互独立，即在正交空间中讨论距离. 但在实际问题中，变量之间往往存在着一定的相关性，为克服变量之间相关性的影响，可以采用马氏距离.

3. 马氏距离

样品 $X_{(i)}$和 $X_{(j)}$的马氏距离为

$$d_{ij}(M)=(X_{(i)}-X_{(j)})'S^{-1}(X_{(i)}-X_{(j)}),$$

其中 S^{-1}为样本协方差阵的逆矩阵.

马氏距离虽然可以排除变量之间相关性的干扰，并且不受量纲的影响，但是在聚类分析处理之前，如果用全部数据计算均值和协方差阵来求马氏距离，效果不是很好. 比较合理的办法是用各个类的样本来计算各自的协方差阵，同一类样品间的马氏距离应当用这一类的协方差阵来计算，但类的形成需要依赖于样品间的距离，而样品间合理的马氏距离又依赖于类，这就形成了一个恶性循环. 因此在实际聚类分析中，马氏距离也不是理想的距离.

为了克服变量间相关性的影响，我们引入斜交空间距离.

4. 斜交空间距离

由于变量之间存在着不同程度的相关关系，在这种情况下，用正交空间距离来计算样品间的距离，易产生形变，从而使得用聚类分析进行分类时的谱系结构发生变形.

在 m 维空间中，为使具有相关性变量的谱系结构不发生变形，采用由下式定义的**斜交空间距离**，即

$$d_{ij}=\left[\frac{1}{m^2}\sum_{k=1}^{m}\sum_{l=1}^{m}(x_{ik}-x_{jk})(x_{il}-x_{jl})r_{kl}\right]^{1/2}\quad(i,j=1,2,\cdots,n),$$

在数据标准化处理下，式中的 r_{kl} 为变量 X_k 和 X_l 之间的相关系数.

5. 相似系数

样品间的亲疏程度除了用距离描述外，也可用相似系数来表示. 参见下面小节三"变量间的相似系数和距离"中的定义.

6. 定性变量样品间的距离或相似系数

以上介绍的样品间的距离或相似系数都是对定量指标定义的. 现介绍定性变量(名义或有序变量)的距离或相似系数的定义方法.

在数量化理论中，常把定性变量叫做**项目**，而把定性变量的各种不同取"值"叫做**类目**. 例如性别是项目，而男或女是这个项目的类目；体形也是一个项目，而适中、胖、瘦、壮等是这个项目的类目. 性别只能取男或女中的一个类目，不能兼取；而体形可以是适中且壮，即可兼取两个类目.

设样品 $X_{(i)}$ 的取值为

$$(\delta_i(k,1),\delta_i(k,2),\cdots,\delta_i(k,r_k))\quad(i=1,\cdots,n;k=1,\cdots,m),$$

其中 n 为样品的个数，m 为项目的个数，r_k 是第 k 个项目的类目数. 比如在表 6.2 中，当 $k=1$ 时 $X_{(i)}$ 的取值为 $(1,0,0,0)$，这里 $r_1=4$，$\delta_i(1,1)=1$，$\delta_i(1,l)=0\ (l\neq1)$. 若

$$\delta_i(k,l)=\begin{cases}1, & \text{当第 } i \text{ 个样品中第 } k \text{ 个项目的定性数据} \\ & \text{为第 } l \text{ 个类目时}, \\ 0, & \text{否则},\end{cases}$$

则称 $\delta_i(k,l)$ 为第 k 项目之 l 类目在第 i 个样品中的反应.

设两个样品分别为 $X_{(i)}$ 和 $X_{(j)}$，若 $\delta_i(k,l)=\delta_j(k,l)=1$，则称这两个样品在第 k 个项目的第 l 类目上 1－1 配对；若 $\delta_i(k,l)=\delta_j(k,l)=0$，则称这两个样品在第 k 个项目之 l 类目上 0－0 配对；若 $\delta_i(k,l)\neq\delta_j(k,l)$，则称为**不配对**.

记 m_1 为 $X_{(i)}$ 和 $X_{(j)}$ 在 m 个项目的所有类目中 1－1 配对的总数；m_0 为 0－0 配对的总数；m_2 为不配对总数. 显然，

$$m_0 + m_1 + m_2 = \text{总类目数}\ p \quad (p = r_1 + r_2 + \cdots + r_m).$$

表 6.2 给出两个样品的取“值”情况. 显然 $m_1=3, m_0=7, m_2=4$. 项目数 $m=4$, 总类目数 $p=4+2+5+3=14$.

表 6.2　两样品的取值情况

项目 \ 样品	项目 1				项目 2		项目 3					项目 4		
	1	2	3	4	1	2	1	2	3	4	5	1	2	3
$X_{(i)}$	1	0	0	0	0	1	1	0	0	0	1	0	1	0
$X_{(j)}$	0	1	0	0	0	1	0	0	1	0	1	0	1	0

(1) 两样品 $X_{(i)}$ 和 $X_{(j)}$ 间的距离定义为

$$d_{ij} = m_2/(m_1 + m_2).$$

即为不配对的类目数与在有反应的类目(包括 1—1 配对和不配对)数的比值. 比如表 6.2, $d_{ij}=4/7$.

当项目只能取可能类目中的一类,即在不能兼取情况下,两样品的距离定义为: $d_{ij}=m_2^*/m$, 其中 m_2^* 是不配对的项目(变量)个数; m 为项目总个数.

类似于欧氏距离,还可以定义距离为

$$d_{ij}^2 = \sum_{k=1}^{m} \sum_{l=1}^{r_k} (\delta_i(k,l) - \delta_j(k,l))^2,$$

即不配对的总数.

(2) 样品 $X_{(i)}$ 和 $X_{(j)}$ 间的相似性度量由表 6.3 给出几种定义方

表 6.3　两样品间相似性的几种度量

	匹配系数	说　　明
1	$(m_0+m_1)/p$	配对的总数在总类目数中之比
2	m_1/p	1—1 配对的总数在总类目数中之比
3	$m_1/(m_1+m_2)$	不考虑 0—0 配对的情况
4	$2(m_0+m_1)/(p+m_0+m_1)$	对 1—1 和 0—0 配对数双倍加权
5	$(m_0+m_1)/(p+m_2)$	对不配对数双倍加权
6	$2m_1/(2m_1+m_2)$	对 1—1 配对数双倍加权,不考虑 0—0 配对
7	$m_1/(m_1+2m_2)$	不考虑 0—0 配对,且对不配对数双倍加权
8	m_1/m_2	不考虑 0—0 配对,1—1 配对数与不配对数之比

法，这种相似性度量也称为**匹配系数**.

三、变量间的相似系数和距离

聚类分析方法不仅用来对样品进行分类，有时还需要对变量进行分类. 在对变量进行分类时，通常采用相似系数来表示变量之间的亲疏程度.

设 C_{ij} 表示变量 X_i 和 X_j 间的相似系数，一般要求：

(1) $C_{ij}=\pm 1 \Longleftrightarrow X_i=aX_j$ ($a\neq 0$ 为常数)；

(2) $|C_{ij}|\leqslant 1$，对一切 i,j 成立；

(3) $C_{ij}=C_{ji}$，对一切 i,j 成立.

$|C_{ij}|$ 越接近 1，则表示 X_i 和 X_j 的关系越密切，C_{ij} 越接近 0，两者关系越疏远.

对于定量变量，我们通常采用的相似系数有 X_i 和 X_j 间的夹角余弦和相关系数.

1. 夹角余弦

变量 X_i 的 n 次观测值 $(x_{1i},x_{2i},\cdots,x_{ni})$ 可以看成 n 维空间的向量，则 X_i 和 X_j 的夹角 α_{ij} 的余弦 $\cos\alpha_{ij}$ 称为两向量的相似系数，记为 $C_{ij}(1)$，即

$$C_{ij}(1)=\cos\alpha_{ij}=\frac{\sum_{t=1}^{n}x_{ti}x_{tj}}{\sqrt{\sum_{t=1}^{n}x_{ti}^2}\sqrt{\sum_{t=1}^{n}x_{tj}^2}}\quad (i,j=1,\cdots,m).$$

当 X_i 和 X_j 平行时，其夹角 $\alpha_{ij}=0°$，$C_{ij}(1)=1$，说明这两个向量完全相似；当 X_i 和 X_j 正交时，其 $\alpha_{ij}=90°$，$C_{ij}(1)=0$，说明这两个向量不相关.

2. 相关系数

相关系数就是对数据作标准化处理后的夹角余弦. 变量 X_i 和 X_j 的相关系数常用 r_{ij} 表示，在这里我们记为 $C_{ij}(2)$，即

$$C_{ij}(2)=\frac{\sum_{t=1}^{n}(x_{ti}-\bar{x}_i)(x_{tj}-\bar{x}_j)}{\sqrt{\sum_{t=1}^{n}(x_{ti}-\bar{x}_i)^2}\sqrt{\sum_{t=1}^{n}(x_{tj}-\bar{x}_j)^2}}\quad(i,j=1,\cdots,m).$$

当 $C_{ij}(2)=1$ 时表示两变量线性相关，一般情况，$|C_{ij}|\leqslant 1$.

3. 变量间的距离

(1) 利用相似系数来定义变量间的距离，即

$$d_{ij}=1-|C_{ij}|\quad 或\quad d_{ij}^2=1-C_{ij}^2\quad(i,j=1,2,\cdots,m).$$

(2) 利用样本协方差阵 S 来定义距离. 设 $S=(s_{ij})_{m\times m}>0$，变量 X_i 和 X_j 间的距离可定义为

$$d_{ij}=s_{ii}+s_{jj}-2s_{ij}\quad(i,j=1,2,\cdots,m).$$

(3) 把变量 X_i 的 n 次观测值看成为 n 维空间的点. 在 n 维空间中按小节二"样品间的距离和相似系数"中介绍的方法可类似定义 m 个变量间的各种距离.

4. 定性变量间的相似系数

当变量 X_i 是定性(属性)变量时，也可以定义多种相似系数. 设变量 X_i 的 p 种取值记为 $r_1,r_2,\cdots,r_p$(或称项目 X_i 有 p 个类目)；X_j 的 q 种取值记为 $t_1,t_2,\cdots,t_q$. n 个样品中两个定性变量的实际观测结果经整理后列成表 6.4，其中 n_{kl} 表示在 n 个样品中 X_i 取第 k 个值 r_k，且 X_j 取第 l 个值 t_l 的频数. 通常称表 6.4 为**列联表**.

表 6.4　列联表

变量 X_j / 变量 X_i	t_1	t_2	$\cdots$	t_q	求行和
r_1	n_{11}	n_{12}	$\cdots$	n_{1q}	$n_{1+}=\sum_l n_{1l}$
r_2	n_{21}	n_{22}	$\cdots$	n_{2q}	$n_{2+}=\sum_l n_{2l}$
$\vdots$	$\vdots$	$\vdots$		$\vdots$	$\vdots$
r_p	n_{p1}	n_{p2}	$\cdots$	n_{pq}	$n_{p+}=\sum_l n_{pl}$
求列和	n_{+1}	n_{+2}	$\cdots$	n_{+q}	总和 $n_{++}=\sum_i\sum_j n_{ij}$

注：表中 $n_{+l}=\sum_k n_{kl}(l=1,2,\cdots,q)$，$n_{++}=n$ 为观测个数总和.

在利用列联表对两个属性变量的独立性检验中，经常要用到 χ^2 统计量：

$$\chi_{ij}^2 = n_{++}\left(\sum_{k=1}^{p}\sum_{l=1}^{q}\frac{n_{kl}^2}{n_{k+}n_{+l}} - 1\right),$$

建立在 χ^2 统计量基础上的相似系数有：

(1) 联列系数：

$$C_{ij}(3) = \sqrt{\chi_{ij}^2/(\chi_{ij}^2 + n)},$$

(2) 连关系数(有三种)：

$$C_{ij}(4) = \sqrt{\frac{\chi_{ij}^2}{n \cdot \max(p-1, q-1)}},$$

$$C_{ij}(5) = \sqrt{\frac{\chi_{ij}^2}{n \cdot \min(p-1, q-1)}},$$

$$C_{ij}(6) = \sqrt{\frac{\chi_{ij}^2}{n \cdot \sqrt{(p-1)(q-1)}}}.$$

如果 X_i 和 X_j 只取两个值(即 $p=q=2$，这两个值不妨分别记为 0 和 1)，则表 6.4 的列联表可简化为表 6.5.

表 6.5 二值变量的列联表

X_i \ X_j	1	0	求行和
1	a	b	$a+b$
0	c	d	$c+d$
求列和	$a+c$	$b+d$	总和 $n=a+b+c+d$

常用的相似系数有：

(3) 点相关系数：

$$C_{ij}(7) = \frac{ad - bc}{\sqrt{(a+b)(c+d)(a+c)(b+d)}} \quad (i, j = 1, \cdots, m). \tag{6.2.2}$$

这是与定量变量的相关系数相对应的量.

(4) 四分相关系数：

$$C_{ij}(8)=\sin\left(90^\circ\frac{(a+d)-(b+c)}{a+b+c+d}\right).$$

(5)夹角余弦：

$$C_{ij}(9)=\left(\frac{a}{a+b}\frac{a}{a+c}\right)^{1/2}=\frac{a}{\sqrt{(a+b)(a+c)}}. \quad (6.2.3)$$

考虑到 $C_{ij}=C_{ji}$，改进的量是

$$C_{ij}(10)=\left(\frac{a}{a+b}\frac{a}{a+c}\frac{d}{d+b}\frac{d}{d+c}\right)^{1/2}=\frac{ad}{\sqrt{(a+b)(a+c)(d+b)(d+c)}}.$$

§6.3 系统聚类法

系统聚类法是目前在实际应用中使用最多的一类方法，它是将类由多变到少的一种方法.

本节考虑 n 个样品的聚类问题，其观测数据列为表 6.1 的形式，n 个 m 元样品记为 $X_{(i)}\ (i=1,2,\cdots,n)$.

一、系统聚类法的基本思想和基本步骤

设有 n 个样品，每个样品测得 m 项指标. 系统聚类方法的基本思想是：首先定义样品间的距离(或相似系数)和类与类之间的距离. 初始将 n 个样品看成 n 类(每一类包含一个样品)，这时类间的距离与样品间的距离是等价的；然后将距离最近的两类合并成为新类，并计算新类与其他类的类间距离(类间距离的几种定义将在下面介绍)，再按最小距离准则并类. 这样每次缩小一类，直到所有的样品都并成一类为止. 这个并类过程可以用谱系聚类图形象地表达出来.

由以上系统聚类法的基本思想，即可得出它的基本步骤如下：

(0) 数据变换：使用上节介绍的方法对数据进行变换. 数据变换目的是为了便于比较和计算，或改变数据的结构.

然后选择度量样品间的距离定义(例如欧氏距离)及度量类间的距离定义(例如最短距离法，请参见下面小节二“系统聚类分析的方

法”)：

(1) 计算 n 个样品两两间的距离，得样品间的距离矩阵 $D^{(0)}$.

(2) 初始(第一步：$i=1$)n 个样品各自构成一类，类的个数 $k=n$，第 t 类 $G_t=\{X_{(t)}\}$ $(t=1,\cdots,n)$. 此时类间的距离就是样品间的距离(即 $D^{(1)}=D^{(0)}$). 然后对步骤 $i=2,\cdots,n$ 执行并类过程的步骤(3)和(4).

(3) 对步骤 i 得到的距离矩阵 $D^{(i-1)}$，合并类间距离最小的两类为一新类. 此时类的总个数 k 减少 1 类，即

$$k=n-i+1.$$

(4) 计算新类与其他类的距离，得新的距离矩阵 $D^{(i)}$. 若合并后类的总个数 k 仍大于 1，重复步骤(3)和(4)；直到类的总个数为 1 时转到步骤(5).

(5) 画谱系聚类图；

(6) 决定分类的个数及各类的成员.

例 6.3.1 设有 5 个产品，分别对每个产品测得一项质量指标 X，其值如下：1,2,4.5,6,8. 试对这 5 个产品按质量指标进行分类.

解 设样品间的距离取为欧氏距离，类间的距离取为类间的最短距离，根据上面介绍的步骤，计算如下：

(1) 计算 5 个样品：$X_{(1)},X_{(2)},X_{(3)},X_{(4)},X_{(5)}$ 两两间的距离，得初始的类间距离矩阵 $D^{(1)}$(也就是样品间距离矩阵 $D^{(0)}$)：

	$X_{(1)}$	$X_{(2)}$	$X_{(3)}$	$X_{(4)}$	$X_{(5)}$
$X_{(1)}$	0	$\boxed{1}$	3.5	5.0	7.0
$X_{(2)}$		0	2.5	4.0	6.0
$X_{(3)}$			0.0	1.5	3.5
$X_{(4)}$				0.0	2.0
$X_{(5)}$					0.0

(2) 初始 n 个样品各自构成一类，得 5 个类：$G_i=\{X_{(i)}\}$ $(i=1,\cdots,5)$，类的个数 $k=5$.

(3) 由 $D^{(1)}$ 可知，类间距离为 1 时最小，首先应合并 $X_{(1)}$ 和 $X_{(2)}$ 为一新类，记为 $CL4=\{X_{(1)},X_{(2)}\}$；此时类的总个数 k 减少 1，变为

$k=4$,故把此步骤得到的新类记为 $CL4$.

(4) 按最短距离法计算新类 $CL4$ 与其他类的距离,得新的距离矩阵 $D^{(2)}$:

	$X_{(3)}$	$X_{(4)}$	$X_{(5)}$	$CL4$
$X_{(3)}$	0	1.5	3.5	2.5
$X_{(4)}$		0.0	2.0	4.0
$X_{(5)}$			0.0	6.0
$CL4$				0.0

因此时类的总个数 $k=4$ 大于 1,继续重复并类过程.

(5) 由 $D^{(2)}$ 可知,类间距离为 1.5 时最小,故合并 $X_{(3)}$ 和 $X_{(4)}$ 为一新类,记为 $CL3=\{X_{(3)},X_{(4)}\}$;此时类的总个数 k 又减少 1,变为 $k=3$,故把此步骤得到的新类记为 $CL3$.

(6) 按最短距离法计算新类 $CL3$ 与其他类的距离,得新的距离矩阵 $D^{(3)}$:

	$X_{(5)}$	$CL4$	$CL3$
$X_{(5)}$	0	6	2.0
$CL4$		0	2.5
$CL3$			0.0

因此时类的总个数 $k=3$ 大于 1,继续重复并类过程.

(7) 由 $D^{(3)}$ 可知,应合并 $X_{(5)}$ 和 $CL3$ 为一新类,记为 $CL2=\{X_{(5)},X_{(3)},X_{(4)}\}$;此时类的总个数 k 再减少 1,变为 $k=2$,故把此步骤得到的新类记为 $CL2$.

(8) 按最短距离法计算新类 $CL2$ 与其他类的距离,得新的距离矩阵 $D^{(4)}$:

	$CL4$	$CL2$
$CL4$	0	2.5
$CL2$		0.0

因此时类的总个数 $k=2$ 大于 1,继续重复并类过程.

(9) 由 $D^{(4)}$ 可知,最后应合并 $CL4$ 和 $CL2$ 为一新类,记为 $CL1$

$=\{X_{(1)},X_{(2)},X_{(5)},X_{(3)},X_{(4)}\}$；此时类的总个数 $k=1$，故把此步骤得到的新类记为 $CL1$.

(10) 此时所有样品全并成一类，得新的距离矩阵 $D^{(5)}$：

	$CL1$
$CL1$	0

并类过程至此结束.

(11) 画谱系聚类图(见图 6.1).

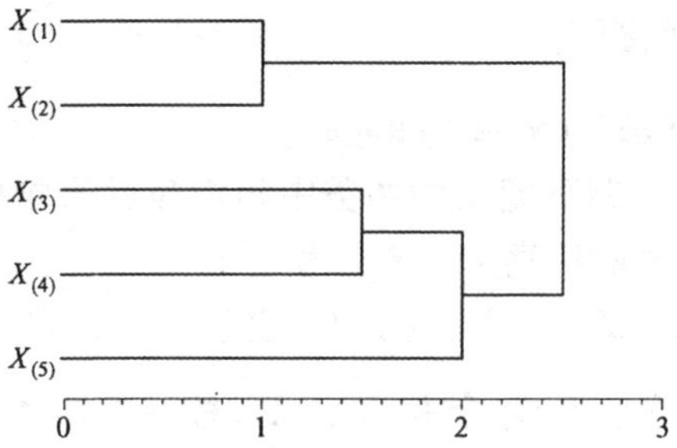

图 6.1 谱系聚类图

(12) 确定类的个数及各类的成员：

若分为两类，则 $G_1^{(2)}=\{X_{(1)},X_{(2)}\}$，$G_2^{(2)}=\{X_{(5)},X_{(3)},X_{(4)}\}$；

若分为三类，则 $G_1^{(3)}=\{X_{(1)},X_{(2)}\}$，$G_2^{(3)}=\{X_{(5)}\}$，$G_3^{(3)}=\{X_{(3)},X_{(4)}\}$；

若分为四类，则 $G_1^{(4)}=\{X_{(1)},X_{(2)}\}$，$G_2^{(4)}=\{X_{(5)}\}$，$G_3^{(4)}=\{X_{(3)}\}$，$G_4^{(4)}=\{X_{(4)}\}$；

若分为五类，则 $G_i^{(5)}=\{X_{(i)}\}$ $(i=1,2,3,4,5)$.

有了谱系聚类图，根据实际问题希望分为几类，都可以从谱系聚类图中得到分类结果. 到底分为几类最合适？这里并没有绝对正确的原则，一般可根据实际问题的不同，从谱系聚类图直观看出，或通过分界值(阈值)给出分类，也可以用一些近似的检验统计量来验证分类个数如何选取更合适(见§6.4 中小节三"类个数的确定").

以上并类过程可以使用 SAS/STAT 软件的 CLUSTER (系统聚类)过程对这组简单的数据进行分类.

二、系统聚类分析的方法

系统聚类法的聚类原则决定于样品间的距离(或相似系数)及类间距离的定义,类间距离的不同定义就产生了不同的系统聚类分析方法.本节介绍常用的几种系统聚类分析方法(各种方法名字后面括号中的英文是 CLUSTER 过程中相对应的名字).

以下用 d_{ij} 表示样品 $X_{(i)}$ 和 $X_{(j)}$ 之间的距离，当样品间的亲疏关系采用相似系数 C_{ij} 时，令 $d_{ij}=1-|C_{ij}|$（或 $d_{ij}^2=1-C_{ij}^2$）;用 D_{ij} 表示类 G_i 和 G_j 间的距离.

1. 最短距离法(SINgle linkage)

类与类之间的距离定义为两类中相距最近的样品之间的距离，即类 G_p 和 G_q 之间的距离 D_{pq} 定义为

$$D_{pq}=\min_{i\in G_p,j\in G_q} d_{ij}\quad (\text{这里 } i\in G_p \text{ 表示 } X_{(i)}\in G_p,\text{以下同}).$$

当某步骤类 G_p 和 G_q 合并为 G_r 后,按最短距离法计算新类 G_r 与其他类 G_k 的类间距离,其递推公式为

$$\begin{aligned} D_{rk} &= \min_{i\in G_r,j\in G_k} d_{ij}\quad (G_r=\{G_p,G_q\}) \\ &= \min\{\min_{i\in G_p,j\in G_k} d_{ij},\ \min_{i\in G_q,j\in G_k} d_{ij}\} \\ &= \min\ \{D_{pk},D_{qk}\}\quad (k\neq p,q). \end{aligned}$$

在例 6.3.1 中的类间距离就是使用最短距离法定义的.

2. 最长距离法(COMplete method)

类与类之间的距离定义为两类中相距最远的样品间的距离,即类 G_p 和 G_q 之间的距离 D_{pq} 定义为

$$D_{pq}=\max_{i\in G_p,j\in G_q} d_{ij}.$$

当某步骤类 G_p 和 G_q 合并为 G_r 后,按最长距离法计算新类 G_r 与其他类 G_k 的类间距离,其递推公式为

$$D_{rk}=\max\ \{D_{pk},D_{qk}\}\quad (k\neq p,q).$$

最长距离法即为两类合并后的新类与其他类的距离是与原来两类的类间距离的最大者,它加大了合并后的类与其他类的距离,具有空间距离扩张性质(见§6.4 中小节一"系统聚类法的简单性质").

3. 中间距离法(MEDian method)

如果类与类之间的距离既不采用两类之间的最近距离,也不采用最远的距离,而是采用介于这两者间的距离,这种方法称为**中间距离法**.

当某步骤类 G_p 和 G_q 合并为 G_r 后,按中间距离法计算新类 G_r 与其他类 G_k 的类间距离,其递推公式为

$$D_{rk}^2 = \frac{1}{2}(D_{pk}^2 + D_{qk}^2) + \beta D_{pq}^2 \quad (-1/4 \leqslant \beta \leqslant 0, k \neq p, q).$$

常取 $\beta = -1/4$,此时由初等几何知, D_{rk} 就是以 D_{qk}, D_{pk}, D_{pq} 为边的三角形中 D_{pq} 边上的中线.

4. 重心法(CENtroid method)

以上三种方法在定义类与类之间距离时,没有考虑每一类中所包含的样品个数.如果将两类间的距离定义为两类重心间的距离,这种聚类方法称为**重心法**.对样品分类时,每一类的重心就是属于该类样品的均值.

设某一步骤将 G_p 和 G_q 合并成 G_r 后,它们所包含的样品个数分别为 n_p, n_q 和 n_r $(n_r = n_p + n_q)$.各类的重心分别为 $\overline{X}^{(p)}, \overline{X}^{(q)}$ 和 $\overline{X}^{(r)}$.显然有:

$$\overline{X}^{(r)} = \frac{1}{n_r}(n_p \overline{X}^{(p)} + n_q \overline{X}^{(q)}). \tag{6.3.1}$$

设某一类 G_k $(k \neq p, q)$ 的重心为 $\overline{X}^{(k)}$,它与新类 G_r 的距离是

$$D_{rk} = d\{\overline{X}^{(r)}, \overline{X}^{(k)}\}.$$

如果样品间的距离定义为欧氏距离,把(6.3.1)式代入 D_{rk},则有

$$\begin{aligned} D_{rk}^2 &= (\overline{X}^{(k)} - \overline{X}^{(r)})'(\overline{X}^{(k)} - \overline{X}^{(r)}) \\ &= \left[\frac{n_p}{n_r}(\overline{X}^{(k)} - \overline{X}^{(p)}) + \frac{n_q}{n_r}(\overline{X}^{(k)} - \overline{X}^{(q)})\right]' \\ &\quad \cdot \left[\frac{n_p}{n_r}(\overline{X}^{(k)} - \overline{X}^{(p)}) + \frac{n_q}{n_r}(\overline{X}^{(k)} - \overline{X}^{(q)})\right] \\ &= \frac{n_p}{n_r}D_{pk}^2 + \frac{n_q}{n_r}D_{qk}^2 - \frac{n_p}{n_r}\frac{n_q}{n_r}D_{pq}^2 \quad (k \neq p, q). \end{aligned} \tag{6.3.2}$$

上式就是当样品间距离取为欧氏距离时,合并后新类与其他类距离

平方的递推公式.如果样品间距离不是欧氏距离,根据不同情况可导出不同的递推公式.

5. 类平均法(AVErage linkage)

重心法虽有较好的代表性,但并未充分利用各个样品的信息,因而又有人提出用两类样品两两之间平方距离的平均作为类之间的距离,即

$$D_{pq}^2 = \frac{1}{n_p n_q} \sum_{i \in G_p, j \in G_q} d_{ij}^2.$$

采用这种类间距离的聚类方法,称为**类平均法**.

当某步骤将类 G_p 和 G_q 合并为 G_r: $G_r = \{G_p, G_q\}$,且 $n_r = n_p + n_q$,则 G_r 与其他类 G_k 距离平方的递推公式为

$$D_{rk}^2 = \frac{n_p}{n_r} D_{pk}^2 + \frac{n_q}{n_r} D_{qk}^2 \quad (k \neq p, q).$$

类平均法是一种使用比较广泛、聚类效果较好的方法.

6. 可变类平均法(FLExible-beta method)

类平均法的类间距离递推公式中,没有反映类 G_p 和 G_q 之间距离 D_{pq} 的影响,而**可变类平均法**是将合并后的新类 G_r 与其他类 G_k 的距离平方公式进一步推广为:

$$D_{rk}^2 = (1-\beta)\left[\frac{n_p}{n_r} D_{pk}^2 + \frac{n_q}{n_r} D_{qk}^2\right] + \beta D_{pq}^2 \quad (k \neq p, q),$$

其中 β 是可变参数,一般取 $\beta < 1$. 显然,可变类平均法是由类平均法和中间距离法适当推广得到的(当 $\beta = 0$ 时就是类平均法;当 $-1/3 \leqslant \beta \leqslant 0$ 且 $n_p = n_q$ 时就是中间距离法;当 $n_p = n_q$ 时就是下面将介绍的可变法).

可变类平均法的分类效果与 β 的选择关系极大,当 β 接近 1 时一般分类效果不好,在实用中 β 常取负值,如取 $\beta = -1/4$.

7. 可变法及 McQuitty 相似分析法(MCQ)

当某步骤将类 G_p 和 G_q 合并为 G_r 后,**可变法**把 G_r 与其他类 G_k 距离平方的递推公式定义为

$$D_{rk}^2 = \frac{(1-\beta)}{2}(D_{pk}^2 + D_{qk}^2) + \beta D_{pq}^2 \quad (k \neq p, q).$$

在 SAS/STAT 软件的 CLUSTER 过程中使用 $\beta = 0$ 的递推公式:

$$D_{rk}^2 = (D_{pk}^2 + D_{qk}^2)/2,$$

并把此方法称为**McQuitty 相似分析法**.

8. 离差平方和法(WARD)

离差平方和法是 Ward (1936)提出的,也称为 **Ward 法**. 它基于方差分析思想,如果类分得正确,则同类样品之间的离差平方和应当较小,不同类样品之间的离差平方和应当较大.

假定已将 n 个样品分为 k 类,记为 $G_1,G_2,\cdots,G_k$, n_t 表示 G_t 类的样品个数, $\overline{X}^{(t)}$表示 G_t 的重心, $X_{(i)}^{(t)}$表示 G_t 中第 i 个样品($i=1,\cdots,n_t$),则 G_t 中样品的离差平方和为

$$W_t = \sum_{i=1}^{n_t} (X_{(i)}^{(t)} - \overline{X}^{(t)})'(X_{(i)}^{(t)} - \overline{X}^{(t)}),$$

其中 $X_{(i)}^{(t)}$, $\overline{X}^{(t)}$为 m 维向量, W_t 为一数值($t=1,2,\cdots,k$).

k 个类的总离差平方和为

$$W = \sum_{t=1}^{k} W_t = \sum_{t=1}^{k}\sum_{i=1}^{n_t} (X_{(i)}^{(t)} - \overline{X}^{(t)})'(X_{(i)}^{(t)} - \overline{X}^{(t)}).$$

当 k 固定时,要选择使 W 达到极小的分类.

Ward 法的基本思想是,先将 n 个样品各自成一类,此时 $W=0$;然后每次将其中某两类合并为一类,因每缩小一类离差平方和就要增加,每次选择使 W 增加最小的两类进行合并,直至所有样品合并为一类为止.

Ward 法把某两类合并后增加的离差平方和看成为类间的平方距离,即令

$$D_{pq}^2 = W_r - (W_p + W_q)$$

表示类 G_p 和 G_q 的平方距离,其中 $G_r=\{G_p,G_q\}$, W_r,W_p,W_q 分别为 G_r,G_p,G_q 类中样品的离差平方和. 利用 W_r 的定义,可得

$$\begin{aligned}W_r &= \sum_{t=1}^{n_r} (X_{(t)}^{(r)} - \overline{X}^{(r)})'(X_{(t)}^{(r)} - \overline{X}^{(r)}) \\ &= \sum_{i=1}^{n_p} (X_{(i)}^{(p)} - \overline{X}^{(r)})'(X_{(i)}^{(p)} - \overline{X}^{(r)}) \\ &\quad + \sum_{i=1}^{n_q} (X_{(i)}^{(q)} - \overline{X}^{(r)})'(X_{(i)}^{(q)} - \overline{X}^{(r)}),\end{aligned}$$

其中 $\overline{X}^{(r)}=\frac{1}{n_r}[n_p\overline{X}^{(p)}+n_q\overline{X}^{(q)}]$. 经整理可得

$$D_{pq}^2=\frac{n_pn_q}{n_r}(\overline{X}^{(p)}-\overline{X}^{(q)})'(\overline{X}^{(p)}-\overline{X}^{(q)}).$$

当样品间距离采用欧氏距离时，上式可表为

$$D_{pq}^2=\frac{n_pn_q}{n_r}d_{pq}^2,$$

其中 d_{pq}^2 表示 G_p,G_q 的重心 $\overline{X}^{(p)}$ 与 $\overline{X}^{(q)}$ 的平方距离：

$$d_{pq}^2=d^2(\overline{X}^{(p)},\overline{X}^{(q)}).$$

这表明此时 Ward 法定义的类间距离与重心法只相差一个常数倍.

当 G_p 和 G_q 合并为 G_r 后，G_r 与其他类 G_k 的距离有如下递推公式

$$D_{rk}^2=\frac{n_k+n_p}{n_r+n_k}D_{pk}^2+\frac{n_k+n_q}{n_r+n_k}D_{qk}^2-\frac{n_k}{n_r+n_k}D_{pq}^2. \quad (6.3.3)$$

在实际应用中，离差平方和法应用比较广泛，分类效果较好. 但它要求样品间距离必须采用欧氏距离.

除上述这些系统聚类法外，在 SAS/STAT 软件的 CLUSTER 过程中还给出 3 种系统聚类方法：最大似然谱系聚类法(EML)，密度估计法(DEN)和两阶段密度估计法(TWO).

三、系统聚类方法的统一

上面介绍的 8 种方法的聚类步骤完全一样，所不同的是类与类之间的距离用不同的方法定义，因而得到不同的递推公式，Lance 和 Williams 于 1967 年首先给出了统一公式，这样为编制统一的计算程序提供了很大的方便.

设 G_p 与 G_q 合并为 G_r：$G_r=\{G_p,G_q\}$，则新类 G_r 与其他类 $G_k(k\neq p,q)$的平方距离为

$$D_{rk}^2=\alpha_pD_{pk}^2+\alpha_qD_{qk}^2+\beta D_{pq}^2+\gamma|D_{pk}^2-D_{qk}^2|,$$

其中 α_p,α_q,β 和 γ 是参数，不同的系统聚类方法有不同的取值(见表 6.6).

表 6.6 系统聚类法的参数表

方　法	α_p	α_q	β	γ
最短距离法	1/2	1/2	0	−1/2
最长距离法	1/2	1/2	0	1/2
中间距离法	1/2	1/2	$-1/4\leqslant\beta\leqslant 0$	0
重心法*	n_p/n_r	n_q/n_r	$-\alpha_p\alpha_q$	0
类平均法	n_p/n_r	n_q/n_r	0	0
可变类平均法	$(1-\beta)n_p/n_r$	$(1-\beta)n_q/n_r$	$\beta<1$	0
可变法	$(1-\beta)/2$	$(1-\beta)/2$	$\beta<1$	0
离差平方和法*	$\dfrac{n_p+n_k}{n_r+n_k}$	$\dfrac{n_q+n_k}{n_r+n_k}$	$-\dfrac{n_k}{n_r+n_k}$	0

注：右上角有“*”的方法要求样品间的距离取欧氏距离.

§6.4 系统聚类法的性质及类的确定

对同一组数据用不同的聚类方法，一般会得到不尽相同的分类结果，我们应选择哪一个结果呢？应该把这组数据分为几类最合适？这是实际应用中很关心的问题. 本节将研究系统聚类法的一些简单性质及确定分类个数的准则.

一、系统聚类法的简单性质

系统聚类法具有下面两个简单性质：

(1) 单调性：设 D_k 表示系统聚类法中第 k 次并类时的距离. 如例 6.3.1，用最短距离时有：$D_1=1, D_2=1.5, D_3=2, D_4=2.5$，满足 $D_1\leqslant D_2\leqslant D_3\leqslant D_4$. 一个系统聚类法若能保证 $\{D_k, k=1,2,\cdots,n-1\}$ 是单调上升的，则称它具有**单调性**. 并类距离具有单调性，这符合系统聚类法的基本思想. 可以证明，最短距离法、最长距离法、类平均法、可变类平均法，以及离差平方和法都具有单调性，只有重心法和中间距离法不具有单调性(见习题六的第 6-4 至 6-6 题).

(2) 空间的浓缩与扩张：以例 6.3.1 来说明该性质. 比较最短距

离法和最长距离法的并类过程，以及每一步骤相应的距离矩阵，可以看出，每一步骤都有：

$$D_{ij}(\text{短}) \leqslant D_{ij}(\text{长}) \quad (\text{对一切 } i,j).$$

这种性质称为**最长距离法比最短距离法扩张**；或称**最短距离法比最长距离法浓缩**.

对于系统聚类的各种方法，有如下结论：类平均法比最短距离法扩张，但比最长距离法浓缩；类平均法比重心法扩张，但比离差平方和法浓缩．太浓缩的方法不够灵敏，太扩张的方法当样品容量大时容易失真．类平均法比较适中，相对于其他方法不太浓缩也不太扩张，而且具有单调性．因而是一种应用广泛、聚类效果较好的方法.

系统聚类各种方法的比较还可以从其他方面的性质来研究，比如系统结构性、最优化性等，各种方法的比较目前仍是值得研究的一个课题.

二、类的定义及特征

聚类分析的目的是对样品或变量进行分类，但至今对什么是类还没有给出定义．在实际应用中，不同领域里类的含义是不尽相同的，要给出一个严格的统一定义是不容易的.

1. 类的几种定义

Rao 在 1977 年曾给出以下三种定义.

定义 6.4.1　设阈值 T 是给定的正数，若集合 G 中任两个元素的距离 d_{ij} 都满足：

$$d_{ij} \leqslant T \quad (i,j \in G),$$

则称 G 对于阈值 T 组成一个类.

定义 6.4.2　设阈值 T 是给定的正数，如果集合 G 中每个 $i \in G$ 都满足：

$$\frac{1}{n-1}\sum_{j \in G} d_{ij} \leqslant T,$$

其中 n 是集合 G 中元素的个数，则称 G 对于阈值 T 组成一个类.

定义 6.4.3　设 T 和 H $(H>T)$是两个给定的正数，如果集合

G 中两两元素距离的平均满足：

$$\frac{1}{n(n-1)}\sum_{i\in G}\sum_{j\in G}d_{ij}\leqslant T,\quad d_{ij}\leqslant H\quad (i,j\in G),$$

其中 n 是集合 G 中元素的个数，则称 G 对于阈值 T,H 组成一个类.

类似地还可以给出以下两种定义.

定义 6.4.4 设 T 是给定的正数，若对集合 G 中任一个 $i\in G$，一定存在 $j\in G$，使得这两个元素的距离 d_{ij} 满足：

$$d_{ij}\leqslant T\quad (i,j\in G),$$

则称 G 对于阈值 T 组成一个类.

定义 6.4.5 设阈值 T 是给定的正数，将集合 G 任意分为两类：G_1 和 G_2，这两类之间的距离 $D(G_1,G_2)$ 满足：

$$D(G_1,G_2)\leqslant T,$$

则称 G 对于阈值 T 组成一个类.

在系统聚类的方法中，我们介绍了类与类之间的 8 种距离及统一的递推公式. 类的定义 6.4.5 中可以用于 8 种类间距离的任一种；定义 6.4.1 可用于最长距离法；定义 6.4.4 可用于最短距离法；定义 6.4.2 可用于类平均法.

容易看出，前 4 种定义中，定义 6.4.1 要求是最高的，凡是符合它的类，一定也符合其后三种定义的类. 此外，凡是符合定义 6.4.2 的类，也一定是符合其后两种定义的类.

2. 类的特征

设类 G 包含的样品记为 $X_{(1)},X_{(2)},\cdots,X_{(n)}$，其中 $X_{(t)}$ $(t=1,2,\cdots,n)$ 为 m 元总体的样本. 可以从不同角度来刻画 G 的特征，常用的特征有以下三种：

(1) 均值(或称 G 的重心)：$\overline{X}_G=\frac{1}{n}\sum_{t=1}^{n}X_{(t)}$.

(2) 样本离差阵 A_G 及样本协方差阵 S_G 分别为：

$$A_G=\sum_{t=1}^{n}(X_{(t)}-\overline{X}_G)(X_{(t)}-\overline{X}_G)',\quad S_G=\frac{1}{n-1}A_G.$$

(3) 类的直径：用 D_G 表示类 G 的直径，常用的直径有

$$D_G=\sum_{t=1}^{n}(X_{(t)}-\overline{X}_G)'(X_{(t)}-\overline{X}_G)=\mathrm{tr}(A_G),$$

$$D_G = \max_{i,j \in G} d_{ij}.$$

三、类个数的确定

聚类分析中，类的个数如何确定的问题是一个十分困难的问题，人们至今仍未找到令人满意的方法；但这又是一个不可回避的问题。

迄今为止，我们只是从不同的角度直观地叙述了几种“类”的概念，并未给出严格的统一定义，要对各种不同形式的类给予统一的定义是比较困难的，“类”的概念是一个模糊的概念。因此，在实际应用中，人们并不完全从类的定义来确定类。下面介绍确定类个数的几种常见方法。

1. 由适当的阈值确定

选定某种聚类方法，按系统聚类的步骤并类后，得到一张谱系聚类图。聚类图（或简称谱系图）只反映样品间（或变量间）的亲疏关系，它本身并没有给出分类，这就需要规定一个临界相似性尺度，用以分割谱系图而得到样品（或变量）的分类。比如例 6.3.1，用最短距离法得谱系聚类图（见图 6.1），给定临界值（阈值）$d=2$，根据定义 6.4.5，其含义为：当类间距离$\leqslant 2$ 时形成的各个类中所包含的样品间关系密切，应归属同一类。这相当于在距离>2（比如 2.01）处切一刀，显见 5 个样品可分为两类：$X_{(1)}$，$X_{(2)}$为一类，$X_{(3)}$，$X_{(4)}$，$X_{(5)}$为一类。

2. 根据数据点的散布图直观地确定类的个数

如果考察的指标只有两个（$m=2$），则可通过数据点的散布图直观地确定类的个数。如果有三个变量，可以绘制三维散布图并通过旋转三维坐标轴由数据点的分布来确定应分几个类（使用 SAS 软件）。当考察的指标在三个以上时，可以由这些指标综合出两个或三个综合变量（见第七章）后再绘制数据点在综合变量上的散布图，从而直观地确定分类个数。

3. 根据统计量确定分类个数

在 SAS/STAT 软件的 CLUSTER 过程中，提供以下一些统计量可以近似地检验分类个数如何选择更合适。

(1) R^2 统计量：假定已将 n 个样品分为 k 类，记为 $G_1,G_2,\cdots,G_k$，n_t 表示 G_t 类的样品个数($n_1+\cdots+n_k=n$)，$\overline{X}^{(t)}$表示 G_t 的重心. $X_{(i)}^{(t)}$表示 G_t 中第 i 个样品($i=1,\cdots,n_t$)，$\overline{X}$ 表示所有样品的重心，则 G_t 类中 n_t 个样品的离差平方和为

$$W_t=\sum_{i=1}^{n_t}(X_{(i)}^{(t)}-\overline{X}^{(t)})'(X_{(i)}^{(t)}-\overline{X}^{(t)}),$$

其中 $X_{(i)}^{(t)}$,$\overline{X}^{(t)}$和 $\overline{X}$ 均为 m 维向量，W_t 为一数值；所有样品的总离差平方和为

$$T=\sum_{t=1}^{k}\sum_{i=1}^{n_t}(X_{(i)}^{(t)}-\overline{X})'(X_{(i)}^{(t)}-\overline{X}),$$

T 又可以分解为

$$\begin{aligned}T=&\sum_{t=1}^{k}\sum_{i=1}^{n_t}(X_{(i)}^{(t)}-\overline{X}^{(t)}+\overline{X}^{(t)}-\overline{X})'(\cdots)\\=&\sum_{t=1}^{k}W_t+\sum_{t=1}^{k}n_t(\overline{X}^{(t)}-\overline{X})'(\overline{X}^{(t)}-\overline{X})=P_k+B_k.\end{aligned}$$

令
$$R_k^2=\frac{B_k}{T}=1-\frac{P_k}{T},$$

则 R_k^2 值越大，也就是 B_k/T 越大，表示 k 个类的类间偏差平方和的总和 B_k 在总离差平方和 T 中占的比例越大，这说明 k 个类越能够区分开. 因此 R_k^2 统计量可用于评价合并为 k 个类时的聚类效果. R_k^2 越大，聚类效果越好.

R_k^2 的值总是在 0 和 1 之间，当 n 个样品各自为不同的类时($T=B_n$)，$R_n^2=1$；当 n 个样品最后合并成同一类时($T=P_n$)，$R_1^2=0$，而且 R_k^2 的值总是随着分类个数 k 的减少而变小. 如果孤立地看每次合并后的 R_k^2 值，其意义是不大的. 如果希望通过分析 R_k^2 值来确定 n 个样品应分为几类最合适，则应该看 R_k^2 值的变化. 比如，在分为 4 个类之前的并类过程中 R_k^2 的值减少是逐渐的，改变不大；假定分为 4 类时的 $R_4^2=0.797$，而下一次合并后分为 3 类时 R_3^2 的值下降较多，比如 $R_3^2=0.402$，这时通过分析 R_k^2 统计量的变化可得出，分为 4 个类是较合适的.

(2) 半偏 R^2 统计量：

$$半偏\ R_k^2 = B_{KL}^2/T = R_{k+1}^2 - R_k^2,$$

其中 $B_{KL}^2=W_M-(W_K+W_L)$，表示合并类 G_K 和 G_L 为新类 G_M 后类内离差平方和的增值，该统计量用于评价合并 G_K 和 G_L 的效果. 根据以上定义，半偏 R_k^2 的值是上一步骤 R_{k+1}^2 与该步骤 R_k^2 的差值，故查看 R_k^2 变化的大小可以得到半偏 R_k^2. 某步骤半偏 R_k^2 的值越大，说明上一次合并为 $k+1$ 个类后的效果好，该统计量用于评价一次合并的效果.

(3) 伪 F 统计量：

$$伪\ F_k = \frac{(T - P_k)/(k-1)}{P_k/(n-k)} = \frac{B_k}{P_k}\frac{n-k}{k-1},$$

该统计量用于评价分为 k 个类的聚类效果，伪 F_k 值越大表示这 n 个样品可显著地分为 k 个类. 伪 F_k 统计量可以作为确定类个数的有用指标，但并不具有像 F 统计量的分布.

(4) 伪 t^2 统计量：

$$伪\ t^2 = \frac{B_{KL}^2}{(W_K + W_L)/(n_K + n_L - 2)},$$

该统计量用以评价此步骤合并类 G_K 和 G_L 的效果. 由伪 t^2 统计量的定义知，该值大，即表示 G_K 和 G_L 合并为 G_M 后类内离差平方和的增量 B_{KL}^2 相对于 G_K 和 G_L 两类的类内离差平方和大. 这表明上一次被合并的两个类是很分开的，也就是上一次聚类的效果是好的. 伪 t^2 统计量可以作为确定类个数的有用指标，但并不具有像随机变量 t^2 那样的分布.

4. 根据谱系图确定分类个数的准则

Bemirmen(1972)提出了应根据研究的目的来确定适当的分类方法，并提出了一些根据谱系图来分析的准则：

准则 A　各类重心之间的距离必须很大；

准则 B　确定的类中，各类所包含的元素都不要太多；

准则 C　类的个数必须符合实用目的；

准则 D　若采用几种不同的聚类方法处理，则在各自的聚类图中应发现相同的类.

应该指出，关于类个数如何确定问题，至今还没有一个合适的标准,也就是说对任何观测数据都没有唯一正确的分类方法.

例 6.4.1 表 6.7 是我国 16 个地区农民在 1982 年支出情况的抽样调查数据的汇总资料,每个地区都调查了反映每人平均生活消费支出情况的六个指标. 试利用调查资料对 16 个地区进行分类.

解 对数据作标准化变换,样品间距离定义为欧氏距离,系统聚类的方法分别使用类平均法、中间距离法、可变类平均法和离差平方和法. 利用这几种方法所得到的并类过程及谱系聚类图都是相似的.

表 6.7 16 个地区农民生活水平的调查数据 (单位:元)

地区	食品(X_1)	衣着(X_2)	燃料(X_3)	住房(X_4)	生活用品及其他(X_5)	文化生活服务支出(X_6)
北京	190.33	43.77	9.73	60.54	49.01	9.04
天津	135.20	36.40	10.47	44.16	36.49	3.94
河北	95.21	22.83	9.30	22.44	22.81	2.80
山西	104.78	25.11	6.40	9.89	18.17	3.25
内蒙古	128.41	27.63	8.94	12.58	23.99	3.27
辽宁	145.68	32.83	17.79	27.29	39.09	3.47
吉林	159.37	33.38	18.37	11.81	25.29	5.22
黑龙江	116.22	29.57	13.24	13.76	21.75	6.04
上海	221.11	38.64	12.53	115.65	50.82	5.89
江苏	144.98	29.12	11.67	42.60	27.30	5.74
浙江	169.92	32.75	12.72	47.12	34.35	5.00
安徽	153.11	23.09	15.62	23.54	18.18	6.39
福建	144.92	21.26	16.96	19.52	21.75	6.73
江西	140.54	21.50	17.64	19.19	15.97	4.94
山东	115.84	30.26	12.20	33.61	33.77	3.85
河南	101.18	23.26	8.46	20.20	20.50	4.30

输出 6.4.1 给出使用类平均聚类法的并类过程;由输出 6.4.2 给出的谱系聚类图,易得出分为二类、三类、四类等的分类结果. 应该分为几类最合适?输出 6.4.1 中有如下几个统计量提供了有用的信息:

(1) R^2_{NCL}统计量(列标题为 RSQ①)用于评价每次合并成 NCL 个类时的聚类效果. 现考察 R^2_{NCL}的值随 NCL 的变化. 比如,在分为四个类之前(NCL>4)的并类过程中 R^2_{NCL} 的减少是逐渐的,改变不

① 输出结果中每一列的列标题根据输出页的宽度不同,或为完整的英文标题,或为英文缩写,这里 RSQ 是英文缩写.

输出 6.4.1　类平均聚类法的并类过程

Average Linkage Cluster Analysis

NCL	-Clusters	Joined-	FREQ	SPRSQ	RSQ	ERSQ	CCC	PSF	PST2	Norm RMS Dist	Tie
15	安徽	福建	2	0.00246	0.998	.	.	28.9	.	0.19216	
14	河北	河南	2	0.00548	0.992	.	.	19.2	.	0.28669	
13	CL14	山西	3	0.00670	0.985	.	.	16.8	1.2	0.30980	
12	CL15	江西	3	0.00991	0.975	.	.	14.4	4.0	0.34752	
11	江苏	浙江	2	0.00892	0.967	.	.	14.4	.	0.36575	
10	CL13	内蒙古	4	0.01055	0.956	.	.	14.5	1.7	0.36867	
9	天津	山东	2	0.00915	0.947	.	.	15.6	.	0.37044	
8	CL9	CL11	4	0.02369	0.923	.	.	13.7	2.6	0.49540	
7	辽宁	吉林	2	0.01849	0.905	.	.	14.2	.	0.52667	
6	黑龙江	CL12	4	0.02653	0.878	.	.	14.4	4.3	0.54427	
5	CL8	CL7	6	0.05563	0.822	.	.	12.7	3.7	0.67864	
4	CL5	CL6	10	0.12588	0.697	.	.	9.2	6.5	0.78178	
3	CL4	CL10	14	0.19460	0.502	0.674	-2.71	6.6	7.7	0.87404	
2	北京	上海	2	0.05614	0.446	0.507	-0.74	11.3	.	0.91764	
1	CL2	CL3	16	0.44587	0.000	0.000	0.00	.	11.3	1.54537	

输出 6.4.2　类平均聚类法的谱系聚类图

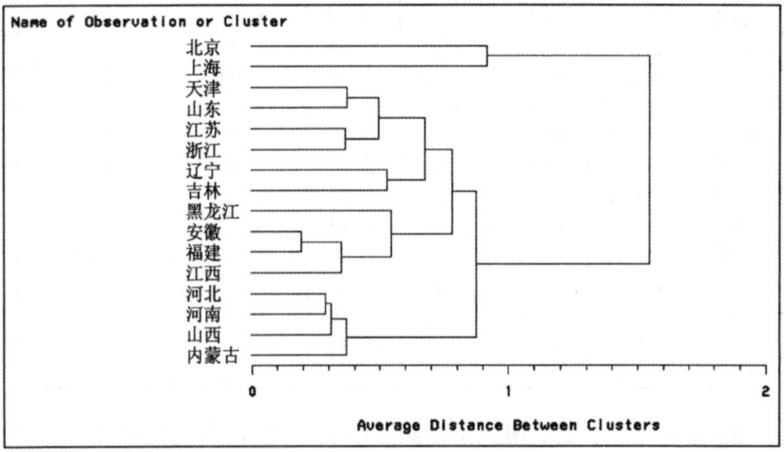

大；当分为四个类时的 $R_4^2=0.697$，而下一次合并后分为三个类时 R_3^2 下降较多（$R_3^2=0.502$），由此通过对 R^2 统计量的变化分析可得出分为四个类是较合适的.

（2）查看 R_{NCL}^2 变化的大小可以由半偏 R_{NCL}^2（列标题为 SPRSQ）得到. 根据半偏 R_{NCL}^2 的值是上一步骤 $R_{\mathrm{NCL}+1}^2$ 与该步骤 R_{NCL}^2 的差值，故某步骤的半偏 R_{NCL}^2 值越大，说明上一步骤合并的效果越好. 此例半偏 R_{NCL}^2 最大和次大分别为 NCL=1,3 和 4，说明根据半偏 R^2 准则

分为两个类、四个类或五个类是较合适的.

(3) 伪 F 统计量(列标题为 PSF)用于评价分为 NCL 个类的聚类效果. 伪 F_{NCL} 值越大表示这些观测样品可以显著地分为 NCL 个类. 此例中伪 F_{NCL} 最大和次大分别为 NCL＝5 和 2(当 NCL＜6),说明根据伪 F 准则分为五个类或两个类是较合适的.

(4) 伪 t^2 统计量(列标题为 PST2)用以评价此步骤合并类的效果. 由该统计量的定义知,伪 t^2 值大表明上一次合并的两个类是很分开的,也就是上一次聚类的效果是好的. 此例中伪 t^2 最大和次大分别为 NCL＝1,3 和 4,说明根据伪 t^2 准则分为两个类、四个类或五个类是较合适的.

从以上分析可以看出: 半偏 R^2 准则支持分为两类、四类和五类;伪 F 统计量支持分为两类或五类;伪 t^2 统计量支持分为两类、四类或五类. 综合分析,认为采用类平均法分类,将 16 个地区分为两类或五类较合适. 分为五类的结果为: $G_1^{(5)}=\{$北京$\}$, $G_2^{(5)}=\{$上海$\}$ (各 1 个地区), $G_3^{(5)}=\{$天津,山东,江苏,浙江,辽宁,吉林$\}$(六个地区), $G_4^{(5)}=\{$黑龙江,安徽,福建,江西$\}$ (四个地区), $G_5^{(5)}=\{$河北,河南,山西,内蒙古$\}$ (四个地区). 若分为两类,则 $G_1^{(2)}=\{G_1^{(5)},G_2^{(5)}\}$, $G_2^{(2)}=\{G_3^{(5)},G_4^{(5)},G_5^{(5)}\}$.

用 Ward 法分类可以得出: R^2 准则支持分为两类、三类和四类;伪 F 统计量支持分为四类或五类;伪 t^2 统计量支持分为两类、三类或四类. 综合分析,认为采用 Ward 法分类,将 16 个地区分为两类或四类较合适. 分为四类的结果为: $G_1^{(4)}=\{$北京,上海$\}$ (二个地区), $G_2^{(4)}=\{$天津,山东,江苏,浙江,辽宁,吉林$\}$ (六个地区), $G_3^{(4)}=\{$黑龙江,安徽,福建,江西$\}$ (四个地区), $G_4^{(4)}=\{$河北,河南,山西,内蒙古$\}$ (四个地区). 若分为两类,则 $G_1^{(2)}=G_1^{(4)}$, $G_2^{(2)}=\{G_2^{(4)},G_3^{(4)},G_4^{(4)}\}$.

不同的聚类方法得到的结果或多或少都有些差别. 在实际应用中,应综合各种计算结果,提出合适的分类结果. 比如此例把 16 个地区的农民生活消费支出情况分为五类,并计算出各类地区农民生活平均消费水平(见表 6.8). 由表 6.8 可见第一类属低消费水平,第二类属中等消费水平,第三类消费水平较高,而北京市和上海市的农民生活水平比较富裕，属高消费水平.

表 6.8 16 个地区的分类及平均消费水平

类　别	第一类	第二类	第三类	第四类	第五类
该类所包含的地区	河北，河南 山西，内蒙古	黑龙江，安徽 福建，江西	天津，山东，江苏 浙江，辽宁，吉林	北京	上海
食品平均消费	107.395	138.698	145.165	190.33	221.11
衣着平均消费	24.708	23.855	32.457	43.77	38.64
燃料平均消费	8.275	15.865	13.870	9.73	12.53
住房平均消费	16.278	19.000	34.431	60.54	115.65
生活用品以及其他平均消费	21.368	19.413	32.715	49.01	50.82
文化生活服务支出平均消费	3.405	6.025	4.537	9.04	5.89

§6.5 动态聚类法

系统聚类法一次形成类以后就不能改变了，这就要求一次分类分得比较准确，对分类的方法就提出较高的要求，相应的计算量自然也比较大. 如 Q 型系统聚类法，聚类过程是在样品间的距离矩阵基础上进行的，当样本容量很大时，需要占据足够大的计算机内存空间；而且在并类过程中，需要将每类样品和其他类样品间的距离逐一加以比较，以决定应合并的类别，故需要较多的计算时间. 所以对于大样本问题，Q 型系统聚类法可能会因计算机内存或计算时间的限制而无法进行，这给应用带来一定的不便. 基于这种情况，产生了动态聚类，即**动态聚类法**.

动态聚类法又称为逐步聚类法，其基本思想是，开始先粗略地分一下类，然后按照某种最优的原则修改不合理的分类，直至类分得比较合理为止，这样就形成一个最终的分类结果. 该方法具有计算量较小，占用计算机内存空间较少，方法简单的优点，适用于大样本的 Q 型聚类分析.

为了粗略地分一下类（简称为**初始分类**），有时需要先选一批“凝聚点”，然后让样品向最近的凝聚点聚集，这样由凝聚点聚集形成的类,就得到初始分类.动态聚类法的聚类过程可用下面框图描述.

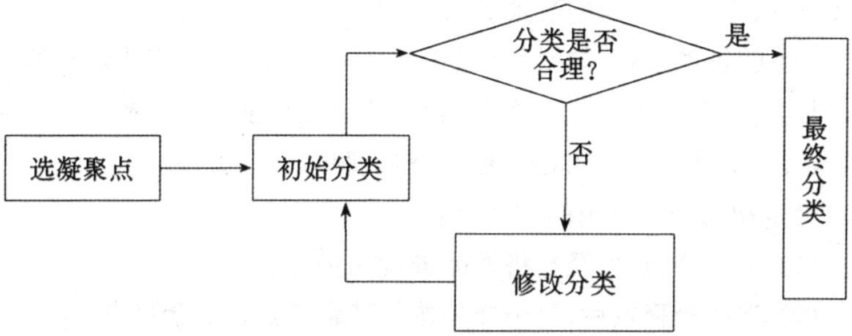

一、选择凝聚点和确定初始分类

凝聚点就是一批有代表性的点,是欲形成类的中心的点.凝聚点的选择直接决定初始分类,对分类结果也有很大的影响.由于凝聚点的不同选择,其最终分类结果也将出现不同,故选择时要慎重.通常选择凝聚点的方法有:

(1) 人为选择:当人们对所欲分类的问题有一定了解时,根据经验,预先确定分类个数和初始分类,并从每一类中选择一个有代表性的样品作为凝聚点.

(2) 将所有样品人为地分为 k 类,计算每一类的重心,并将这些重心作为凝聚点.

(3) 用密度法选择凝聚点:以某个正数 d 为半径,以每个样品为球心,落在这个球内的样品数(不包括作为球心的样品)就叫做这个样品的密度.计算所有样品点的密度后,首先选择密度最大的样品作为第一凝聚点,并且人为地规定一个正数 D(一般 $D>d$,常取 $D=2d$).然后选出次大密度的样品点,若它与第一个凝聚点的距离大于 D,则将其作为第二个凝聚点;否则舍去此点,再选密度次于它的样品.这样,按密度大小依次考察,直至全部样品考察完毕为止.此方法中,d 要给的合适,太大了使凝聚点个数太少,太小了使凝聚点个数太多.

(4) 人为地选择一正数 d.首先以所有样品的均值作为第一凝

聚点，然后依次考察每个样品，若某样品与已选定的凝聚点的距离均大于 d，该样品作为新的凝聚点，否则考察下一个样品.

(5) 随机地选择. 如果对样品的性质毫无所知，可采用随机数表来选择，打算分几类就选几个凝聚点，或者就用前 k 个样品作为凝聚点(假设分 k 类). 这个方法一般不提倡使用.

确定初始分类常用的方法有：

(1) 人为分类，凭经验将样品进行初步分类.

(2) 选择凝聚点后，每个样品按与其距离最近的凝聚点归类.

(3) 选择一批凝聚点后，每个凝聚点自成一类，将样品依次归入其距离最近的凝聚点所在的类，并重新计算该类的重心，以代替原来的凝聚点，再考虑下一个样品的归类，直至所有样品都归类为止.

(4) 先将数据作标准化处理，仍用 x_{ij} 表示标准化后第 i 个样品的第 j 个指标. 令

$$x_{i\cdot} = \sum_{j=1}^{m} x_{ij}, \quad R = \max_{1 \leqslant i \leqslant n} x_{i\cdot} - \min_{1 \leqslant i \leqslant n} x_{i\cdot}.$$

如欲将全部样品分为 k 类，对每个样品 $X_{(i)}$ 计算：

$$\frac{(k-1)(x_{i\cdot} - \min x_{i\cdot})}{R} + 1.$$

假设与这个数接近的整数为 l，则将样品 $X_{(i)}$ 归入第 l 类($1 \leqslant l \leqslant k$).

(5) 用某种聚类方法得到一个分类，将其作为初始分类. 当样本量大时，有时只用部分样品按某种聚类方法进行分类，如用每类重心作为凝聚点，再用(2)或(3)的方法对全部样品归类后得初始分类.

二、逐步聚类法

逐步聚类的不同方法主要是以修改分类的不同原则来区分的，常用方法有按批修改法，逐个修改法等. 本节重点介绍按批修改法.

1. 按批修改法

(1) 按批修改法的步骤：

步骤 1：选择一批凝聚点(个数人为指定)，并选定所用距离定义；

步骤 2：将所有样品按与其距离最近的凝聚点归类；

步骤 3：计算每一类的重心，将重心作为新的凝聚点，转到步骤 2. 如果某一步骤所有的新凝聚点与前一次的老凝聚点重合，则过程终止. 有时不绝对要求这个过程收敛，而是人为规定这个修改过程重复若干次就行了.

(2) 分类函数：假设 $X_{(i)}$ $(i=1,2,\cdots,n)$ 为 n 个样品点，初始分为 k 类：$G_1,G_2,\cdots,G_k$，它们的重心记为 $\overline{X}^{(1)},\overline{X}^{(2)},\cdots,\overline{X}^{(k)}$，每类的样品数记为 n_i $(i=1,2,\cdots,k)$. 用 t_i 表示样品 $X_{(i)}$ 所属类的标号，如 $t_1=2$ 表示第 1 个样品属第 2 类.

样品 $X_{(i)}$ 到类 G_j 的距离 D_{ij} 定义为

$$D_{ij}^2=(X_{(i)}-\overline{X}^{(j)})'(X_{(i)}-\overline{X}^{(j)}),$$

则分类函数定义为：

$$l(G_1,G_2,\cdots,G_k)=\sum_{i=1}^{n}D_{it_i}^2.$$

上式定义的分类函数，实质上就是系统聚类分析中的离差平方和 W，其中 $W=\sum\limits_{i=1}^{k}W_i$，而 W_i 为 G_i 类样品的离差平方和.

按批修改法的修改原则就是使这个分类函数逐渐减小，直至不能再减小为止.

例 6.5.1 已知 5 个样品的观测值为：1,4,5,7,11. 试用按批修改的动态聚类法对 5 个样品进行分类.

解 (1) 选凝聚点：用密度法，取 $d=2$, $D=4$；采用欧氏距离. 各点的密度如下表所示：

	$X_{(1)}$	$X_{(2)}$	$X_{(3)}$	$X_{(4)}$	$X_{(5)}$
密度	0	1	2	1	0

第一个凝聚点选 $X_{(3)}$，因 $X_{(2)}$，$X_{(4)}$ 与 $X_{(3)}$ 的距离 $<D$，第二个凝聚点选 $X_{(1)}$，第三个凝聚点选 $X_{(5)}$.

(2) 初始分类：按最小距离的原则将所有样品归类，结果是：

$$G_1^{(0)}=\{X_{(3)},X_{(2)},X_{(4)}\},\quad G_2^{(0)}=\{X_{(1)}\},\quad G_3^{(0)}=\{X_{(5)}\}.$$

(3) 修改分类：首先计算各类重心，它们分别是 $5\frac{1}{3}$, 1, 11. 再以它们作为新凝聚点，按最小距离原则归类，结果是：

$$G_1^{(1)}=\{X_{(3)},X_{(2)},X_{(4)}\},\quad G_2^{(1)}=\{X_{(1)}\},\quad G_3^{(1)}=\{X_{(5)}\}.$$

这三类的重心仍然为 $5\frac{1}{3}$,1,11，因此过程终止. 最终分类就是 $G_i^{(1)}$ $(i=1,2,3)$.

附注 1 按批修改法的优点是计算量小，速度快，但其分类结果依赖于凝聚点的选择. 若选 $X_{(3)},X_{(5)}$ 作为凝聚点，则最终分类是：

$$G_1=\{X_{(1)},X_{(2)},X_{(3)},X_{(4)}\},\quad G_2=\{X_{(5)}\}.$$

若选 $X_{(1)},X_{(5)}$ 作为凝聚点，则最终分类是：

$$G_1=\{X_{(1)},X_{(2)},X_{(3)}\},\quad G_2=\{X_{(4)},X_{(5)}\}.$$

附注 2 在按批修改法中，有人将步骤 3 改为：计算每一类重心，取老凝聚点与重心联线的对称点作为新凝聚类，转到步骤 2. 如果某一步骤所有新凝聚点与前一次的老凝聚点重合，则过程终止. 这样做在某些场合会得到更好的分类结果.

2. 逐个修改法

按批修改法是当样品全部归类后才改变凝聚点. 另一种自然的想法是每对一个样品进行分类后，同时改变凝聚点，这就产生了逐个修改法. 逐个修改法在许多教科书上称做 K-均值法. 逐个修改的方法不止一种，以下介绍常见的一种，它的聚类步骤是：

步骤 1：规定样品间的距离，人为地定出三个数：K(分类数)，C(类间距离的最小值)和 R(类内距离的最大值)；取前 K 个样品点作为凝聚点.

步骤 2：计算这 K 个凝聚点两两之间的距离，如最小的距离 $<C$，则将相应的两个凝聚点合并，用这两个点的重心作为新凝聚点，再重复步骤 2，直至所有凝聚点之间的距离均 $\geqslant C$ 为止.

步骤 3：将剩下的 $n-K$ 个样品逐个归类，对每一个样品，计算该样品与所有凝聚点的距离，如最小距离 $>R$，则该样品作为新凝聚点；如最小距离 $\leqslant R$，则将该样品归入与它距离最近的凝聚点所在的类，随即重新计算这一类的重心，以重心作为新的凝聚点. 如凝聚点之间的距离都 $\geqslant C$，则考虑下一个样品，否则用步骤 2 进行合并后再考虑下一个样品，直至所有样品都归了类.

步骤 4：将样品从头至尾再逐个按步骤 3 进行归类，不同之处是：某个样品归类后，如分类与原来一致，则重心不必计算；如分类与原来不同，则涉及到的两类重心要重新计算.

如果新的分类与上一次相同，则聚类过程结束，否则重复步骤 4.

例 6.5.2 对例 6.5.1 的 5 个样品用逐个修改法进行聚类.

解 (1) 用欧氏距离，取 $K=3,C=2,R=3$. 取 $X_{(1)},X_{(2)},X_{(3)}$作为凝聚点.

(2) 计算凝聚点之间的距离，$d(1,2)=3$，$d(1,3)=4$，$d(2,3)=1<C=2$，将 $X_{(2)}$和 $X_{(3)}$合并(记为新 2 类：2^*)，它们的重心是 $(4+5)/2=4.5$，它与 $X_{(1)}$的距离 $d(1,2^*)=3.5>2$. 凝聚点有两个：1 和 4.5；相应的两类记为 G_1 和 G_2.

(3) 考虑样品 $X_{(4)}$，它与两凝聚点的距离为：$d(G_1,4)=6$，$d(G_2,4)=2.5$，最小值 $2.5<3$，不能作为新凝聚点，归入 G_2；再考虑 $X_{(5)}$，因 $d(G_1,5)=10$，$d(G_2,5)=6.5$，最小值 $6.5>3$，故 $X_{(5)}$作为新凝聚点单独成一类.

至此我们得到三类：$G_1=\{X_{(1)}\}$，$G_2=\{X_{(2)},X_{(3)},X_{(4)}\}$，$G_3=\{X_{(5)}\}$.

(4) 将样品从头至尾按上面的(3)进行归类. 聚类结果同上. 故聚类过程结束，并得到最终分类为 G_1,G_2,G_3.

附注 1 逐个修改法的最终分类与样品的考虑顺序有关，一般按 $X_{(1)}\longrightarrow X_{(5)}$次序，如果按 $X_{(5)}\Longrightarrow X_{(1)}$的次序考虑，$K,C,R$ 不变，则分类结果为：

$$G_1=\{X_{(5)}\},\quad G_2=\{X_{(4)}\},\quad G_3=\{X_{(2)},X_{(3)}\},\quad G_4=\{X_{(1)}\}.$$

由于分类结果与样品归类的次序有关，逐个修改法开始选凝聚点时最好选有代表性的点，而不是简单的取前 K 个样品，这样聚类结果会合理一些.

附注 2 逐个修改法的最终分类与三个参数有关，因此在计算过程中最好让这三个参数作适当变化，最后根据实际问题的要求取舍聚类结果.

例 6.5.3 试用 SAS/STAT 软件的 FASTCLUS (快速聚类) 过程对 16 个地区农民生活水平的调查数据进行分类.

解　为使用动态聚类法对例 6.4.1 中表 6.7 给出的 16 个地区的农民在 1982 年支出情况的抽样调查资料进行分类，首先对数据进行标准化，然后使用 FASTCLUS（快速聚类）过程对标准化后的数据进行动态聚类.

输出 6.5.1　动态聚类的初始凝聚点(数据标准化)

FASTCLUS Procedure:　Replace=FULL　Radius=0　Maxclusters=5　Maxiter=1

Initial Seeds

Cluster	X1	X2	X3	X4	X5	X6
1	1.46034	2.17117	-0.77840	1.04836	1.88228	2.48234
2	2.38417	1.39269	-0.02619	3.12687	2.05005	0.55074
3	-1.39460	-1.00649	-0.89392	-0.38861	-0.54617	-1.34407
4	0.12021	0.51102	1.38688	-0.20569	0.96281	-0.93322
5	0.09740	-1.24473	1.16391	-0.49874	-0.64442	1.06583

输出 6.5.2　动态聚类的分类结果(数据标准化)

OBS	GROUP	CLUSTER	DISTANCE
1	北京	1	0.00000
2	上海	2	0.00000
3	河北	3	0.70731
4	山西	3	0.64693
5	内蒙古	3	0.84370
6	河南	3	0.64426
7	天津	4	1.30193
8	辽宁	4	1.19017
9	吉林	4	1.71508
10	浙江	4	1.10310
11	山东	4	1.16730
12	黑龙江	5	1.17739
13	江苏	5	1.45351
14	安徽	5	0.62637
15	福建	5	0.92034
16	江西	5	1.18491

由输出 6.5.1 中可以看出，5 个初始凝聚点是从标准化数据集中按指定规则选取的 5 个观测样品. 输出 6.5.2 给出了分类的结果，分类结果类似数据标准化后的系统聚类法.

§6.6　有序样品聚类法(最优分割法)

在以上几节讨论的问题中，样品是相互独立的，因而分类时彼此是平等的. 但在有些实际问题中，要求样品分类时不能打乱次序. 例如在油田勘探中，需要通过岩心了解地层的结构，故而要求对地层的不同结构进行分类. 这时岩心所在的位置(即样品的次序)在分类时不能打乱.如果用 $X_{(1)},X_{(2)},\cdots,X_{(n)}$表示 n 个有序的样品,则每一类必须是这样的形式:$\{X_{(i)},X_{(i+1)},\cdots,X_{(i+k)}\}$,其中 $1\leqslant i\leqslant n,k\geqslant 0$ 且 $i+k\leqslant n$,即同一类样品必须是互相邻接的.这种分类问题称为**有序样品聚类法**,也称为**最优分割法**.

设有 n 个有序样品 $X_{(1)},X_{(2)},\cdots,X_{(n)}$,其中每个样品有 m 个指标,即 $X_{(i)}$ $(i=1,\cdots,n)$为 m 维向量.n 个样品分成 k 类的一切可能分法有 C_{n-1}^{k-1}种,这比不相关样品的可能分法要少得多,故在 n 不大的情况下,有可能讨论所有可能的分类结果,并有可能在某种损失函数意义下,从中求得最优解.本节介绍费希尔发展的一个算法,它可保证求得最优解,故此法称为**最优分割法**,又称为**费希尔算法**.

系统聚类法开始时将 n 个样品 $X_{(1)},X_{(2)},\cdots,X_{(n)}$分成 n 类,然后逐步并类,直到所有样品并成一类为止.而最优分割法则相反,开始时将所有样品归为一类,然后分成两类、三类等等,直到分为 n 个类.这是两种不同类型的聚类方法,但最优分割法定义分类的损失函数的思想类似于系统聚类方法中的 Ward 法,即要求分类后产生的离差平方和的增量最小.

一、最优分割法的聚类步骤

设有序样品依次为 $X_{(1)},X_{(2)},\cdots,X_{(n)}$ ($X_{(i)}$为 m 维向量).

1. 定义类的直径

设某一类 G 包含的样品有$\{X_{(i)},X_{(i+1)},\cdots,X_{(j)}\}$ $(j>i)$,记为 $G=\{i,i+1,\cdots,j\}$.该类的均值向量 $\overline{X}_G$ 为

$$\overline{X}_G=\frac{1}{j-i+1}\sum_{t=i}^{j}X_{(t)}.$$

用 $D(i,j)$表示这一类的直径,常用的直径有:

$$D(i,j)=\sum_{t=i}^{j}(X_{(t)}-\overline{X}_G)'(X_{(t)}-\overline{X}_G).\qquad(6.6.1)$$

当 $m=1$ 时,也可以定义直径为

$$D(i,j)=\sum_{t=i}^{j}|X_{(t)}-\widetilde{X}_G|,$$

其中 $\widetilde{X}_G$ 是这一类数据的中位数.

2. 定义分类的损失函数

用 $b(n,k)$ 表示将 n 个有序样品分为 k 类的某一种分法. 常记分法 $b(n,k)$ 为：

$$G_1 = \{i_1, i_1+1, \cdots, i_2-1\},$$
$$G_2 = \{i_2, i_2+1, \cdots, i_3-1\},$$
$$\cdots\cdots$$
$$G_k = \{i_k, i_k+1, \cdots, n\},$$

其中分点为 $1=i_1<i_2<i_3<\cdots<i_k<n=i_{k+1}-1$(即 $i_{k+1}=n+1$).

定义上述分类法的损失函数为

$$L[b(n,k)] = \sum_{t=1}^{k} D(i_t, i_{t+1}-1). \tag{6.6.2}$$

当 n,k 固定时，$L[b(n,k)]$越小，即表示各类的离差平方和越小，分类是合理的，因此要寻找一种分法 $b(n,k)$，使分类损失函数 L 达最小. 记 $P(n,k)$是使(6.6.2)式达到极小的分类法.

3. $L[b(n,K)]$的递推公式

费希尔算法最核心的部分是利用以下两个递推公式：

$$\begin{cases} L[P(n,2)] = \min\limits_{2\leqslant j\leqslant n}\{D(1,j-1)+D(j,n)\}, \\ L[P(n,k)] = \min\limits_{k\leqslant j\leqslant n}\{L[P(j-1,k-1)]+D(j,n)\}. \end{cases} \tag{6.6.3}$$

以上两个公式由(6.6.2)式及 $P(n,k)$的定义即可证明. (6.6.3)式的第二式表明，若要寻找将 n 个样品分为 k 类的最优分割，应建立在将 $j-1$ 个样品分为 $k-1$ 类的最优分割基础上(这里 $j=2,3,\cdots,n$).

4. 最优解的求法

若分类数 k $(1<k<n)$已知，求分类法 $P(n,k)$，使它在损失函数意义下达最小，其求法如下：

首先找分点 j_k，使递推公式(6.6.3)达极小，即

$$L[P(n,k)] = L[P(j_k-1,k-1)] + D(j_k,n).$$

于是得第 k 类 $G_k=\{j_k, j_k+1, \cdots, n\}$. 然后找 j_{k-1}，使它满足

$$L[P(j_{k-1},k-1)]=L[P(j_{k-1}-1,k-2)]+D(j_{k-1},j_k-1),$$

得到第 $k-1$ 类 $G_{k-1}=\{j_{k-1},j_{k-1}+1,\cdots,j_k-1\}$. 类似的方法依次可得到所有类 $G_1,G_2,\cdots,G_k$,这就是我们欲求的最优解,即

$$P(n,k)=\{G_1,G_2,\cdots,G_k\}.$$

总之,为了求最优解,主要是计算

$$\{D(i,j);1\leqslant i<j\leqslant n\} \quad 和 \quad \{L[P(i,j)],1\leqslant i\leqslant n,i\leqslant j\leqslant n\}.$$

下面通过一个例子来说明最优解的具体求法.

二、应用简例

例 6.6.1 为了了解儿童的生长发育规律,今统计了男孩从出生到 11 岁每年平均增长的重量如下表所示. 试问男孩发育可分为几个阶段?

年龄/岁	1	2	3	4	5	6	7	8	9	10	11
增加重量/kg	9.3	1.8	1.9	1.7	1.5	1.3	1.4	2.0	1.9	2.3	2.1

解 这是一个有序样品的聚类问题,我们用最优分割法来进行聚类. 输出 6.6.1 首先给出男孩每年体重的增加随年龄的变化规律图. 由此图可直观地看出,男孩发育确实可以分为几个阶段.

输出 6.6.1 男孩每年体重的增加随年龄的变化

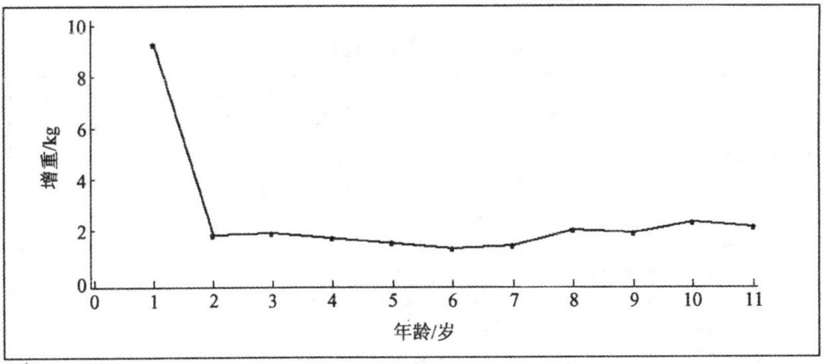

有序样品聚类的具体步骤如下:

(1) 计算直径 $\{D(i,j)\}$,结果见表 6.9. 因每个样品只有一个指

标(即 $m=1$)，由(6.6.1)式的定义，故有

$$D(i,j)=\sum_{t=i}^{j}(X_{(t)}-\overline{X}_G)^2.$$

例如计算 $D(5,7)$，此时类 G 包含三个样品 $\{X_{(5)},X_{(6)},X_{(7)}\}$，故有

$$\overline{X}_G=\frac{1}{3}(1.5+1.3+1.4)=1.4,$$

$$D(5,7)=(1.5-1.4)^2+(1.3-1.4)^2+(1.4-1.4)^2=0.02.$$

表 6.9　直径 $D(i,j)$

j \ i	1	2	3	4	5	6	7	8	9	10
2	28.125									
3	37.007	0.005								
4	42.208	0.020	0.020							
5	45.992	0.088	0.080	0.020						
6	49.128	0.232	0.200	0.080	0.020					
7	51.100	0.280	0.232	0.088	0.020	0.005				
8	51.529	0.417	0.393	0.308	0.290	0.287	0.180			
9	51.980	0.469	0.454	0.393	0.388	0.370	0.207	0.005		
10	52.029	0.802	0.800	0.774	0.773	0.708	0.420	0.087	0.080	
11	52.182	0.909	0.909	0.895	0.889	0.793	0.452	0.088	0.080	0.020

(2) 计算最小分类损失函数 $\{L[P(l,k)],3\leqslant l\leqslant 11,2\leqslant k\leqslant 10\}$，即分别计算将 l 个样品分成两类、三类…时，最优分割的损失函数，所有结果列于表 6.10.

表 6.10　最小分类损失函数 $L[P(l,k)]$

l \ k	2	3	4	5	6	7	8	9	10
3	0.005(2)								
4	0.020(2)	0.005(4)							
5	0.088(2)	0.020(5)	0.005(5)						
6	0.232(2)	0.040(5)	0.020(6)	0.005(6)					
7	0.280(2)	0.040(5)	0.025(6)	0.010(6)	0.005(6)				
8	0.417(2)	0.280(8)	0.040(8)	0.025(8)	0.010(8)	0.005(8)			
9	0.469(2)	0.285(8)	0.045(8)	0.030(8)	0.015(8)	0.010(3)	0.005(8)		
10	0.802(2)	0.367(8)	0.127(8)	0.045(10)	0.030(10)	0.015(10)	0.010(10)	0.005(8)	
11	0.909(2)	0.368(8)	0.128(8)	0.065(10)	0.045(11)	0.030(11)	0.015(11)	0.010(11)	0.005(11)

首先，计算 $\{L[P(l,2)],3\leqslant l\leqslant 11\}$(即表 6.10 的第一列)，如 $l=3$ 时由递推公式(6.6.3)及表 6.9 可得：

$$
\begin{aligned}
L[P(3,2)] &= \min_{2\leqslant j\leqslant 3}\{D(1,j-1)+D(j,3)\} \\
&= \min\{D(1,1)+D(2,3), D(1,2)+D(3,3)\} \\
&= \min\{0+0.005, 28.125+0\} = 0.005.
\end{aligned}
$$

上式表示将三个样品分为两类,共有两种可能分法:{1},{2,3};或{1,2},{3},这两种分法的最小损失函数为 0.005(即前一种分法).因为这个最小值在 $j=2$ 时达到,记为 0.005(2). 类似的,当 $l=4$ 时有:

$$
\begin{aligned}
L[P(4,2)] &= \min_{2\leqslant j\leqslant 4}\{D(1,j-1)+D(j,4)\} \\
&= \min\{D(1,1)+D(2,4), D(1,2)+D(3,4), \\
&\qquad D(1,3)+D(4,4)\} \\
&= \min\{0.020, 28.145, 37.007\} = 0.020.
\end{aligned}
$$

最小值在 $j=2$ 时达到,记为 $L[P(4,2)]=0.020(2)$. 表 6.10 中 $k=2$ 的那一列,括弧中的数字都是 2,表示对一切形如 $\{X_{(1)}, X_{(2)}, \cdots, X_{(l)}\}$ $(3\leqslant l\leqslant 11)$的类,如欲分成两类都以 $G_1=\{X_{(1)}\}$, $G_2=\{X_{(2)}, \cdots, X_{(l)}\}$的分法为最优,它使分类损失函数达到极小.

其次,计算$\{L[P(l,3)], 4\leqslant l\leqslant 11\}$,如 $l=4$ 时由递推公式(6.6.3)第二式、表 6.9 及表 6.10 第一列可得:

$$
\begin{aligned}
L[P(4,3)] &= \min\{L[P(2,2)]+D(3,4), L[P(3,2)]+D(4,4)\} \\
&= \min\{0+0.020, 0.005+0\} = 0.005.
\end{aligned}
$$

表 6.10 中第二列($k=3$)的其余各项的计算方法也类似. 同样,对表 6.10 中 $k=4,5,\cdots,10$ 的其余各列的计算方法也类似. 各列括弧内的数字含义同上.

(3) 求最优分类. 假如我们希望分成三类,即 $k=3$,由表 6.10 最后一行查得 $L[P(11,3)]=0.368$,括号中数字为 8,这说明最优解的分类的损失函数是 0.368,分类时首先分出第三类 $G_3=\{X_{(8)}\sim X_{(11)}\}$. 再对其余的 7 个样品考虑分为两类的最优分法,查表 6.10 中 $l=7, k=2$ 的位置得 $L[P(7,2)]=0.280$,括号中数字为 2,故

$$
G_2=\{X_{(2)}\sim X_{(7)}\}, \quad G_1=\{X_{(1)}\}.
$$

从而求得最优分类

$$
P(11,3):\{X_{(1)}\}, \{X_{(2)}\sim X_{(7)}\}, \{X_{(8)}\sim X_{(11)}\}.
$$

当 k 取其余值时,分类情况列于表 6.11.

表 6.11 分类情况

k	$L[P(11,k)]$	分 类
1	52.182	{9.3,1.8,1.9,1.7,1.5,1.3,1.4,2.0,1.9,2.3,2.1}
2	0.909	{9.3},{1.8,1.9,1.7,1.5,1.3,1.4,2.0,1.9,2.3,2.1}
3	0.368	{9.3},{1.8,1.9,1.7,1.5,1.3,1.4},{2.0,1.9,2.3,2.1}
4	0.128	{9.3},{1.8,1.9,1.7},{1.5,1.3,1.4},{2.0,1.9,2.3,2.1}
5	0.065	{9.3},{1.8,1.9,1.7},{1.5,1.3,1.4},{2.0,1.9},{2.3,2.1}
6	0.045	{9.3},{1.8,1.9,1.7},{1.5,1.3,1.4},{2.0,1.9},{2.3},{2.1}
7	0.030	{9.3},{1.8,1.9},{1.7},{1.5,1.3,1.4},{2.0,1.9},{2.3},{2.1}
8	0.015	{9.3},{1.8,1.9},{1.7},{1.5},{1.3,1.4},{2.0,1.9},{2.3},{2.1}
9	0.010	{9.3},{1.8},{1.9},{1.7},{1.5},{1.3,1.4},{2.0,1.9},{2.3},{2.1}
10	0.005	{9.3},{1.8},{1.9},{1.7},{1.5},{1.3},{1.4},{2.0,1.9},{2.3},{2.1}
11	0.000	{9.3},{1.8},{1.9},{1.7},{1.5},{1.3},{1.4},{2.0},{1.9},{2.3},{2.1}

(4) 决定 k. 如果从生理角度预先能定出 k,当然最好,这样从表 6.10 即可知道如何分类. 有时事先不能确定 k,这时可作出 $L[P(n,k)]$随 k 变化的趋势图,如此例作出的图形见输出6.6.2. 从该输出我们看到曲线在 $k=3,4$ 处拐弯,即分三类或四类为好.

最优分割法虽然计算简单,但是当 n 很大时,由于要存贮直径 $\{D(i,j)\}$,对容量不大的计算机还是有困难的.

输出 6.6.2 损失函数 $L[P(n,k)]$ 随 k 变化的趋势图

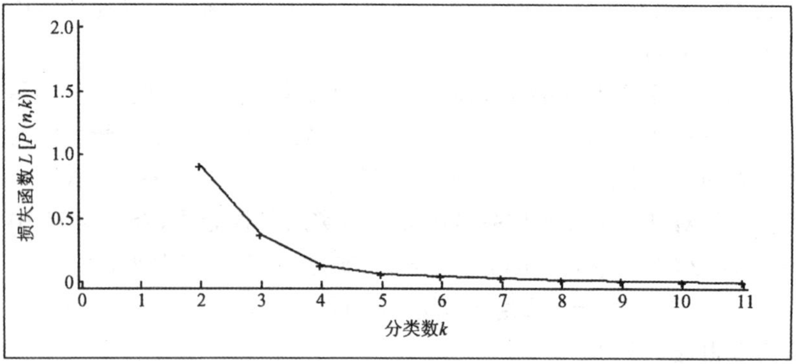

三、分类个数的确定

分类数 k 的确定对许多问题都很重要，上面给出的方法是通过 $L[P(n,k)]$ 对 k 作图，在曲线拐弯处来确定 k. 当曲线拐弯很平缓时，可以选取的 k 很多，这时需要有其他的办法来确定，比如均方比和特征根法(省略).

§6.7 变量聚类方法

在本章 §6.1 已提到，聚类分析根据分类对象的不同可分为 Q 型(对样品)和 R 型(对变量). 前面几节讨论的内容是 Q 型聚类问题，即对样品进行聚类的问题. 在实际工作中，对所考察的一些变量进行分类也是十分重要的. 在统计分析中，为了避免遗漏重要因素，人们往往初始选取所考察的变量时，总是尽可能多地考虑所有相关的因素. 而这样做的结果则是需要考察的变量过多，变量间的相关性也较大，给统计分析带来很大的不便. 因此人们常常希望研究变量间的相似关系，按照变量的相关关系把它们聚合为若干类，然后观察和说明影响系统特性的主要特征.

一、变量分类的系统聚类法

使用类似于 Q 型聚类分析中最常用的系统聚类法的思路和基本步骤对变量进行聚类. 具体操作时可以采用以下两种方法：

(1) 可以把观测数据阵中样品和变量的地位调换一下，也就是把数据阵作一转置，然后仍使用 CLUSTER 过程对变量进行聚类. 此方法使用虽简单，但没有考虑到使用相似系数或相关系数作为变量相关性的度量比使用距离要更合适些，故聚类的效果也许不尽如人意.

(2) 计算变量间的相关(或相似)系数矩阵 R，然后按 §6.2 中小节三“变量间的相似系数和距离”中的定义把相关(或相似)系数矩阵转化为距离矩阵. 用此距离矩阵作为 CLUSTER 过程的输入数据阵,实现对变量进行分类的目的.

例 6.7.1 对 305 名女中学生测量 8 项体型指标: X_1 为身高, X_2 为手臂长, X_3 为手肘长, X_4 为小腿长, X_5 为体重, X_6 为颈围, X_7 为胸围, X_8 为胸宽. 表 6.12 是由 305 名中学生的观测数据计算得到的相关系数阵. 试对 8 个体型变量进行分类.

表 6.12 8 个体型变量的相关系数阵

	X_1	X_2	X_3	X_4	X_5	X_6	X_7	X_8
X_1	1.000	0.846	0.805	0.859	0.473	0.398	0.301	0.382
X_2	0.846	1.000	0.881	0.826	0.376	0.326	0.277	0.415
X_3	0.805	0.881	1.000	0.801	0.380	0.319	0.237	0.345
X_4	0.859	0.826	0.801	1.000	0.436	0.329	0.327	0.365
X_5	0.473	0.376	0.380	0.436	1.000	0.762	0.730	0.629
X_6	0.398	0.326	0.319	0.329	0.762	1.000	0.583	0.577
X_7	0.301	0.277	0.237	0.327	0.730	0.583	1.000	0.539
X_8	0.382	0.415	0.345	0.365	0.629	0.577	0.539	1.000

解 表 6.12 给出了 8 个变量的相关系数阵,首先把相关系数转换为距离,令 $d_{ij}=1-|r_{ij}|$;然后从变量间的距离矩阵出发,调用 CLUSTER 过程使用类平均法对变量进行聚类,输出 6.7.1 给出其并类过程. 从输出 6.7.1 中可以看出: 8 个变量若分为两类,则

$$G_1^{(2)}=\{X_1,X_2,X_3,X_4\},\quad G_2^{(2)}=\{X_5,X_6,X_7,X_8\};$$

若分为三类,则

$$G_1^{(3)}=G_1^{(2)},\quad G_2^{(3)}=\{X_5,X_6,X_7\},\quad G_3^{(3)}=\{X_8\}.$$

输出 6.7.1 变量系统聚类的并类过程

```
                    Average Linkage Cluster Analysis

         Root-Mean-Square Distance Between Observations    = 0.524448

 Number                          Frequency                          Normalized
   of                              of New     Pseudo     Pseudo        RMS
Clusters   --Clusters Joined--    Cluster        F        t**2      Distance    Tie

    7      x2          x3               2      22.49         .       0.226905
    6      x1          x4               2      22.22         .       0.268854
    5      CL6         CL7              4      16.68       2.87      0.345879
    4      x5          x6               2      17.07         .       0.453810
    3      CL4         x7               3      14.38       2.57      0.669800
    2      CL3         x8               4      17.15       2.12      0.800759
    1      CL5         CL2              8        .        17.15      1.234171
```

二、VARCLUS(变量聚类)过程简介

在 SAS/STAT 软件中所提供的 VARCLUS 过程是专门用于对变量进行分类的,它根据相关阵或协方差阵对变量进行分裂聚类或谱系聚类.类的选择原则根据主成分分析和因子分析的思想(参见第七章和第八章),使每一类的第一主成分或重心分量所解释的方差为最大.

1. 变量聚类的步骤

如果没有为过程提供初始分类的情况，VARCLUS 过程开始把所有变量看成一个类,然后它重复以下步骤:

步骤 1:首先挑选一个将被分裂的类.

步骤 2:把选中的类分裂成两个类.首先计算前两个主成分,再进行斜交旋转,并把每个变量分配到旋转分量对应的类里,分配的原则是使变量与这个主成分的相关系数为最大.

步骤 3:变量重新归类.通过多次反复循环,变量被重新分配到这些类里,使得由这些类分量所解释的方差为最大.重新分配可能要求保持谱系结构.

当每一类满足用户规定的准则时,过程停止以上分裂类的三个步骤.该准则或是每个类分量所解释的方差的百分比,或是每一类的第二个特征根.如果没有规定准则,则当每个类只有一个特征根大于1时，VARCLUS 过程停止.

例 6.7.2 对例 6.7.1 中给出的 8 项体型指标的相关系数阵，试用 VARCLUS 过程进行分类.

解 调用 VARCLUS 过程对 8 个体型变量进行分类.输出 6.7.2 为给出分类个数由 1 至 8 类的分类结果的总结表.该表的每一行对应于一次分裂.

从输出 6.7.2 和输出 6.7.3 的结果可看出,把 8 个体型指标变量分为两类比较合适.第一类包括 X_1(身高)、X_2(手臂长)、X_3(手肘长)和 X_4(小腿长),它们称为体型的高矮变量类;第二类包括 X_5(体重)、X_6(颈围)、X_7(胸围)和 X_8(胸宽),它们是体型的肥瘦变量类.

输出 6.7.2　8 个体能变量的谱系聚类结果(规定选项 SUMMARY)

Number of Clusters	Total Variation Explained by Clusters	Proportion of Variation Explained by Clusters	Minimum Proportion Explained by a Cluster	Maximum Second Eigenvalue in a Cluster	Minimum R-squared for a Variable	Maximum 1-R**2 Ratio for a Variable
1	4.672880	0.5841	0.5841	1.770983	0.3810	.
2	6.426502	0.8033	0.7293	0.476418	0.6329	0.4380
3	6.895347	0.8619	0.7954	0.418369	0.7421	0.3634
4	7.271218	0.9089	0.8773	0.238000	0.8652	0.2548
5	7.509218	0.9387	0.8773	0.236135	0.8652	0.1665
6	7.740000	0.9675	0.9295	0.141000	0.9295	0.2560
7	7.881000	0.9851	0.9405	0.119000	0.9405	0.2093
8	8.000000	1.0000	1.0000	0.000000	1.0000	0.0000

输出 6.7.3　8 个体能变量的谱系聚类图

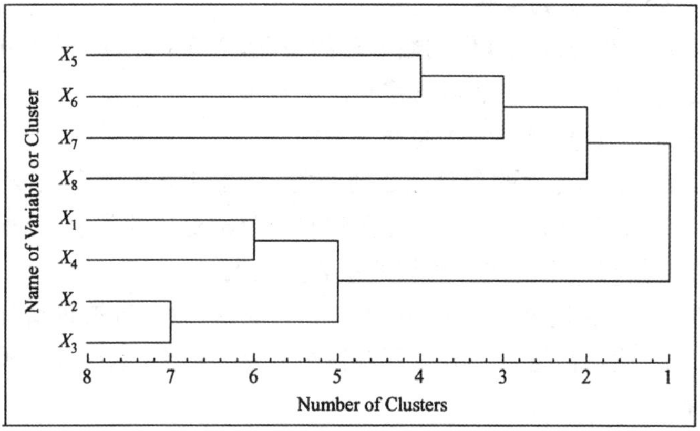

从输出 6.7.3 的谱系聚类图中可以看出,若要求分为三类,则 X_8(胸宽)独立为一类.该结果与用重心类分量聚类分析所得到的结果是一致的.

习　题　六

6-1　试证明下列结论:

(1) 由两个距离的和所组成的函数仍为距离;

(2) 由一个正常数乘上一个距离所组成的函数仍为距离;

(3) 设 d 为一个距离,$c>0$ 为常数,则 $d^*=d/(d+c)$ 仍是一个距离;

(4) 由两个距离的乘积所组成的函数不一定是距离.

6-2　试证明二值变量的相关系数为(6.2.2)式，其夹角余弦为(6.2.3)式.

6-3　下面是5个样品两两间的距离矩阵

$$D^{(0)} = \begin{bmatrix} 0 & & & & \\ 4 & 0 & & & \\ 6 & 9 & 0 & & \\ 1 & 7 & 10 & 0 & \\ 6 & 3 & 5 & 8 & 0 \end{bmatrix},$$

试用最长距离法、类平均法作系统聚类，并画出谱系聚类图.

6-4　利用距离平方的递推公式

$$D_{kr}^2 = \alpha_p D_{pk}^2 + \alpha_q D_{qk}^2 + \beta D_{pq}^2 + \gamma |D_{kp}^2 - D_{qk}^2|$$

来证明：当 $\gamma=0$, $\alpha_p \geqslant 0$, $\alpha_q \geqslant 0$, $\alpha_p+\alpha_q+\beta \geqslant 1$ 时，系统聚类中的类平均法、可变类平均法、可变法，以及 Ward 法的单调性.

6-5　试从定义直接证明最长和最短距离法的单调性.

6-6　设 A,B,C 为平面上三个点(如图所示)，它们之间的距离为

$$d_{AB}^2 = d_{AC}^2 = 1.1, \quad d_{BC}^2 = 1.0.$$

将该三个点看成三个二元样品，试用此例说明中间距离法和重心法不具有单调性.

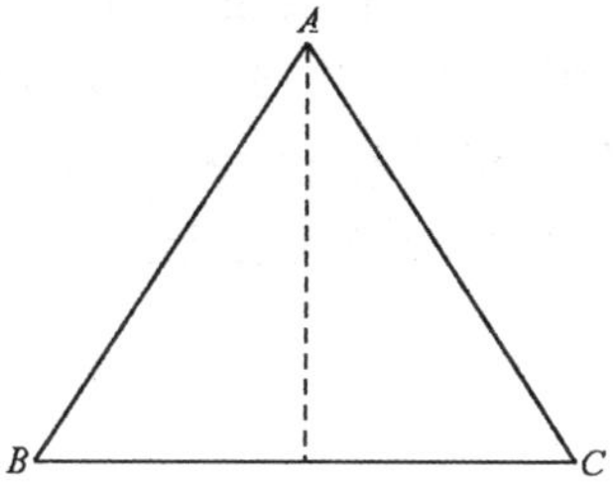

题 6-6 图

6-7　试推导重心法的距离递推公式(6.3.2).

6-8　试推导 Ward 法的距离递推公式(6.3.3).

6-9　设有5个样品，对每个样品考察一个指标，得数据为1,2,5,7,10. 试用离差平方和法求将5个样品分为 k 类($k=5,4,3,2,1$)的分类法 b_k 及其相应的总离差平方和 $W(k)$.

6-10　今有6个铅弹头，用"中子活化"方法测得7种微量元素的含量数据(见表6.13).

(1) 试用多种系统聚类法对6个弹头进行分类；并比较分类结果；

(2) 试用多种方法对7种微量元素进行分类.

表 6.13 微量元素含量数据

样品号 \ 元素	Ag(银) (X_1)	Al(铝) (X_2)	Cu(铜) (X_3)	Ca(钙) (X_4)	Sb(锑) (X_5)	Bi(铋) (X_6)	Sn(锡) (X_7)
1	0.05798	5.5150	347.10	21.910	8586	1742	61.69
2	0.08441	3.9700	347.20	19.710	7947	2000	2440
3	0.07217	1.1530	54.85	3.052	3860	1445	9497
4	0.15010	1.7020	307.50	15.030	12290	1461	6380
5	5.74400	2.8540	229.60	9.657	8099	1266	12520
6	0.21300	0.7058	240.30	13.910	8980	2820	4135

6-11 设在某地区抽取了 14 块岩石标本，其中 7 块含矿，7 块不含矿. 对每块岩石测定了 Cu，Ag，Bi 三种化学成分的含量，得到的数据见第五章表 5.3. 试用几种系统聚类方法进行聚类分析，给出综合的分析结果，并与实际情况进行比较.

6-12 某城市的环保监测站于 1982 年在全市均匀地布置了 16 个监测点，每日三次定时抽取大气样品，测量大气中二氧化硫、氮氧化物和飘尘的含量. 前后 5 天，每个取样点(监测点)对每种污染元素实测 15 次，取 15 次实测值的平均作为该取样点大气污染元素的含量(数据见第五章表 5.5). 试用几种系统聚类方法进行聚类分析，并给出综合的分析结果.

第七章　主成分分析

主成分分析是将多指标化为少数几个综合指标的一种统计分析方法. 在实际问题中,研究多指标的问题是经常遇到的问题. 多元统计分析处理的是多变量(多指标)问题. 由于变量个数太多,并且彼此之间存在着一定的相关性,因而使得所观测到的数据在一定程度上反映的信息有所重叠. 而且当变量较多时,在高维空间中研究样本的分布规律比较复杂,势必增加分析问题的复杂性. 人们自然希望用较少的综合变量来代替原来较多的变量;而这几个综合变量又能够尽可能多地反映原来变量的信息,并且彼此之间互不相关. 利用这种降维的思想,产生了主成分分析、因子分析、典型相关分析、偏最小二乘回归等统计方法. 本章介绍主成分分析方法. 主成分分析又称**主分量分析**或**主轴分析**.

§7.1　总体的主成分

一、主成分的定义

设 $X=(X_1,\cdots,X_p)'$ 是 p 维随机向量,均值 $\mathrm{E}(X)=\mu$,协方差阵 $\mathrm{D}(X)=\Sigma$. 考虑它的线性变换:

$$\begin{cases} Z_1 = a_1'X = a_{11}X_1 + a_{21}X_2 + \cdots + a_{p1}X_p, \\ Z_2 = a_2'X = a_{12}X_1 + a_{22}X_2 + \cdots + a_{p2}X_p, \\ \cdots\cdots\cdots\cdots\cdots\cdots\cdots\cdots\cdots\cdots\cdots\cdots \\ Z_p = a_p'X = a_{1p}X_1 + a_{2p}X_2 + \cdots + a_{pp}X_p, \end{cases} \tag{7.1.1}$$

易见

$$\begin{aligned} &\mathrm{Var}(Z_i) = a_i'\Sigma a_i, \qquad (i = 1,2,\cdots,p), \\ &\mathrm{Cov}(Z_i,Z_j) = a_i'\Sigma a_j, \quad (i,j = 1,\cdots,p). \end{aligned} \tag{7.1.2}$$

假如我们希望用 Z_1 来代替原来的 p 个变量 $X_1,\cdots,X_p$，这就要求 Z_1 尽可能多地反映原来 p 个变量的信息，这里所说的“信息”用什么来表达呢？最经典的方法是用 Z_1 的方差来表达. $\mathrm{Var}(Z_1)$越大，表示 Z_1 包含的信息越多. 由(7.1.2)式看出，对 a_1 必须有某种限制，否则可使 $\mathrm{Var}(Z_1)\to\infty$. 常用的限制是：$a_1'a_1=1$. 若存在满足以上约束的 a_1，使 $\mathrm{Var}(Z_1)$达最大，Z_1 就称为第一主成分(或主分量). 如果第一主成分不足以代表原来 p 个变量的绝大部分信息，考虑 X 的第二个线性组合 Z_2. 为了有效地代表原始变量的信息，Z_1 已体现(反映)的信息不希望在 Z_2 中出现，用统计语言来讲，就是要求

$$\mathrm{Cov}(Z_2,Z_1)=a_2'\Sigma a_1=0. \tag{7.1.3}$$

于是求 Z_2，就是在约束 $a_2'a_2=1$ 和(7.1.3)式下，求 a_2 使 $\mathrm{Var}(Z_2)$达最大，所求之 Z_2 称为第二主成分，类似地可求得第三主成分，第四主成分等等.

定义 7.1.1　设 $X=(X_1,X_2,\cdots,X_p)'$为 p 维随机向量. 称 $Z_i=a_i'X$ 为 X 的第 i 主成分($i=1,2,\cdots,p$)，如果：

(1) $a_i'a_i=1\ (i=1,2,\cdots,p)$；

(2) 当 $i>1$ 时，$a_i'\Sigma a_j=0\ (j=1,\cdots,i-1)$；

(3) $\mathrm{Var}(Z_i)=\max\limits_{\alpha'\alpha=1,\alpha'\Sigma a_j=0\ (j=1,\cdots,i-1)}\mathrm{Var}(\alpha'X)$.

从代数学观点看，主成分就是 p 个原始变量的一些特殊的线性组合；而从几何上看，这些线性组合正是把由 $X_1,\cdots,X_p$ 构成的坐标系经旋转而产生的新坐标系，新坐标轴使之通过样本变差最大的方向(或者说具有最大的样本方差).

考虑 $p=2$，此时原始变量为 X_1, X_2. 设(X_1,X_2)服从二元正态分布，则样品点 $X_{(i)}=(x_{i1},\ x_{i2})\ (i=1,2,\cdots n)$的散布图(见图 7.1)在一个椭圆内散布着.

由上可知，对于二维正态随机向量，n 个点散布在一个椭圆内(当原始变量 X_1,X_2 相关性越强，这个椭圆就越扁). 若取椭圆的长轴为坐标轴 Z_1，椭圆的短轴为 Z_2，这相当于在平面上作一个坐标变换，即按逆时针方向旋转一个角度 θ, 根据旋转变换公式，新老坐标

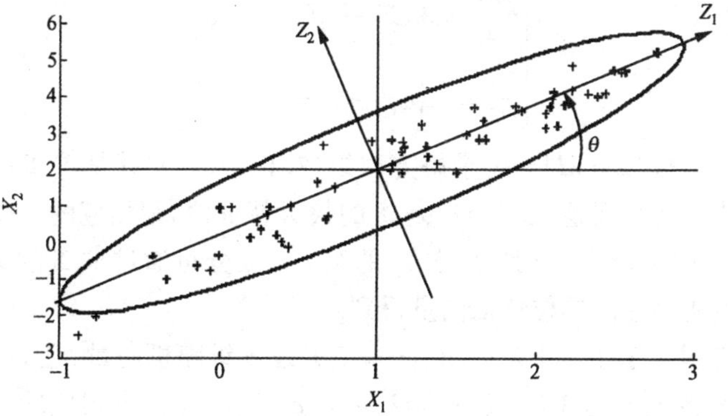

图 7.1 主成分的几何意义

之间有关系：

$$\begin{cases} Z_1 = \cos\theta X_1 + \sin\theta X_2, \\ Z_2 = -\sin\theta X_1 + \cos\theta X_2. \end{cases}$$

Z_1, Z_2 是原始变量 X_1 和 X_2 的特殊线性组合.

从图上可以看出二维平面上 n 个点的波动(用两个变量的方差和表示)大部分可以归结为在 Z_1 方向的波动,而在 Z_2 方向上的波动很小,可以忽略.这样一来,二维问题即可以降为一维,只取第一个综合变量 Z_1 即可,而 Z_1 是椭圆的长轴.

一般情况，p 个变量组成 p 维空间,n 个样品点就是 p 维空间的 n 个点.对于 p 维正态随机向量来说,找主成分的问题就是找 p 维空间中椭球的主轴问题.

二、主成分的求法

设 p 维随机向量 X 的均值 $\mathrm{E}(X)=0$,协方差阵 $\mathrm{D}(X)=\Sigma>0$.

由定义 7.1.1,求第一主成分 $Z_1=a_1'X$ 的问题,即为求 $a_1=(a_{11}, a_{21}, \cdots, a_{p1})'$,使得在 $a_1'a_1=1$ 下，$\mathrm{Var}(Z_1)$达最大.这是条件极值问题,用拉格朗日乘子法求解.令

$$\varphi(a_1) = \mathrm{Var}(a_1'X) - \lambda(a_1'a_1 - 1) = a_1'\Sigma a_1 - \lambda(a_1'a_1 - 1),$$

考虑

$$\begin{cases}\dfrac{\partial\varphi}{\partial a_1}=2(\Sigma-\lambda I)a_1=0,\\ \dfrac{\partial\varphi}{\partial\lambda}=a_1'a_1-1=0.\end{cases}\tag{7.1.4}$$

因 $a_1\neq 0$，故 $|\Sigma-\lambda I|=0$，求解方程组(7.1.4)，其实就是求 Σ 的特征值和特征向量问题. 设 $\lambda=\lambda_1$ 是 Σ 的最大特征值，则相应的单位特征向量 a_1 即为所求. 一般地，求 X 的第 i 主成分可通过求 Σ 的第 i 大特征值所对应的单位特征向量得到.

定理 7.1.1　设 $X=(X_1,\cdots,X_p)'$ 是 p 维随机向量，且 $\mathrm{D}(X)=\Sigma$，Σ 的特征值为 $\lambda_1\geqslant\lambda_2\geqslant\cdots\geqslant\lambda_p\geqslant 0$，$a_1,a_2,\cdots,a_p$ 为相应的单位正交特征向量，则 X 的第 i 主成分为

$$Z_i=a_i'X\quad(i=1,2,\cdots,p).$$

证明　因 Σ 为对称矩阵，利用附录中定理 7.2 的结论(1)可知，对任意非零向量 a，有

$$\lambda_p\leqslant\frac{a'\Sigma a}{a'a}\leqslant\lambda_1,$$

且最大值在 $a=a_1$ 时达到. 故在 $a_1'a_1=1$ 的约束条件下，使得

$$\mathrm{Var}(Z_1)=\mathrm{Var}(a_1'X)=a_1'\Sigma a_1=\lambda_1$$

达到极大值. 根据主成分的定义 7.1.1，$Z_1=a_1'X$ 为 X 的第一主成分.

对 $r=2,3,\cdots,p$，记 $\mathscr{L}_r=\mathscr{L}(a_r,\cdots,a_p)$，利用附录中定理 7.2 的结论(2)，即得

$$\max_{a\neq 0,a\in\mathscr{L}_r}\frac{a'\Sigma a}{a'a}=\lambda_r,$$

且最大值在 $a=a_r$ 时达到. 故在 $a_r'a_r=1$ 的约束条件下，a_r 满足

$$a_r'\Sigma a_j=a_r'\lambda_j a_j=\lambda_j a_r'a_j=0\quad(j=1,\cdots,r-1);$$

且使得

$$\mathrm{Var}(Z_r)=\mathrm{Var}(a_r'X)=a_r'\Sigma a_r=\lambda_r$$

达极大值. 根据主成分的定义 7.1.1，$Z_r=a_r'X$ 为 X 的第 r 主成分.

(证毕)

推论　设 $Z=(Z_1,Z_2,\cdots,Z_p)'$ 为 p 维随机向量，则其分量 Z_i

$(i=1,2,\cdots,p)$依次是 X 的第 i 主成分的充分必要条件是：

(1) $Z=A'X$, A 为正交矩阵；

(2) $\mathrm{D}(Z)=\mathrm{diag}(\lambda_1,\lambda_2,\cdots,\lambda_p)$,即随机向量 Z 的协方差阵为对角矩阵；

(3) $\lambda_1\geqslant\lambda_2\geqslant\cdots\geqslant\lambda_p$.

三、主成分的性质

记 $\Sigma=(\sigma_{ij})$, $\Lambda=\mathrm{diag}(\lambda_1,\lambda_2,\cdots,\lambda_p)$,其中 $\lambda_1\geqslant\lambda_2\geqslant\cdots\geqslant\lambda_p$ 为 Σ 的特征值, $a_1,a_2,\cdots,a_p$ 是相应的单位正交特征向量,记正交矩阵 $A=(a_1,a_2,\cdots,a_p)$. 主成分 $Z=(Z_1,\cdots,Z_p)'$,其中 $Z_i=a_i'X$ $(i=1,2,\cdots,p)$.

总体主成分有如下性质：

性质 1 $\mathrm{D}(Z)=\Lambda$,即 p 个主成分的方差为：$\mathrm{Var}(Z_i)=\lambda_i$ $(i=1,2,\cdots,p)$,且它们是互不相关的.

性质 2 $\sum_{i=1}^{p}\sigma_{ii}=\sum_{i=1}^{p}\lambda_i$,通常称 $\sum_{i=1}^{p}\sigma_{ii}$为**原总体 X 的总方差**(或**称总惯量**).

此性质说明原总体 X 的总方差可分解为不相关的主成分的方差和,且存在 m $(m<p)$,使 $\sum_{i=1}^{p}\sigma_{ii}\approx\sum_{i=1}^{m}\lambda_i$,即 p 个原始变量所提供的总信息(总方差)的绝大部分只需用前 m 个主成分来代替.

性质 3 主成分 Z_k 与原始变量 X_i 的相关系数 $\rho(Z_k,X_i)$为

$$\rho(Z_k,X_i)=\sqrt{\lambda_k}\,a_{ik}/\sqrt{\sigma_{ii}}\quad(k,i=1,2,\cdots p),\qquad(7.1.5)$$

并把主成分 Z_k 与原始变量 X_i 的相关系数称为**因子负荷量**(或**因子载荷量**).

证明 事实上,因为

$$\rho(Z_k,X_i)=\frac{\mathrm{Cov}(Z_k,X_i)}{\sqrt{\mathrm{Var}(Z_k)\cdot\mathrm{Var}(X_i)}}=\frac{\mathrm{Cov}(a_k'X,e_i'X)}{\sqrt{\lambda_k\cdot\sigma_{ii}}},$$

其中 $e_i=(0,\cdots,0,1,0,\cdots,0)'$,它是除第 i 个元素为 1 外其余元素均

为 0 的单位向量. 再利用协方差的性质及 a_k 是 Σ 对应于 λ_k 的特征向量可知

$$\mathrm{Cov}(a_k'X, e_i'X) = a_k'\mathrm{D}(X)e_i = a_k'\Sigma e_i = e_i'\Sigma a_k = \lambda_k e_i' a_k = \lambda_k a_{ik}.$$

即得

$$\rho(Z_k, X_i) = \sqrt{\lambda_k}\, a_{ik} / \sqrt{\sigma_{ii}} \quad (k, i = 1, 2, \cdots p). \qquad \textbf{（证毕）}$$

如果把主成分与原始变量的相关系数列成表 7.1 的形式，则由相关系数的公式(7.1.5)，还可得出下列性质 4 和 5.

表 7.1　主成分和原始变量的相关系数

	Z_1	$\cdots$	Z_k	$\cdots$	Z_p
X_1	$\rho(Z_1,X_1)$	$\cdots$	$\rho(Z_k,X_1)$	$\cdots$	$\rho(Z_p,X_1)$
X_2	$\rho(Z_1,X_2)$	$\cdots$	$\rho(Z_k,X_2)$	$\cdots$	$\rho(Z_p,X_2)$
$\vdots$	$\vdots$		$\vdots$		$\vdots$
X_p	$\rho(Z_1,X_p)$	$\cdots$	$\rho(Z_k,X_p)$	$\cdots$	$\rho(Z_p,X_p)$

性质 4　$\sum_{k=1}^{p} \rho^2(Z_k, X_i) = \sum_{k=1}^{p} \frac{\lambda_k a_{ik}^2}{\sigma_{ii}} = 1 \ (i = 1, 2, \cdots, p).$

证明　因为由 $A'\Sigma A = \Lambda$，可得 $\Sigma = A\Lambda A'$，故

$$\sigma_{ii} = (a_{i1}, \cdots, a_{ip})\Lambda \begin{bmatrix} a_{i1} \\ \vdots \\ a_{ip} \end{bmatrix} = \sum_{k=1}^{p} \lambda_k a_{ik}^2,$$

因此，$\sum_{k=1}^{p} \rho^2(Z_k, X_i) = \sum_{k=1}^{p} \lambda_k a_{ik}^2 / \sigma_{ii} = 1 \ (i = 1, 2, \cdots, p)$. 事实上，主成分 $Z_k\ (k = 1, \cdots, p)$ 是变量 $X_1, X_2, \cdots, X_p$ 的线性组合；反过来，X_i 也可表成 $Z_1, \cdots, Z_p$ 的线性组合. 又因 $Z_1, \cdots, Z_p$ 互不相关，由回归分析的知识可知，X_i 与 $Z_1, \cdots, Z_p$ 的全相关系数的平方等于 1，即表 7.1 中每一行的平方和均为 1，即得性质 4.　**（证毕）**

性质 5　$\sum_{i=1}^{p} \sigma_{ii} \rho^2(Z_k, X_i) = \lambda_k \ (k = 1, \cdots, p).$

证明　这只须把 $\rho(Z_k, X_i)$ 的计算公式(7.1.5)代入性质 5 表达式左端，经整理即得. 另一方面，因 Z_k 可表成 $X_1, \cdots, X_p$ 的线性组合，但 $X_i (i = 1, \cdots, p)$ 一般有相关性，由 Z_k 与 X_i 相关系数的公式(7.1.5)，也可得出表 7.1 中 Z_k 所对应的每一列关于各变量相关系

数的加权平方和为 λ_k(即 $\mathrm{Var}(Z_k)$). **(证毕)**

主成分分析的目的之一是为了简化数据结构,故在实际应用中一般绝不用 p 个主成分,而选用 m $(m<p)$个主成分. m 取多大,这是一个很实际的问题. 为此,我们引进贡献率的概念.

定义 7.1.2 我们称 $\lambda_k\Big/\sum\limits_{i=1}^{p}\lambda_i$ 为主成分 Z_k 的**贡献率**; 又称 $\sum\limits_{k=1}^{m}\lambda_k\Big/\sum\limits_{i=1}^{p}\lambda_i$ 为主成分 $Z_1,\cdots,Z_m$ $(m<p)$的**累计贡献率**.

通常取 m,使累计贡献率达到 70%以上,累计贡献率的大小仅表达 m 个主成分提取了 $X_1,\cdots,X_p$ 的多少信息,但它没有表达某个变量被提取了多少信息,为此又引入另一个概念.

定义 7.1.3 将前 m 个主成分 $Z_1,\cdots,Z_m$ 对原始变量 X_i 的贡献率 $\nu_i^{(m)}$ 定义为 X_i 与 $Z_1,\cdots,Z_m$ 的相关系数的平方,它等于

$$\nu_i^{(m)}=\sum_{k=1}^{m}\lambda_k a_{ik}^2/\sigma_{ii}. \tag{7.1.6}$$

例 7.1.1 设随机向量 $X=(X_1,X_2,X_3)'$的协方差阵为

$$\Sigma=\begin{bmatrix}1 & -2 & 0\\ -2 & 5 & 0\\ 0 & 0 & 2\end{bmatrix},$$

试求 X 的主成分及主成分对变量 X_i 的贡献率 ν_i $(i=1,2,3)$.

解 Σ 的特征值为 $\lambda_1=3+\sqrt{8}$, $\lambda_2=2$, $\lambda_3=3-\sqrt{8}$. 相应单位正交特征向量为

$$a_1=\begin{bmatrix}0.383\\ -0.924\\ 0.000\end{bmatrix},\quad a_2=\begin{bmatrix}0\\ 0\\ 1\end{bmatrix},\quad a_3=\begin{bmatrix}0.924\\ 0.383\\ 0.000\end{bmatrix}.$$

故主成分为

$$Z_1=0.383X_1-0.924X_2,$$
$$Z_2=X_3\quad(X_3\text{ 本身就是一个主成分,与 }X_1,X_2\text{ 不相关}),$$
$$Z_3=0.924X_1+0.383X_2.$$

取 $m=1$ 时, Z_1 对 X 的贡献率可达

$$\frac{3+\sqrt{8}}{\lambda_1+\lambda_2+\lambda_3}=\frac{3+\sqrt{8}}{8}=72.8\%;$$

取 $m=2$ 时，Z_1,Z_2 的累计贡献率可达 97.85%. 下表列出 m 个主成分对变量 X_i 的贡献率 $\nu_i^{(m)}$.

i	$\rho(Z_1,X_i)$	$\rho(Z_2,X_i)$	$\nu_i^{(1)}(m=1)$	$\nu_i^{(2)}(m=2)$
1	0.925	0	0.856	0.856
2	−0.998	0	0.996	0.996
3	0.000	1	0.000	1.000

由上可见，当 $m=1$ 时，Z_1 的贡献率已达 72.8%，比较理想了. 但 Z_1 对 X_3 的贡献率 $\nu_3^{(1)}=0$，这是因为在 Z_1 中没有包含 X_3 的任何信息，这时仅取 $m=1$ 就不够了，故取 $m=2$，这时 Z_1,Z_2 的累计贡献率为 97.85%，且 Z_1,Z_2 对 X_i 的贡献率 $\nu_i^{(2)}$ $(i=1,2,3)$ 也较高.

四、标准化变量的主成分及性质

在实际问题中，不同的变量往往有不同的量纲，而通过 Σ 来求主成分总是优先考虑方差大的变量，有时会造成很不合理的结果，为了消除由于量纲的不同可能带来的一些不合理的影响，常采用将变量标准化的方法. 若记 $\mathrm{E}(X_i)=\mu_i$，$\mathrm{Var}(X_i)=\sigma_i^2$，即令

$$X_i^* = \frac{X_i - \mathrm{E}(X_i)}{\sqrt{\mathrm{Var}(X_i)}} = \frac{X_i - \mu_i}{\sigma_i} \quad (i = 1,2,\cdots,p).$$

这时标准化后的随机向量 $X^*=(X_1^*,X_2^*,\cdots,X_p^*)'$ 的协方差阵 Σ^* 就是原随机向量 X 的相关阵 R. 从相关阵 R 出发求主成分，记主成分向量为 $Z^*=(Z_1^*,\cdots,Z_p^*)'$，则 Z^* 有与总体主成分相应的性质：

性质 1　$\mathrm{D}(Z^*)=\Lambda^*=\mathrm{diag}(\lambda_1^*,\lambda_2^*,\cdots,\lambda_p^*)$，其中 $\lambda_1^*\geqslant\lambda_2^*\geqslant\cdots\geqslant\lambda_p^*$ 为相关阵 R 的特征值.

性质 2　$\sum\limits_{i=1}^{p}\lambda_i^*=p$.

性质 3　主成分 Z_k^* 与标准化变量 X_i^* 的相关系数 $\rho(Z_k^*,X_i^*)$ 为

$$\rho(Z_k^*,X_i^*) = \sqrt{\lambda_k^*}a_{ik}^* \quad (k,i = 1,2,\cdots p),$$

其中 $a_k^*=(a_{1k}^*,\cdots,a_{pk}^*)'$ 是 R 对应于 λ_k^* 的单位正交特征向量.

性质 4　$\sum\limits_{k=1}^{p}\rho^2(Z_k^*,X_i^*)=\sum\limits_{k=1}^{p}\lambda_k^*(a_{ik}^*)^2=1$ $(i=1,2,\cdots,p)$.

性质 5 $\sum_{i=1}^{p}\rho^2(Z_k^*,X_i^*)=\sum_{i=1}^{p}\lambda_k^*(a_{ik}^*)^2=\lambda_k^*\quad(k=1,2,\cdots,p).$

现将主成分 $Z_k^*(k=1,\cdots,p)$对标准化变量 X_i^* 的因子负荷量 $\rho_{ik}=\rho(Z_k^*,X_i^*)$列成表 7.2.

表 7.2 变量标准化后的因子负荷量

	Z_1^*	$\cdots$	Z_k^*	$\cdots$	Z_p^*	$\sum_{k=1}^{p}\rho_{ik}^2$
X_1^*	$\sqrt{\lambda_1^*}a_{11}^*$	$\cdots$	$\sqrt{\lambda_k^*}\,a_{1k}^*$	$\cdots$	$\sqrt{\lambda_p^*}\,a_{1p}^*$	1
X_2^*	$\sqrt{\lambda_1^*}a_{21}^*$	$\cdots$	$\sqrt{\lambda_k^*}\,a_{2k}^*$	$\cdots$	$\sqrt{\lambda_p^*}\,a_{2p}^*$	1
$\vdots$	$\vdots$		$\vdots$		$\vdots$	$\vdots$
X_p^*	$\sqrt{\lambda_1^*}a_{p1}^*$	$\cdots$	$\sqrt{\lambda_k^*}\,a_{pk}^*$	$\cdots$	$\sqrt{\lambda_p^*}\,a_{pp}^*$	1
$\sum_{i=1}^{p}\rho_{ik}^2$	λ_1^*	$\cdots$	λ_k^*	$\cdots$	λ_p^*	$\sum_{k=1}^{p}\sum_{i=1}^{p}\rho_{ik}^2=p$

§7.2 样本的主成分

上节讨论了总体的主成分,在实际问题中,一般协方差阵 Σ 未知,需要通过样本来估计. 设 $X_{(t)}=(x_{t1},\cdots,x_{tp})'\ (t=1,\cdots,n)$为来自总体 X 的样本,记样本数据阵为

$$X=\begin{bmatrix} x_{11} & x_{12} & \cdots & x_{1p} \\ x_{21} & x_{22} & \cdots & x_{2p} \\ \vdots & \vdots & & \vdots \\ x_{n1} & x_{n2} & \cdots & x_{np} \end{bmatrix}=\begin{bmatrix} X'_{(1)} \\ X'_{(2)} \\ \vdots \\ X'_{(n)} \end{bmatrix},$$

则样本协方差阵 S 及样本相关阵 R 分别为

$$S=\frac{1}{n-1}\sum_{t=1}^{n}(X_{(t)}-\overline{X})(X_{(t)}-\overline{X})'\overset{\text{def}}{=\!=\!=}(s_{ij})_{p\times p},$$

其中

$$\overline{X}=\frac{1}{n}\sum_{t=1}^{n}X_{(t)}=(\overline{x}_1,\cdots,\overline{x}_p)',$$

$$s_{ij}-\frac{1}{n-1}\sum_{t=1}^{n}(x_{ti}-\overline{x}_i)(x_{tj}-\overline{x}_j);$$

$$R=(r_{ij})_{p\times p},\quad 其中\ r_{ij}=\frac{s_{ij}}{\sqrt{s_{ii}\ s_{jj}}}\ (i,j=1,2,\cdots,p).$$

我们可以用样本协方差阵 S 作为 Σ 的估计或用 R 作为总体相关阵的估计,然后按上节的方法即可获得样本的主成分.

一、样本主成分及其性质

假定每个变量的观测数据都已标准化(标准化后的数据阵仍记为 X,它为 $n\times p$ 矩阵).这时样本协方差阵就是样本相关阵 R,且

$$R=\frac{1}{n-1}X'X. \tag{7.2.1}$$

仍记相关阵 R 的 p 个主成分为 $Z_1,\cdots,Z_p$, $\lambda_1\geqslant\lambda_2\geqslant\cdots\geqslant\lambda_p\geqslant 0$ 为 R 的特征值, $a_1,a_2,\cdots,a_p$ 为相应的单位正交特征向量,记 $A=(a_1,a_2,\cdots,a_p)$为正交矩阵.显然第 i 个样本主成分 $Z_i=a_i'X$ $(i=1,2,\cdots,p)$.将第 t 个样品 $X_{(t)}=(x_{t1},\cdots,x_{tp})'$的值代入 Z_i 的表达式,经计算得到的值称为第 t 个样品在第 i 个主成分的得分,记为 z_{ti}(显然 $z_{ti}=a_i'X_{(t)}$, $i=1,\cdots,p$).设 $Z_{(t)}=(z_{t1},z_{t2},\cdots,z_{tp})'=A'X_{(t)}$ $(t=1,\cdots,n)$(见表 7.3).令

$$Z=\begin{bmatrix} z_{11} & z_{12} & \cdots & z_{1p} \\ z_{21} & z_{22} & \cdots & z_{2p} \\ \vdots & \vdots & & \vdots \\ z_{n1} & z_{n2} & \cdots & z_{np} \end{bmatrix} \xlongequal{\text{def}} \begin{bmatrix} Z'_{(1)} \\ Z'_{(2)} \\ \vdots \\ Z'_{(n)} \end{bmatrix}$$

$$\xlongequal{\text{或 def}}(\mathsf{Z}_1,\mathsf{Z}_2,\cdots,\mathsf{Z}_p).$$

表 7.3　原始数据和样本主成分得分

样品号	原始变量				样本主成分			
	X_1	X_2	$\cdots$	X_p	Z_1	Z_2	$\cdots$	Z_p
1	x_{11}	x_{12}	$\cdots$	x_{1p}	z_{11}	z_{12}	$\cdots$	z_{1p}
2	x_{21}	x_{22}	$\cdots$	x_{2p}	z_{21}	z_{22}	$\cdots$	z_{2p}
$\vdots$	$\vdots$	$\vdots$		$\vdots$	$\vdots$	$\vdots$		$\vdots$
n	x_{n1}	x_{n2}	$\cdots$	x_{np}	z_{n1}	z_{n2}	$\cdots$	z_{np}

显然，主成分得分阵 Z 和标准化后的原始数据阵 X 满足：

$$Z = XA \quad 或 \quad X = ZA',$$

其中 A 为 p 阶矩阵.

类似总体主成分，样本主成分也具有如下性质：

性质 1 $\overline{Z}=\frac{1}{n}\sum_{t=1}^{n}Z_{(t)}=(\bar{z}_1,\cdots,\bar{z}_p)'=0$ (因为 $\overline{X}=0$)，而

$$\mathbf{Z}_i'\mathbf{Z}_j = \begin{cases} 0, & 当\ i \neq j, \\ (n-1)\lambda_i, & 当\ i = j. \end{cases}$$

上式说明当 $i\neq j$ 时，第 i 个主成分得分向量 $\mathbf{Z}_i$ 与第 j 个主成分得分向量 $\mathbf{Z}_j$ 是相互正交的.

性质 2 $\sum_{i=1}^{p}\lambda_i = p$. 称 $\frac{\lambda_k}{p}$ 为样本主成分 Z_k 的**贡献率**；又称 $\frac{\lambda_1+\cdots+\lambda_m}{p}$ 为样本主成分 $Z_1,\cdots,Z_m$ $(m<p)$的**累计贡献率**.

性质 3 样本主成分具有使残差平方和最小的优良性.

设 $Z_1,\cdots,Z_p$ 是样本主成分，即

$$\begin{cases} Z_1 = a_{11}X_1 + a_{21}X_2 + \cdots + a_{p1}X_p = a_1'X, \\ \cdots\cdots\cdots\cdots\cdots\cdots\cdots\cdots\cdots\cdots \\ Z_p = a_{1p}X_1 + a_{2p}X_2 + \cdots + a_{pp}X_p = a_p'X, \end{cases}$$

它等价于 p 维随机向量 Z 可表为

$$Z = \begin{bmatrix} Z_1 \\ \vdots \\ Z_p \end{bmatrix} - A' \begin{bmatrix} X_1 \\ \vdots \\ X_p \end{bmatrix} = A'X = \begin{bmatrix} a_{11}X_1 + \cdots + a_{p1}X_p \\ \vdots \\ a_{1p}X_1 + \cdots + a_{pp}X_p \end{bmatrix},$$

于是原 p 维随机向量 X 也类似可表为

$$X = \begin{bmatrix} X_1 \\ \vdots \\ X_p \end{bmatrix} = A \begin{bmatrix} Z_1 \\ \vdots \\ Z_p \end{bmatrix} = AZ = \begin{bmatrix} a_{11}Z_1 + \cdots + a_{1p}Z_p \\ \vdots \\ a_{p1}Z_1 + \cdots + a_{pp}Z_p \end{bmatrix},$$

即原始变量 X_j $(j=1,2,\cdots,p)$也可以用主成分 $Z_1,\cdots,Z_p$ 的线性组合表示.

如果我们只取前 m 个主成分$(m<p)$，并考虑用前 m 个主成分 $Z_1,\cdots,Z_m$ 的线性组合来表示 X_j $(j=1,2,\cdots,p)$，即假定 $X_1,\cdots,X_p$ 和 $Z_1,\cdots,Z_m$ 满足以下多因变量的多元线性回归模型：

$$\begin{cases} X_1 = b_{11}Z_1 + b_{12}Z_2 + \cdots + b_{1m}Z_m + \varepsilon_1, \\ \cdots\cdots\cdots\cdots\cdots\cdots\cdots\cdots\cdots\cdots\cdots\cdots \\ X_p = b_{p1}Z_1 + b_{p2}Z_2 + \cdots + b_{pm}Z_m + \varepsilon_p, \end{cases} \tag{7.2.2}$$

把表 7.3 给出的原始变量的观测数据和前 m 个主成分的得分数据作为以上模型中因变量 $X_1,\cdots,X_p$ 和自变量 $Z_1,\cdots,Z_m$ 的观测数据. 因而使残差平方和最小的问题化为：按最小二乘准则求参数矩阵

$$B = \begin{bmatrix} b_{11} & \cdots & b_{1m} \\ \vdots & & \vdots \\ b_{p1} & \cdots & b_{pm} \end{bmatrix},$$

使得残差平方和 $Q(B)$ 达最小. 记

$$Z^* = \begin{bmatrix} z_{11} & \cdots & z_{1m} \\ \vdots & & \vdots \\ z_{n1} & \cdots & z_{nm} \end{bmatrix}, \quad X = \begin{bmatrix} x_{11} & \cdots & x_{1p} \\ \vdots & & \vdots \\ x_{n1} & \cdots & x_{np} \end{bmatrix},$$

则观测数据满足：$X=Z^*B'+E$，其中 E 为 $n\times p$ 矩阵.

由多因变量的回归分析(参见第四章)的理论知：参数矩阵的最小二乘估计为

$$B' = [(Z^*)'Z^*]^{-1}(Z^*)'X.$$

令 $A^*=(a_1,a_2,\cdots,a_m)$ (A^* 为 $p\times m$ 矩阵)，则

$$Z^* = XA^*.$$

且因 $(A^*)'RA^*=\mathrm{diag}(\lambda_1,\lambda_2,\cdots,\lambda_m)$，于是

$$\begin{aligned}(Z^*)'Z^* &= (A^*)'X'XA^* = (n-1)(A^*)'RA^* \\ &= (n-1)\mathrm{diag}(\lambda_1,\lambda_2,\cdots,\lambda_m),\end{aligned}$$

故

$$\begin{aligned} B' &= \frac{1}{n-1}\mathrm{diag}(\lambda_1^{-1},\lambda_2^{-1},\cdots,\lambda_m^{-1})\cdot(A^*)'X'X \\ &= \mathrm{diag}(\lambda_1^{-1},\lambda_2^{-1},\cdots,\lambda_m^{-1})(RA^*)' \\ &= \mathrm{diag}(\lambda_1^{-1},\lambda_2^{-1},\cdots,\lambda_m^{-1})(\lambda_1 a_1,\lambda_2 a_2,\cdots,\lambda_m a_m)' \\ &= (a_1,a_2,\cdots,a_m)' = (A^*)'. \end{aligned}$$

这表明当 $b_{jk}=a_{jk}$ ($j=1,2,\cdots,p;k=1,\cdots,m$)时，可使回归模型(7.2.2)的残差平方和达最小值，而且回归方程中 X_j 的决定系数

$R^2(j)$有：$R^2(j)=\nu_j^{(m)}$(见本章习题第7-8题). 前面我们把 $\nu_j^{(m)}$ 称为 m 个主成分对原始变量 X_j 的贡献率，$\nu_j^{(m)}$ 的大小反映了 m 个主成分能够反映 X_j 变差的比例大小.

二、主成分的个数及解释

主成分分析的目的之一是简化数据结构，用尽可能少的主成分 $Z_1,\cdots,Z_m$ $(m<p)$代替原来的 p 个变量，这样就把 p 个变量的 n 次观测数据简化为 m 个主成分的得分数据. 这要求：

(1) m 个主成分所反映的信息与原来 p 个变量提供的信息差不多；

(2) m 个主成分又能够对数据所具有的意义进行解释.

主成分的个数 m 如何选取是实际工作者关心的问题. 关于主成分的个数如何确定，常用的标准有两个：一个是按累计贡献率达到一定程度(如70%或80%以上)来确定 m；另一个是先计算 S 或 R 的 p 个特征值的均值 $\bar{\lambda}$，取大于 $\bar{\lambda}$ 的特征值个数 m. 当变量个数 $p<20$ 时，大量实践表明，第一个标准容易取太多的主成分，而第二个标准容易取太少的主成分，故最好将两者结合起来使用，同时还要考虑 m 个主成分对 X_i 的贡献率 $\nu_i^{(m)}$ $(i=1,2,\cdots,p)$.

例 7.2.1(中学生身体四项指标的主成分分析) 在某中学随机抽取某年级30名学生，测量其身高(X_1)、体重(X_2)、胸围(X_3)和坐高(X_4)，数据见表7.4. 试对这30名中学生身体四项指标数据做主成分分析.

表 7.4 30名中学生身体四项指标数据

序号	X_1	X_2	X_3	X_4	序号	X_1	X_2	X_3	X_4
1	148	41	72	78	2	139	34	71	76
3	160	49	77	86	4	149	36	67	79
5	159	45	80	86	6	142	31	66	76
7	153	43	76	83	8	150	43	77	79
9	151	42	77	80	10	139	31	68	74
11	140	29	64	74	12	161	47	78	84
13	158	49	78	83	14	140	33	67	77

(续表)

序号	X_1	X_2	X_3	X_4	序号	X_1	X_2	X_3	X_4
15	137	31	66	73	16	152	35	73	79
17	149	47	82	79	18	145	35	70	77
19	160	47	74	87	20	156	44	78	85
21	151	42	73	82	22	147	38	73	78
23	157	39	68	80	24	147	30	65	75
25	157	48	80	88	26	151	36	74	80
27	144	36	68	76	28	141	30	67	76
29	139	32	68	73	30	148	38	70	78

解 此例 $p=4, n=30$. 调用 SAS/STAT 软件中 PRINCOMP 过程,由相关阵出发进行主成分分析.

输出 7.2.1 相关阵的特征值和特征向量

```
                Eigenvalues of the Correlation Matrix

         Eigenvalue     Difference     Proportion     Cumulative

   1     3.54109800     3.22771484         0.8853         0.8853
   2     0.31338316     0.23397420         0.0783         0.9636
   3     0.07940895     0.01329906         0.0199         0.9835
   4     0.06610989                        0.0165         1.0000


                            Eigenvectors

                z1             z2             z3             z4

  x1      0.496966       -.543213       -.449627       0.505747
  x2      0.514571       0.210246       -.462330       -.690844
  x3      0.480901       0.724621       0.175177       0.461488
  x4      0.506928       -.368294       0.743908       -.232343
```

由输出 7.2.1 中相关阵的特征值可以看出,第一主成分的贡献率已高达 88.53%;且前两个主成分的累计贡献率已达 96.36%. 因此只需用两个主成分就能很好地概括这组数据. 另由第四个特征值近似为 0, 可以得出这 4 个标准化后的身体指标变量 X_i^* $(i=1,2,3,4)$有近似的线性关系(即所谓共线性):

$$0.5057X_1^* - 0.6908X_2^* + 0.4615X_3^* - 0.2323X_4^* \approx 0.$$

由最大的两个特征值对应的特征向量可以写出第一和第二主成

分：

$$Z_1 = 0.4970X_1^* + 0.5146X_2^* + 0.4809X_3^* + 0.5069X_4^*,$$

$$Z_2 = -0.5432X_1^* + 0.2102X_2^* + 0.7246X_3^* - 0.3683X_4^*.$$

由上可知，第一和第二主成分都是标准化后变量 X_i^* $(i=1,2,3,4)$ 的线性组合，且组合系数就是特征向量的分量.

输出 7.2.2 第二主成分得分对第一主成分得分的散布图

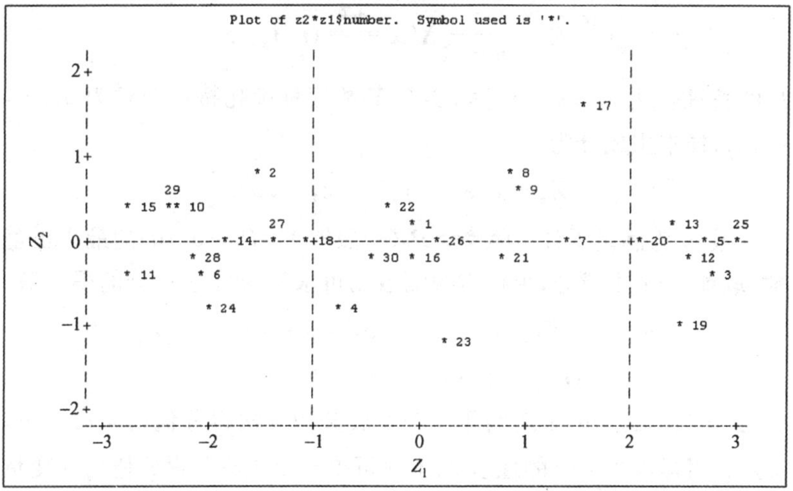

利用特征向量各分量的值可以对各个主成分进行解释. 第一大特征值对应的第一个特征向量的各个分量值均在 0.5 附近，且都是正值，它反映中学生身材的魁梧程度：身体高大的学生，他的 4 个部位的尺寸都比较大；而身体矮小的学生，他的 4 个部位的尺寸都比较小，因此我们称第一主成分为大小因子. 第二大特征值对应的特征向量中第一个分量（即身高 X_1 的系数）和第四个分量（即坐高 X_4 的系数）皆为负值，而第二个分量（即体重 X_2 的系数）和第三个分量（即胸围 X_3 的系数）皆为正值，它反映中学生的胖瘦情况，故称第二主成分为体形因子（或胖瘦因子）.

输出 7.2.2 是第二主成分得分对第一主成分得分的散布图，从图中可以直观地看出，按学生的身体指标尺寸，这 30 名学生大约应分成三组（以第一主成分得分值为 −1 和 2 为分界点）. 每一组包括哪几名学生由每个散点旁边的序号可以得知.

§7.3　主成分分析的应用

设变量 $X_1,\cdots,X_p$ 的 n 次观测数据阵 X 已标准化,这时样本协方差阵就是样本相关阵 R,且

$$R=\frac{1}{n-1}X'X \xlongequal{\text{def}} (r_{ij})_{p\times p}.$$

R 的特征值为 $\lambda_1\geqslant\lambda_2\geqslant\cdots\geqslant\lambda_p>0$,其相应标准化特征向量为 $a_1,a_2,\cdots,a_p$,样本主成分为

$$Z_j=a_j'X\quad(j=1,2,\cdots,p).$$

设 m 为满足累计贡献率 $>P_0$(一般取 $1>P_0\geqslant0.70$)的最小正整数,取前 m 个主成分,由样本观测数据可求得 m 个主成分的得分值:

$$z_{ij}=a_j'X_{(i)}=a_{1j}x_{i1}+a_{2j}x_{i2}+\cdots+a_{pj}x_{ip}$$
$$(i=1,2,\cdots,n;j=1,2,\cdots,m).$$

记 $\boldsymbol{Z}_j=(z_{1j},z_{2j},\cdots,z_{nj})'$ 为第 j 个主成分的 n 次得分值($j=1,2,\cdots,m$).利用样本主成分的性质 3,下面可得出由主成分得分值估计变量 X_k 的得分.

记

$$\boldsymbol{X}_k^*=(x_{1k}^*,x_{2k}^*,\cdots,x_{nk}^*)'\quad(k=1,\cdots,p),\tag{7.3.1}$$

其中

$$x_{ik}^*=a_{k1}z_{i1}+\cdots+a_{km}z_{im}\quad(i=1,\cdots,n),$$

$$X^*=\begin{bmatrix}x_{11}^* & \cdots & x_{1p}^*\\ \vdots & & \vdots\\ x_{n1}^* & \cdots & x_{np}^*\end{bmatrix}\xlongequal{\text{def}}(\boldsymbol{X}_1^*,\cdots,\boldsymbol{X}_p^*).\tag{7.3.2}$$

可以证明:

$$\sum_{j=1}^{p}\sum_{i=1}^{n}(x_{ij}-x_{ij}^*)^2=(n-1)\sum_{k=m+1}^{p}\lambda_k.$$

故有

$$X \cong X^*, \quad 且 \quad \boldsymbol{X}_k^* = Z^* \begin{bmatrix} a_{k1} \\ \vdots \\ a_{km} \end{bmatrix} = \sum_{t=1}^{m} a_{kt} \boldsymbol{Z}_t,$$

其中

$$Z^* = \begin{bmatrix} z_{11} & \cdots & z_{1m} \\ \vdots & & \vdots \\ z_{n1} & \cdots & z_{nm} \end{bmatrix} \xlongequal{\text{def}} (\boldsymbol{Z}_1, \cdots, \boldsymbol{Z}_m).$$

一、指标分类(变量分类)

如果第 i 个变量和第 j 个变量的相关系数 $r_{ij} \approx 1$,显然这两个变量应归为一类.

仍用 $\boldsymbol{X}_i$ 和 $\boldsymbol{X}_j$ 表示这两个变量的 n 次观测向量,在 n 维空间中即为两个点.考虑 n 维空间中这两点间的距离:

$$\begin{aligned} \| \boldsymbol{X}_i - \boldsymbol{X}_j \|^2 &= (\boldsymbol{X}_i - \boldsymbol{X}_j)'(\boldsymbol{X}_i - \boldsymbol{X}_j) = \boldsymbol{X}_i'\boldsymbol{X}_i - 2\boldsymbol{X}_i'\boldsymbol{X}_j + \boldsymbol{X}_j'\boldsymbol{X}_j \\ &= (n-1)(r_{ii} - 2r_{ij} + r_{jj}) = 2(n-1)(1 - r_{ij}). \end{aligned}$$

又

$$\begin{aligned} 2(1 - r_{ij}) &= \left\| \frac{1}{\sqrt{n-1}} \boldsymbol{X}_i - \frac{1}{\sqrt{n-1}} \boldsymbol{X}_j \right\|^2 \\ &\approx \left\| \frac{1}{\sqrt{n-1}} \boldsymbol{X}_i^* - \frac{1}{\sqrt{n-1}} \boldsymbol{X}_j^* \right\|^2 \\ &= \left\| \frac{1}{\sqrt{n-1}} [(a_{i1} - a_{j1})\boldsymbol{Z}_1 + \cdots + (a_{im} - a_{jm})\boldsymbol{Z}_m] \right\|^2 \\ &= \lambda_1 (a_{i1} - a_{j1})^2 + \cdots + \lambda_m (a_{im} - a_{jm})^2. \end{aligned}$$

因第 k 个主成分 Z_k 与 X_i 的相关系数

$$\rho(Z_k, X_i) = \sqrt{\lambda_k}\, a_{ik} \xlongequal{\text{def}} \rho_{ik},$$

ρ_{ik} 也称为第 k 个主成分在 X_i 上的因子负荷量.这时

$$2(1 - r_{ij}) = (\rho_{i1} - \rho_{j1})^2 + \cdots + (\rho_{im} - \rho_{jm})^2.$$

若 $r_{ij} \approx 1$,则有

$$(\rho_{i1} - \rho_{j1})^2 + \cdots + (\rho_{im} - \rho_{jm})^2 \approx 0,$$

亦即 $\|\mathbf{X}_i-\mathbf{X}_j\|\approx 0$,即第 i 个变量和第 j 个变量应归为一类.

考察 m 维空间的 p 个点 Q_i,其坐标为

$$Q_i=(\rho_{i1},\rho_{i2},\cdots,\rho_{im})\quad (i=1,2,\cdots,p),$$

按距离最近准则对 p 个点进行分类.

当 $m=2$ 时,p 个点可在平面上表示出来,利用散布图可直观地对指标进行分类.

例 7.3.1　服装定型分类问题. 对 128 个成年男子的身材进行测量,每人各测得 16 项指标: 身高(X_1)、坐高(X_2)、胸围(X_3)、头高(X_4)、裤长(X_5)、下档(X_6)、手长(X_7)、领围(X_8)、前胸(X_9)、后背(X_{10})、肩厚(X_{11})、肩宽(X_{12})、袖长(X_{13})、肋围(X_{14})、腰围(X_{15})和腿肚(X_{16}). 16 项指标的相关阵 R 见表 7.5(因相关阵为对称矩阵,只给出相关阵的上三角部分). 试从相关阵 R 出发进行主成分分析,并对 16 项指标进行分类.(此例选自参考文献[10].)

表 7.5　16 项身体指标数据的相关阵

	X_1	X_2	X_3	X_4	X_5	X_6	X_7	X_8	X_9	X_{10}	X_{11}	X_{12}	X_{13}	X_{14}	X_{15}	X_{16}
X_1	1.0	0.79	0.36	0.96	0.89	0.79	0.76	0.26	0.21	0.26	0.07	0.52	0.77	0.25	0.51	0.21
X_2		1.0	0.31	0.74	0.58	0.58	0.55	0.19	0.07	0.16	0.21	0.41	0.47	0.17	0.35	0.16
X_3			1.0	0.38	0.31	0.30	0.35	0.58	0.28	0.33	0.38	0.35	0.41	0.64	0.58	0.51
X_4				1.0	0.90	0.78	0.75	0.25	0.20	0.22	0.08	0.53	0.79	0.27	0.57	0.26
X_5					1.0	0.79	0.74	0.25	0.18	0.23	−0.02	0.48	0.79	0.27	0.51	0.23
X_6						1.0	0.73	0.18	0.18	0.23	0.00	0.38	0.69	0.14	0.26	0.00
X_7							1.0	0.24	0.29	0.25	0.10	0.44	0.67	0.16	0.38	0.12
X_8								1.0	−0.04	0.49	0.44	0.30	0.32	0.51	0.51	0.38
X_9									1.0	−0.34	−0.16	−0.05	0.23	0.21	0.15	0.18
X_{10}										1.0	0.23	0.50	0.31	0.15	0.29	0.14
X_{11}											1.0	0.24	0.10	0.31	0.28	0.31
X_{12}												1.0	0.62	0.17	0.41	0.18
X_{13}													1.0	0.26	0.50	0.24
X_{14}														1.0	0.63	0.50
X_{15}															1.0	0.65
X_{16}																1.0

解　此例 $p=16,n=128$. 使用 SAS/STAT 软件中 PRINCOMP 过程,由相关阵出发进行主成分分析,所得主要的计算结果见输出 7.3.1.

输出 7.3.1 给出当取 $m=3$ 时,相关阵 R 的前三个大特征值为

$$\lambda_1=7.0365,\quad \lambda_2=2.6140,\quad \lambda_3=1.6321;$$

由与此 3 个特征值对应的特征向量 a_1,a_2,a_3(见输出 7.3.1 第 2 个表的表头为 Prin1,Prin2,Prin3 所对应的列)可以计算因子负荷向量 $f_i=\sqrt{\lambda_i}a_i$ $(i=1,2,3)$. 输出 7.3.2 给出前两个因子负荷向量在平面上 16 个点的位置.

输出 7.3.1 相关阵的特征值和特征向量

Eigenvalues of the Correlation Matrix

	Eigenvalue	Difference	Proportion	Cumulative
1	7.03647744	4.42244473	0.4398	0.4398
2	2.61403272	0.98192786	0.1634	0.6032
3	1.63210486		0.1020	0.7052

Eigenvectors

	Prin1	Prin2	Prin3
x1	0.341771	-.200400	0.005720
x2	0.264992	-.143202	-.056565
x3	0.234152	0.328625	0.139937
x4	0.344233	-.181124	0.032229
x5	0.326118	-.199650	0.032945
x6	0.285914	-.269807	-.029540
x7	0.295261	-.192150	0.019608
x8	0.189273	0.370267	-.150284
x9	0.084793	-.067472	0.625563
x10	0.154295	0.174246	-.527507
x11	0.098355	0.347850	-.202115
x12	0.242546	0.017665	-.314796
x13	0.317158	-.111914	-.018841
x14	0.180113	0.371353	0.252416
x15	0.266359	0.271225	0.135449
x16	0.158333	0.362824	0.243441

从输出 7.3.2 可以看出,16 个指标可分为三类:

第一类为"长"的指标: 身长(X_1),坐高(X_2),头高(X_4),裤长(X_5),下裆(X_6),手长(X_7),袖长(X_{13});

第二类为"围"的指标: 胸围(X_3),领围(X_8),肩厚(X_{11}), 肋围(X_{14}), 腰围(X_{15}), 腿肚(X_{16});

第三类为体形特征指标: 前胸(X_9),后背(X_{10}), 肩宽(X_{12}).

在第六章聚类分析中介绍的 VARCLUS 过程也是利用主成分分析的原理对指标进行分类.

输出 7.3.2　第二因子负荷向量对第一因子负荷向量的散布图

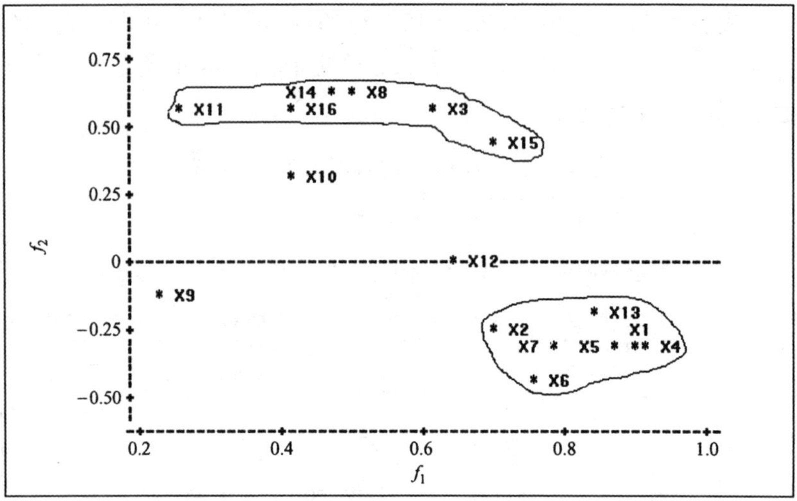

二、样品分类

对 p 个变量(指标)观测 n 次,得 n 个样品,记 $X_{(i)}=(x_{i1},x_{i2},\cdots,x_{ip})'$ 为第 i 个样品,看成 p 维空间的点,可按距离相近的程度进行分类(参见第六章),即若

$$\| X_{(i)} - X_{(j)} \| \approx 0,$$

把第 i 个样品和第 j 个样品归为一类.

因原始数据阵 $X \approx X^*$,故

$$\| X_{(i)} - X_{(j)} \| \approx \| X_{(i)}^* - X_{(j)}^* \|,$$

由(7.3.1)及(7.3.2)式知

$$X_{(i)}^* = \begin{bmatrix} x_{i1}^* \\ \vdots \\ x_{ip}^* \end{bmatrix} = \begin{bmatrix} a_{11} & \cdots & a_{1m} \\ \vdots & & \vdots \\ a_{p1} & \cdots & a_{pm} \end{bmatrix} \begin{bmatrix} z_{i1} \\ \vdots \\ z_{im} \end{bmatrix}$$

$$= (a_1,\cdots,a_m) \begin{bmatrix} z_{i1} \\ \vdots \\ z_{im} \end{bmatrix}.$$

因

$$\|X^*_{(i)} - X^*_{(j)}\|^2 = \|a_1(z_{i1} - z_{j1}) + \cdots + a_m(z_{im} - z_{jm})\|^2$$
$$= (z_{i1} - z_{j1})^2 + \cdots + (z_{im} - z_{jm})^2.$$

这样就把考察两个 p 维空间点的靠近程度转化为考察两个 m ($m<p$)维空间点的靠近程度.若取 $m=2$,n 个样品点可在平面上表示出,利用点的分布规律对样品进行分类.

例 7.3.2 服装定型分类问题(续例 7.3.1).仍然利用 128 人 16 项指标的观测数据,试对 128 人的服装尺寸进行分类(即样品分类问题:把 128 人分为几类,每类找出典型代表,以该代表的服装尺寸作为这一类的尺寸).

解 取 $m=2$,求出两个主成分,并计算样本主成分得分值 $Z_{(i)}=(z_{i1},z_{i2})'$ ($i=1,2,\cdots,128$).把这 128 个点全部表示在平面上,利用平面散布图(图见参考文献[10]),把 128 个点分为七类:

第一类共有 25 个点,聚集中心是 $Z_{(25)}$;

第二类有 14 个点,聚集中心是 $Z_{(114)}$;

第三类有 9 个点,聚集中心是 $Z_{(89)}$;

第四类有 7 个点,聚集中心是 $Z_{(112)}$;

第五类有 12 个点,聚集中心是 $Z_{(9)}$;

第六类有 20 个点,聚集中心是 $Z_{(47)}$;

第七类有 8 个点,聚集中心是 $Z_{(118)}$.

这七个类的典型代表分别是第 25 号,114 号,89 号,112 号,9 号,47 号和 118 号样品,以它们的服装尺寸作为一个型号的标准尺寸.如型号 I(第一类)的标准尺寸就是第 25 号样品的尺寸等等.各种型号服装的生产数量也按 25 : 14 : 9 : 7 : 12 : 20 : 8 这样的比例来生产.

注意:这七类并没有把 128 个点全部包括在内,还有 33 个样品不能归入这七个类,可认为它们是一些特殊体形的样品.

三、样品排序或系统评估

对 p 元总体 X 的样本进行主成分分析往往不是最终的目的,而常常是完成某个实际问题的一种手段.如例 7.2.1 中由第一主成分得分对 30 名中学生的身体魁梧程度进行排序.

在实际工作中常会遇到多指标系统的排序评估问题,比如对某类企业的经济效益进行评估比较,影响企业经济效益的指标有很多,如何更科学、更客观地将一个多指标问题综合为单个指数的形式.主成分分析方法为样品排序或多指标系统评估提供可行的方法.

对多指标系统进行排序评估的主要方法是加权评估法,比如专家评估方法、综合评分法、层次分析法等.随着多元统计方法的普及与应用,主成分分析方法也成为构造系统排序评估指数的常用方法之一.

设 Z_1 是标准化随机向量 $X=(X_1,\cdots,X_p)'$ 的第一主成分.由主成分的性质可知,Z_1 与原始标准化变量 $X_1,X_2,\cdots,X_p$ 的综合相关程度最强,即

$$\sum_{k=1}^{p}\rho^2(Z_1,X_k)=\lambda_1 \text{ 达最大},$$

其中 λ_1 为 X 的相关阵 R 的最大特征值.如果只选一个综合变量来代表原来所有的原始变量,最佳的选择就是 Z_1.

另一方面,由于第一主成分 Z_1 对应于数据变异最大的方向,这说明 Z_1 是使数据信息损失最小、精度最高的一维综合变量,因此它可用于构造系统排序评估指数.

几点说明:

(1) 第一主成分 Z_1 并不是总能够被用来作为排序评估指数.如果

$$Z_1=a_{11}X_1+a_{21}X_2+\cdots+a_{p1}X_p$$

中的系数 a_{i1} $(i=1,\cdots,p)$既有正又有负或近似为零,说明 Z_1 与原始变量 $X_1,X_2,\cdots,X_p$ 中有一部分为正相关,而另一部分为负相关或不相关,这时 Z_1 有可能是无序指数,不能用 Z_1 作为排序评估指数.

(2) 一般情况下,$Z_2,Z_3,\cdots,Z_p$ 不适合用来构造排序评估指数.因 Z_k $(k=2,\cdots,p)$一般与原始变量 $X_1,X_2,\cdots,X_p$ 中有一部分为正相关,而另一部分为负相关或不相关.或者说 $Z_2,Z_3,\cdots,Z_p$ 一般是无序指数.

(3) 传统的专家评估和第一主成分评估法的结合.把传统的专家调查研究的信息用来对主成分评估法进行修正.具体作法可按以

下步骤来进行：

① 把原始数据阵标准化后仍记为 X，标准化的随机向量仍记为 $X=(X_1,\cdots,X_p)'$.

② 把专家调查研究后得到的信息对变量的重要程度分别赋予不同的权重. 设 $\boldsymbol{X}_j$ 为第 j 个变量的 n 次观测向量，令

$$\boldsymbol{X}_j^* = (1+\alpha_j)\boldsymbol{X}_j = (x_{1j}^*, x_{2j}^*, \cdots, x_{nj}^*)' \quad (\alpha_j > 0, j = 1, \cdots, p).$$

记 $X^*=(x_{ij}^*)_{n\times p}$.

③ 由标准化且重新加权后的数据阵 X^* 出发来计算样本协方差阵 Σ^*，并求 Σ^* 的最大特征值 λ 和相应的特征向量 l.

④ 令 $Y=X^*l=(y_1,y_2,\cdots,y_n)'$ (其中 l 为 p 维向量)，然后按 $y_1,y_2,\cdots,y_n$ 的大小排序后进行评估.

四、主成分回归

在考虑因变量 Y 与 p 个自变量 $X_1,\cdots,X_p$ 的回归模型中，当自变量间有较强的线性相关(多重共线性)时，利用经典的回归方法求回归系数的最小二乘估计，一般效果较差. 利用 p 个变量的主成分 $Z_1,\cdots,Z_p$ 所具有的性质，如它们是互不相关的，$\mathrm{Var}(Z_i)=\lambda_i$ 为第 i 大特征值等，可由前 m 个主成分 $Z_1,\cdots,Z_m$ 来建立主成分回归模型：

$$Y = b_0 + b_1 Z_1 + \cdots + b_m Z_m \quad (m \leqslant p).$$

由原始变量的观测数据计算前 m 个主成分的得分值，将其作为主成分 $Z_1,\cdots,Z_m$ 的观测值，建立 Y 与 $Z_1,\cdots,Z_m$ 的回归模型即得主成分回归方程. 这时就把 p 元数据降为 m 元. 这样既简化了回归方程的结构，且消除了变量间相关性带来的影响；但另一方面，主成分回归也给回归模型的解释带来一定的复杂性，因为主成分是原始变量的线性组合，不是直接观测的变量，其含义有时不明确. 在求得主成分回归方程后，经常又使用逆变换将其变为原始变量的回归方程.

当原始变量间有较强的多重共线性，其主成分又有特殊的含义时，往往采用主成分回归，其效果比较好. 下面通过具体例子来说明主成分回归方法.

例 7.3.3　经济分析数据的主成分回归. 考察进口总额 Y 与三个自变量：国内总产值 x_1，存储量 x_2，总消费量 x_3（单位均为 10 亿法郎）之间的关系. 现收集了 1949 至 1959 年共 11 年的数据. 对表 7.6 的数据试用主成分回归分析方法求进口总额与总产值、存储量和总消费量的定量关系式.

表 7.6　经济分析数据

序号	x_1	x_2	x_3	Y
1	149.3	4.2	108.1	15.9
2	161.2	4.1	114.8	16.4
3	171.5	3.1	123.2	19.0
4	175.5	3.1	126.9	19.1
5	180.8	1.1	132.1	18.8
6	190.7	2.2	137.7	20.4
7	202.1	2.1	146.0	22.7
8	212.4	5.6	154.1	26.5
9	226.1	5.0	162.3	28.1
10	231.9	5.1	164.3	27.6
11	239.0	0.7	167.6	26.3

解　首先把各变量的观测数据标准化，再调用 SAS/STAT 软件中 PRINCOMP 过程对 3 个自变量做主成分分析；然后用主成分得分数据进行主成分回归.

由输出结果可知，相关阵的三个特征值分别为

$$\lambda_1 = 1.999,\quad \lambda_2 = 0.998,\quad \lambda_3 = 0.003;$$

前两个主成分的累计贡献率在 99%以上. 取两个主成分（用 x_i^* 表示 x_i 的标准化变量）：

$$\hat{Z}_1 = 0.7063x_1^* + 0.0435x_2^* + 0.7065x_3^*,$$

$$\hat{Z}_2 = -0.0357x_1^* + 0.9990x_2^* - 0.0258x_3^*.$$

由主成分回归得到的标准化回归方程为（Y^* 表示 Y 的标准化变量）：

$$\begin{aligned}\hat{Y}^* &= 0.68998\hat{Z}_1 + 0.1913\hat{Z}_2\\ &= 0.4804x_1^* + 0.2211x_2^* + 0.4825x_3^*,\end{aligned}$$

用原始变量可将 $\hat{Y}$ 的回归式表示为

$$\hat{Y} = -9.130 + 0.0727x_1 + 0.6091x_2 + 0.1062x_3. \tag{7.3.3}$$

在 SAS 系统 6.11 以上的版本中,我们还可以使用 REG 过程的选项由原始数据来完成主成分回归. 输出 7.3.3 给出删去第三个主成分(取选项 PCOMIT=1)后的主成分回归方程(同(7.3.3)式,见输出 7.3.3 中 Obs 为 2 的那一行). 这个主成分回归方程中回归系数的符号都是有意义的;主成分回归方程的均方根误差(_RMSE_=0.55),虽比普通回归方程的均方根误差(_RMSE_=0.48887)有所增大,但增加并不多.

输出 7.3.3 经济分析数据主成分回归的结果

Obs	_MODEL_	_TYPE_	_DEPVAR_	_RIDGE_	_PCOMIT_	_RMSE_	Intercept	x1	x2	x3	y
1	MODEL1	PARMS	y	.	.	0.48887	-10.1280	-0.051396	0.58695	0.28685	-1
2	MODEL1	IPC	y	.	1	0.55001	-9.1301	0.072780	0.60922	0.10626	-1
3	MODEL1	IPC	y	.	2	1.05206	-7.7458	0.073814	0.08269	0.10735	-1

五、主成分检验法

设

$$X_{(i)} = (x_{i1}, \cdots, x_{ip})' \quad (i = 1, \cdots, n)$$

为来自 p 元总体 X 的样本,要检验总体 X 是否为 p 元正态总体,这是第三章§3.6 中讨论的问题.

设 $D(X)=\Sigma$,如果 Σ 是对角矩阵,即 p 维向量的分量间不相关,这时把 p 元正态性检验问题可转化为 p 个一元正态性检验问题. 但一般 Σ 不是对角矩阵,即分量间是相关的. 利用主成分分析方法,求得 X 的 p 个主成分 $Z_1, \cdots, Z_p$(不相关),并由原样本值计算 p 个主成分的得分值,作为 p 个不相关的综合变量的样本值. 这时就把 p 元正态性检验问题化为 p 个一元综合变量(主成分)的正态性检验. 这就是多元正态性检验的主成分检验法. 实际检验时,利用主成分的性质,只须对前 m $(m<p)$个主成分得分数据逐个做正态性检验.

习　题　七

7-1　设 $X=(X_1,X_2)'$ 的协方差阵 $\Sigma=\begin{bmatrix}1 & 4\\4 & 100\end{bmatrix}$，试从协方差阵 Σ 和相关阵 R 出发求出总体主成分，并加以比较.

7-2　设 $X=(X_1,X_2)'\sim N_2(0,\Sigma)$，协方差阵 $\Sigma=\begin{bmatrix}1 & \rho\\\rho & 1\end{bmatrix}$，其中 ρ 为 X_1 和 X_2 的相关系数($\rho>0$).

(1) 试从 Σ 出发求 X 的两个总体主成分；

(2) 求 X 的等概密度椭圆的主轴方向；

(3) 试问当 ρ 取多大时才能使第一主成分的贡献率达 95%以上.

7-3　设 p 元总体 X 的协方差阵为

$$\Sigma=\sigma^2\begin{bmatrix}1 & \rho & \cdots & \rho\\\rho & 1 & \cdots & \rho\\\vdots & \vdots & & \vdots\\\rho & \rho & \cdots & 1\end{bmatrix}\quad(0<\rho\leqslant 1).$$

(1) 试证明总体的第一主成分 $Z_1=\dfrac{1}{\sqrt{p}}(X_1+X_2+\cdots+X_p)$；

(2) 试求第一主成分的贡献率.

7-4　设总体 $X=(X_1,\cdots,X_p)'\sim N_p(\mu,\Sigma)$ $(\Sigma>0)$，等概率密度椭球为

$$(X-\mu)'\Sigma^{-1}(X-\mu)=C^2\quad(C\text{ 为常数}).$$

试问椭球的主轴方向是什么?

7-5　设三元总体 X 的协方差阵为 $\Sigma=\begin{bmatrix}4 & 0 & 0\\0 & 4 & 0\\0 & 0 & 2\end{bmatrix}$，试求总体主成分.

7-6　设三元总体 X 的协方差阵为 $\Sigma=\begin{bmatrix}\sigma^2 & \rho\sigma^2 & 0\\\rho\sigma^2 & \sigma^2 & \rho\sigma^2\\0 & \rho\sigma^2 & \sigma^2\end{bmatrix}$，试求

总体主成分，并计算每个主成分解释的方差比例($|\rho|\leqslant 1/\sqrt{2}$).

7-7 设 4 维随机向量 X 的协方差阵是

$$\Sigma=\begin{bmatrix}\sigma^2 & \sigma_{12} & \sigma_{13} & \sigma_{14}\\ \sigma_{12} & \sigma^2 & \sigma_{14} & \sigma_{13}\\ \sigma_{13} & \sigma_{14} & \sigma^2 & \sigma_{12}\\ \sigma_{14} & \sigma_{13} & \sigma_{12} & \sigma^2\end{bmatrix},$$

其中 $\sigma_{12}\geqslant\sigma_{13}\geqslant\sigma_{14}\geqslant 0$, $\sigma^2+\sigma_{14}\geqslant\sigma_{12}+\sigma_{13}$. 试求 X 的主成分.

7-8 已知总体 $X=(X_1,\cdots,X_p)'$ 的 n 次观测数据阵为 $X=(x_{ij})_{n\times p}$; $Z_i=a_i'X$ $(i=1,\cdots,m;m<p)$是 X 的前 m 个样本主成分. 设变量 X_j 与 $Z_1,\cdots,Z_m$ 的回归模型为

$$X_j=b_{j1}Z_1+\cdots+b_{jm}Z_m+\varepsilon_j\xlongequal{\text{def}}b_j'Z+\varepsilon_j\quad(j=1,\cdots,p).$$

(1) 试求参数 b_j 的最小二乘估计 $\hat{b}_j$ $(j=1,2,\cdots,p)$;

(2) 求 X_j 回归方程的回归平方和 U_j、残差平方和 Q_j，以及决定系数 R_j^2 $(j=1,2,\cdots,p)$.

7-9 设 $X=(X_1,\cdots,X_p)'\sim N_p(\mu,\Sigma)$, Σ 有一个 p 重特征值 λ_1 (即 $\Sigma=\lambda_1 I_p$),

(1) 在观测值 $X_{(\alpha)}=(x_{\alpha 1},\cdots,x_{\alpha p})'$ $(\alpha=1,\cdots,n)$的基础上，证明 λ_1 的最大似然估计是

$$\hat{\lambda}_1=\frac{1}{pn}\sum_{i=1}^{p}\sum_{\alpha=1}^{n}(x_{\alpha i}-\bar{x}_i)^2,$$

其中 $\bar{x}_i=\frac{1}{n}\sum\limits_{\alpha=1}^{n}x_{\alpha i}$;

(2) 证明 X 的主成分由 $B'X$ 给出，其中 B 是任何 p 阶正交矩阵.

7-10 若随机向量 $X=(X_1,\cdots,X_p)'$ 的协方差阵是非负定矩阵 Σ，随机向量 $Y=(Y_1,\cdots,Y_p)'$ 的协方差阵是 $\Sigma+\sigma^2 I$，则 $L'X$ 是 X 的主成分的充要条件是，$L'Y$ 是 Y 的主成分，其中 L 是正交矩阵.

7-11 用主成分分析方法探讨城市工业主体结构. 表 7.7 是某市工业部门 13 个行业 8 项指标的数据.

表 7.7 某市工业部门 13 个行业 8 项指标的数据

指标值 \ 行业	年末固定资产净值 X_1 (万元)	职工人数 X_2 (人)	工业总产值 X_3 (万元)	全员劳动生产率 X_4 (元/人年)	百元固定原资产值实现产值 X_5(元)	资金利税率 X_5 (%)	标准燃料消费量 X_7 (吨)	能源利用效果 X_8 (万元/吨)
1(冶金)	90342	52455	101091	19272	82.000	16.100	197435	0.172
2(电力)	4903	1973	2035	10313	34.200	7.100	592077	0.003
3(煤炭)	6735	21139	3767	1780	36.100	8.200	726396	0.003
4(化学)	49454	36241	81557	22504	98.100	25.900	348226	0.985
5(机械)	139190	203505	215898	10609	93.200	12.600	139572	0.628
6(建材)	12215	16219	10351	6382	62.500	8.700	145818	0.066
7(森工)	2372	6572	8103	12329	184.400	22.200	20921	0.152
8(食品)	11062	23078	54935	23804	370.400	41.000	65486	0.263
9(纺织)	17111	23907	52108	21796	221.500	21.500	63806	0.276
10(缝纫)	1206	3930	6126	15586	330.400	29.500	1840	0.437
11(皮革)	2150	5704	6200	10870	184.200	12.000	8913	0.274
12(造纸)	5251	6155	10383	16875	146.400	27.500	78796	0.151
13(文教艺术用品)	14341	13203	19396	14691	94.600	17.800	6354	1.574

(1) 试用主成分分析方法确定 8 项指标的样本主成分(综合变量);若要求损失信息不超过 15%,应取几个主成分;并对这几个主成分进行解释;

(2) 利用主成分得分对 13 个行业进行排序和分类.

7-12 试对第六章表 6.7 中 16 个地区农民生活水平的调查数据进行主成分分析,并利用前两个主成分对 16 个地区的农民生活水平进行分类(请与第六章的分类计算结果进行比较).

第八章 因子分析

§8.1 引　　言

因子分析是主成分分析的推广和发展，它也是多元统计分析中降维的一种方法. 因子分析是研究相关阵或协方差阵的内部依赖关系，它将多个变量综合为少数几个因子，以再现原始变量与因子之间的相关关系.

因子分析的形成和早期发展，一般认为是从 Charles Spearman 在 1904 年发表的文章开始. 他提出这种方法用来解决智力测验得分的统计分析. 目前因子分析在心理学、社会学、经济学等学科都取得成功的应用.

下面我们列举几个实际问题以说明如何应用因子分析来构造因子模型.

实例 1 为了了解学生的学习能力，观测了 n 个学生 p 个科目的成绩(分数)，用 $X_1,\cdots,X_p$ 表示 p 个科目(例如代数、几何、语文、英语、政治，……)，$X_{(t)}=(x_{t1},\cdots,x_{tp})'$ $(t=1,\cdots n)$表示第 t 个学生的 p 个科目的成绩. 我们对这些资料进行归纳分析，可以看出各个科目(即变量)由两部分组成：

$$X_i = a_iF + \varepsilon_i \quad (i = 1,\cdots,p), \tag{8.1.1}$$

其中 F 是对所有 $X_i(i=1,\cdots,p)$都起作用的公共因子，它表示智能高低的因子；系数 a_i 称为因子载荷，表示第 i 个科目在智能高低因子上的体现；ε_i 是科目(变量)X_i 特有的特殊因子. 这就是一个最简单的因子模型.

进一步地可把这个简单因子模型推广到多个因子的情况，即全部科目 X 所共有的因子有 m 个，如数学推导因子、记忆因子、计算因子等，分别记为 $F_1,\cdots,F_m$，即

$$X_i = a_{i1}F_1 + a_{i2}F_2 + \cdots + a_{im}F_m + \varepsilon_i \quad (i = 1, \cdots, p). \tag{8.1.2}$$

用这 m 个不可观测的互不相关的公共因子 $F_1, \cdots, F_m$（也称为潜因子）和一个特殊因子 ε_i 来描述原始可测的相关变量（科目）$X_1, \cdots, X_p$，并解释分析学生的学习能力. 它们的系数 $a_{i1}, \cdots, a_{im}$ 称为因子载荷，表示第 i 个科目在 m 个方面的表现. 这就是一个因子分析模型.

实例 2　调查青年对婚姻家庭的态度，抽取 n 个青年回答了 $p=50$ 个问题的答卷，这些问题可归纳为如下几个方面：对相貌的重视、对孩子的观点、对老人的态度等，这也是一个因子分析的模型，每一个方面就是一个因子.

实例 3　考察人体的五项生理指标：收缩压（X_1）、舒张压（X_2）、心跳间隔（X_3）、呼吸间隔（X_4）和舌下温度（X_5）. 从生理学的知识可知，这五项指标是受植物神经支配的，植物神经又分为交感神经和副交感神经，因此这五项指标至少受到两个公共因子的影响，也可用因子分析的模型去处理它.

通过以上几个实例，我们可以看到，因子分析的主要应用有两方面，一是寻求基本结构，简化观测系统，将具有错综复杂关系的对象（变量或样品）综合为少数几个因子（不可观测的随机变量），以再现因子与原始变量之间的内在联系；二是用于分类，对 p 个变量或 n 个样品进行分类.

因子分析根据研究对象的不同可以分为 R 型和 Q 型因子分析. R 型因子分析研究变量（指标）之间的相关关系，通过对变量的相关阵或协方差阵内部结构的研究，找出控制所有变量的几个公共因子（或称主因子、潜因子），用以对变量或样品进行分类. Q 型因子分析研究样品之间的相关关系，通过对样品的相似矩阵内部结构的研究找出控制所有样品的几个主要因素（或称主因子）. 这两种因子分析的处理方法一样，只是出发点不同. R 型从变量的相关阵出发，Q 型从样品的相似矩阵出发. 对一批观测数据，可以根据实际问题的需要来决定采用哪一种类型的因子分析. 本章主要介绍 R 型因子分析.

因子分析与主成分分析有区别. 主成分分析不能作为一个模型来描述，它只是通常的变量变换，而因子分析需要构造因子模型；主成分分析中主成分的个数和变量个数 p 相同，它是将一组具有相关关系的变量变换为一组互不相关的变量(注意应用主成分分析解决实际问题时，一般只选取前 m $(m<p)$个主成分)，而因子分析的目的是要用尽可能少的公因子，以便构造一个结构简单的因子模型；主成分分析是将主成分表示为原始变量的线性组合，而因子分析是将原始变量表示为公因子和特殊因子的线性组合，用假设的公因子来"解释"相关阵的内部依赖关系. 另一方面这两种分析方法之间在某些情况下也有一定联系，读者将从下面的介绍中看到.

§8.2 因子模型

一、正交因子模型

设 $X=(X_1,\cdots,X_p)'$是可观测的随机向量，$\mathrm{E}(X)=\mu$，$\mathrm{D}(X)=\Sigma$，且设 $F=(F_1,\cdots,F_m)'$ $(m<p)$是不可观测的随机向量，$\mathrm{E}(F)=0$，$\mathrm{D}(F)=I_m$(即 F 的各分量方差为 1，且互不相关). 又设 $\varepsilon=(\varepsilon_1,\cdots,\varepsilon_p)'$与 F 互不相关，且

$$\mathrm{E}(\varepsilon)=0,\quad \mathrm{D}(\varepsilon)=\mathrm{diag}(\sigma_1^2,\cdots,\sigma_p^2)\stackrel{\text{def}}{=\!=\!=}D\ (\text{对角矩阵}).$$

假定随机向量 X 满足以下的模型：

$$\begin{cases} X_1-\mu_1=a_{11}F_1+a_{12}F_2+\cdots+a_{1m}F_m+\varepsilon_1, \\ X_2-\mu_2=a_{21}F_1+a_{22}F_2+\cdots+a_{2m}F_m+\varepsilon_2, \\ \cdots\cdots\cdots\cdots\cdots\cdots\cdots\cdots\cdots\cdots \\ X_p-\mu_p=a_{p1}F_1+a_{p2}F_2+\cdots+a_{pm}F_m+\varepsilon_p, \end{cases} \tag{8.2.1}$$

则称模型(8.2.1)为**正交因子模型**. 用矩阵表示为

$$X=\mu+AF+\varepsilon, \tag{8.2.2}$$

其中 $F=(F_1,\cdots,F_m)'$，$F_1,\cdots,F_m$ 称为 X 的**公共因子**；$\varepsilon=(\varepsilon_1,\cdots,\varepsilon_p)'$，$\varepsilon_1,\cdots,\varepsilon_p$ 称为 X 的**特殊因子**；公共因子 $F_1,\cdots,F_m$ 一般对 X 的每一个分量 X_i 都有作用，而 ε_i 只对 X_i 起作用，而且各特殊因子之间以及特殊因子与所有公共因子之间都是互不相关的.

模型中的矩阵 $A=(a_{ij})_{p\times m}$ 是待估的系数矩阵，称为**因子载荷**

矩阵. $a_{ij}(i=1,\cdots,p;j=1,\cdots,m)$ 称为第 i 个变量在第 j 个因子上的载荷(简称为**因子载荷**).

正交因子模型(8.2.1)中用 $m+p$ 个不可观测的随机变量 $F_1,\cdots,F_m,\ \varepsilon_1,\cdots,\varepsilon_p$ 来表示 p 个原始变量 $X_1,\cdots,X_p$,这是R型正交因子模型与回归模型的区别所在. 试图用回归方法确定因子载荷矩阵 A 是不可行的. 上述(8.2.1)的模型中对 F 和 ε 作了一系列的假定,使得模型具有特定的且能验证的协方差结构. 在以上一系列假定中有两个关键性的假设:

(1) 特殊因子互不相关,且 $\mathrm{D}(\varepsilon)=\mathrm{diag}(\sigma_1^2,\cdots,\sigma_p^2)\xlongequal{\text{def}}D$;

(2) 特殊因子同公共因子互不相关,即 $\mathrm{COV}(\varepsilon,F)=O_{p\times m}$.

在主成分分析中,回归模型(7.2.2)中的残差通常是彼此相关的. 在因子分析中,特殊因子起着残差的作用,但被定义为彼此不相关且与公共因子也不相关;而且每个公共因子假定至少对两个变量有贡献,否则它将是一个特殊因子.

在正交因子模型中,假定公共因子彼此不相关且具有单位方差,即 $\mathrm{D}(F)=I_m$. 在这种情况下,由

$$\begin{aligned}\Sigma &= \mathrm{D}(X) = \mathrm{E}[(X-\mu)(X-\mu)'] \\ &= \mathrm{E}[(AF+\varepsilon)(AF+\varepsilon)'] = A\mathrm{D}(F)A' + \mathrm{D}(\varepsilon) = AA' + D,\end{aligned}$$

即由

$$\Sigma - D = AA' \tag{8.2.3}$$

可知,正交因子模型意味着第 j 个变量和第 k 个变量的协方差 σ_{jk} 由下式给出

$$\sigma_{jk} = a_{j1}a_{k1} + a_{j2}a_{k2} + \cdots + a_{jm}a_{km} \quad (j \neq k),$$

$$\sigma_{jj} = a_{j1}^2 + a_{j2}^2 + \cdots + a_{jm}^2 + \sigma_j^2 \quad (j = k).$$

如果原始变量已被标准化为单位方差,在(8.2.3)式中将用相关阵代替协方差阵. 在此意义上,公共因子解释了观测变量间的相关性. 用正交因子模型预测的相关与实际的相关之间的差异就是剩余相关. 评估正交因子模型拟合优度的好方法就是考察剩余相关的大小.

因子分析的目的首先是由样本协方差阵 $\hat{\Sigma}$ 估计 Σ,然后由分解

式(8.2.3)求得 A 和 D. 也就是从可以观测的变量 $X_1,\cdots,X_p$ 给出的样本资料中,求出载荷矩阵 A,然后预测公共因子 $F_1,\cdots,F_m$. 又因

$$\begin{aligned}\mathrm{COV}(X,F) &= \mathrm{E}(X-\mathrm{E}(X))(F-\mathrm{E}(F))' = \mathrm{E}[(X-\mu)F'] \\ &= \mathrm{E}[(AF+\varepsilon)F'] = A\mathrm{E}(FF') + \mathrm{E}(\varepsilon F') \\ &= A, \end{aligned} \tag{8.2.4}$$

其中 A 为 $p\times m$ 矩阵. 可见 A 中元素 a_{ij} 刻画变量 X_i 与 F_j 之间的相关性,称为 X_i 在 F_j 上的因子载荷.

关系式(8.2.3)和(8.2.4)称为正交因子模型的**协方差结构**.

二、正交因子模型中各个量的统计意义

1. 因子载荷的统计意义

由因子模型(8.2.1)及(8.2.4)可知,X_i 与 F_j 的协方差

$$\mathrm{Cov}(X_i,F_j) = a_{ij}.$$

如果变量 X_i 是标准化变量(即 $\mathrm{E}(X_i)=0$, $\mathrm{Var}(X_i)=1$),则

$$\rho_{ij} = \frac{\mathrm{Cov}(X_i,F_j)}{\sqrt{\mathrm{Var}(X_i)}\sqrt{\mathrm{Var}(F_j)}} = \mathrm{Cov}(X_i,F_j) = a_{ij}.$$

这时因子载荷 a_{ij} 就是第 i 个变量与第 j 个公共因子的相关系数. 由模型(8.2.1), X_i 是 $F_1,\cdots,F_m$ 的线性组合,系数 $a_{i1},\cdots,a_{im}$ 是用来度量 X_i 可由 $F_1,\cdots,F_m$ 线性组合表示之程度的. 模型中 $F_1,\cdots,F_m$ 的系数 $a_{i1},\cdots,a_{im}$ 用统计学的术语叫做"**权重**",它表示 X_i 依赖 F_j 的分量(比重). 由于历史的原因,在心理学中将模型(8.2.1)的系数 a_{ij} 叫做"载荷", 即第 i 个变量在第 j 个因子上的载荷(或负荷),反映了第 i 个变量在第 j 个公共因子上的相对重要性.

2. 变量共同度的统计意义

因子载荷矩阵 A 中各行元素的平方和记为 h_i^2,

$$h_i^2 = \sum_{j=1}^{m} a_{ij}^2 \quad (i = 1,2,\cdots,p)$$

称为变量 X_i 的**共同度**.

为了给出 h_i^2 的统计意义,下面来计算 X_i 方差:

$$\mathrm{Var}(X_i)=\mathrm{Var}\left(\sum_{t=1}^{m}a_{it}F_t+\varepsilon_i\right)=\sum_{t=1}^{m}a_{it}^2\mathrm{Var}(F_t)+\mathrm{Var}(\varepsilon_i)=h_i^2+\sigma_i^2.$$

上式表明 X_i 的方差由两部分组成,第一部分 h_i^2 是全部公共因子对变量 X_i 的总方差所作出的贡献,称为**公因子方差**;第二部分 σ_i^2 是由特定因子 ε_i 产生的方差,它仅与变量 X_i 有关,也称为**剩余方差**.

显然,若 h_i^2 大, σ_i^2 必小. 而 h_i^2 大表明 X_i 对公共因子 $F_1,\cdots,F_m$ 的共同依赖程度大. 当 $h_i^2=1$ (设 $\mathrm{Var}(X_i)=1$)时, $\sigma_i^2=0$,即 X_i 完全能够由公共因子的线性组合表示;当 $h_i^2\approx 0$ 时,表明公共因子对 X_i 影响很小, X_i 主要由特殊因子 ε_i 来描述. 可见 h_i^2 反映了变量 X_i 对公因子 F 依赖的程度,故也称公因子方差 h_i^2 为变量 X_i 的**共同度**.

3. 公共因子 F_j 的方差贡献的统计意义

在因子载荷矩阵 A 中,求 A 的各列的平方和,记为 q_j^2,即

$$q_j^2=\sum_{t=1}^{p}a_{tj}^2\quad(j=1,2,\cdots,m).$$

q_j^2 的统计意义与 X_i 的共同度 h_i^2 恰好相反, q_j^2 表示第 j 个公共因子 F_j 对 X 的所有分量 $X_1,\cdots,X_p$ 的总影响,称为第 j 个公共因子 F_j 对 X 的贡献,它是衡量第 j 个公共因子相对重要性的指标.

显然, q_j^2 愈大,表明 F_j 对 X 的贡献愈大. 如果我们把载荷矩阵 A 的各列平方和都计算出来,使相应的贡献有顺序: $q_1^2\geqslant q_2^2\geqslant\cdots\geqslant q_m^2$,我们就能够以此为依据,找出最有影响的公共因子. 要解决此问题,关键是求载荷矩阵 A 的估计.

关于因子模型有下列两点需要指出,以便引起读者的注意:

(1) 模型不受量纲影响. 变量 X 量纲的变化等价于作变换: $X^*=CX$,其中 C 为对角矩阵,则

$$\mathrm{D}(X^*)=C\mathrm{D}(X)C'=C(AA'+D)C'=CAA'C'+CDC',$$

$$\mathrm{E}(X^*)=C\mu.$$

记 $\mu^*=C\mu$, $A^*=CA$, $C\Sigma C'=\Sigma^*$, $CDC'=D^*$, $\varepsilon^*=C\varepsilon$,则仍有因子模型

$$\begin{cases}X^*=\mu^*+A^*F+\varepsilon^*,\\ \Sigma^*=A^*(A^*)'+D^*.\end{cases}$$

(2) 因子载荷矩阵 A 是不唯一的. 若 Γ 是任一 $m\times m$ 正交矩阵,则模型(8.2.2)可表为

$$X=\mu+(A\Gamma)(\Gamma' F)+\varepsilon.$$

因

$$\mathrm{E}(\Gamma' F)=0,\quad \mathrm{D}(\Gamma' F)=I,$$
$$\mathrm{COV}(\Gamma' F,\varepsilon)=\Gamma'\mathrm{COV}(F,\varepsilon)=O,$$

故将 $\Gamma' F$ 看成公共因子, $A\Gamma$ 看成相应的因子载荷矩阵. 这时

$$\Sigma=AA'+D=(A\Gamma)(A\Gamma)'+D,$$

可见,因子载荷矩阵 A 不唯一.

例 8.2.1 已知 $X=(X_1,\cdots,X_4)'$的协方差阵 Σ 为:

$$\Sigma=\begin{bmatrix}19 & 30 & 2 & 12\\ 30 & 57 & 5 & 23\\ 2 & 5 & 38 & 47\\ 12 & 23 & 47 & 68\end{bmatrix},$$

试求满足(8.2.3)式的因子载荷矩阵 A 和特殊因子的协方差阵 D, 并计算 X_1 的共同度.

解 容易验证,

$$\Sigma=\begin{bmatrix}4 & 1\\ 7 & 2\\ -1 & 6\\ 1 & 8\end{bmatrix}\begin{bmatrix}4 & 7 & -1 & 1\\ 1 & 2 & 6 & 8\end{bmatrix}+\begin{bmatrix}2 & 0 & 0 & 0\\ 0 & 4 & 0 & 0\\ 0 & 0 & 1 & 0\\ 0 & 0 & 0 & 3\end{bmatrix}$$
$$=AA'+D.$$

因而因子载荷矩阵 A 和特殊因子协方差阵 D 分别为:

$$A=\begin{bmatrix}4 & 1\\ 7 & 2\\ -1 & 6\\ 1 & 8\end{bmatrix},\quad D=\begin{bmatrix}2 & 0 & 0 & 0\\ 0 & 4 & 0 & 0\\ 0 & 0 & 1 & 0\\ 0 & 0 & 0 & 3\end{bmatrix}.$$

即 X 的协方差阵 Σ 具有 $m=2$ 的正交因子模型结构,且 X_1 的共同度为

$$h_1^2=4^2+1^2=17.$$

第一个特殊因子 ε_1 的方差 $\sigma_1^2=2$, X_1 的方差可分解为:

$$19=17+2,$$

即 方差 = 共同度 + 特殊方差.

对 $X_i(i=2,3,4)$ 也有类似地分解.

三、正交因子模型的几何解释

在因子分析中,我们可以把互不相关的,即两两之间的相关系数(夹角余弦)为 0,各自方差为 1 的 m 个公共因子和 p 个特殊因子想象成 $m+p$ 个相互正交的单位向量,以它们为坐标轴构成 $m+p$ 维空间的一个直角坐标系,并称为因子空间. 于是根据模型(8.2.1),变量 X_i 可以用因子空间中向量 $P_i=(a_{i1},a_{i2},\cdots,a_{im},0,\cdots,\sigma_i,\cdots,0)'$ 表示,其中 σ_i 是 X_i 在对应于自己的特殊因子轴上的载荷. 由于 X_i 标准化,显然 P_i 的长度等于 1,即

$$\|P_i\| = \sqrt{a_{i1}^2 + a_{i2}^2 + \cdots + a_{im}^2 + \sigma_i^2} = \sqrt{\mathrm{Var}(X_i)} = 1,$$

此时 P_i 与各个因子轴 F_j 的夹角余弦为

$$\cos\langle P_i,F_j\rangle = \|P_i\| \cos\langle P_i,F_j\rangle = a_{ij} = r_{P_iF_j},$$

这表明了 P_i 与各公共因子的夹角余弦就等于其相应的坐标,也就是等于变量 X_i 与各公共因子的相关系数. 此外,对于因子空间中分别表示变量 X_i 和 X_j 的向量 P_i 与 P_j 的夹角余弦即为它们的内积

$$\cos\langle P_i,P_j\rangle = \frac{P_i'P_j}{\|P_i\|\ \|P_j\|} = P_i'P_j = \sum_{t=1}^{m} a_{it}a_{jt} = r_{X_iX_j},$$

它恰好等于变量 X_i 与 X_j 的相关系数.

§8.3 参数估计方法

已知 p 个相关变量的 n 次观测值 $X_{(i)}=(x_{i1},\cdots,x_{ip})'$ $(i=1,\cdots,n)$. 因子分析的目的是用少数几个公共因子(设为 m 个)来描述 p 个相关变量间的协方差结构:

$$\Sigma = AA' + D,$$

其中 $A=(a_{ij})$ 为 $p\times m$ 的因子载荷矩阵; $D=\mathrm{diag}(\sigma_1^2,\cdots,\sigma_p^2)$ 为 p 阶对角矩阵. 也就是估计公共因子的个数 m、因子载荷矩阵 A 及特殊因子方差 $\sigma_i^2(i=1,\cdots,p)$,使得满足 $\Sigma=AA'+D$.

由 p 个相关变量的观测数据计算样本协方差阵 S，作为协方差阵的估计. 为了建立公因子模型，首先要估计因子载荷 a_{ij} 和特殊因子方差 σ_i^2. 常用的参数估计方法有以下三种：主成分法，主因子解和极大似然法.

一、主成分法

设样本协方差阵 S 的特征值为 $\lambda_1 \geqslant \lambda_2 \geqslant \cdots \geqslant \lambda_p \geqslant 0$，相应单位正交特征向量为 $l_1, l_2, \cdots, l_p$，则 S 有谱分解式：

$$S = \sum_{i=1}^{p} \lambda_i l_i l_i'.$$

当最后 $p-m$ 个特征值较小时，S 可近似地分解为

$$\begin{aligned} S &\approx \lambda_1 l_1 l_1' + \cdots + \lambda_m l_m l_m' + D \\ &= (\sqrt{\lambda_1} l_1, \cdots, \sqrt{\lambda_m} l_m) \begin{bmatrix} \sqrt{\lambda_1} l_1' \\ \vdots \\ \sqrt{\lambda_m} l_m' \end{bmatrix} + \begin{bmatrix} \sigma^2 & & 0 \\ & \ddots & \\ 0 & & \sigma_p^2 \end{bmatrix} \\ &= AA' + D, \end{aligned} \tag{8.3.1}$$

其中

$$\begin{cases} A = (\sqrt{\lambda_1} l_1, \cdots, \sqrt{\lambda_m} l_m) \xlongequal{\text{def}} (a_{ij})_{p\times m}, \\ \sigma_i^2 = s_{ii} - \sum\limits_{t=1}^{m} a_{it}^2 \quad (i = 1, 2, \cdots, p). \end{cases} \tag{8.3.2}$$

(8.3.2)式给出的 A 和 D 就是因子模型的一个解. 载荷矩阵 A 中的第 j 列(即第 j 个公共因子 F_j 在 X 上的载荷)和 X 的第 j 个主成分的系数相差一个倍数 $\sqrt{\lambda_j}$ $(j=1,2,\cdots,m)$. 故(8.3.2)式给出的这个解常称为因子模型的**主成分解**.

若记 $E = S - (AA' + D) \xlongequal{\text{def}} (\varepsilon_{ij})_{p\times p}$，可以证明(见本章习题第 8-4 题)：

$$Q(m) = \sum_{i=1}^{p} \sum_{j=1}^{p} \varepsilon_{ij}^2 \leqslant \lambda_{m+1}^2 + \cdots + \lambda_p^2, \tag{8.3.3}$$

当 m 选择适当，则近似式(8.3.1)的误差平方和 $Q(m)$ 很小.

公因子个数 m 的确定方法一般有两种，一是根据实际问题的意

义或专业理论知识来确定；二是用确定主成分个数的原则，选 m 为满足：

$$\frac{\lambda_1+\cdots+\lambda_m}{\lambda_1+\cdots+\lambda_m+\cdots+\lambda_p}\geqslant P_0$$

的最小整数(比如取 $P_0\geqslant 0.70$ 且 $P_0<1$).

当相关变量所取单位不同时，我们常常先对变量标准化. 标准化变量的样本协方差阵就是原始变量的样本相关阵 R，再用 R 代替 S，与上类似，即可得主成分解.

二、主因子解

从 R 出发，下面来介绍主成分法的一种修正. 设 $R=AA'+D$，则

$$R-D=AA'\xlongequal{\text{def}}R^*$$

称为**约相关阵**. 如果我们已知特殊方差的初始估计 $(\hat{\sigma}_i^*)^2$，也就是已知初始公因子方差(即共同度)的估计为

$$(h_i^*)^2=1-(\hat{\sigma}_i^*)^2,$$

则约相关阵 $R^*=R-D$ 为

$$R^*=\begin{bmatrix}(h_1^*)^2 & r_{12} & \cdots & r_{1p}\\ r_{21} & (h_2^*)^2 & \cdots & r_{2p}\\ \vdots & \vdots & & \vdots\\ r_{p1} & r_{p2} & \cdots & (h_p^*)^2\end{bmatrix}.$$

计算 R^* 的特征值和单位正交特征向量，可取前 m 个正特征值 $\lambda_1^*\geqslant\lambda_2^*\geqslant\cdots\geqslant\lambda_m^*>0$，其相应的单位正交特征向量为 $l_1^*,l_2^*,\cdots,l_m^*$，则有近似分解式：

$$R^*=AA',$$

其中

$$A=(\sqrt{\lambda_1^*}\,l_1^*,\cdots,\sqrt{\lambda_m^*}\,l_m^*).$$

令

$$\hat{\sigma}_i^2=1-\sum_{t=1}^m a_{it}^2\quad(i=1,\cdots,p),$$

则 A 和 $D^*=\mathrm{diag}(\hat{\sigma}_1^2,\cdots,\hat{\sigma}_p^2)$ 为因子模型的一个解，这个解就称为**主因子解**.

在实际应用中特殊因子方差 σ_i^2 或公因子方差(也称为共同度) h_i^2 是未知的. 以上得到的解是近似解. 为了得到近似程度更好的解,常常采用迭代主因子法,即利用上面得到的 $D^*=\mathrm{diag}(\hat{\sigma}_1^2,\cdots,\hat{\sigma}_p^2)$ 作为特殊方差的初始估计,重复上述步骤,直到解稳定为止.

因特殊因子方差 $\sigma_i^2=1-h_i^2$,故求特殊因子方差的初始估计等价于求公因子方差 h_i^2 的初始估计. 下面介绍公因子方差常用的初始估计的几种方法:

(1) h_i^2 取为第 i 个变量与其他所有变量的多重相关系数的平方(或者取 $\sigma_i^2=1/r^{ii}$,其中 r^{ii} 是 R^{-1}的对角元素,则 $h_i^2=1-\sigma_i^2$);

(2) h_i^2 取为第 i 个变量与其他变量相关系数绝对值的最大值;

(3) 取 $h_i^2=1$,它等价于主成分解.

三、极大似然法

假定公因子 F 和特殊因子 ε 服从正态分布,那么我们可得到因子载荷矩阵和特殊方差的极大似然估计. 设 p 维观测向量 $X_{(1)},\cdots,X_{(n)}$为来自正态总体 $N_p(\mu,\Sigma)$的随机样本,则样本似然函数为 μ,Σ 的函数 $L(\mu,\Sigma)$.

设 $\Sigma=AA'+D$,取 $\mu=\overline{X}$,则似然函数 $L(\overline{X},AA'+D)$的对数为 A,D 的函数,记为 $\varphi(A,D)$,求 A,D 使 φ 达最大. 可以证明使 $\varphi(A,D)$达极大的解 $\hat{A}$ 和 $\hat{D}$ 满足如下方程组:

$$\begin{cases}S\hat{D}^{-1}\hat{A}=\hat{A}(I+\hat{A}'\hat{D}^{-1}\hat{A}),\\ \hat{D}=\mathrm{diag}(S-\hat{A}\hat{A}'),\end{cases} \tag{8.3.4}$$

其中 $S=\dfrac{1}{n}\sum\limits_{i=1}^{n}(X_{(i)}-\overline{X})(X_{(i)}-\overline{X})'$.

为保证方程组(8.3.4)得到唯一解,可附加计算上方便的唯一性条件:

$$A'D^{-1}A=\text{对角矩阵}.$$

这个建议基于以下的贝叶斯观点:设 $F\sim N_m(0,I_m)$,当给定 $F=f$ 时,$X-\mu$ 的条件分布为 $N_p(Af,D)$;当给定 X 时,F 的条件分布为 $N_m(A'\Sigma^{-1}(x-\mu),(A'D^{-1}A+I_m)^{-1})$,若 $A'D^{-1}A$ 为对角矩阵,则 F

的分量相互独立.

方程组(8.3.4)一般用迭代方法来求得极大似然估计 $\hat{A}$ 和 $\hat{D}$(见参考文献[1]或[5]).

四、主成分估计法的具体步骤

以上三种估计方法中,主成分解应用较广泛.设样本数据阵为

$$X=\begin{bmatrix} x_{11} & x_{12} & \cdots & x_{1p} \\ x_{21} & x_{22} & \cdots & x_{2p} \\ \vdots & \vdots & & \vdots \\ x_{n1} & x_{n2} & \cdots & x_{np} \end{bmatrix}_{n\times p},$$

则应用主成分估计法的具体步骤如下:

(1) 由样本数据阵 X 计算样本均值、样本离差阵及样本相关阵.样本均值 $\overline{X}$ 为

$$\overline{X}=\frac{1}{n}\sum_{t=1}^{n}X_{(t)}=(\bar{x}_1,\cdots,\bar{x}_p)';$$

样本协差阵 S 为

$$S=\frac{1}{n-1}\sum_{t=1}^{n}(X_{(t)}-\overline{X})(X_{(t)}-\overline{X})'\xlongequal{\text{def}}(s_{ij}),$$

其中
$$s_{ij}=\frac{1}{n-1}\sum_{t=1}^{n}(x_{ti}-\bar{x}_i)(x_{tj}-\bar{x}_j);$$

样本相关阵 $R=(r_{ij})$,其中 $r_{ij}=\dfrac{s_{ij}}{\sqrt{s_{ii}s_{jj}}}\ (i,j=1,2,\cdots,p)$.

(2) 求 R 的特征值和标准化特征向量.记 $\lambda_1\geqslant\lambda_2\geqslant\cdots\geqslant\lambda_p\geqslant 0$ 为 R 的特征值,其相应的单位正交特征向量为 $l_1,l_2,\cdots,l_p$.

(3) 求因子模型的因子载荷矩阵 A:

① 确定公共因子的个数 m.比如取 m 为满足$(\lambda_1+\lambda_2+\cdots+\lambda_m)/p\geqslant 0.80$ (或 0.70 或 0.90)的最小正整数;

② 令 $a_i=\sqrt{\lambda_i}\,l_i\ (i=1,2,\cdots,m)$,则 $A=(a_1,\cdots,a_m)$为因子载荷矩阵.

(4) 求特殊因子方差 $\hat{\sigma}_i^2=1-\sum\limits_{t=1}^{m}a_{it}^2\ (i=1,\cdots,p)$, X_i 的共同

度 h_i^2 的估计为

$$\hat{h}_i^2 = \sum_{t=1}^{m} a_{it}^2 \quad (i = 1,\cdots,p).$$

(5) 对 m 个公共因子(或称潜因子,主因子)作解释. 求出因子载荷矩阵 A 后,即得可测变量 $X_1,\cdots,X_p$ 由 m 个不可测的公共因子及各自特殊因子的表示式,但这 m 个公共因子表示什么? 则要结合专业知识给出解释.

例 8.3.1 (盐泉水化学分析资料的因子分析)　今有 20 个盐泉,盐泉的水化学特征系数值见表 8.1. 试对盐泉水化学分析资料作因子分析(摘自参考文献[14]).

表 8.1　盐泉水化学特征系数的数据

序号	矿化度 (g/L) (X_1)	$\frac{Br\cdot 10^3}{Cl}$ (X_2)	$\frac{K\cdot 10^3}{\Sigma 盐}$ (X_3)	$\frac{K\cdot 10^3}{Cl}$ (X_4)	$\frac{Na}{K}$ (X_5)	$\frac{Mg\cdot 10^2}{Cl}$ (X_6)	$\frac{\varepsilon Na}{\varepsilon Cl}$ (X_7)
1	11.835	0.480	14.360	25.210	25.21	0.810	0.98
2	45.596	0.526	13.850	24.040	26.01	0.910	0.96
3	3.525	0.086	24.400	49.300	11.30	6.820	0.85
4	3.681	0.370	13.570	25.120	26.00	0.820	1.01
5	48.287	0.386	14.500	25.900	23.32	2.180	0.93
6	17.956	0.280	9.750	17.050	37.20	0.464	0.98
7	7.370	0.506	13.600	34.280	10.69	8.800	0.56
8	4.223	0.340	3.800	7.100	88.20	1.110	0.97
9	6.442	0.190	4.700	9.100	73.20	0.740	1.03
10	16.234	0.390	3.100	5.400	121.50	0.420	1.00
11	10.585	0.420	2.400	4.700	135.60	0.870	0.98
12	23.535	0.230	2.600	4.600	151.80	0.310	1.02
13	5.398	0.120	2.800	6.200	111.20	1.140	1.07
14	283.149	0.148	1.763	2.968	215.86	0.140	0.98
15	316.604	0.317	1.453	2.432	263.41	0.249	0.98
16	307.310	0.173	1.627	2.729	235.70	0.214	0.99
17	322.515	0.312	1.382	2.320	282.21	0.024	1.00
18	254.580	0.297	0.899	1.476	410.30	0.239	0.93
19	304.092	0.283	0.789	1.357	438.36	0.193	1.01
20	202.446	0.042	0.741	1.266	309.77	0.290	0.99

解　此例,$n=20$, $p=7$. 使用 SAS/STAT 软件中 FACTOR 过

程由相关阵出发进行因子分析.

规定 $p_0=0.80$ 来选取公共因子个数 m，使 m 为满足 $(\lambda_1+\lambda_2+\cdots+\lambda_m)/p\geqslant 0.80$ 的最小正整数.

输出 8.3.1　相关阵的特征值、相邻特征值之差、贡献率和累计贡献率

```
                          The SAS System

Initial Factor Method: Principal Components

                 Prior Communality Estimates: ONE

      Eigenvalues of the Correlation Matrix:  Total = 7  Average = 1

                          1           2           3           4
      Eigenvalue     4.2444      1.2513      0.9202      0.4384
      Difference     2.9931      0.3312      0.4818      0.3248
      Proportion     0.6063      0.1788      0.1315      0.0626
      Cumulative     0.6063      0.7851      0.9166      0.9792

                          5           6           7
      Eigenvalue     0.1136      0.0314      0.0007
      Difference     0.0822      0.0307
      Proportion     0.0162      0.0045      0.0001
      Cumulative     0.9954      0.9999      1.0000
```

从输出 8.3.1 可以看出，取公共因子的个数 $m=3$，3 个公共因子的累计贡献率在 0.90 以上(0.9166)，即说明前三个公共因子反映原始变量的信息已占总信息的 90%以上.

查看输出 8.3.2 给出的因子载荷矩阵 A（它是由前三个特征值及其相应的特征向量计算得到的），比如查看 FACTOR3 对应的列(第三个公共因子的载荷向量)，除 $a_{23}=0.89278$ 较大外，其余各数值都较小，这表示可用 X_2 来解释公共因子 F_3(或说 F_3 主要反映 X_2 的信息). 对某个公共因子进行解释的基本想法是：首先看哪些变量在这个因子中的负荷量大，然后利用专业知识讨论这些变量组合的实际含意. 由输出 8.3.2 可见，第一、第二公共因子的载荷中有一些数值在 0.5 附近的中等负荷，虽也能按以上想法进行解释，但容易使公共因子的意义含糊不清. 在 §8.4 中将介绍因子旋转后的因子载荷矩阵，其实际含意将更明显.

由输出 8.3.2，查看每一行，如第一行，可以得出：

$$X_1=-0.7156F_1+0.5645F_2+0.0456F_3+\varepsilon_1,$$

它给出了变量 X_1 与公共因子 F_1,F_2,F_3 及特殊因子 ε_1 的关系(即因子模型)，其他各行类似.

输出 8.3.2 因子载荷矩阵 $A(m=3)$及每个公共因子解释的方差

```
3 factors will be retained by the PROPORTION criterion.

                    Factor Pattern

                 FACTOR1    FACTOR2    FACTOR3

X1              -0.71560    0.56452    0.04559
X2               0.41233   -0.13191    0.89278
X3               0.90960   -0.06429   -0.17215
X4               0.94490    0.04843   -0.17493
X5              -0.83458    0.46939    0.04773
X6               0.82555    0.49675   -0.13428
X7              -0.68122   -0.66459   -0.20123

            Variance explained by each factor

              FACTOR1    FACTOR2    FACTOR3
             4.244417   1.251331   0.920181
```

输出 8.3.3 最终公因子方差(即 $m=3$ 时各变量的共同度)的估计

```
          Final Communality Estimates: Total = 6.415930

      X1         X2         X3         X4         X5         X6         X7
0.832839   0.984480   0.861139   0.925789   0.919127   0.946322   0.946232
```

从输出 8.3.3 可以得出各变量共同度的估计.从而给出了特殊方差的估计,如

$$\hat{\sigma}_1^2=1-\hat{h}_1^2=1-0.8328=0.1672.$$

§8.4 方差最大的正交旋转

因子分析的目的不仅是求出公共因子,更主要的是应该知道每个公共因子的实际意义.但由于在§8.3 中介绍的估计方法所求出的公因子解,其初始因子载荷矩阵并不满足“简单结构准则”,即各个公共因子的典型代表变量不很突出,因而容易使公共因子的实际意义含糊不清,不利于对因子进行解释.为此必须对因子载荷矩阵施行旋转变换,使得各因子载荷矩阵的每一列各元素的平方按列向 0 或 1 两极转化,达到其结构简化的目的.

一、理论依据

设因子模型：$X=AF+\varepsilon$, $F=(F_1,\cdots,F_m)'$为公因子向量，对 F 施行正交变换：令 $Z=\Gamma' F$ (Γ 为任一 m 阶正交矩阵)，则

$$X = A\Gamma Z + \varepsilon, \tag{8.4.1}$$

且

$$\left.\begin{aligned} &\mathrm{D}(Z) = \mathrm{D}(\Gamma' F) = \Gamma' \mathrm{D}(F)\Gamma = I_m, \\ &\mathrm{COV}(Z,\varepsilon) = \mathrm{COV}(\Gamma' F,\varepsilon) = \Gamma'\mathrm{COV}(F,\varepsilon) = O, \\ &\mathrm{D}(X) = \mathrm{D}(A\Gamma Z) + \mathrm{D}(\varepsilon) = A\Gamma \mathrm{D}(Z)\Gamma' A' + D \\ &\qquad\quad = AA' + D. \end{aligned}\right\} \tag{8.4.2}$$

(8.4.1)和(8.4.2)式说明，若 F 是正交因子模型的公因子向量，则对任一正交矩阵 Γ，$\Gamma' F \overset{\text{def}}{=\!=} Z$ 也是公因子向量. 相应的 $A\Gamma$ 是公因子 Z 的因子载荷矩阵. 利用此性质，在因子分析的实际计算中，当求得初始因子载荷矩阵 A 后，反复右乘正交矩阵 Γ，使 $A\Gamma$ 具有更明显的实际意义. 这种变换载荷矩阵的方法，称为因子轴的**正交旋转**.

二、因子载荷方差

设因子模型 $X=AF+\varepsilon$, $A=(a_{ij})_{p\times m}$为公因子向量 F 的因子载荷矩阵，

$$A = \begin{bmatrix} a_{11} & \cdots & a_{1j} & \cdots & a_{1m} \\ \vdots & & \vdots & & \vdots \\ a_{i1} & \cdots & a_{ij} & \cdots & a_{im} \\ \vdots & & \vdots & & \vdots \\ a_{p1} & \cdots & a_{pj} & \cdots & a_{pm} \end{bmatrix},$$

而

$$h_i^2 = \sum_{t=1}^{m} a_{it}^2 \quad (i = 1,\cdots,p)$$

为变量 X_i 的共同度.

如果 A 的每一列(即因子载荷向量)数值越分散，相应的因子载荷向量的方差越大. 为消除由于 a_{ij} 符号不同的影响及各变量对公共因子依赖程度不同的影响，令

$$d_{ij}^2=\frac{a_{ij}^2}{h_i^2}\quad(i=1,\cdots,p;j=1,\cdots,m),$$

将第 j 列的 p 个数据 $d_{1j}^2,\cdots,d_{pj}^2$ 的方差定义为

$$V_j=\sum_{i=1}^{p}(d_{ij}^2-\bar{d}_j)^2/p=\frac{1}{p^2}\left[p\sum_{i=1}^{p}\frac{a_{ij}^4}{h_i^4}-\left(\sum_{t=1}^{p}\frac{a_{tj}^2}{h_t^2}\right)^2\right],$$

其中 $\bar{d}_j=\frac{1}{p}\sum_{t=1}^{p}d_{tj}^2\ (j=1,\cdots,m)$. 则因子载荷矩阵 A 的方差为

$$V=\sum_{j=1}^{m}V_j=\frac{1}{p^2}\left\{\sum_{j=1}^{m}\left[p\sum_{i=1}^{p}\frac{a_{ij}^4}{h_i^4}-\left(\sum_{t=1}^{p}\frac{a_{tj}^2}{h_t^2}\right)^2\right]\right\}.$$

若 V_j 值越大，A 的第 j 个因子载荷向量数值越分散,如果载荷值或是趋于 1 或是趋于 0,这时相应的公共因子 F_j 即具有简化结构,因而我们希望因子载荷矩阵 A 的方差尽可能大.

三、方差最大的正交旋转

设 $m=2$,因子载荷矩阵为

$$A=\begin{bmatrix}a_{11} & a_{12}\\ a_{21} & a_{22}\\ \vdots & \vdots\\ a_{p1} & a_{p2}\end{bmatrix}.$$

取正交矩阵 $\Gamma=\begin{bmatrix}\cos\varphi & -\sin\varphi\\ \sin\varphi & \cos\varphi\end{bmatrix}$,则

$$B=A\Gamma=\begin{bmatrix}a_{11}\cos\varphi+a_{12}\sin\varphi & -a_{11}\sin\varphi+a_{12}\cos\varphi\\ a_{21}\cos\varphi+a_{22}\sin\varphi & -a_{21}\sin\varphi+a_{22}\cos\varphi\\ \vdots & \vdots\\ a_{p1}\cos\varphi+a_{p2}\sin\varphi & -a_{p1}\sin\varphi+a_{p2}\cos\varphi\end{bmatrix}$$

$$\xlongequal{\text{def}}\begin{bmatrix}b_{11} & b_{12}\\ b_{21} & b_{22}\\ \vdots & \vdots\\ b_{p1} & b_{p2}\end{bmatrix}$$

是 $Z=\Gamma'F$ 的因子载荷矩阵,这相当于将由 F_1,F_2 确定的因子平面旋转一个角度 φ. 此时

$$V_t=\frac{1}{p^2}\left[p\sum_{i=1}^{p}\frac{b_{it}^4}{h_i^4}-\left(\sum_{i=1}^{p}\frac{b_{it}^2}{h_i^2}\right)^2\right]\quad(t=1,2),$$

令
$$\frac{\partial V}{\partial \varphi}=\frac{\partial}{\partial \varphi}(V_1+V_2)=0.$$
经整理后可知,为使 $\frac{\partial V}{\partial \varphi}=0$, φ 应满足以下关系式:
$$\tan 4\varphi=\frac{d-2\alpha\beta/p}{c-(\alpha^2-\beta^2)/p}. \tag{8.4.3}$$
若记
$$\mu_j=\left(\frac{a_{j1}}{h_j}\right)^2-\left(\frac{a_{j2}}{h_j}\right)^2,\quad \nu_j=2\,\frac{a_{j1}a_{j2}}{h_j^2}\quad (j=1,2,\cdots,p),$$
则
$$\alpha=\sum_{j=1}^{p}\mu_j,\quad \beta=\sum_{j=1}^{p}\nu_j,$$
$$c=\sum_{j=1}^{p}(\mu_j^2-\nu_j^2),\quad d=2\sum_{j=1}^{p}\mu_j\nu_j.$$

当 $m>2$ 时,可逐次对每两个因子 F_i, $F_j(i\neq j)$进行以上旋转. 选择正交旋转的角度 φ_{ij} 使满足(8.4.3)式,即使这两个因子的方差之和达最大. m 个因子的全部配对旋转,共需旋转 C_m^2 次,全部旋转完毕即算一次循环(或一轮). 经第一轮旋转后计算所得的因子载荷方差 $V_{(1)}$,此时不能认为 $V_{(1)}$就是最大方差,还需从旋转后的载荷矩阵出发,再进行第二轮、第三轮旋转,直到 V 不能再增大为止.

例 8.4.1 (例 8.3.1 的继续) 在例 8.3.1 中,考虑对因子载荷矩阵作方差最大的正交旋转,并由旋转后的因子载荷矩阵解释公共因子的含义.

解 使用 SAS/STAT 软件中 FACTOR 过程的选项要求对因子载荷矩阵进行方差最大的正交旋转,并指定公共因子个数 $m=3$.

在此例中,因子载荷矩阵 A 经五轮正交旋转后,每轮因子载荷矩阵的方差 $V_{(i)}$不断增加,即
$$V_{(1)}=0.173828\leqslant 0.390722\leqslant 0.391048$$
$$\leqslant 0.391049\leqslant 0.391049=V_{(5)};$$
且当 $|V_{(5)}-V_{(4)}|\leqslant 0.000001$ 时停止旋转,此时
$$V_{(5)}=0.391049$$
为 V 的最大值. 这时经方差最大正交旋转后的因子载荷矩阵 A^* 见

输出 8.4.1.

输出 8.4.1 方差最大正交旋转后的因子载荷矩阵

```
Rotation Method: Varimax

                 Orthogonal Transformation Matrix

                       1           2           3

          1      -0.73239     0.65030     0.20179
          2       0.64257     0.75814    -0.11102
          3       0.22519    -0.04835     0.97311

                      Rotated Factor Pattern

                   FACTOR1     FACTOR2     FACTOR3

      X1          0.89711    -0.03957    -0.16271
      X2         -0.18571     0.12496     0.96663
      X3         -0.74626     0.55109     0.02317
      X4         -0.70031     0.65964     0.01507
      X5          0.92360    -0.18917    -0.17408
      X6         -0.31567     0.91995    -0.01923
      X7          0.02655    -0.93712    -0.25950

              Variance explained by each factor

                 FACTOR1     FACTOR2     FACTOR3
                2.840008    2.516292    1.059629
```

旋转后的因子载荷矩阵的总方差 $V_{(5)}$ 约为初始因子载荷矩阵总方差 $V_{(1)}$ 的 2.25 倍，A^* 各列的载荷明显向 0 或 1 两极方向分化，这就大大有利于对公共因子进行解释.

(1) 方差最大正交旋转后第一公共因子中各变量的因子载荷有正有负，正载荷主要是 X_5(Na/K 系数)和 X_1(矿化度)，它们是钠盐形成的显示. 负载荷主要是 X_3(K · $10^3/\Sigma$ 盐)和 X_4(K · 10^3/Cl)，它们表示了钾盐形成的必要物质来源.

(2) 方差最大正交旋转后第二公共因子中各变量的因子载荷最大值为 X_6(Mg · 10^2/Cl)，其载荷为 0.9199，而 X_3，X_4 降为次要地位. 这说明第二公共因子是钾盐形成条件的显示——Mg · 10^2/Cl，正如我们通常所知道的，它反映了钾盐沉淀环境和钾矿物中的成分之一的存在，而 K · $10^3/\Sigma$ 盐(X_3)和 K · 10^3/Cl(X_4)，则是钾盐形成的不可缺少的物质条件.

(3) 在第三公共因子中，主要起作用的变量是 X_2(Br · 10^3/Cl)，它是钾盐或钾矿化的一个环境标志.

由上面的分析看出，影响钾盐成矿的主要特征系数是 $K\cdot10^3/\Sigma$ 盐、$K\cdot10^3/Cl$ 和 $Mg\cdot10^2/Cl$，以及较次要的 $Br\cdot10^3/Cl$，而影响决定钠盐形成的是矿化度与 Na/K 系数.

前面讨论的因子模型(8.2.1)中公共因子是互不相关的(或正交的)，进行因子旋转时也是正交旋转，在正交旋转过程中始终保持公共因子之间互不相关的特点. 因此经正交旋转后所得到的解仍是正交因子解. 如果我们把 m 个公共因子看作坐标轴，有 m 个坐标的点 $(a_{i1},a_{i2},\cdots,a_{ip})$ 代表因子空间中第 i 个点的位置，并假设可把 p 个变量分为几个没有重叠的类，旋转到一个简单结构的正交旋转，就与坐标轴的刚性旋转是对应的，它使得这些坐标轴在旋转之后尽可能地通过这几个类.

在实际问题中对变量(或样品)产生影响的公共因子，它们之间往往有相互的关系，即在因子模型(8.2.1)中 $\mathrm{D}(F)=V\neq I_m$(公共因子之间是相关的)，我们称这种因子相关的因子模型为**斜交因子模型**，而相关的公共因子称为**斜交公因子**(简称**斜交因子**). 在大量的实际问题中，一组相关变量 $X_1,X_2,\cdots,X_p$ 满足的因子模型一般都是斜交因子模型，而正交因子模型只是一种特例，或者作为斜交因子模型的一种近似. 而旋转到一个简单结构的斜交旋转，则对应于一个非刚性的旋转坐标系，它使得旋转后的坐标轴不再垂直，但(近似地)通过这几个类. 关于斜交因子的概念及求解方法请见参考文献[14].

§8.5 因子得分

以上几节我们已经讨论了如何从样本协方差阵 S 或相关阵 R 出发，来获得公共因子和因子载荷矩阵(或经正交旋转后的因子载荷矩阵)，并给出公共因子的解释. 但有时要求把公共因子表示成变量的线性组合，或反过来对每一个样品计算公共因子的估计值，即所谓的**因子得分**. 因子得分可用于模型的诊断，也可作为进一步分析的原始数据. 但请注意，因子得分的计算并不是通常意义下的参数估计，而是对不可观测的随机向量 F 取值的估计.

下面介绍估计因子得分的几种常用方法.

一、加权最小二乘法

设 X 满足正交因子模型(不妨设 $\mu=0$)

$$X = AF + \varepsilon.$$

假定因子载荷矩阵 A 和特殊因子方差已知,而把特殊因子 ε 看作误差. 因 $\mathrm{Var}(\varepsilon_i)=\sigma_i^2\ (i=1,\cdots,p)$ 一般不相等. 于是我们用加权最小二乘法估计公因子 F 的值.

用误差方差的倒数作为权重的误差平方和:

$$\sum_{i=1}^{p} \frac{\varepsilon_i^2}{\sigma_i^2} = \varepsilon' D^{-1}\varepsilon = (X - AF)' D^{-1}(X - AF) \xlongequal{\text{def}} \varphi(F). \tag{8.5.1}$$

在(8.5.1)式中, A,D 已知, X 为可观测的,其值也是已知的,求 F 的估计值 $\hat{F}$,使 $\varphi(\hat{F})=\min \varphi(F)$.

由 $\dfrac{\partial\varphi(F)}{\partial F}=0$,可得到 F 的估计值:

$$\hat{F} = (A'D^{-1}A)^{-1}A'D^{-1}X, \tag{8.5.2}$$

这就是因子得分的加权最小二乘估计.

若假定 $X\sim N_p(AF,D)$, X 的似然函数的对数为

$$L(F) = -\frac{1}{2}(X - AF)'D^{-1}(X - AF) - \frac{1}{2}\ln|2\pi D|,$$

由此得到 F 的最大似然估计仍为(8.5.2)式,这个估计也称为**巴特莱特因子得分**.

实际问题中, A,D 未知,自然的作法是将它们的某个估计代入(8.5.2)式. 对于样品 $X_{(i)}$,其因子得分为

$$\hat{F}_{(i)} = (A'D^{-1}A)^{-1}A'D^{-1}X_{(i)} \quad (i = 1,\cdots,n).$$

如果我们用主成分法估计因子载荷矩阵,那么在计算因子得分的估计时,通常用不加权的最小二乘法,即用极小化

$$\sum_{i=1}^{p} \varepsilon_i^2 = \varepsilon'\varepsilon = (X - AF)'(X - AF) \xlongequal{\text{def}} \phi(F)$$

来估计 F. 由

$$\frac{\partial\phi(F)}{\partial F} = 2A'(X - AF) = 0,$$

可得到 F 的估计值：$\hat{F}=(A'A)^{-1}A'X$，这就是因子得分的最小二乘估计. 对于样品 $X_{(i)}$，其因子得分为

$$\hat{F}_{(i)}=(A'A)^{-1}A'X_{(i)}\quad(i=1,\cdots,n).$$

对照第七章介绍的样本主成分，可以看到，因子得分 $\hat{F}_{(i)}=(\widetilde{f}_{i1},\cdots,\widetilde{f}_{im})'$ 和样本主成分得分 $Z_{(i)}=(z_{i1},\cdots,z_{im})'$ 仅相差一个常数：

$$\widetilde{f}_{ij}=z_{ij}/\sqrt{\lambda_j}\quad(i=1,\cdots,n;j=1,\cdots,m),$$

其中 λ_j 是相关阵 R 的第 j 大特征值.

二、回归法

在因子模型中，我们也可以反过来将公因子表示为变量的线性组合，即用

$$F_i=\beta_{i1}X_1+\cdots+\beta_{ip}X_p\quad(i=1,\cdots,m)\tag{8.5.3}$$

来计算每个样品的公因子得分.（8.5.3）式称为因子得分函数. 以下用回归法给出（8.5.3）式中组合系数 β_{ij} 的估计.

假设变量 X 为标准化变量，公因子 F 也已标准化. 在最小二乘法意义下对因子得分函数进行估计，并记建立的公因子 F 对变量 X 满足的回归方程为

$$F_j=b_{j1}X_1+\cdots+b_{jp}X_p+\varepsilon_j\quad(j=1,\cdots,m).\tag{8.5.4}$$

下面来估计回归方程（8.5.4）中的回归系数 $b_{j1},b_{j2},\cdots,b_{jp}$.

上述问题虽是多对多的回归问题，但 $F_1,\cdots,F_m$ 为不可观测的，即因子得分 F_j 的值是待估的. 现我们仅知道由样本可得到因子载荷矩阵 $A=(a_{ij})_{p\times m}$，对因子 F_j，由因子载荷的意义，有

$$\begin{aligned}a_{ij}&=\mathrm{E}(X_iF_j)=\mathrm{E}[X_i(b_{j1}X_1+\cdots+b_{jp}X_p)]\\&=b_{j1}r_{i1}+\cdots+b_{jp}r_{ip}\quad(i=1,2,\cdots,p),\end{aligned}$$

即

$$\begin{cases}b_{j1}r_{11}+\cdots+b_{jp}r_{1p}=a_{1j},\\ \cdots\cdots\cdots\cdots\cdots\cdots\\ b_{j1}r_{p1}+\cdots+b_{jp}r_{pp}=a_{pj},\end{cases}\tag{8.5.5}$$

以及

$$(8.5.5)\text{式}\Longleftrightarrow Rb_{(j)}=a_j\quad(R\text{ 为相关阵}),$$

其中 $b_{(j)}=(b_{j1},b_{j2},\cdots,b_{jp})'$，$a_j=(a_{1j},a_{2j},\cdots,a_{pj})'$，故

$$b_{(j)} = R^{-1}a_j \quad (j=1,2,\cdots,m).$$

记

$$B = \begin{bmatrix} b'_{(1)} \\ \vdots \\ b'_{(m)} \end{bmatrix} = \begin{bmatrix} b_{11} & \cdots & b_{1p} \\ \vdots & & \vdots \\ b_{m1} & \cdots & b_{mp} \end{bmatrix},$$

则有

$$B = \begin{bmatrix} (R^{-1}a_1)' \\ \vdots \\ (R^{-1}a_m)' \end{bmatrix} = \begin{bmatrix} a'_1 \\ \vdots \\ a'_m \end{bmatrix} R^{-1} = A'R^{-1},$$

于是利用回归方法所建立的公因子 F 对变量 X 的回归方程为

$$\hat{F} = \begin{bmatrix} \hat{F}_1 \\ \vdots \\ \hat{F}_m \end{bmatrix} = \begin{bmatrix} b'_{(1)}X \\ \vdots \\ b'_{(m)}X \end{bmatrix} = BX = A'R^{-1}X, \qquad (8.5.6)$$

其中 R 为 $p\times p$ 样本相关阵. 由样本值计算相关阵 R，并估计因子载荷矩阵 A(为 $p\times m$ 矩阵)，代入(8.5.6)式，即得因子得分函数 $\hat{F}$ 的计算公式.

此方法是由汤普森(Thompson)(1939)提出来的，所得因子得分在文献上常称为**汤普森因子得分**.

此估计也可以从贝叶斯统计的思想来求得. 在因子模型中，假设 X,F 和 ε 服从正态分布. 若 F 有一先验分布为 $N_m(0,I_m)$，当给定 F 时，X 的条件分布为 $N_p(AF,D)$，用贝叶斯统计的典型手法可以求得，当给定 X 时 F 的条件分布(即后验分布)仍为正态分布，其均值为

$$\mathrm{E}(F|X) = A'(AA'+D)^{-1}X.$$

记 $B=A'(AA'+D)^{-1}$为因子 F 对 X 的回归系数. 因子得分函数有表达式：

$$\hat{F} = A'(AA'+D)^{-1}X = A'\Sigma^{-1}X.$$

当 $X=X_{(j)}$ $(j=1,2,\cdots,n)$时得第 j 个观测的因子得分

$$\hat{F}_{(j)} = BX_{(j)} \quad (j=1,2,\cdots,n).$$

用样本值可以计算样本协方差阵

$$S=\frac{1}{n-1}\sum_{i=1}^{n}(X_{(i)}-\overline{X})(X_{(i)}-\overline{X})',$$

并以它作为 Σ 的估计,因子载荷矩阵的估计仍记为 A. 于是因子得分函数的计算公式为 $\hat{F}=A'S^{-1}X$,当变量 X 为标准化变量时,样本协方差阵 S 就是样本相关阵 R,故有 $\hat{F}=A'R^{-1}X$.

三、两种估计的比较

分 3 种情形进行比较.

(1) 记

$$\hat{F}(1)=(A'D^{-1}A)^{-1}A'D^{-1}X,$$
$$\hat{F}(2)=A'(AA'+D)^{-1}X,$$

利用矩阵间的关系式(见本章习题第 8-3 题):

$$A'(AA'+D)^{-1}=(I_m+A'D^{-1}A)^{-1}A'D^{-1},$$

故有

$$\hat{F}(2)=(I_m+A'D^{-1}A)^{-1}A'D^{-1}X,$$

显然

$$\begin{aligned}\hat{F}(1)&=(A'D^{-1}A)^{-1}(I_m+A'D^{-1}A)\hat{F}(2)\\&=[I_m+(A'D^{-1}A)^{-1}]\hat{F}(2),\end{aligned}$$

式中 A,D 满足约束条件: $A'D^{-1}A=$对角矩阵,当对角元素近似等于 0 时,两种估计得出的因子得分几乎相等.

(2) 因

$$\mathrm{E}(\hat{F}(1)\,|\,F)=F,$$
$$\mathrm{E}(\hat{F}(2)\,|\,F)=(I_m+A'D^{-1}A)^{-1}A'D^{-1}AF,$$

这表明第一种估计是无偏的,而汤普森因子得分(回归估计)是有偏的.

(3) 因

$$\mathrm{E}[(\hat{F}(1)-F)(\hat{F}(1)-F)']=(A'D^{-1}A)^{-1},$$
$$\mathrm{E}[(\hat{F}(2)-F)(\hat{F}(2)-F)']=(I_m+A'D^{-1}A)^{-1},$$

这表示第二种估计(汤普森因子得分)有较小的平均预报误差.

两种估计到底哪一种好,长期以来一直有争论,至今尚未有定论.

例 8.5.1（例 8.4.1 的继续） 在例 8.4.1 中，用回归法求因子得分函数，计算 20 个样品的因子得分，并绘制第一和第二因子得分的散布图.

解 使用 SAS/STAT 软件中 FACTOR 过程及选项进行因子分析并输出因子得分系数. 由此得出因子得分函数：

$$\begin{aligned}F_1 = &0.42452X_1 + 0.07959X_2 - 0.23210X_3 - 0.18099X_4 \\ &+ 0.39673X_5 + 0.07977X_6 - 0.27297X_7, \\ F_2 = &0.22999X_1 - 0.06366X_2 + 0.10946X_3 + 0.18330X_4 \\ &+ 0.15401X_5 + 0.43450X_6 - 0.49645X_7, \\ F_3 = &- 0.03589X_1 + 0.97545X_2 - 0.13310X_3 - 0.14437X_4 \\ &- 0.03085X_5 - 0.14683X_6 - 0.18622X_7.\end{aligned}$$

把 20 个样品的观测值逐个代入以上因子得分函数，即得样品的因子得分值. 第一和第二因子得分的散布图见输出 8.5.1.

输出 8.5.1 第一、第二因子得分的散布图

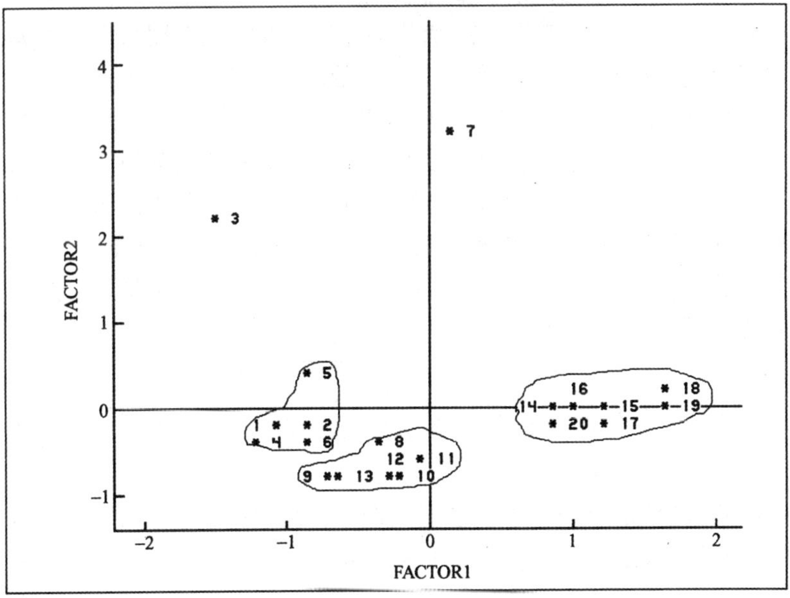

输出 8.5.1 是根据样品的因子得分，取 F_1 和 F_2 两个公共因子为坐标轴而绘制的因子得分图. 可见 20 个盐泉除 3 号和 7 号外可分为三类，第一类为第 14～20 号盐泉，它们是以第一公共因子轴 F_1 上得分高，第二公共因子轴 F_2 上得分低为特征；第二类为 8～13 号盐泉，它们是以 F_1 上得分小，F_2 上得分为较大的负值为特征；第三类为 1、2、4～6 号盐泉，它们是以 F_1 上得分为较大负值为特征. 这三类表示三种不同的盐泉.

§8.6 Q 型因子分析

根据研究对象的不同，因子分析可分为 R 型和 Q 型两种. 当研究对象是变量时，属于 R 型因子分析. 以上的讨论都是以变量作为研究对象，在样品的基础上研究变量之间的相关关系. 而变量之间的相互关系表现在原始数据矩阵的列与列之间，由相关阵或协方差阵出发，研究变量间的相关关系.

当研究对象是样品时，属于 Q 型因子分析，它是在变量的基础上研究样品之间的相互关系. 而样品之间的相互关系则表现在原始数据矩阵的行与行之间. 因此进行 Q 型因子分析时，只需把在 R 型因子分析中的变量和样品的作用互相调换，其余处理方法是一致的.

在进行 R 型因子分析时，变量间的相互关系我们常用相关系数来描述. 在进行 Q 型因子分析时，应当选择样品间合适的相似性度量，一般用相似系数(即夹角余弦)作为样品间相似性的度量.

设 $X_{(i)}=(x_{i1},x_{i2},\cdots,x_{ip})'$，$X_{(j)}=(x_{j1},x_{j2},\cdots,x_{jp})'$ 是两个样品向量，它们间夹角的余弦

$$\cos\langle X_{(i)},X_{(j)}\rangle = \sum_{t=1}^{p}x_{it}x_{jt}\Big/\sqrt{\sum_{t=1}^{p}x_{it}^2\sum_{t=1}^{p}x_{jt}^2}\quad (i,j=1,2,\cdots,n), \tag{8.6.1}$$

两样品向量间的夹角余弦反映了这两个样品中各变量的观测值之间的比例关系，称为**相似系数**. 相似系数矩阵为

$$Q=(q_{ij})_{n\times n},$$

其中 $q_{ij}=\cos\langle X_{(i)},X_{(j)}\rangle$. Q 是 n 阶方阵,进行Q型因子分析时,需要计算 Q 的特征值和特征向量. 一般 n 较大(n 比起变量个数 p 总是大很多)时, 直接计算 Q 的特征值和特征向量是比较困难的(如超出计算机内存,或花费太多的机时等). 解决的方法是利用线性代数的结论: 设 Z 为 $n\times p$ 矩阵,则矩阵 $Z'Z$ 与 ZZ' 有相同的非零特征值: $\lambda_1\geqslant\lambda_2\geqslant\cdots\geqslant\lambda_q\geqslant 0$ ($q\leqslant p<n$),其对应的特征向量也有一定的关系. 由此得出一种双重型的因子分析方法——对应分析方法,这是第九章将介绍的统计方法.

例 8.6.1 试对表 8.1 中 20 个盐泉的水化学特征系数作Q型因子分析.

解 此例中 $n=20$, $p=7$. 首先计算样品相似矩阵 Q,然后调用 SAS/STAT 软件中 FACTOR 过程进行Q型因子分析,并对Q型因子载荷矩阵进行方差最大的正交旋转.

部分结果见输出 8.6.1 至输出 8.6.3. 相似矩阵 Q 的特征值及相应贡献率见输出 8.6.1,由此输出可见,选三个主因子,它们提供的信息已占总信息量的 99.8%,几乎完全反映了 20 个样品的信息.

输出 8.6.1 相似矩阵 Q 的前 5 个特征值和相应贡献率

Eigenvalues of the Correlation Matrix: Total = 20 Average = 1

	1	2	3	4	5
Eigenvalue	15.0897	2.8032	2.0741	0.0325	0.0003
Difference	12.2865	0.7291	2.0416	0.0322	0.0001
Proportion	0.7545	0.1402	0.1037	0.0016	0.0000
Cumulative	0.7545	0.8946	0.9983	1.0000	1.0000

……

因子载荷矩阵见输出 8.6.2. 显见各正交因子的载荷不满足“结构简化”的要求,需进一步对载荷矩阵进行方差最大的正交旋转. 经此旋转后的因子载荷矩阵见输出 8.6.3.

由输出 8.6.3 可得以下几个结论:

(1) 方差最大的正交旋转后第一主因子中 8 至 13 号样品的因子载荷几乎都在 0.9 以上;其余样品的载荷都较小,故这 6 个样品为一类,这一类中载荷最大值 0.93691 所对应的 13 号样品可作为典型代表.

(2) 第二主因子中 14 至 20 号样品的因子载荷都为较大的值,

其余样品除个别的以外载荷都较小,故这 7 个样品为一类.这一类中载荷最大值 0.91908 所对应的 14 号样品可作为典型代表.

输出 8.6.2 因子载荷矩阵 $A(m=3)$

Factor Pattern

	FACTOR1	FACTOR2	FACTOR3
Q1	0.84851	0.51566	0.09659
Q2	0.84499	0.31041	-0.43379
Q3	0.44151	0.88695	0.13488
Q4	0.79656	0.52415	0.29434
Q5	0.80955	0.34396	-0.47524
Q6	0.98015	0.18344	0.06484
Q7	0.54353	0.82619	0.05429
Q8	0.89034	-0.17885	0.41860
Q9	0.91332	-0.13279	0.38496
Q10	0.91546	-0.21930	0.33735
Q11	0.89260	-0.23056	0.38731
Q12	0.92306	-0.23256	0.30632
Q13	0.88514	-0.20829	0.41594
Q14	0.88691	-0.17384	-0.42781
Q15	0.90222	-0.18472	-0.38951
Q16	0.88770	-0.17583	-0.42535
Q17	0.91067	-0.18997	-0.36667
Q18	0.96790	-0.23772	-0.08070
Q19	0.96373	-0.23196	-0.13135
Q20	0.96647	-0.23445	-0.10395

输出 8.6.3 方差最大的正交旋转后的因子载荷矩阵 $A^*(m=3)$

Rotated Factor Pattern

	FACTOR1	FACTOR2	FACTOR3
Q1	0.44716	0.38337	0.80516
Q2	0.16963	0.81275	0.55605
Q3	0.06946	0.02914	0.99706
Q4	0.53916	0.20087	0.81538
Q5	0.10695	0.81514	0.56889
Q6	0.63163	0.54915	0.54592
Q7	0.10616	0.16535	0.97075
Q8	0.93172	0.29004	0.21839
Q9	0.90871	0.32195	0.26567
Q10	0.90951	0.37386	0.18165
Q11	0.93099	0.32382	0.16823
Q12	0.89892	0.40421	0.16887
Q13	0.93691	0.29379	0.18907
Q14	0.37271	0.91908	0.12739
Q15	0.41189	0.90219	0.12744
Q16	0.37556	0.91809	0.12614
Q17	0.43435	0.89147	0.12835
Q18	0.67691	0.72292	0.13793
Q19	0.63889	0.75708	0.13601
Q20	0.65956	0.73880	0.13781

(3) 第三主因子中 1 至 7 号样品的因子载荷都在 0.545 以上,其余样品的载荷都很小,故这 7 个样品为一类.这一类中载荷最大值 0.99706 所对应的 3 号样品可作为典型代表.

(4) 由表 8.1 的原始数据，比较 3,13,14 号这三个典型盐泉的特征系数，3 号盐泉位于钾盐矿区，其特征系数中 $X_3(\mathrm{K}\cdot 10^3/\mathrm{Cl})$，$X_4(\mathrm{K}\cdot 10^3/\Sigma$ 盐$)$ 的系数高，而 $X_5(\mathrm{Na}/\mathrm{K})$ 系数低，属地下水溶滤钾盐层后而形成的盐泉. 14 号盐泉属钠盐矿区，钠盐中不具钾矿化，其特征系数中 $X_3(\mathrm{K}\cdot 10^3/\mathrm{Cl})$，$X_4(\mathrm{K}\cdot 10^3/\Sigma$ 盐$)$ 的系数甚低，而 $X_5(\mathrm{Na}/\mathrm{K})$ 的系数则很高，属于溶滤钠盐而形成的盐泉. 13 号盐泉的特征系数在 3 与 14 号之间，属过渡类型的盐泉.

为了更直观地对 20 个盐泉样品分类，可用第一、第二主因子的载荷值在平面上作图，然后进行分类.

习　题　八

8-1　设标准化变量 X_1,X_2,X_3 的协方差阵(即相关阵)为

$$R=\begin{bmatrix}1.00 & 0.63 & 0.45\\ 0.63 & 1.00 & 0.35\\ 0.45 & 0.35 & 1.00\end{bmatrix},$$

试求 $m=1$ 的正交因子模型.

8-2　已知题 8-1 中 R 的特征值和特征向量分别为

$\lambda_1=1.9633,\quad l_1=(0.6250,0.5932,0.5075)'$,

$\lambda_2=0.6795,\quad l_2=(-0.2186,-0.4911,0.8432)'$,

$\lambda_3=0.3672,\quad l_3=(0.7494,-0.6379,-0.1772)'$.

(1) 取公共因子个数 $m=1$ 时，求因子模型的主成分解，并计算误差平方和 $Q(1)$；

(2) 取公共因子个数 $m=2$ 时，求因子模型的主成分解，并计算误差平方和 $Q(2)$；

(3) 试求误差平方和 $Q(m)<0.1$ 的主成分解.

8-3　验证下列矩阵关系式(A 为 $p\times m$ 矩阵)

(1) $(I+A'D^{-1}A)^{-1}A'D^{-1}A=I-(I+A'D^{-1}A)^{-1}$；

(2) $(AA'+D)^{-1}=D^{-1}-D^{-1}A(I+A'D^{-1}A)^{-1}A'D^{-1}$；

(3) $A'(AA'+D)^{-1}=(I_m+A'D^{-1}A)^{-1}A'D^{-1}$.

提示：考虑分块矩阵 $\begin{bmatrix}D & -A\\ A' & I_m\end{bmatrix}\begin{matrix}p\\ m\end{matrix}$ 的逆.

8-4　证明公共因子个数为 m 的主成分解，其误差平方和 $Q(m)$ 满足以下不等式

$$Q(m)=\sum_{i=1}^{p}\sum_{j=1}^{p}\varepsilon_{ij}^{2}\leqslant\sum_{j=m+1}^{p}\lambda_{j}^{2},$$

其中 $E=S-(AA'+D)=(\varepsilon_{ij})$，$A,D$ 是因子模型的主成分估计.

8-5　试比较主成分分析和因子分析的相同之处与不同点.

8-6　我国山区某大型化工厂，在厂区及邻近地区挑选有代表性的 8 个大气取样点. 每日 4 次同时抽取大气样品，测定其中包含的 6 种气体的浓度，前后共 4 天，每个样品每种气体实测 16 次，并计算出每个取样点每种气体的平均浓度(数据如表 8.2). 试用因子分析和主成分方法分析处理表 8.2 的数据.

表 8.2　大气污染数据

取样点 \ 平均浓度 \ 气体名	氯 X_1	硫化氢 X_2	SO_2 X_3	C_4 X_4	环氧氯丙烷 X_5	环己烷 X_6
1	0.056	0.084	0.031	0.038	0.0081	0.0220
2	0.049	0.055	0.100	0.110	0.0220	0.0073
3	0.038	0.130	0.079	0.170	0.0580	0.0430
4	0.034	0.095	0.058	0.160	0.2000	0.0290
5	0.084	0.066	0.029	0.320	0.0120	0.0410
6	0.064	0.072	0.100	0.210	0.0280	1.3800
7	0.048	0.089	0.062	0.260	0.0380	0.0360
8	0.069	0.087	0.027	0.050	0.0890	0.0210

8-7　下表列出邓阜仙岩体的部分化学成分，试用此组数据作因子分析.

	$X_1(SiO_2)$	$X_2(TiO_2)$	$X_3(FeO)$	$X_4(CaO)$	$X_5(K_2O)$
1	75.20	0.140	1.86	0.91	5.21
2	75.15	0.160	2.11	0.74	4.93
3	72.19	0.130	1.52	0.69	4.65
4	72.35	0.130	1.37	0.83	4.87
5	72.74	0.100	1.41	0.72	4.99
6	73.29	0.033	1.07	0.17	3.15
7	73.72	0.033	0.77	0.28	2.78

8-8 在某年级 44 名学生的期末考试中，有的课程采用闭卷，有的课程采用开卷（考试成绩见表 8.3）. 试用因子分析方法分析这组数据.

表 8.3 44 名学生闭卷与开卷考试的成绩表

力学(闭) X_1	物理(闭) X_2	代数(开) X_3	分析(开) X_4	统计(开) X_5	力学(闭) X_1	物理(闭) X_2	代数(开) X_3	分析(开) X_4	统计(开) X_5
77	82	67	67	81	63	78	80	70	81
75	73	71	66	81	55	72	63	70	68
63	63	65	70	63	53	61	72	64	73
51	67	65	65	68	59	70	68	62	56
62	60	58	62	70	64	72	60	62	45
52	64	60	63	54	55	67	59	62	44
50	50	64	55	63	65	63	58	56	37
31	55	60	57	73	60	64	56	54	40
44	69	53	53	53	42	69	61	55	45
62	46	61	57	45	31	49	62	63	62
44	61	52	62	46	49	41	61	49	64
12	58	61	63	67	49	53	49	62	47
54	49	56	47	53	54	53	46	59	44
44	56	55	61	36	18	44	50	57	81
46	52	65	50	35	32	45	49	57	64
30	69	50	52	45	46	49	53	59	37
40	27	54	61	61	31	42	48	54	68
36	59	51	45	51	56	40	56	54	35
46	56	57	49	32	45	42	55	56	40
42	60	54	49	33	40	63	53	54	25
23	55	59	53	44	48	48	49	51	37
41	63	49	46	34	46	52	53	41	40

第九章　对应分析方法

§9.1　什么是对应分析方法

对应分析方法是在R型和Q型因子分析基础上发展起来的多元统计分析方法，又称为**R-Q型因子分析**.

因子分析方法是用少数几个公共因子去提取研究对象的绝大部分信息，既减少了因子的数目，又把握住了研究对象的相互关系.在因子分析中根据研究对象的不同，分为R型和Q型，如果研究变量间的相互关系时则采用R型因子分析；如果研究样品间相互关系时则采用Q型因子分析.但无论是R型或Q型都未能很好地揭示变量和样品间的双重关系.另方面当样品容量n很大(如$n>1000$)，进行Q型因子分析时，计算n阶方阵的特征值和特征向量对于微型计算机而言，其容量和速度都是难以胜任的.还有进行数据处理时，为了将数量级相差很大的变量进行比较，常常先对变量作标准化处理，然而这种标准化处理对样品就不好进行了，换言之，这种标准化处理对于变量和样品是非对等的，这给寻找R型和Q型之间的联系带来一定的困难.

针对上述问题，在20世纪70年代初，由法国统计学家Benzecri提出了对应分析方法，这个方法是在因子分析的基础上发展起来的，它对原始数据采用适当的标度方法.把R型和Q型分析结合起来，同时得到两方面的结果——在同一因子平面上对变量和样品一块进行分类，从而揭示所研究的样品和变量间的内在联系.

对应分析由R型因子分析的结果，可以很容易地得到Q型因子分析的结果，这不仅克服样品量大时作Q型因子分析所带来计算上的困难，且把R型和Q型因子分析统一起来，把样品点和变量点同时反映到相同的因子轴上，这就便于我们对研究的对象进行解释和推断.

基本思想：由于 R 型因子分析和 Q 型分析都是反映一个整体的不同侧面，因而它们之间一定存在内在的联系. 对应分析就是通过对应变换后的标准化矩阵 Z 将两者有机地结合起来.

具体地说，首先给出变量间的协方差阵 $S_R=Z'Z$ 和样品间的协方差阵 $S_Q=ZZ'$，由于 $Z'Z$ 和 ZZ' 有相同的非零特征值，记为 $\lambda_1\geqslant\lambda_2\geqslant\cdots\geqslant\lambda_m>0$，如果 S_R 的特征值 λ_i 对应的标准化特征向量为 v_i，则 S_Q 的特征值 λ_i 对应的标准化特征向量

$$u_i=\frac{1}{\sqrt{\lambda_i}}Zv_i.$$

由此可以很方便地由 R 型因子分析而得到 Q 型因子分析的结果.

由 S_R 的特征值和特征向量即可写出 R 型因子分析的因子载荷矩阵(记为 A_R)和 Q 型因子分析的因子载荷矩阵(记为 A_Q)：

$$A_R=\begin{bmatrix} v_{11}\sqrt{\lambda_1} & v_{12}\sqrt{\lambda_2} & \cdots & v_{1m}\sqrt{\lambda_m} \\ v_{21}\sqrt{\lambda_1} & v_{22}\sqrt{\lambda_2} & \cdots & v_{2m}\sqrt{\lambda_m} \\ \vdots & \vdots & & \vdots \\ v_{p1}\sqrt{\lambda_1} & v_{p2}\sqrt{\lambda_2} & \cdots & v_{pm}\sqrt{\lambda_m} \end{bmatrix}$$

$$=(\sqrt{\lambda_1}v_1,\cdots,\sqrt{\lambda_m}v_m),$$

$$A_Q=\begin{bmatrix} u_{11}\sqrt{\lambda_1} & u_{12}\sqrt{\lambda_2} & \cdots & u_{1m}\sqrt{\lambda_m} \\ u_{21}\sqrt{\lambda_1} & u_{22}\sqrt{\lambda_2} & \cdots & u_{2m}\sqrt{\lambda_m} \\ \vdots & \vdots & & \vdots \\ u_{n1}\sqrt{\lambda_1} & u_{n2}\sqrt{\lambda_2} & \cdots & u_{nm}\sqrt{\lambda_m} \end{bmatrix}$$

$$=(\sqrt{\lambda_1}u_1,\cdots,\sqrt{\lambda_m}u_m).$$

由于 S_R 和 S_Q 具有相同的非零特征值，而这些特征值又正是各个公共因子的方差，因此可以用相同的因子轴同时表示变量点和样品点，即把变量点和样品点同时反映在具有相同坐标轴的因子平面上，以便对变量点和样品点一起考虑进行分类.

§9.2 对应分析方法的原理

一、对应分析的数据变换方法

设有 n 个样品,每个样品观测 p 个指标,原始数据阵为

$$X=\begin{bmatrix} x_{11} & x_{12} & \cdots & x_{1p} \\ x_{21} & x_{22} & \cdots & x_{2p} \\ \vdots & \vdots & & \vdots \\ x_{n1} & x_{n2} & \cdots & x_{np} \end{bmatrix}.$$

为了消除量纲或数量级的差异,经常对变量进行标准化处理,如标准化变换、极差标准化变换等,这些变换对变量和样品是不对称的.这种不对称性是导致变量和样品之间关系复杂化的主要原因.在对应分析中,采用数据的变换方法即可克服这种不对称性(假设所有数据 $x_{ij}>0$,否则对所有数据同加一适当常数,便会满足以上要求).数据变换方法的具体步骤如下:

(1) 对数据阵先分别按行和列求和,再求总和:

$$\begin{array}{cccc|l} x_{11} & x_{12} & \cdots & x_{1p} & \sum_{k=1}^{p} x_{1k}=X_{1\cdot} \\ x_{21} & x_{22} & \cdots & x_{2p} & \sum_{k=1}^{p} x_{2k}=X_{2\cdot} \\ \vdots & \vdots & & \vdots & \quad\vdots \\ x_{n1} & x_{n2} & \cdots & x_{np} & \sum_{k=1}^{p} x_{nk}=X_{n\cdot} \\ \hline X_{\cdot 1} & X_{\cdot 2} & \cdots & X_{\cdot p} & \sum_{l=1}^{n}\sum_{k=1}^{p} x_{lk}=X_{\cdot\cdot} \xlongequal{\text{def}} T \end{array}$$

其中 $X_{\cdot j}=\sum_{i=1}^{n} x_{ij}\ (j=1,2,\cdots,p)$.

(2) 化数据阵 X 为规格化的"概率"矩阵 P,令

$$P=\frac{1}{T}X \xlongequal{\text{def}} (p_{ij})_{n\times p}, \tag{9.2.1}$$

其中 $p_{ij}=\frac{1}{T}x_{ij}\,(i=1,\cdots,n;j=1,\cdots,p)$. 不难看出 $0\leqslant p_{ij}\leqslant 1$，且

$$\sum_{i=1}^{n}\sum_{j=1}^{p}p_{ij}=1.$$

因而 p_{ij} 可理解为数据 x_{ij} 出现的"概率"，并称 P 为**对应阵**.

类似地可以写出对应阵 P 的行和与列和，并把 P 表示成如下一张列联表：

p_{11}	p_{12}	$\cdots$	p_{1p}	$P_{1\cdot}$
p_{21}	p_{22}	$\cdots$	p_{2p}	$P_{2\cdot}$
$\vdots$	$\vdots$		$\vdots$	$\vdots$
p_{n1}	p_{n2}	$\cdots$	p_{np}	$P_{n\cdot}$
$P_{\cdot 1}$	$P_{\cdot 2}$	$\cdots$	$P_{\cdot p}$	1

其中 $P_{\cdot j}=\sum_{i=1}^{n}p_{ij}$ 可理解为第 j 个变量的边缘概率$(j=1,\cdots,p)$；

$P_{i\cdot}=\sum_{j=1}^{p}p_{ij}$ 可理解为第 i 个样品的边缘概率$(i=1,2,\cdots,n)$.

记

$$r=\begin{bmatrix}P_{1\cdot}\\ \vdots\\ P_{n\cdot}\end{bmatrix},\quad c=\begin{bmatrix}P_{\cdot 1}\\ \vdots\\ P_{\cdot p}\end{bmatrix},$$

则

$$r=P\mathbf{1}_p,\quad c=P'\mathbf{1}_n,\qquad (9.2.2)$$

其中 $\mathbf{1}_p=(1,1,\cdots,1)'$ 为元素全为 1 的 p 维常向量.

(3) 从对应阵 P 出发计算变量的协方差阵(考虑 R 型因子分析)，我们把 P 矩阵中的 n 个行作为 p 维空间中 n 个样品点.

① 消除各样品点出现概率大小的影响，称

$$R_i'=\left(\frac{p_{i1}}{P_{i\cdot}},\frac{p_{i2}}{P_{i\cdot}},\cdots,\frac{p_{ip}}{P_{i\cdot}}\right)\quad(i=1,\cdots,n)$$

为样品 i 的形象，或 p 个变量在第 i 个样品上的分布轮廓(row profiles)，显然有

$$R_i'=\left(\frac{p_{i1}}{P_{i\cdot}},\frac{p_{i2}}{P_{i\cdot}},\cdots,\frac{p_{ip}}{P_{i\cdot}}\right)=\left(\frac{x_{i1}}{X_{i\cdot}},\frac{x_{i2}}{X_{i\cdot}},\cdots,\frac{x_{ip}}{X_{i\cdot}}\right).$$

研究样品点的相互关系一般用两个样品点的欧氏距离来表示，为消除各变量量纲不同的影响，引入第 k 个和 l 个样品间的加权平方距离公式(或称卡方距离)：

$$D^2(k,l)=\sum_{j=1}^{p}\left(\frac{p_{kj}}{P_{k.}}-\frac{p_{lj}}{P_{l.}}\right)^2\Big/P_{.j}$$

$$=\sum_{j=1}^{p}\left(\frac{p_{kj}}{P_{k.}\sqrt{P_{.j}}}-\frac{p_{lj}}{P_{l.}\sqrt{P_{.j}}}\right)^2. \qquad (9.2.3)$$

② 消除各变量量纲不同的影响，把第 i 个样品点的坐标化为

$$\left(\frac{p_{i1}}{P_{i.}\sqrt{P_{.1}}},\frac{p_{i2}}{P_{i.}\sqrt{P_{.2}}},\cdots,\frac{p_{ip}}{P_{i.}\sqrt{P_{.p}}}\right)\quad(i=1,\cdots,n).$$

③ 计算第 j 个变量(即第 j 列)的加权平均值. 以第 i 个样品点的概率 $P_{i.}$ 作为权重来计算第 j 个变量的加权平均值：

$$\sum_{i=1}^{n}\frac{p_{ij}}{P_{i.}\sqrt{P_{.j}}}\cdot P_{i.}=\sqrt{P_{.j}}\quad(j=1,2,\cdots,p).$$

④ 用加权方法计算第 i 个变量与第 j 个变量的协方差

$$a_{ij}=\sum_{\alpha=1}^{n}\left(\frac{p_{\alpha i}}{P_{\alpha.}\sqrt{P_{.i}}}-\sqrt{P_{.i}}\right)\left(\frac{p_{\alpha j}}{P_{\alpha.}\sqrt{P_{.j}}}-\sqrt{P_{.j}}\right)\cdot P_{\alpha.}$$

$$=\sum_{\alpha=1}^{n}\left(\frac{p_{\alpha i}}{\sqrt{P_{\alpha.}P_{.i}}}-\sqrt{P_{\alpha.}P_{.i}}\right)\left(\frac{p_{\alpha j}}{\sqrt{P_{\alpha.}P_{.j}}}-\sqrt{P_{\alpha.}P_{.j}}\right)$$

$$=\sum_{\alpha=1}^{n}\frac{p_{\alpha i}-P_{\alpha.}P_{.i}}{\sqrt{P_{\alpha.}P_{.i}}}\cdot\frac{p_{\alpha j}-P_{\alpha.}P_{.j}}{\sqrt{P_{\alpha.}P_{.j}}}$$

$$\stackrel{\text{def}}{=\!=}\sum_{\alpha=1}^{n}z_{\alpha i}z_{\alpha j}, \qquad (9.2.4)$$

其中

$$z_{\alpha i}=\frac{p_{\alpha i}-P_{\alpha.}P_{.i}}{\sqrt{P_{\alpha.}P_{.i}}}=\frac{x_{\alpha i}-X_{\alpha.}X_{.i}/T}{\sqrt{X_{\alpha.}X_{.i}}}.$$

令 $Z=(z_{ij})$ 为 $n\times p$ 矩阵，则变量间的协方差阵为

$$S_{\mathrm{R}}=Z'Z=(a_{ij})_{p\times p}.$$

(4) 从 P 出发计算样品间的协方差阵(考虑 Q 型因子分析). 用类似地方法可以得出 n 个样品间的协方差阵 S_Q 为

$$S_Q = ZZ' = (b_{ij})_{n\times n}.$$

(5) 进行数据的对应变换，令

$$Z = (z_{ij})_{n\times p},$$

其中

$$z_{ij} = \frac{p_{ij} - P_{i\cdot} P_{\cdot j}}{\sqrt{P_{i\cdot} P_{\cdot j}}} = \frac{x_{ij} - X_{i\cdot} X_{\cdot j}/T}{\sqrt{X_{i\cdot} X_{\cdot j}}} \quad (i = 1,\cdots,n;j = 1,\cdots,p). \tag{9.2.5}$$

公式(9.2.5)即是我们从同时研究 R 型和 Q 型因子分析的角度导出的数据对应变换公式.

如果把所研究的 p 个变量看成一个属性变量的 p 个类目;而把 n 个样品看成另一个属性变量的 n 个类目,这时原始数据阵 X 就可以看成一张由观测得到的频数表或计数表. 首先由双向频数表 X 矩阵得到对应阵 P:

$$P = (p_{ij}), \quad p_{ij} = \frac{1}{T}x_{ij} \quad (i = 1,\cdots,n;j = 1,\cdots,p).$$

设 $n>p$,且 $\mathrm{rank}(P)=p$. 下面我们从代数学角度由对应阵 P 来导出数据对应变换的公式:

(1) 对 P 中心化,令

$$\tilde{p}_{ij} = p_{ij} - P_{i\cdot}P_{\cdot j} = p_{ij} - m_{ij}/T,$$

其中 $m_{ij}=\dfrac{X_{i\cdot}X_{\cdot j}}{T}=T\cdot P_{i\cdot}P_{\cdot j}$，它是假定行与列两个属性变量不相关时在第$(i,j)$单元上的期望频数值.

记 $\tilde{P}=(\tilde{p}_{ij})_{n\times p}$. 由(9.2.2)式可得

$$\tilde{P} = P - rc', \tag{9.2.6}$$

因 $\tilde{P}\mathbf{1}_p=P\mathbf{1}_p-rc'\mathbf{1}_p=r-r=0$,所以 $\mathrm{rank}(\tilde{P})\leqslant p-1$. 令

$$D_r = \mathrm{diag}(P_{1\cdot},\cdots,P_{n\cdot}), \quad D_c = \mathrm{diag}(P_{\cdot 1},\cdots,P_{\cdot p}). \tag{9.2.7}$$

(2) 对 P 标准化得 Z,令

$$Z = D_r^{-1/2}\tilde{P}D_c^{-1/2} \xlongequal{\text{def}} (z_{ij})_{n\times p}, \tag{9.2.8}$$

其中

$$z_{ij}=\frac{p_{ij}-P_{i\cdot}P_{\cdot j}}{\sqrt{P_{i\cdot}P_{\cdot j}}}=\frac{x_{ij}-X_{i\cdot}X_{\cdot j}/T}{\sqrt{X_{i\cdot}X_{\cdot j}}}.$$

故经对应变换后所得到的新数据矩阵 Z,可以看成是由对应阵 P 经中心化和标准化后所得到的矩阵.

设用于检验行与列两个属性变量是否不相关的 χ^2 统计量为

$$\chi^2=\sum_{i=1}^{n}\sum_{j=1}^{p}\frac{(x_{ij}-m_{ij})^2}{m_{ij}}=\sum_{i=1}^{n}\sum_{j=1}^{p}\chi_{ij}^2, \tag{9.2.9}$$

其中 χ_{ij}^2 表示第(i,j)单元在检验行与列两个属性变量是否不相关时对总 χ^2 统计量的贡献(cellchi2):

$$\chi_{ij}^2=\frac{(x_{ij}-m_{ij})^2}{m_{ij}}=Tz_{ij}^2.$$

故 $\chi^2=T\sum_{i=1}^{n}\sum_{j=1}^{p}z_{ij}^2=T\,\mathrm{tr}(Z'Z)=T\,\mathrm{tr}(S_{\mathrm{R}})\xlongequal{\text{或}}T\,\mathrm{tr}(S_{\mathrm{Q}})$.

二、对应分析的原理与依据

将原始数据阵 X 变换为 Z 矩阵后,则变量点和样品点的协方差阵分别为 $S_{\mathrm{R}}=Z'Z$ 和 $S_{\mathrm{Q}}=ZZ'$. S_{R} 和 S_{Q} 这两个矩阵存在明显的简单的对应关系，而且将原始数据 x_{ij} 变换为 z_{ij} 后，z_{ij} 关于 i,j 是对等的,即 z_{ij} 对变量和样品是对等的.

为了进一步研究 R 型与 Q 型因子分析,我们利用矩阵代数的一些结论.

引理 9.2.1　设 $S_{\mathrm{R}}=Z'Z$, $S_{\mathrm{Q}}=ZZ'$,则 S_{R} 和 S_{Q} 的非零特征值相同.

引理 9.2.2　若 v 是 $Z'Z$ 相应于特征值 λ 的特征向量,则 $u=Zv$ 是 ZZ' 相应于特征值 λ 的特征向量.

定义 9.2.1 (矩阵的奇异值分解)　设 Z 为 $n\times p$ 矩阵,

$$\mathrm{rank}(Z)=m\leqslant\min(n-1,p-1),$$

$Z'Z$ 的非零特征值为 $\lambda_1\geqslant\lambda_2\geqslant\cdots\geqslant\lambda_m>0$,令 $d_i=\sqrt{\lambda_i}$ $(i=1,\cdots,m)$,则称 d_i 为 Z 的**奇异值**. 如果存在分解式:

$$Z=U\Lambda V', \tag{9.2.10}$$

其中 U 为 $n\times n$ 正交矩阵，V 为 $p\times p$ 正交矩阵，Λ 为 $n\times p$ 对角矩阵(前 m 个对角元为 $d_1,\cdots,d_m$，其余元素均为 0)，则称分解式 $Z=U\Lambda V'$ 为矩阵 Z 的**奇异值分解**.

记

$$U=(U_1 \vdots U_2),\quad V=(V_1 \vdots V_2),\quad \Lambda_m=\mathrm{diag}(d_1,\cdots,d_m),$$

其中 U_1 为 $n\times m$ 的列正交矩阵，V_1 为 $p\times m$ 的列正交矩阵，则奇异值分解式(9.2.10)等价于

$$Z=U_1\Lambda_m V_1'. \tag{9.2.11}$$

引理 9.2.3 任意非零矩阵 Z 的奇异值分解必存在.

引理 9.2.3 的证明就是具体求出矩阵 Z 的奇异值分解式(见参考文献[7]). 从证明中可以看出：列正交矩阵 V_1 的 m 个列向量分别是 $Z'Z$ 的非零特征值 $\lambda_1,\cdots,\lambda_m$ 对应的特征向量；而列正交矩阵 U_1 的 m 个列向量分别是 ZZ' 的非零特征值 $\lambda_1,\cdots,\lambda_m$ 对应的特征向量，且 $U_1=ZV_1\Lambda_m^{-1}$.

矩阵代数的这几个结论为我们建立了因子分析中 R 型与 Q 型的关系. 借助以上引理 9.2.1 和引理 9.2.2，我们从 R 型因子分析出发可以直接得到 Q 型因子分析的结果.

由于 S_R 与 S_Q 有相同的非零特征值，而这些非零特征值又表示各个公共因子所提供的方差，因此变量空间 $\mathbb{R}^p$ 中的第一公共因子、第二公共因子、…，直到第 m 个公共因子，它们与样本空间 $\mathbb{R}^n$ 中对应的各个公共因子在总方差中所占的百分比全部相同.

从几何的意义上看，即 $\mathbb{R}^p$ 中诸样品点与 $\mathbb{R}^p$ 中各因子轴的距离平方和，以及 $\mathbb{R}^n$ 中诸变量点与 $\mathbb{R}^n$ 中相对应的各因子轴的距离平方和是完全相同的. 因此可以把变量点和样品点同时反映在同一因子轴所确定的平面上（即取同一个坐标系)，根据接近程度，可以对变量点和样品点同时考虑进行分类.

三、对应分析的计算步骤

对应分析的具体计算步骤如下：

(1) 由原始数据阵 X 出发计算对应阵 P 和对应变换后的新数

据阵 Z，计算公式见(9.2.1)和(9.2.5).

(2) 计算行轮廓分布(或行形象分布)，记

$$R=\left(\frac{x_{ij}}{X_{i\cdot}}\right)_{n\times p}=\left(\frac{p_{ij}}{P_{i\cdot}}\right)_{n\times p}=D_r^{-1}P\xlongequal{\text{def}}\begin{bmatrix}R_1'\\ \vdots\\ R_n'\end{bmatrix}.$$

R 矩阵由 X 矩阵(或对应阵 P)的每一行除以行和得到，其目的在于消除行点(即样品点)出现"概率"不同的影响. 比如 i_1,i_2 行表示两篇文章(即两个样品)使用 p 种词汇(即 p 个变量，下表为 $p=6$)的频

	X_1	X_2	X_3	X_4	X_5	X_6	
i_1	80	30	25	15	60	55	$X_{i_1\cdot}=265$
i_2	160	60	50	30	120	110	$X_{i_2\cdot}=530$

数，因第 i_2 篇文章篇幅大，每种词汇出现的频数都是第 i_1 篇的两倍，此时这两个行形象应完全相同：

$$\left(\frac{80}{265},\frac{30}{265},\frac{25}{265},\frac{15}{265},\frac{60}{265},\frac{55}{265}\right)=\left(\frac{160}{530},\frac{60}{530},\frac{50}{530},\frac{30}{530},\frac{120}{530},\frac{110}{530}\right).$$

记 $N(R)=\{R_i,i=1,\cdots,n\}$，$N(R)$表示 n 个行形象组成的 p 维空间的点集，则点集 $N(R)$的重心(每个样品点以 $P_{i\cdot}$ 为权重)为

$$\sum_{i=1}^n P_{i\cdot}R_i=\sum_{i=1}^n P_{i\cdot}\begin{bmatrix}\dfrac{p_{i1}}{P_{i\cdot}}\\ \vdots\\ \dfrac{p_{ip}}{P_{i\cdot}}\end{bmatrix}=\begin{bmatrix}\sum_{i=1}^n p_{i1}\\ \vdots\\ \sum_{i=1}^n p_{ip}\end{bmatrix}=\begin{bmatrix}P_{\cdot 1}\\ \vdots\\ P_{\cdot p}\end{bmatrix}=c,$$

由(9.2.2)式可知，c 是 p 个列变量的边缘分布.

(3) 计算列轮廓分布(或列形象分布)，记

$$C=\left(\frac{x_{ij}}{X_{\cdot j}}\right)_{n\times p}=\left(\frac{p_{ij}}{P_{\cdot j}}\right)_{n\times p}=PD_c^{-1}\xlongequal{\text{def}}(C_1,\cdots,C_p).$$

C 矩阵由 X 矩阵(或对应阵 P)的每一列除以列和得到，其目的在于消除列点(即变量点)出现"概率"不同的影响.

(4) 计算总惯量和 χ^2 统计量，首先由(9.2.3)的加权平方距离公式可知，第 k 个与第 l 个样品点的 χ^2 距离为

$$D^2(k,l) = \sum_{j=1}^{p}\left(\frac{p_{kj}}{P_{k\cdot}} - \frac{p_{lj}}{P_{l\cdot}}\right)^2 \Big/ P_{\cdot j} = (R_k - R_l)' D_c^{-1}(R_k - R_l).$$

我们把 n 个样品点(即行点)到重心 c 的加权平方距离的总和定义为行形象点集 $N(R)$ 的总惯量 Q:

$$\begin{aligned} Q &= \sum_{i=1}^{n} P_{i\cdot} D^2(i,c) = \sum_{i=1}^{n} P_{i\cdot} \sum_{j=1}^{p} \frac{1}{P_{\cdot j}}\left(\frac{p_{ij}}{P_{i\cdot}} - P_{\cdot j}\right)^2 \\ &= \sum_{i=1}^{n}\sum_{j=1}^{p} \frac{P_{i\cdot}}{P_{\cdot j}} \frac{(p_{ij} - P_{i\cdot}P_{\cdot j})^2}{P_{i\cdot}^2} = \sum_{i=1}^{n}\sum_{j=1}^{p} \frac{(p_{ij} - P_{i\cdot}P_{\cdot j})^2}{P_{i\cdot}P_{\cdot j}} \\ &= \sum_{i=1}^{n}\sum_{j=1}^{p} z_{ij}^2 = \chi^2/T, \end{aligned} \tag{9.2.12}$$

其中 χ^2 统计量是检验行点和列点是否互不相关的检验统计量, χ^2 的计算公式见(9.2.9).

(5) 对标准化后的新数据阵 Z 作奇异值分解,由(9.2.11)式知:

$$Z = U_1 \Lambda_m V_1', \quad m = \operatorname{rank}(Z) \leqslant \min(n-1, p-1),$$

其中

$$\Lambda_m = \operatorname{diag}(d_1, \cdots, d_m), \quad V_1'V_1 = I_m, \quad U_1'U_1 = I_m$$

(即 V_1, U_1 分别为 $p\times m$ 和 $n\times m$ 列正交矩阵). 求 Z 的奇异值分解式其实是通过求 $S_R = Z'Z$ 矩阵的特征值和标准化特征向量来得到. 设特征值为 $\lambda_1 \geqslant \lambda_2 \geqslant \cdots \geqslant \lambda_m > 0$,相应标准化特征向量为 $v_1, v_2, \cdots, v_m$. 在实际应用中常按累计贡献率

$$\frac{\lambda_1 + \lambda_2 + \cdots + \lambda_l}{\lambda_1 + \cdots + \lambda_l + \cdots + \lambda_m} \geqslant 0.80 \quad (\text{或 } 0.70, \text{或 } 0.85)$$

确定所取公共因子个数 $l(l\leqslant m)$, Z 的奇异值 $d_j = \sqrt{\lambda_j}$ $(j=1,\cdots, m)$. 以下我们仍用 m 表示选定的因子个数.

(6) 计算行轮廓的坐标 G 和列轮廓的坐标 F. 令

$$a_i = D_c^{-1/2} v_i,$$

则 $a_i' D_c a_i = 1$ $(i=1,\cdots,m)$. R 型因子分析的"因子载荷矩阵"(或列轮廓坐标)为

$$F = (d_1 a_1, d_2 a_2, \cdots, d_m a_m) = D_c^{-1/2} V_1 \Lambda_m$$

$$=\begin{bmatrix} \frac{d_1}{\sqrt{P_{\cdot 1}}}v_{11} & \frac{d_2}{\sqrt{P_{\cdot 1}}}v_{12} & \cdots & \frac{d_m}{\sqrt{P_{\cdot 1}}}v_{1m} \\ \frac{d_1}{\sqrt{P_{\cdot 2}}}v_{21} & \frac{d_2}{\sqrt{P_{\cdot 2}}}v_{22} & \cdots & \frac{d_m}{\sqrt{P_{\cdot 2}}}v_{2m} \\ \vdots & \vdots & & \vdots \\ \frac{d_1}{\sqrt{P_{\cdot p}}}v_{p1} & \frac{d_2}{\sqrt{P_{\cdot p}}}v_{p2} & \cdots & \frac{d_m}{\sqrt{P_{\cdot p}}}v_{pm} \end{bmatrix},$$

其中 $D_c^{-1/2}$ 为 p 阶矩阵，V_1为 $p\times m$ 矩阵.

令 $b_i=D_r^{-1/2}u_i$，则 $b_i'D_rb_i=1$ $(i=1,\cdots,m)$. Q 型因子分析的"因子载荷矩阵"(或行轮廓坐标)为

$$G=(d_1b_1,d_2b_2,\cdots,d_mb_m)=D_r^{-1/2}U_1\Lambda_m$$

$$=\begin{bmatrix} \frac{d_1}{\sqrt{P_{1\cdot}}}u_{11} & \frac{d_2}{\sqrt{P_{1\cdot}}}u_{12} & \cdots & \frac{d_m}{\sqrt{P_{1\cdot}}}u_{1m} \\ \frac{d_1}{\sqrt{P_{2\cdot}}}u_{21} & \frac{d_2}{\sqrt{P_{2\cdot}}}u_{22} & \cdots & \frac{d_m}{\sqrt{P_{2\cdot}}}u_{2m} \\ \vdots & \vdots & & \vdots \\ \frac{d_1}{\sqrt{P_{n\cdot}}}u_{n1} & \frac{d_2}{\sqrt{P_{n\cdot}}}u_{n2} & \cdots & \frac{d_m}{\sqrt{P_{n\cdot}}}u_{nm} \end{bmatrix},$$

其中 $D_r^{-1/2}$ 为 n 阶矩阵，U_1为 $n\times m$ 矩阵. 我们常把 a_i 或 b_i $(i=1,\cdots,m)$称为加权意义下有单位长度的特征向量.

注意　行轮廓的坐标 G 和列轮廓的坐标 F 的定义与 Q 型和 R 型因子载荷矩阵稍有差别. 关于行和列坐标的定义在 SAS/STAT 软件的 CORRESP 过程中给出几种不同的定义供使用者选择，以上给出的是最常用的行和列坐标的定义. G 的前两列包含了数据最优二维表示中的各对行点(样品点)的坐标，而 F 的前两列则包含了数据最优二维表示中的各对列点(变量点)的坐标.

(7) 在相同二维平面上用行轮廓的坐标 G 和列轮廓的坐标 F (取 $m=2$)绘制出点的平面图. 也就是把 n 个行点(样品点)和 p 个列点(变量点)在同一个平面坐标系中点图，对一组行点或一组列点，二维图中的欧氏距离与原始数据中各行(或列)轮廓之间的加权距离是

相对应的. 但请注意,对应行轮廓的点与对应列轮廓的点之间没有直接的距离关系.

(8) 求总惯量 Q 和 χ^2 统计量的分解式. 由(9.2.12)和(9.2.9)式可知

$$Q=\sum_{i=1}^{n}\sum_{j=1}^{p}z_{ij}^2=\operatorname{tr}(Z'Z)=\sum_{i=1}^{m}\lambda_i=\sum_{i=1}^{m}d_i^2, \quad (9.2.13)$$

其中 λ_i $(i=1,\cdots,m)$是 $Z'Z$ 的特征值, $d_i=\sqrt{\lambda_i}$ $(i=1,\cdots,m)$是 Z 的奇异值. (9.2.13)式就给出 Q 的分解式,第 i 个因子$(i=1,\cdots,m)$轴末端的惯量 $Q_i=d_i^2$. 相应的

$$\chi^2=TQ=T\sum_{i=1}^{m}d_i^2 \quad (9.2.14)$$

给出总 χ^2 统计量的分解式.

(9) 对样品点和变量点进行分类,并结合专业知识进行成因解释.

§9.3 应用例子

在有些多元统计分析的教科书或文献上,介绍对应分析方法时分析处理的数据是二维频数表(或称双向列联表). SAS/STAT 软件中的 CORRESP(对应分析)过程就是讨论二维频数表中行和列之间各种联系的低维图表示法. 该过程可进行简单的和多重的对应分析. 分析处理的数据可以是双向列联表,或者是两个或多个属性变量的原始类目响应数据.

对应分析是列联表的一类加权主成分分析,它用于寻求列联表的行和列之间联系的低维图形表示法. 每一行或每一列用单元频数确定的欧氏空间中的一个点表示.

例 9.3.1 表 9.1 中的数据是美国在 1973 到 1978 年间授予哲学博士学位的数目(美国人口调查局,1979). 试用对应分析方法分析该组数据(摘自参考文献[19]).

表 9.1　美国于 1973 到 1978 年间授予哲学博士学位的数目

学科＼年	1973	1974	1975	1976	1977	1978
L(生命科学)	4489	4303	4402	4350	4266	4361
P(物理学)	4101	3800	3749	3572	3410	3234
S(社会学)	3354	3286	3344	3278	3137	3008
B(行为科学)	2444	2587	2749	2878	2960	3049
E(工程学)	3338	3144	2959	2791	2641	2432
M(数学)	1222	1196	1149	1003	959	959

解　如果把年度和学科作为两个属性变量,年度考虑 1973 至 1978 年这 6 年的情况(6 个类目),学科也考虑 6 种学科,那么表 9.1 就是一张两个属性变量的列联表. 这张列联表也可以从所调查的 107904 个学生的原始数据得到.

使用 SAS/STAT 软件中 CORRESP 过程对表 9.1 的数据进行对应分析,可得出行形象(或称行剖面)、惯量(inertia)和 χ^2(Chi-Square,有时中文用"卡方")分解,以及行和列的坐标等.

输出结果见输出 9.3.1 至输出 9.3.5. 输出 9.3.1 给出行轮廓分布(或行形象)就是列联表的每一行除以该行的行总和得到的. 比如 L(生命科学)这一行在"1973"这一列的行形象分量值为

$$0.171526=4489/26171 \quad (\text{其中 } 26171=4489+4303+\cdots+4361).$$

输出 9.3.2 给出的总 χ^2 统计量等于 383.856,该值在这个中心化后的列联表($\widetilde{P}$)的全部 5 维中是行和列之间相关性的度量,它的最大的维数 5(或坐标轴)是行数和列数的最小值减 1. 在总 χ^2 或总惯量的 96%以上可用第一维说明,也就是说,行和列的类目之间的联系实质上可用一维表示.

输出 9.3.1　行轮廓分布阵 R

Row Profiles

	1973	1974	1975	1976	1977	1978
L(生命科学)	0.171526	0.164419	0.168201	0.166215	0.163005	0.166635
P(物理学)	0.187551	0.173786	0.171453	0.163359	0.155950	0.147901
S(社会学)	0.172824	0.169320	0.172309	0.168908	0.161643	0.154996
B(行为科学)	0.146637	0.155217	0.164937	0.172677	0.177596	0.182936
E(工程学)	0.192892	0.181682	0.170991	0.161283	0.152615	0.140537
M(数学)	0.188348	0.184340	0.177096	0.154593	0.147811	0.147811

输出 9.3.2 惯量和 χ^2(卡方)分解

Inertia and Chi-Square Decomposition

Singular Value	Principal Inertia	Chi-Square	Percent	Cumulative Percent	19 38 57 76 95 ----+----+----+----+----+---
0.05845	0.00342	368.653	96.04	96.04	*************************
0.00861	0.00007	7.995	2.08	98.12	*
0.00694	0.00005	5.197	1.35	99.48	
0.00414	0.00002	1.852	0.48	99.96	
0.00122	0.00000	0.160	0.04	100.00	
Total	0.00356	383.856	100.00		

Degrees of Freedom = 25

总 χ^2 统计量就是检验两个属性变量是否互不相关时的检验统计量. 行(或列)形象点集间的总惯量 Q 定义为行点 R_i $(i=1,\cdots,n)$ 到重心 c 的 χ^2 距离的加权和. 设 $A=Z'Z$ 的特征值为

$$\lambda_1 \geqslant \lambda_2 \geqslant \cdots \geqslant \lambda_m > 0,$$

则

$$Q = \sum_{i=1}^{n}\sum_{j=1}^{p} z_{ij}^2 = \operatorname{tr}(A) = \sum_{i=1}^{m}\lambda_i, \quad \chi^2 = T\sum_{i=1}^{m}\lambda_i.$$

故总惯量 Q 和总 χ^2 统计量在输出结果中也给出分解的形式. 由输出 9.3.2 可看出,总 χ^2 或总惯量的 96%以上可用第一维说明,它表示行点和列点之间的关系用一维表示就足够了.

由输出 9.3.3 可以看出,第一维(Dim1)显示 6 门学科(样品)授予博士学位数目的变化方向;同时也可看出：在第一维中坐标最大的样品点(0.110006)所对应的学科是“行为科学”,该学科授予博士学位的数目是随年度的变化而上升的(见输出 9.3.1);“生命科学”和“社会学”变化不大;而另外三个学科授予博士学位的数目是随年度的变化而下降的.

输出 9.3.3 行坐标

Row Coordinates

	Dim1	Dim2
L(生命科学)	0.025813	0.008097
P(物理学)	-.041273	-.002420
S(社会学)	0.001352	-.011413
B(行为科学)	0.110006	-.001299
E(工程学)	-.070379	-.003671
M(数学)	-.063942	0.022762

输出 9.3.4　列坐标

Column Coordinates

	Dim1	Dim2
1973	-.084027	0.003252
1974	-.050893	0.002939
1975	-.014823	0.000793
1976	0.024241	-.012926
1977	0.051249	-.008190
1978	0.086413	0.014276

由输出 9.3.4 可以看出，第一维显示出 6 个年度（变量）授予博士学位的数目随年份的增加而递增的变化方向.

输出 9.3.5 给出行、列坐标的散布图. 该图上的单个数字，如 3，4，…，8 是用年份减去 1970 而得到的，它们是表示各年度的列点；该图上的字符，如 L，P，…，M 表示各学科，它们是用行标签（学科）的第一个字符作为行点的符号. 由该散布图可以看出，表示从 1973 至 1978 年这些年的 3，4，…，8 在第一坐标轴（纵轴）方向上是按顺序排成一排，不过这并不是这次分析所要求的.

输出 9.3.5　行点和列点的散布图

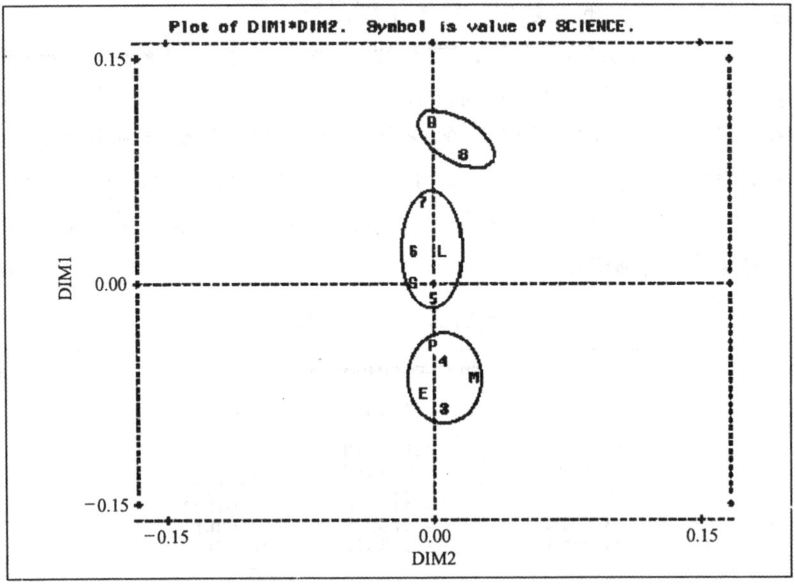

从该散布图又可看出,由表示学科的行点沿纵轴——第一维方向上的排列显示出,随年度变化授予的博士学位数目从最大(如表示“行为学科”的B)减少到最小(如表示“工程学”的E)的学科排列次序.这幅图给出了授予的博士学位数目依赖于学科变化的变化率.行轮廓分布表(见输出9.3.1)支持这些解释.

结合输出9.3.1给出的行轮廓分布,由输出9.3.5可看出,6个行点和6个列点可以分为三类:第一类包括“行为学科(B)”,它在1978年授予的博士学位数目的比例最大;第二类包括“社会学(S)”和“生命科学(L)”,它们在1975至1977年授予的博士学位数目的比例都是随年度下降;第三类包括“物理学(P)”、“工程学(E)”和“数学(M)”,它们在1973和1974年这两年授予的博士学位数目的比例最大.

例9.3.2 试用对应分析研究我国部分省份的农村居民家庭人均消费支出结构.选取7个变量:A为食品支出比重,B为衣着支出比重,C为居住支出比重,D为家庭设备及服务支出比重,E为医疗保健支出比重,F为交通和通讯支出比重,G为文教娱乐、日用品及服务支出比重.考察的地区(即样品)有10个:山西、内蒙古、吉林、辽宁、黑龙江、海南、四川、贵州、甘肃、青海(原始数据见表9.2).

表9.2 中国10个省份农村居民家庭人均消费支出数据

地区	A	B	C	D	E	F	G
1 山 西	0.583910	0.111480	0.092473	0.050073	0.038193	0.018803	0.079946
2 内蒙古	0.581218	0.081315	0.112380	0.042396	0.043280	0.040004	0.083339
3 辽 宁	0.565036	0.100121	0.123970	0.041121	0.043429	0.031328	0.078919
4 吉 林	0.530918	0.105360	0.116952	0.045064	0.043735	0.038508	0.095256
5 黑龙江	0.555201	0.096500	0.143498	0.037566	0.052111	0.026267	0.072829
6 海 南	0.654952	0.047852	0.095238	0.047945	0.022134	0.018519	0.096844
7 四 川	0.640012	0.061680	0.116677	0.048471	0.033529	0.017439	0.072043
8 贵 州	0.725239	0.056362	0.073262	0.044388	0.016366	0.015720	0.057261
9 甘 肃	0.678630	0.058043	0.088316	0.038100	0.039794	0.015167	0.067999
0 青 海	0.665913	0.088508	0.096899	0.038191	0.039275	0.019243	0.033801

解 表9.2给出的数据是一般的$n\times p$原始数据阵,显然不是列联表,但我们要使用SAS/STAT软件提供的CORRESP过程进

行对应分析计算. 数据表中列变量(A,B,C,D,E,F,G)是消费支出的几个指标,可以理解为属性变量“消费支出”的几个水平(或类目). 数据表中的样品(行变量)是几个不同的地区,可理解为属性变量“地区”的几个不同水平(或类目). 数据表 9.2 可以理解为双向频率表,使用 CORRESP 过程进行对应分析计算.

把 7 个变量用字母 A,B,C,D,E,F,G 表示的目的是为下面作散布图时可用这几个字母来表示不同的变量.

输出 9.3.6 和输出 9.3.7 只给出最主要的结果.

输出 9.3.6　惯量和 χ^2 分解

Inertia and Chi-Square Decomposition

Singular Value	Principal Inertia	Chi-Square	Percent	Cumulative Percent	13　26　39　52　65
0.13161	0.01732	0.17031	65.59	65.59	**************************
0.06968	0.00486	0.04774	18.39	83.98	*******
0.04817	0.00232	0.02281	8.79	92.77	***
0.03582	0.00128	0.01261	4.86	97.63	**
0.02294	0.00053	0.00517	1.99	99.62	*
0.01002	0.00010	0.00099	0.38	100.00	
Total	0.02641	0.25963	100.00		

Degrees of Freedom = 54

输出 9.3.7　行点和列点的散布图

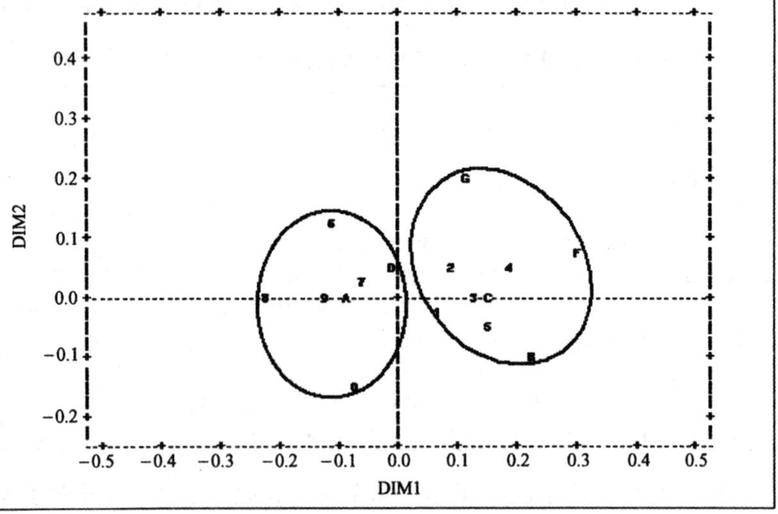

输出 9.3.6 给出惯量和 χ^2 统计量的分解，总 $\chi^2=0.25963$，总惯量$=0.02641$，总 χ^2 或总惯量的 83.98%（=65.59%+18.39%）可用前二维即可说明，它表示行点和列点之间的关系用二维表示就足够了.

在输出 9.3.7 中，给出 10 个样品点（用 1,2,…,9,0 表示）和 7 个变量点（用 A,B,…,G 表示）在相同坐标系上绘制的散布图. 从图中可以看出，样品点和变量点可以分为两类：第一类包括变量点 B，C,E,F,G 和样品点 1,2,3,4,5；第二类包括变量点 A,D 和样品点 6,7,8,9,10.

在第一类中，变量为衣着(B)，居住(C)，医疗保健(E)，交通和通讯(F)，文教娱乐、日用品及服务(G)的支出分别占总支出的比重；地区有：山西(1)，内蒙古(2)，辽宁(3)，吉林(4)，黑龙江(5)，它们位于我国的东部和北部地区，说明这 5 个地区的消费支出结构相似. 在第二类中，变量为食品(A)，家庭设备及服务(D)的支出分别占总支出的比重；地区有：海南(6)，四川(7)，贵州(8)，甘肃(9)，青海(0)，它们位于我国的南部和西部地区，说明这 5 个地区的消费支出结构相似.

习 题 九

9-1 我国山区某大型化工厂，在厂区及邻近地区挑选有代表性的 8 个大气取样点. 每日四次同时抽取大气样品，测定其中包含的 6 种气体的浓度，前后共四天，每个取样点每种气体实测 16 次，计算每个取样点每种气体的平均浓度，数据见第八章表 8.2.

(1) 试用对应分析方法对取样点及大气污染气体进行分类.

(2) 用 R 型因子分析方法（参数估计方法用主成分法）分析该组数据；并与(1)的结果比较之；

(3) 用 Q 因子分析方法分析该组数据；与(1)，(2)的结果比较之.

9-2 第六章表 6.7 是我国 16 个地区农民 1982 年支出情况的

抽样调查的汇总资料，每个地区都调查了反映每人平均生活消费支出情况的 6 个指标.

(1) 试用对应分析方法对所考察的 6 项指标和 16 个地区进行分类.

(2) 用 R 型因子分析方法(参数估计方法用主成分法)分析该组数据；并与(1)的结果比较之；

(3) 用聚类分析方法分析该组数据；与(1)，(2)的结果比较之.

9-3 试证明对应分析中行点坐标矩阵 G 和列点坐标矩阵 F 之间有以下关系：

$$G = D_r^{-1}\widetilde{P}F\Lambda_m^{-1}, \quad F = D_c^{-1}\widetilde{P}'G\Lambda_m^{-1}.$$

第十章　典型相关分析

典型相关分析是研究两组变量之间相关关系的一种统计方法.

在实际问题中,经常遇到要研究一部分变量和另一部分变量之间的相关关系.例如:在工厂里,考察原料的主要质量指标($X_1,\cdots,X_p$)与产品的主要质量指标($Y_1,\cdots,Y_q$)间的相关性;在经济学中,研究主要肉食品的价格与销售量之间的相关性;在地质学中,为研究岩石形成的成因关系,考察岩石的化学成分与其周围围岩化学成分的相关性;在气象学中为可靠地分析预报24小时后的天气,研究当天和前一天气象因子间的相关关系;在教育学中,研究学生在高考的各科成绩与高二年级各主科成绩间的相关关系;在婚姻的研究中,考察小伙子对追求姑娘的主要指标与姑娘向往的小伙子的主要尺度之间的相关关系等等.

一般地,假设有一组变量 $X_1,\cdots,X_p$ 与另一组变量 $Y_1,\cdots,Y_q$,我们要研究这两组变量的相关关系,如何给两组变量之间的相关性以数量的描述?

当 $p=q=1$ 时,就是研究两个变量 X 与 Y 之间的相关关系.相关系数是最常见的度量,其定义为

$$\rho_{XY}=\frac{\mathrm{Cov}(X,Y)}{\sqrt{\mathrm{Var}(X)}\sqrt{\mathrm{Var}(Y)}}.$$

当 $p\geqslant 1,q=1$(或 $q\geqslant 1,p=1$)时, p 维随机向量 $X=(X_1,X_2,\cdots,X_p)'$,设 $\begin{bmatrix}X\\Y\end{bmatrix}\sim N_{p+1}(\mu,\Sigma)$, $\Sigma=\begin{bmatrix}\Sigma_{XX} & \Sigma_{XY}\\ \Sigma_{YX} & \sigma_{YY}\end{bmatrix}$,则称

$$R=\sqrt{\frac{\Sigma_{YX}\Sigma_{XX}^{-1}\Sigma_{XY}}{\sigma_{YY}}}$$

为 Y 与 $X_1,X_2,\cdots,X_p$ 的**全相关系数**,全相关系数用于度量一个随机变量 Y 与一组随机变量 $X_1,X_2,\cdots,X_p$ 的相关关系.

当 $p,q>1$ 时,利用主成分分析的思想,可以把多个变量与多个变量之间的相关化为两个新的综合变量之间的相关.也就是求 $\alpha=(\alpha_1,\cdots,\alpha_p)'$ 和 $\beta=(\beta_1,\cdots,\beta_q)'$,使得新的综合变量

$$V=\alpha_1X_1+\alpha_2X_2+\cdots+\alpha_pX_p=\alpha'X,$$

和
$$W=\beta_1Y_1+\beta_2Y_2+\cdots+\beta_qY_q=\beta'Y$$

之间有最大可能的相关,基于这个思想就产生了典型相关分析(Canonical correlatinal analysis).这就是本章将介绍的典型相关分析和典型冗余分析,它们是偏最小二乘回归(第十一章)的基础.

§10.1　总体典型相关

一、典型相关和典型相关变量的定义

设 $X=(X_1,\cdots,X_p)'$ 及 $Y=(Y_1,\cdots,Y_q)'$ 为随机向量,我们用 X 和 Y 的线性组合 $\alpha'X$ 和 $\beta'Y$ 之间的相关性来研究两组随机变量 X 和 Y 之间的相关性.我们希望找到 α 和 β,使 $\rho(\alpha'X,\beta'Y)$ 最大.由相关系数的定义

$$\rho(\alpha'X,\beta'Y)=\frac{\mathrm{Cov}(\alpha'X,\beta'Y)}{\sqrt{\mathrm{Var}(\alpha'X)}\sqrt{\mathrm{Var}(\beta'Y)}},$$

易得出对任意常数 e,f,c 和 d,均有

$$\rho[e(\alpha'X)+f,c(\beta'Y)+d]=\rho(\alpha'X,\beta'Y).$$

这说明使得相关系数最大的 $\alpha'X$ 和 $\beta'Y$ 并不唯一.故求综合变量时常限定 $\mathrm{Var}(\alpha'X)=1$, $\mathrm{Var}(\beta'Y)=1$.于是有以下定义.

定义 10.1.1　设 $X=(X_1,\cdots,X_p)'$, $Y=(Y_1,\cdots,Y_q)'$, $p+q$ 维随机向量 $\begin{bmatrix}X\\Y\end{bmatrix}$ 的均值向量为 0,协方差阵 $\Sigma>0$ (不妨设 $p\leqslant q$).如果存在 $a_1=(a_{11},\cdots,a_{p1})'$ 和 $b_1=(b_{11},\cdots,b_{q1})'$,使得

$$\rho(a_1'X,b_1'Y)=\max_{\mathrm{Var}(\alpha'X)=1,\ \mathrm{Var}(\beta'Y)=1}\rho(\alpha'X,\beta'Y),$$

则称 $a_1'X$, $b_1'Y$ 是 X,Y 的**第一对(组)典型相关变量**,它们之间的相关系数称为**第一个典型相关系数**;如果存在 $a_k=(a_{1k},\cdots,a_{pk})'$ 和 $b_k=(b_{1k},\cdots,b_{qk})'$,使得

(1) $a_k'X, b_k'Y$ 和前面 $k-1$ 对典型相关变量都不相关；

(2) $\mathrm{Var}(a_k'X)=1$，$\mathrm{Var}(b_k'Y)=1$；

(3) $a_k'X$ 与 $b_k'Y$ 的相关系数最大，

则称 $a_k'X$，$b_k'Y$ 是 X,Y 的**第 k 对(组)典型相关变量**，它们之间的相关系数称为**第 k 个典型相关系数** ($k=2,\cdots,p$).

二、典型相关变量的解法

设随机向量

$$Z=\begin{bmatrix}X\\Y\end{bmatrix},$$

其中 $X=(X_1,\cdots,X_p)'$，$Y=(Y_1,\cdots,Y_q)'$(不妨设 $p\leqslant q$)；$\mathrm{E}(Z)=0$；以及 $\mathrm{D}(Z)=\Sigma=\begin{bmatrix}\Sigma_{11} & \Sigma_{12}\\ \Sigma_{21} & \Sigma_{22}\end{bmatrix}>0.$

1. 第一对典型相关变量的求法

令 $V=\alpha'X, W=\beta'Y$，则 V,W 的相关系数

$$\rho(V,W)=\frac{\alpha'\Sigma_{12}\beta}{\sqrt{\alpha'\Sigma_{11}\alpha}\sqrt{\beta'\Sigma_{22}\beta}}.$$

求第一对典型相关变量就等价于求 $\alpha=(\alpha_1,\alpha_2,\cdots,\alpha_p)'$ 和 $\beta=(\beta_1,\beta_2,\cdots,\beta_q)'$，使得在条件 $\mathrm{Var}(\alpha'X)=1$ 和 $\mathrm{Var}(\beta'Y)=1$ 下，

$$\rho(\alpha'X,\beta'Y)=\alpha'\Sigma_{12}\beta$$

达到最大.这是条件极值问题，用拉格朗日乘子法，令

$$\varphi(\alpha,\beta)=\alpha'\Sigma_{12}\beta-\frac{\lambda_1}{2}(\alpha'\Sigma_{11}\alpha-1)-\frac{\lambda_2}{2}(\beta'\Sigma_{22}\beta-1),$$

其中 λ_1,λ_2 为拉格朗日乘子.为求 φ 的极大值.对上式分别关于 α,β 求偏导，并令其为零，得

$$\begin{cases}\dfrac{\partial\varphi}{\partial\alpha}=\Sigma_{12}\beta-\lambda_1\Sigma_{11}\alpha=0,\\[2ex] \dfrac{\partial\varphi}{\partial\beta}=\Sigma_{21}\alpha-\lambda_2\Sigma_{22}\beta=0;\end{cases}\qquad(10.1.1)$$

再分别用 α',β' 左乘方程(10.1.1)，得

$$\lambda_1 = \lambda_2 = \alpha' \Sigma_{12} \beta = \rho(V, W) \xlongequal{\text{def}} \lambda,$$

则方程组(10.1.1)等价于

$$\begin{cases} -\lambda \Sigma_{11} \alpha + \Sigma_{12} \beta = 0, \\ \Sigma_{21} \alpha - \lambda \Sigma_{22} \beta = 0. \end{cases} \tag{10.1.2}$$

方程组(10.1.2)有非零解的充要条件是

$$\begin{vmatrix} -\lambda \Sigma_{11} & \Sigma_{12} \\ \Sigma_{21} & -\lambda \Sigma_{22} \end{vmatrix} = 0, \tag{10.1.3}$$

该方程左端是 λ 的 $p+q$ 次多项式.求解 λ 的高次方程(10.1.3),把求得的最大的 λ 代回方程组(10.1.2),再求得 α 和 β,从而得出第一对典型相关变量.

具体计算时,因 λ 的高次方程(10.1.3)不易解;将其代入方程组(10.1.2)后还需求解$(p+q)$阶方程组.为了计算上的简便,常作以下变换:

用 $\Sigma_{12}\Sigma_{22}^{-1}$左乘方程组(10.1.2)的第二式,并把

$$\Sigma_{12}\beta = \frac{1}{\lambda} \Sigma_{12} \Sigma_{22}^{-1} \Sigma_{21} \alpha$$

代入方程组(10.1.2)的第一式得:

$$\Sigma_{12} \Sigma_{22}^{-1} \Sigma_{21} \alpha - \lambda^2 \Sigma_{11} \alpha = 0;$$

再用 Σ_{11}^{-1}左乘上式得:

$$(\Sigma_{11}^{-1} \Sigma_{12} \Sigma_{22}^{-1} \Sigma_{21} - \lambda^2 I_p) \alpha = 0,$$

然后由 p 阶特征方程求解 λ 和 α.类似地,可通过求解 q 阶特征方程

$$(\Sigma_{22}^{-1} \Sigma_{21} \Sigma_{11}^{-1} \Sigma_{12} - \lambda^2 I_q) \beta = 0$$

来得到 λ 和 β.故求解方程(10.1.3)等价于求解方程组(10.1.4):

$$\begin{cases} |\Sigma_{11}^{-1} \Sigma_{12} \Sigma_{22}^{-1} \Sigma_{21} - \lambda^2 I_p| = 0, \\ |\Sigma_{22}^{-1} \Sigma_{21} \Sigma_{11}^{-1} \Sigma_{12} - \lambda^2 I_q| = 0. \end{cases} \tag{10.1.4}$$

由于 $\Sigma_{11}>0$, $\Sigma_{22}>0$,故 $\Sigma_{11}^{-1}>0$, $\Sigma_{22}^{-1}>0$,所以有

$$\begin{aligned} M_1 &= \Sigma_{11}^{-1} \Sigma_{12} \Sigma_{22}^{-1} \Sigma_{21} \\ &= \Sigma_{11}^{-1/2} (\Sigma_{11}^{-1/2} \Sigma_{12} \Sigma_{22}^{-1/2} \Sigma_{22}^{-1/2} \Sigma_{21}) \xlongequal{\text{def}} AB, \end{aligned}$$

其中 $$A = \Sigma_{11}^{-1/2}, \quad B = \Sigma_{11}^{-1/2} \Sigma_{12} \Sigma_{22}^{-1/2} \Sigma_{22}^{-1/2} \Sigma_{21}.$$

但 AB 与 $BA=(\Sigma_{11}^{-1/2}\Sigma_{12}\Sigma_{22}^{-1/2}\Sigma_{22}^{-1/2}\Sigma_{21})\cdot\Sigma_{11}^{-1/2}$有相同的非零特征值,如果记

$$T=\Sigma_{11}^{-1/2}\Sigma_{12}\Sigma_{22}^{-1/2},$$

则 $BA=TT'$,故 M_1 与 TT'有相同的非零特征值.类似地

$$M_2=\Sigma_{22}^{-1}\Sigma_{21}\Sigma_{11}^{-1}\Sigma_{12}$$

与 $T'T$ 有相同的非零特征值.

由以上分析可知,M_1 与 M_2 有相同的非零特征值,且非零特征值的个数至多为 p 个(因 $p\leqslant q$).

设$|TT'-\lambda^2 I_p|=0$ 的 p 个特征值依次为 $\lambda_1^2\geqslant\lambda_2^2\geqslant\cdots\geqslant\lambda_p^2>0$,则 $T'T$ 的 q 个特征值中,除以上 p 个外,其余 $q-p$ 个皆为 0. 故方程(10.1.3)的 $p+q$ 个根依次为 $\lambda_1\geqslant\lambda_2\geqslant\cdots\geqslant\lambda_p>0=\cdots=0>-\lambda_p\geqslant\cdots\geqslant-\lambda_2\geqslant-\lambda_1$($\lambda_i$ 是 λ_i^2 的正平方根,$i=1,\cdots,p$).取其中最大的 λ_1 代入方程组(10.1.2),即可求得 $\alpha=a_1$,$\beta=b_1$(设 a_1,b_1 满足 $a_1'\Sigma_{11}a_1=1$,$b_1'\Sigma_{22}b_1=1$).令 $V_1=a_1'X$,$W_1=b_1'Y$,则 V_1,W_1 为第一对典型相关变量;而 $\rho(V_1,W_1)=a_1'\Sigma_{12}b_1=\lambda_1$ 为第一个典型相关系数.

其实可以证明,a_1 是 TT'的特征值 λ_1^2 对应的满足 $a_1'\Sigma_{11}a_1=1$ 的特征向量;b_1 是 $T'T$ 的特征值 λ_1^2 对应的满足 $b_1'\Sigma_{22}b_1=1$ 的特征向量.故求第一对典型相关变量及典型相关系数的问题,就等价于求解 TT'的最大特征值及相应的特征向量.

2. 典型相关变量的一般求法

从第一对典型相关变量的解法中,我们知道求第一对典型相关变量和第一个典型相关系数的问题,就是求解 TT'的最大特征值和相应的特征向量.不仅如此,求解第 k 对典型相关变量和典型相关系数,类似地也是求 TT'的第 k 大特征值和相应的特征向量.

定理 10.1.1 设 $Z=\begin{bmatrix}X\\Y\end{bmatrix}$,其中 $X=(X_1,\cdots,X_p)'$为 p 维随机向量,$Y=(Y_1,\cdots,Y_q)'$为 q 维随机向量(不妨设 $p\leqslant q$).已知

$$\mathrm{E}(Z)=0,\quad \mathrm{D}(Z)=\Sigma=\begin{bmatrix}\Sigma_{11} & \Sigma_{12}\\ \Sigma_{21} & \Sigma_{22}\end{bmatrix}>0.$$

记 $T=\Sigma_{11}^{-1/2}\Sigma_{12}\Sigma_{22}^{-1/2}$,并设 p 阶方阵 TT'的特征值依次为 $\lambda_1^2\geqslant\lambda_2^2\geqslant\cdots$

$\geqslant\lambda_p^2>0$ ($\lambda_i>0$, $i=1,\cdots,p$)；而 $l_1,l_2,\cdots,l_p$ 为相应的单位正交特征向量. 令

$$a_k=\Sigma_{11}^{-1/2}l_k,\quad b_k=\lambda_k^{-1}\Sigma_{22}^{-1}\Sigma_{21}a_k\quad(k=1,2,\cdots,p).$$

则 $V_k=a_k'X$, $W_k=b_k'Y$ 为 X,Y 的第 k 对典型相关变量，λ_k 为第 k 个典型相关系数.

证明　当 $k=1$ 时,取

$$a_1=\Sigma_{11}^{-1/2}l_1,\quad b_1=\lambda_1^{-1}\Sigma_{22}^{-1}\Sigma_{21}a_1,$$

其中 l_1 是 TT' 的最大特征值 λ_1^2 所对应的单位长度特征向量. 下面来证明：

$$\rho(a_1'X,b_1'Y)=a_1'\Sigma_{12}b_1=\max_{\mathrm{Var}(\alpha'X)=1,\mathrm{Var}(\beta'Y)=1}\rho(\alpha'X,\beta'Y).$$

任给满足约束条件 $\alpha'\Sigma_{11}\alpha=1$ 和 $\beta'\Sigma_{22}\beta=1$ 的 p 维向量 α 和 q 维向量 β, 则 $\alpha'X$ 和 $\beta'Y$ 的相关系数为

$$\begin{aligned}\rho(\alpha'X,\beta'Y)&=\alpha'\Sigma_{12}\beta=\beta'\Sigma_{21}\alpha\\&=\beta'\Sigma_{22}^{1/2}\Sigma_{22}^{-1/2}\Sigma_{21}\Sigma_{11}^{-1/2}\Sigma_{11}^{1/2}\alpha\\&=\widetilde{\beta}'T'\widetilde{\alpha}\quad(\text{其中 }\widetilde{\alpha}=\Sigma_{11}^{1/2}\alpha,\widetilde{\beta}=\Sigma_{22}^{1/2}\beta)\\&\leqslant[\widetilde{\beta}'\widetilde{\beta}]^{1/2}[(T'\widetilde{\alpha})'(T'\widetilde{\alpha})]^{1/2}\\&=[\widetilde{\alpha}'TT'\widetilde{\alpha}]^{1/2}.\end{aligned}$$

以上不等式利用附录中引理 7.1. 不妨设

$$\widetilde{\alpha}=\sum_{i=1}^{p}c_il_i,$$

其中 $l_1,\cdots,l_p$ 是 TT' 的 p 个单位正交特征向量. 由 $\widetilde{\alpha}'\widetilde{\alpha}=1$,故 $\sum\limits_{i=1}^{p}c_i^2=1$. 于是

$$\begin{aligned}\widetilde{\alpha}'TT'\widetilde{\alpha}&=\Big(\sum_{i=1}^{p}c_il_i\Big)'TT'\Big(\sum_{j=1}^{p}c_jl_j\Big)\\&=\sum_{i=1}^{p}\sum_{j=1}^{p}c_ic_jl_i'TT'l_j=\sum_{i=1}^{p}c_i^2\lambda_i^2\leqslant\lambda_1^2,\end{aligned}$$

从而

$$\rho(\alpha'X,\beta'Y)=\beta'\Sigma_{21}\alpha\leqslant\lambda_1.$$

因 λ_1^2是 TT' 的最大特征值，l_1是相应的单位长度特征向量,所以

$$\begin{aligned} a_1'\Sigma_{12}b_1 &= l_1'\Sigma_{11}^{-1/2}\Sigma_{12}\lambda_1^{-1}\Sigma_{22}^{-1}\Sigma_{21}\Sigma_{11}^{-1/2}l_1 \\ &= \frac{1}{\lambda_1}l_1'TT'l_1 = \frac{1}{\lambda_1}l_1'\lambda_1^2 l_1 = \lambda_1 \\ &= \max_{\mathrm{Var}(\alpha'X)=1,\mathrm{Var}(\beta'Y)=1}\rho(\alpha'X,\beta'Y), \end{aligned}$$

由定义 10.1.1 知，$a_1'X, b_1'Y$ 是 X,Y 的第一对典型相关变量，它们的典型相关系数(即第一典型相关系数)为 λ_1.

假定已经求得 $k-1$ 对典型相关变量

$$V_i = a_i'X, \quad W_i = b_i'Y \quad (i = 1,\cdots,k-1),$$

其中 $a_i=\Sigma_{11}^{-1/2}l_i$，$b_i=\lambda_i^{-1}\Sigma_{22}^{-1}\Sigma_{21}a_i$，而 l_i 是 TT' 的第 i 大特征值 λ_i^2 所对应的单位长度特征向量，而且 V_i $(i=1,\cdots,k-1)$ 互不相关，W_i $(i=1,\cdots,k-1)$ 也互不相关. 现在来求第 k 对典型相关变量及第 k 个典型相关系数. 取

$$a_k = \Sigma_{11}^{-1/2}l_k, \quad b_k = \lambda_k^{-1}\Sigma_{22}^{-1}\Sigma_{21}a_k,$$

记 $V_k=a_k'X$，$W_k=b_k'Y$. 显然

(1) V_k 和 V_i，W_k 和 W_i 的相关系数分别为

$$\rho(V_k,V_i) = a_k'\Sigma_{11}a_i = a_k'\Sigma_{11}^{1/2}\cdot\Sigma_{11}^{1/2}a_i = l_k'l_i = 0;$$

$$\begin{aligned} \rho(W_k,W_i) &= b_k'\Sigma_{22}b_i = \lambda_k^{-1}a_k'\Sigma_{12}\Sigma_{22}^{-1}\Sigma_{22}\lambda_i^{-1}\Sigma_{22}^{-1}\Sigma_{21}a_i \\ &= \frac{1}{\lambda_k\lambda_i}l_k'TT'l_i = 0 \quad (i = 1,\cdots,k-1). \end{aligned}$$

(2) $\mathrm{Var}(V_k)=a_k'\Sigma_{11}a_k=1$， $\mathrm{Var}(W_k)=b_k'\Sigma_{22}b_k=1$.

(3) V_i 和 W_j 的相关系数为

$$\begin{aligned} \rho(V_i,W_j) &= a_i'\Sigma_{12}b_j = \lambda_j^{-1}l_i'\Sigma_{11}^{-1/2}\Sigma_{12}\Sigma_{22}^{-1}\Sigma_{21}\Sigma_{11}^{-1/2}l_j = \lambda_j^{-1}l_i'TT'l_j \\ &= \begin{cases}\lambda_j, & \text{当 } i = j \text{ 时}, \\ 0, & \text{当 } i \neq j \text{ 时}\end{cases} \quad (i,j = 1,2,\cdots,k). \end{aligned}$$

下面只须证明对满足下列条件

$$\begin{cases}\mathrm{Var}(\alpha'X) = 1, \quad \mathrm{Var}(\beta'Y) = 1, \\ \rho(\alpha'X,V_i) = 0, \quad \rho(\beta'Y,W_i) = 0 \quad (i = 1,\cdots,k-1)\end{cases} \tag{10.1.5}$$

的一切 α,β 有

$$\rho(V_k,W_k) = \max_{\alpha,\beta\text{ 满足条件(10.1.5)}}\rho(\alpha'X,\beta'Y).$$

用类似的方法可以证明，对任给满足条件(10.1.5)的 α,β，有

$$\rho(\alpha'X,\beta'Y)=\beta'\Sigma_{21}\alpha\leqslant[\tilde{\alpha}'TT'\tilde{\alpha}]^{1/2},$$

其中 $\tilde{\alpha}=\Sigma_{11}^{1/2}\alpha$，满足 $\tilde{\alpha}'\tilde{\alpha}=1$. 不妨设 $\tilde{\alpha}=\sum_{i=1}^{p}c_il_i$，其中 $l_1,l_2,\cdots,l_p$ 是 TT' 的 p 个单位正交特征向量. 由条件(10.1.5)，对 $i=1,\cdots,k-1$ 有

$$\begin{aligned}0&=\rho(\alpha'X,V_i)=\alpha'\Sigma_{11}a_i\\&=\tilde{\alpha}'\Sigma_{11}^{-1/2}\Sigma_{11}\Sigma_{11}^{-1/2}l_i=\left(\sum_{j=1}^{p}c_jl_j\right)'l_i=c_i,\end{aligned}$$

故

$$\tilde{\alpha}=\sum_{i=k}^{p}c_il_i,\quad 且\quad \sum_{i=k}^{p}c_i^2=1,$$

于是

$$\tilde{\alpha}'TT'\tilde{\alpha}=\left(\sum_{i=k}^{p}c_il_i\right)'TT'\left(\sum_{i=k}^{p}c_il_i\right)=\sum_{i=k}^{p}c_i^2\lambda_i^2\leqslant\lambda_k^2.$$

当 $\alpha=a_k$, $\beta=b_k$ 时，$a_k'\Sigma_{12}b_k=\lambda_k$，所以

$$\rho(a_k'X,b_k'Y)=\max_{\alpha,\beta\text{ 满足条件(10.1.5)}}\rho(\alpha'X,\beta'Y).$$

由定义 10.1.1 知，$a_k'X,b_k'$ 是 X,Y 的第 k 对典型相关变量，它们的第 k 个典型相关系数为 λ_k $(k=2,\cdots,p)$.　　　　**(证毕)**

以上定理 10.1.1 中，我们假定 $\Sigma>0$，一般情况协方差阵非负定，从而 Σ_{11}^{-1}, Σ_{22}^{-1}不一定存在. 但注意到方程(10.1.2)总有非零解，因此我们可用广义逆矩阵来求解.

定义 10.1.2　给定一个矩阵 A，如果有矩阵 D 满足

$$ADA=A,\quad DAD=D,\quad (AD)'=AD,\quad (DA)'=DA,$$

则称 D 是 A 的加号逆，记作 A^+.

A^+是存在唯一的，还有一些基本性质(见参考文献[7]). 以下根据加号逆不加证明地给出更一般的结论.

定理 10.1.2　设 $Z=\begin{bmatrix}X\\Y\end{bmatrix}$，其中 $X=(X_1,\cdots,X_p)'$ 为 p 维随机向量，$Y=(Y_1,\cdots,Y_q)'$ 为 q 维随机向量(不妨设 $p\leqslant q$). 已知

$$E(Z) = 0, \quad D(Z) = \Sigma = \begin{bmatrix} \Sigma_{11} & \Sigma_{12} \\ \Sigma_{21} & \Sigma_{22} \end{bmatrix} \geqslant 0,$$

记 $T=(\Sigma_{11}^{1/2})^{+}\Sigma_{12}(\Sigma_{22}^{1/2})^{+}$, $m=\text{rank}(TT')\leqslant\min(p,q)$. 并设 p 阶方阵 TT' 的非零特征值依次为 $\lambda_1^2\geqslant\lambda_2^2\geqslant\cdots\geqslant\lambda_m^2>0$ $(\lambda_i>0,i=1,\cdots,m)$;而 $l_1,l_2,\cdots,l_m$ 为其相应的单位正交特征向量. 令

$$a_k = (\Sigma_{11}^{1/2})^{+} l_k, \quad b_k = \lambda_k^{-1}(\Sigma_{22})^{+}\Sigma_{21}a_k \quad (k = 1,2,\cdots,m).$$

则 $V_k=a_k'X$, $W_k=b_k'Y$ 为 X,Y 的第 k 对典型相关变量, λ_k 为第 k 个典型相关系数.

三、典型变量的性质

性质 1 设 $V_k=a_k'X$, $W_k=b_k'Y$ 为 X,Y 的第 k 对典型相关变量 $(k=1,\cdots,p)$;令 $V=(V_1,\cdots,V_p)'$, $W=(W_1,\cdots,W_p)'$. 则

$$D\begin{bmatrix} V \\ W \end{bmatrix} = \begin{bmatrix} I_p & \Lambda \\ \Lambda & I_p \end{bmatrix},$$

其中 $\Lambda=\text{diag}(\lambda_1,\lambda_2,\cdots,\lambda_p)$.

此性质说明 V_i $(i=1,\cdots,p)$互不相关; W_j $(j=1,\cdots,p)$互不相关;且 V_i 与 W_j $(i\neq j)$也互不相关;而 $\rho(V_i,W_i)=\lambda_i$ $(i=1,\cdots,p)$.

性质 2 原始变量与典型变量之间的相关性.

求出典型变量后,进一步来计算原始变量与典型变量之间的相关系数矩阵,也称为**典型结构**.

记 $A=(a_1,a_2,\cdots,a_p)$为 $p\times p$ 矩阵, $B=(b_1,b_2,\cdots,b_p)$为 $q\times p$ 矩阵. 设典型随机向量

$$V = (V_1,\cdots,V_p)' = (a_1'X,\cdots,a_p'X)' = A'X,$$
$$W = (W_1,\cdots,W_p)' = (b_1'Y,\cdots,b_p'Y)' = B'Y,$$

$p+q$ 维随机向量 Z 的协方差阵为 $\Sigma=\begin{bmatrix} \Sigma_{11} & \Sigma_{12} \\ \Sigma_{21} & \Sigma_{22} \end{bmatrix}>0$. 则

$$\text{COV}(X,V) = \text{COV}(X,A'X) = \Sigma_{11}A,$$
$$\text{COV}(X,W) = \text{COV}(X,B'Y) = \Sigma_{12}B,$$
$$\text{COV}(Y,V) = \text{COV}(Y,A'X) = \Sigma_{21}A,$$
$$\text{COV}(Y,W) = \text{COV}(Y,B'Y) = \Sigma_{22}B.$$

利用协方差进一步可以计算原始变量与典型变量之间的相关系

数.若假定原始变量均为标准化变量,则通过以上计算所得到的原始变量与典型变量的协方差阵就是相关系数矩阵.

若计算这四个相关系数矩阵中各列(或各行)相关系数的平方和,还将得出一些有关典型冗余分析的概念(见§10.3).

性质3 设 X 和 Y 分别为 p 维和 q 维随机向量,令 $X^*=C'X+d$, $Y^*=G'Y+h$,其中 C 为 $p\times p$ 非退化矩阵, d 为 p 维常向量, G 为 $q\times q$ 非退化矩阵, h 为 q 维常向量.则

(1) X^* 和 Y^* 的典型相关变量为 $(a_i^*)'X^*$ 和 $(b_i^*)'Y^*$, 其中 $a_i^*=C^{-1}a_i$, $b_i^*=G^{-1}b_i$ $(i=1,2,\cdots,p)$;而 a_i,b_i 是 X 和 Y 的第 i 对典型相关变量的系数.

(2) $\rho[(a_i^*)'X^*,(b_i^*)'Y^*]=\rho(a_i'X,b_i'Y)$,即线性变换不改变相关性.

例 10.1.1 已知 p 维随机向量 X 和 q 维随机向量 Y 的协方差阵分别为 Σ_{11} 和 Σ_{22}. 试从 $Z=\begin{bmatrix}X\\Y\end{bmatrix}$ 的相关阵 R 出发求典型相关变量和典型相关系数.

解 取

$$C=(\mathrm{diag}(\Sigma_{11}))^{-1/2},\quad G=(\mathrm{diag}(\Sigma_{22}))^{-1/2}$$

(记号 $\mathrm{diag}(C)$ 表示由 C 的对角元素组成的对角矩阵).

设 $\begin{bmatrix}X\\Y\end{bmatrix}$ 的相关阵 $R=\begin{bmatrix}R_{11} & R_{12}\\R_{21} & R_{22}\end{bmatrix}$,令

$$X^*=CX,\quad Y^*=GY.$$

这时线性变换后的 $\begin{bmatrix}X^*\\Y^*\end{bmatrix}$ 的协方差阵就是 $\begin{bmatrix}X\\Y\end{bmatrix}$ 的相关阵 R.

如果已知 R,欲求 X,Y 的典型相关变量及典型相关系数时,可从 R 矩阵出发,求 $T^*(T^*)'$ 的特征值和单位正交特征向量(其中 $T^*=R_{11}^{-1/2}R_{12}R_{22}^{-1/2}$),从而得 X^*,Y^* 的典型相关变量 $(a_i^*)'X^*$ 和 $(b_i^*)'Y^*$ 及典型相关系数 λ_i $(i=1,\cdots,p)$. 令

$$a_i=Ca_i^*,\quad b_i=Gb_i^*\quad(i=1,\cdots,p),$$

则 $a_i'X$ 和 $b_i'Y$ 即为 X,Y 的第 i 对典型相关变量,它们的相关系数为 λ_i $(i=1,\cdots,p)$.

例 10.1.2 已知标准化变量 $X=(X_1,X_2)'$ 和 $Y=(Y_1,Y_2)'$ 的相关阵

$$R=\begin{bmatrix} R_{11} & R_{12} \\ R_{21} & R_{22} \end{bmatrix},$$

其中

$$R_{11}=\begin{bmatrix} 1 & \alpha \\ \alpha & 1 \end{bmatrix},\quad R_{22}=\begin{bmatrix} 1 & \nu \\ \nu & 1 \end{bmatrix},$$

$$R_{12}=R_{21}=\begin{bmatrix} \beta & \beta \\ \beta & \beta \end{bmatrix}\quad (0<\beta<1).$$

试求 X,Y 的典型相关变量和典型相关系数.

解 由已知的相关阵 R 即可求出

$$R_{11}^{-1}=\frac{1}{1-\alpha^2}\begin{bmatrix} 1 & -\alpha \\ -\alpha & 1 \end{bmatrix},\quad R_{22}^{-1}=\frac{1}{1-\nu^2}\begin{bmatrix} 1 & -\nu \\ -\nu & 1 \end{bmatrix},$$

$$M_1^*=R_{11}^{-1}R_{12}R_{22}^{-1}R_{21}=\frac{2\beta^2}{(1+\alpha)(1+\nu)}\begin{bmatrix} 1 & 1 \\ 1 & 1 \end{bmatrix}.$$

由于 $J=\begin{bmatrix} 1 & 1 \\ 1 & 1 \end{bmatrix}$ 的特征值为 2 和 0,故 M_1^* 的特征值为

$$\lambda_1^2=\frac{4\beta^2}{(1+\alpha)(1+\nu)},\quad \lambda_2^2=0.$$

M_1^* 对应 λ_1^2 的特征向量为 $(1/\sqrt{2},1/\sqrt{2})'$,故满足 $a'R_{11}a=1$ 的向量 a 为

$$a=\frac{1}{\sqrt{2(1+\alpha)}}\begin{bmatrix} 1 \\ 1 \end{bmatrix};$$

类似可得

$$b=\frac{1}{\sqrt{2(1+\nu)}}\begin{bmatrix} 1 \\ 1 \end{bmatrix}.$$

所以第一对典型相关变量为

$$V_1=a'X=\frac{1}{\sqrt{2(1+\alpha)}}(X_1+X_2),$$

$$W_1=b'Y=\frac{1}{\sqrt{2(1+\nu)}}(Y_1+Y_2).$$

而第一个典型相关系数为

$$\rho_1=\frac{2\beta}{\sqrt{(1+\alpha)(1+\nu)}}\quad (0<\rho_1<1).$$

因 $|\alpha|<1$, $|\nu|<1$,显然有 $\rho_1>\beta$,这表明第一个典型相关系数一般

大于两组原变量之间的相关系数.

§10.2 样本典型相关

设总体 $Z=(X_1,\cdots,X_p,Y_1,\cdots,Y_q)'$,在实际问题中,总体的均值向量 $\mathrm{E}(Z)=\mu$ 和协方差阵 $\mathrm{D}(Z)=\Sigma$ 通常是未知的,因而无法求得总体的典型相关变量和典型相关系数.首先需要根据观测到的样本数据阵对 Σ 进行估计.

已知总体 Z 的 n 次观测数据为:

$$Z_{(t)}=\begin{bmatrix}X_{(t)}\\Y_{(t)}\end{bmatrix}_{(p+q)\times 1}\quad(t=1,2,\cdots,n),$$

于是样本数据阵为

$$\left[\begin{array}{cccc|cccc}x_{11}&x_{12}&\cdots&x_{1p}&y_{11}&y_{12}&\cdots&y_{1q}\\x_{21}&x_{22}&\cdots&x_{2p}&y_{21}&y_{22}&\cdots&y_{2q}\\\vdots&\vdots&&\vdots&\vdots&\vdots&&\vdots\\x_{n1}&x_{n2}&\cdots&x_{np}&y_{n1}&y_{n2}&\cdots&y_{nq}\end{array}\right]_{n\times(p+q)}.$$

若假定 $Z\sim N_{p+q}(\mu,\Sigma)$,则协方差阵 Σ 的最大似然估计为

$$\hat{\Sigma}=\frac{1}{n}\sum_{t=1}^{n}(Z_{(t)}-\overline{Z})(Z_{(t)}-\overline{Z})',$$

其中 $\overline{Z}=\frac{1}{n}\sum_{t=1}^{n}Z_{(t)}$. 令 $S=\frac{n}{n-1}\hat{\Sigma}$,S 矩阵也称为样本协方差阵.

设 $\Sigma=\left[\begin{array}{c|c}\Sigma_{11}&\Sigma_{12}\\\hline\Sigma_{21}&\Sigma_{22}\end{array}\right]$, Σ_{11}为 p 阶矩阵.将 S 相应剖分为

$$S=\left[\begin{array}{c|c}S_{11}&S_{12}\\\hline S_{21}&S_{22}\end{array}\right].$$

显然, $S_{ij}\,(i,j=1,2)$是 Σ_{ij} 的无偏估计量.下面我们将从样本协方差阵 S 出发,来讨论两组变量间的相关关系.

一、样本典型相关变量和典型相关系数

不妨设 $S>0$. 令 $\hat{T}=S_{11}^{-1/2}S_{12}S_{22}^{-1/2}$,并设 $\hat{T}\hat{T}'$的特征值依次为

$\hat{\lambda}_1^2 \geqslant \hat{\lambda}_2^2 \geqslant \cdots \geqslant \hat{\lambda}_p^2 > 0$ ($\hat{\lambda}_i > 0, i=1,\cdots,p$), $\hat{l}_k$ ($k=1,\cdots,p$)为 $\hat{T}\hat{T}'$ 的特征根 $\hat{\lambda}_k^2$ 所对应的单位正交特征向量. 令

$$\begin{cases} \hat{a}_k = S_{11}^{-1/2}\hat{l}_k, \\ \hat{b}_k = \hat{\lambda}_k^{-1}S_{22}^{-1}S_{21}\hat{a}_k, \end{cases} \tag{10.2.1}$$

则 $\hat{V}_k = \hat{a}_k'X$, $\hat{W}_k = \hat{b}_k'Y$ 为 X,Y 的第 k 对样本典型相关变量;而 $\hat{\lambda}_k$ 为 X,Y 的第 k 个样本典型相关系数.

以上我们从样本协方差阵 S 出发,导出了样本典型相关变量和样本典型相关系数. 另外也可以从样本相关阵 R 出发来导出样本典型相关变量和样本典型相关系数.

设样本相关阵 $R=(r_{ij})$,其中 $r_{ij}=s_{ij}/\sqrt{s_{ii}s_{jj}}$, s_{ij}为样本协方差阵 S 的元素. 把 R 相应剖分为

$$R = \begin{bmatrix} R_{11} & R_{12} \\ R_{21} & R_{22} \end{bmatrix},$$

记

$$D_1 = \begin{bmatrix} \sqrt{s_{11}} & & 0 \\ & \ddots & \\ 0 & & \sqrt{s_{pp}} \end{bmatrix}, \quad D_2 = \begin{bmatrix} \sqrt{s_{p+1,p+1}} & & 0 \\ & \ddots & \\ 0 & & \sqrt{s_{p+q,p+q}} \end{bmatrix},$$

则

$$S_{11} = D_1R_{11}D_1, \quad S_{22} = D_2R_{22}D_2,$$
$$S_{12} = D_1R_{12}D_2, \quad S_{21} = D_2R_{21}D_1.$$

记 $\widetilde{T} = R_{11}^{-1/2}R_{12}R_{22}^{-1/2}$,求 $\widetilde{T}\widetilde{T}'$ 的特征值. 依次记 $\widetilde{T}\widetilde{T}'$ 的特征值为 $\hat{\lambda}_1^2 \geqslant \hat{\lambda}_2^2 \geqslant \cdots \geqslant \hat{\lambda}_p^2 > 0$ ($\hat{\lambda}_i > 0, i=1,\cdots,p$), $\tilde{l}_k$ ($k=1,\cdots,p$)为 $\widetilde{T}\widetilde{T}'$ 的特征值 $\hat{\lambda}_k^2$ 所对应的单位正交特征向量,则

$$\begin{cases} \hat{V}_k = (D_1^{-1}R_{11}^{-1/2}\tilde{l}_k)'X = \hat{a}_k'X, \\ \hat{W}_k = (D_2^{-1}\hat{\lambda}_k^{-1}R_{22}^{-1}R_{21}R_{11}^{-1/2}\tilde{l}_k)'Y = \hat{b}_k'Y \end{cases}$$

为 X,Y 的第 k 对样本典型相关变量;而 $\hat{\lambda}_k$ 为 X,Y 的第 k 个样本典型相关系数($k=1,2,\cdots,p$).

二、典型相关系数的显著性检验

1. 检验 H_0：$\Sigma_{12}=O$

总体 Z 的两组变量 $X=(X_1,\cdots,X_p)'$ 和 $Y=(Y_1,\cdots,Y_q)'$ 如果不相关，即 $\mathrm{COV}(X,Y)=\Sigma_{12}=O$，则以上有关两组变量典型相关的讨论就毫无意义. 故在讨论两组变量间的相关关系之前，应首先对假设 H_0 作统计检验.

设总体 $Z\sim N_{p+q}(\mu,\Sigma)$，用似然比方法可导出检验 H_0 的似然比统计量

$$\Lambda=\frac{|S|}{|S_{11}|\,|S_{22}|},\tag{10.2.2}$$

其中 $p+q$ 阶矩阵 S 是 Σ 的最大似然估计，S_{11},S_{22} 分别是 Σ_{11},Σ_{22} 的最大似然估计.

似然比统计量 Λ 的精确分布已由霍特林(1936)，Girshik(1939)和 Anderson(1958)给出，但表达式很复杂. 以下我们给出 Λ 的近似分布.

利用矩阵行列式及其分块行列式的关系，可得出

$$\begin{aligned}|S|&=|S_{22}|\cdot|S_{11}-S_{12}S_{22}^{-1}S_{21}|\\&=|S_{22}|\cdot|S_{11}|\cdot|I_p-S_{11}^{-1}S_{12}S_{22}^{-1}S_{21}|.\end{aligned}$$

故

$$\Lambda=|I_p-S_{11}^{-1}S_{12}S_{22}^{-1}S_{21}|=\prod_{i=1}^{p}(1-\hat{\lambda}_i^2),$$

其中 $\hat{\lambda}_i^2$ 是 $\hat{T}\hat{T}'$ 的特征值($\hat{T}=S_{11}^{-1/2}S_{12}S_{22}^{-1/2}$). 由 Λ 统计量出发导出检验 H_0 的近似检验方法，例如威尔克斯的 λ 统计量、Pillai 的迹、Hotelling-Lawley 迹和 Roy 的极大根等. 现采用 Box (1949)给出的检验方法：当 $n\to\infty$ 时，在 H_0 成立时有

$$P\{-m\ln\Lambda\leqslant C\}=P\{V\leqslant C\},$$

其中 $m=n-1-\frac{1}{2}(p+q+1)$，$f=pq$，V 为服从 $\chi^2(f)$ 的统计量. 当样本容量 n 足够大时，由样本值计算样本典型相关系数 $\hat{\lambda}_i^2$ $(i=1,2,\cdots,p)$ 及

$$Q_1=-m\ln\prod_{i=1}^{p}(1-\hat{\lambda}_i^2)=-m\sum_{i=1}^{p}\ln(1-\hat{\lambda}_i^2),$$

$$p = P\{V > Q_1\} \quad (V \sim \chi^2(f)).$$

如果 $p<\alpha$(比如取 $\alpha=0.05$),则否定 H_0,即两组变量 X 和 Y 相关;否则 H_0 相容.

2. 检验 $H_0^{(k)}$: $\lambda_k=0$ ($k=2,\cdots,p$)

当否定 H_0 时,表明 X,Y 相关,进而可得出至少第一个典型相关系数 $\lambda_1\neq0$,相应的第一对典型相关变量 V_1,W_1 可能已经提取了两组变量相关关系的绝大部分信息.两组变量余下的部分可认为不相关,这时 $\lambda_i\approx0$ ($k=2,\cdots,p$). 因此在否定 H_0 后,有必要再检验 $H_0^{(k)}$: $\lambda_k=0$ ($k=2,\cdots,p$),即第 k 个及以后的所有典型相关系数均为 0 ($k=2,3,\cdots,p$).

这时采用 Bartlett 提出的大样本 χ^2 检验,取检验统计量为

$$Q_k = -\left[n-k-\frac{1}{2}(p+q+1)\right]\sum_{i=k}^{p}\ln(1-\hat{\lambda}_i^2),$$

由样本值计算样本典型相关系数 $\hat{\lambda}_i^2$ ($i=1,2,\cdots,p$)及 Q_k 值,并计算显著性概率 $p_k=P\{V>Q_k\}$,其中 $V\sim\chi^2(f_k)$, $f_k=(p-k+1)(q-k+1)$. 如果 $p_k<\alpha$(比如取 $\alpha=0.05$),则否定 $H_0^{(k)}$,即第 k 个典型相关系数显著的不等于 0. 否则认为 $\lambda_k=0$. 对 $H_0^{(k)}$ 从 $k=2$ 开始逐个检验,直到某个 k_0,使 $H_0^{(k_0)}$ 相容时为止.这时说明第 k_0 个及以后的所有典型相关系数均为 0.

三、样本典型变量的得分值

假设经检验,有 r ($r\leqslant p$)个典型相关系数显著不等于 0,这时可得 r 对典型相关变量(V_i,W_i) ($i=1,\cdots,r$). 将样品

$$Z_{(t)} = \begin{bmatrix} X_{(t)} \\ Y_{(t)} \end{bmatrix} \quad (t=1,2,\cdots,n)$$

代入第 i 对典型变量中,令

$$\left.\begin{aligned} v_{ti} &= a_i'(X_{(t)}-\overline{X}) \\ w_{ti} &= b_i'(Y_{(t)}-\overline{Y}) \end{aligned}\right. \quad (i=1,\cdots,r;t=1,\cdots,n).$$

称(v_{ti},w_{ti})为第 t 个样品 $Z_{(t)}$的第 i 对**样本典型变量的得分值**.

对每个 i，可用(v_{ti}, w_{ti}) $(t=1,2,\cdots,n)$来绘制散点的散布图，散点应近似在一条直线上，若有异常点，则应分析原因.

例 10.2.1　为了了解某矿区下部矿 Pt(铂)、Pd(钯)与 Cu(铜)、Ni(镍)的共生组合规律. 我们从其钻孔中取出 27 个样品(数据见表 10.1). 试用典型相关分析研究 Pt、Pd 与 Cu、Ni 的相关关系.

解　在此例中 $p=q=2$，$n=27$. 我们使用 SAS/STAT 软件中 CANCORR 过程进行典型相关分析. 部分输出结果见输出 10.2.1.

输出 10.2.1 中包含三个表格，位于最上面的表格给出第一典型相关系数为 $\lambda_1=0.8946$，它比两组变量间最大的相关系数(即 $\rho(X_2, Y_2)=0.8691$)都大.

表 10.1　矿区下部矿 Pt、Pd 与 Cu、Ni 的数据

序号	Pt X_1	Pd X_2	Cu Y_1	Ni Y_2	序号	Pt X_1	Pd X_2	Cu Y_1	Ni Y_2
1	0.14	0.30	0.03	0.14	15	0.43	0.90	0.13	0.22
2	0.20	0.50	0.14	0.22	16	0.47	0.97	0.26	0.22
3	0.06	0.11	0.03	0.02	17	0.49	0.79	0.21	0.20
4	0.07	0.11	0.04	0.13	18	0.47	0.77	0.51	0.22
5	0.12	0.22	0.06	0.12	19	0.40	0.88	0.33	0.19
6	0.52	0.87	0.19	0.20	20	0.66	1.30	0.21	0.30
7	0.23	0.47	0.14	0.10	21	0.63	1.30	0.45	0.28
8	1.19	0.38	0.09	0.11	22	0.52	1.43	0.31	0.23
9	0.37	0.66	0.14	0.15	23	0.44	0.87	0.17	0.25
10	0.36	0.60	0.12	0.14	24	0.03	0.07	0.05	0.08
11	0.42	0.77	0.17	0.10	25	0.20	0.28	0.04	0.08
12	0.35	0.85	0.30	0.19	26	0.04	0.10	0.11	0.07
13	0.50	0.87	0.23	0.22	27	0.17	0.28	0.15	0.09
14	0.56	1.15	0.29	0.28					

位于输出 10.2.1 中间的表格给出检验假设 $H_0^{(i)}$：$\lambda_i=0$ $(i=1,2)$的结果. 由该表格中“1”所在的这一行，可得到似然比的值为 0.19964，近似 F 统计量为 14.2379，显著性概率(p 值)为 0.0001 (即表格中最右列 Pr>F 的值)，故在 $\alpha=0.01$ 的显著性水平下，否定所有典型相关为 0 的假设，也就是至少有一个典型相关是显著的. 由“2”所在的这一行，得到的结果说明第二个典型相关是不显著的 $(p=0.9633>\alpha)$.

输出 10.2.1 典型相关系数及显著性检验

Canonical Correlation Analysis

	Canonical Correlation	Adjusted Canonical Correlation	Approx Standard Error	Squared Canonical Correlation
1	0.894618	0.889469	0.039156	0.800341
2	0.009496	.	0.196098	0.000090

Test of H0: The canonical correlations in the current row and all that follow are zero

	Likelihood Ratio	Approx F	Num DF	Den DF	Pr > F
1	0.19964137	14.2379	4	46	0.0001
2	0.99990983	0.0022	1	24	0.9633

Multivariate Statistics and F Approximations

S=2 M=-0.5 N=10.5

Statistic	Value	F	Num DF	Den DF	Pr > F
Wilks' Lambda	0.19964137	14.2379	4	46	0.0001
Pillai's Trace	0.80043080	8.0072	4	48	0.0001
Hotelling-Lawley Trace	4.00862032	22.0474	4	44	0.0001
Roy's Greatest Root	4.00853014	48.1024	2	24	0.0001

NOTE: F Statistic for Roy's Greatest Root is an upper bound.
NOTE: F Statistic for Wilks' Lambda is exact.

由 CANCORR 过程还可以生成许多输出结果(省略),如由这两组标准化变量可得到的典型相关变量,第一对标准化典型变量(X_i^* 和 Y_j^* 表示 X_i 和 Y_j 的标准化变量)为

$$V_1 = -0.0263X_1^* + 1.0161X_2^*,$$

$$W_1 = 0.3231Y_1^* + 0.7514Y_2^*.$$

来自第一组变量的第一个典型变量 V_1 主要代表 X_2^*(即元素 Pd);而来自第二组变量的典型变量 W_1 代表 Y_2^*(Ni)和 Y_1^*(Cu).

§10.3 典型冗余分析

由样本观测数据阵 Z 计算样本协方差阵

$$S = \begin{bmatrix} S_{11} & S_{12} \\ S_{21} & S_{22} \end{bmatrix}.$$

由 S 矩阵求出样本典型变量后,进一步可以来计算原始变量与 r 对典型变量之间的相关系数矩阵(或称典型结构).

假定两组原始变量均为标准化变量(即 $S=R$). 若记原始变量 X(或 Y)与典型变量 V(或 W)的相关阵为

$$R(X,V)=R_{11}A=(R_{11}a_1,\cdots,R_{11}a_p)$$
$$\xlongequal{\text{def}}\begin{bmatrix} r(X_1,V_1) & \cdots & r(X_1,V_p) \\ \vdots & & \vdots \\ r(X_p,V_1) & \cdots & r(X_p,V_p)\end{bmatrix}_{p\times p},$$
$$R(Y,W)=R_{22}B=(R_{22}b_1,\cdots,R_{22}b_p)$$
$$\xlongequal{\text{def}}\begin{bmatrix} r(Y_1,W_1) & \cdots & r(Y_1,W_p) \\ \vdots & & \vdots \\ r(Y_q,W_1) & \cdots & r(Y_q,W_p)\end{bmatrix}_{q\times p},$$

分别计算两组原始变量 X,Y 与典型变量 V,W 之间的相关系数阵中各列相关系数的平方和,还将得出下面一些有关的概念.

一、几个概念

设 $\text{rank}(\Sigma_{12})=r\leqslant\min(p,q)$. 类似于主成分分析,把 V_k 看成是由第一组标准化变量 X 提取的成分, W_k 看成是由第二组标准化变量 Y 提取的成分,由相关阵 $R(X,V)=R_{11}A=[r(X_j,V_k)]_{p\times r}$ 和 $R(Y,W)=R_{22}B=[r(Y_j,W_k)]_{q\times r}$,分别计算第 k 列平方和除以原变量组变差总和 p 或 q. 记

$$R_d(X;V_k)=\frac{1}{p}\sum_{j=1}^{p}r^2(X_j,V_k),$$
$$R_d(Y;W_k)=\frac{1}{q}\sum_{j=1}^{q}r^2(Y_j,W_k)\quad(k=1,\cdots,r),$$

并称 $R_d(X;V_k)$(或 $R_d(Y;W_k)$)为第 k 个典型变量 V_k(或 W_k)解释本组变量 X(或 Y)**总变差的百分比**. 记

$$R_d(X;V_1,\cdots,V_m)=\frac{1}{p}\sum_{k=1}^{m}\sum_{j=1}^{p}r^2(X_j,V_k),$$
$$R_d(Y;W_1,\cdots,W_m)=\frac{1}{q}\sum_{k=1}^{m}\sum_{j=1}^{q}r^2(Y_j,W_k),$$

并称 $R_d(X;V_1,\cdots,V_m)$(或 $R_d(Y;W_1,\cdots,W_m)$)为前 m $(m\leqslant r)$个典型变量 $V_1,\cdots,V_m$(或 $W_1,\cdots,W_m$)解释本组变量 X(或 Y)**总变差的累计百分比**.

在典型相关分析中，从两组变量分别提取的两个典型成分首先要求相关程度最大，同时也希望每个典型成分解释各组变差的百分比也尽可能的大. 百分比的多少反映由每组变量提取的用于典型相关分析的变差的多少.

类似于主成分分析，还可以引入前 m 个典型变量对本组第 j 个变量 X_j(或 Y_j)的贡献等概念(见参考文献[11]).

二、典型冗余分析

我们进一步来讨论典型变量解释另一组变量总变差百分比的问题. 在典型相关分析中，因所提取的每对典型成分保证其相关程度达最大，故每个典型成分不仅解释了本组变量的信息，还解释了另一组变量的信息. 典型相关系数越大，典型成分解释对方变量组变差的信息也将越多.

类似可以定义 $R_d(X;W_k)$(或 $R_d(Y;V_k)$)为 W_k(或 V_k)解释另一组总变差的百分比. 以下给出利用典型变量解释本组变差的百分比来计算解释另一组变差百分比的公式：

$$\begin{aligned} R_d(X;W_k) &= \frac{1}{p}\sum_{j=1}^{p} r^2(X_j,W_k) \\ &= \lambda_k^2 R_d(X;V_k) \quad (k=1,\cdots,r), \\ R_d(Y;V_k) &= \frac{1}{q}\sum_{j=1}^{q} r^2(Y_j,V_k) \\ &= \lambda_k^2 R_d(Y;W_k) \quad (k=1,\cdots,r). \end{aligned}$$

事实上，由样本典型变量的系数 a_k 与 b_k 的公式(10.2.1)还可以得出 a_k 与 b_k 之间的关系

$$\begin{aligned} b_k = \frac{1}{\lambda_k}S_{22}^{-1}S_{21}a_k &\iff \lambda_k b_k = S_{22}^{-1}S_{21}a_k \\ &\iff \lambda_k S_{22}b_k = S_{22}S_{22}^{-1}S_{21}a_k = S_{21}a_k, \end{aligned}$$

以及典型变量与原始变量(假定已标准化)的相关阵，即得

$$r(Y_j,V_k) = \lambda_k r(Y_j;W_k),$$

故有

$$R_d(Y;V_k) = \lambda_k^2 R_d(Y;W_k).$$

类似还可证明另一式.

$R_d(X;W_k)$表示第一组中典型变量解释原变量组的变差被第二组中典型变量重复解释的百分比,简称为第一组典型变量的**冗余测度**; $R_d(Y;V_k)$表示第二组中典型变量解释原变量组的变差被第一组中典型变量重复解释的百分比,简称为第二组典型变量的冗余测度.冗余测度体现了两组变量之间的相关程度.

冗余测度的大小表示这对典型变量能够对另一组变差相互解释的程度大小,它将为进一步讨论多对多建模提供一些有用的信息. SAS/STAT 软件中的 CANCORR 过程可完成典型冗余分析.

例 10.3.1(康复俱乐部 20 名成员测试数据的典型相关分析) 康复俱乐部对 20 名中年人测量了三个生理指标: WEIGHT(体重)、WAIST(腰围)、PULSE(脉搏),以及三个训练指标: CHINS(单杠)、SITUPS(仰卧起坐)和 JUMPS(跳高).数据见表 10.2.试分析生理指标和训练指标这两组变量间的相关性.

解 在此例中 $p=q=3,n=20$.我们使用 SAS/STAT 软件中的 CANCORR 过程对表 10.2 的数据进行典型相关分析.

表 10.2 康复俱乐部 20 名成员的测试数据

体重	腰围	脉搏	单杠	仰卧起坐	跳高	体重	腰围	脉搏	单杠	仰卧起坐	跳高
191	36	50	5	162	60	189	37	52	2	110	60
193	38	58	12	101	101	162	35	62	12	105	37
189	35	46	13	155	58	182	36	56	4	101	42
211	38	56	8	101	38	167	34	60	6	125	40
176	31	74	15	200	40	154	33	56	17	251	250
169	34	50	17	120	38	166	33	52	13	210	115
154	34	64	14	215	105	247	46	50	1	50	50
193	36	46	6	70	31	202	37	62	12	210	120
176	37	54	4	60	25	157	32	52	11	230	80
156	33	54	15	225	73	138	33	68	2	110	43

计算结果首先输出 6 个变量的均值、标准差及生理指标和训练指标之间的相关系数阵(省略了).生理指标和训练指标之间的相关性都为中等,其中 WAIST(腰围)和 SITUPS(仰卧起坐)的相关系数最大,为 -0.6456.

输出 10.3.1 典型相关系数及显著性检验

Canonical Correlation Analysis

	Canonical Correlation	Adjusted Canonical Correlation	Approx Standard Error	Squared Canonical Correlation
1	0.795608	0.754056	0.084197	0.632992
2	0.200556	-.076399	0.220188	0.040223
3	0.072570	.	0.228208	0.005266

Test of H0: The canonical correlations in the current row and all that follow are zero

	Likelihood Ratio	Approx F	Num DF	Den DF	Pr > F
1	0.35039053	2.0482	9	34.22293	0.0635
2	0.95472266	0.1758	4	30	0.9491
3	0.99473355	0.0847	1	16	0.7748

输出 10.3.1 给出典型相关分析的一般结果.第一典型相关系数为 0.7956,它比生理指标和训练指标两组间的任一个相关系数都大.检验总体中所有典型相关系数均为 0 的零假设时显著性概率为 0.0635 (即 Pr>F 的值),故在 $\alpha=0.10$ 的显著性水平下,否定所有典型相关为 0 的假设,也就是至少有一个典型相关系数是显著的.从后面的检验结果可知,只有第一典型相关系数是显著不等于 0 的.因此,两组变量相关性的研究可转化为研究第一对典型相关变量的相关性.

输出结果中还给出原始变量和标准化变量的典型相关变量的系数.因 6 个变量没有使用相同单位进行测量,因此我们来分析标准化后的系数.来自生理指标的第一典型变量 V_1 为(原始变量的右上角带“ * ”表示为标准化变量):

$$V_1=-0.7754\ \text{WEIGHT}^*+1.5793\ \text{WAIST}^*-0.0591\ \text{PULSE}^*,$$

它近似地是 WAIST*(腰围)和 WEIGHT*(体重)的加权差,在 WAIST*上的权重更大些,V_1 在 PULSE*(脉搏)上系数近似为 0.来自训练指标的第一典型变量 W_1 为

$$W_1=-0.3495\ \text{CHINS}^*-1.0540\ \text{SITUPS}^*+0.7164\ \text{JUMPS}^*,$$

它在 SITUPS*(仰卧起坐)上的系数最大.这一对典型变量主要是反映 WAIST*(腰围)和 SITUPS*(仰卧起坐)的负相关关系.

由输出 10.3.2 又可看出,来自生理指标的第一典型变量 V_1 与

WAIST(腰围),以及 V_1 与 WEIGHT(体重)的相关系数分别为 0.9254,0.6206,都是正的.但在典型变量 V_1 的表示式中 WEIGHT* 的系数为负的(−0.7754),即 WEIGHT 在 V_1 表示式中的系数和它与 V_1 的相关系数反号.来自训练指标的第一典型变量 W_1 与三个训练指标的相关系数都是负值,其中 JUMPS(跳高)在 W_1 表示式中的系数(0.7164)和它与 W_1 的相关系数(−0.1622)也是反号的.因此,WEIGHT 和 JUMPS 在这两组变量中是一个校正(或抑制)变量.

输出 10.3.2 典型结构——原始变量和典型变量的相关系数阵

Canonical Structure

Correlations Between the 生理指标 and Their Canonical Variables

	V1	V2	V3	
WEIGHT	0.6206	-0.7724	-0.1350	体重
WAIST	0.9254	-0.3777	-0.0310	腰围
PULSE	-0.3328	0.0415	0.9421	脉搏

Correlations Between the 训练指标 and Their Canonical Variables

	W1	W2	W3	
CHINS	-0.7276	0.2370	-0.6438	单杠
SITUPS	-0.8177	0.5730	0.0544	仰卧起坐
JUMPS	-0.1622	0.9586	-0.2339	跳高

Correlations Between the 生理指标 and the Canonical Variables of the 训练指标

	W1	W2	W3	
WEIGHT	0.4938	-0.1549	-0.0098	体重
WAIST	0.7363	-0.0757	-0.0022	腰围
PULSE	-0.2648	0.0083	0.0684	脉搏

Correlations Between the 训练指标 and the Canonical Variables of the 生理指标

	V1	V2	V3	
CHINS	-0.5789	0.0475	-0.0467	单杠
SITUPS	-0.6506	0.1149	0.0040	仰卧起坐
JUMPS	-0.1290	0.1923	-0.0170	跳高

输出 10.3.3 给出典型冗余分析的结果.我们来分析标准化的方差,第一典型变量 V_1 可以解释 45.08%组内变差,并解释 25.84%的另一组(训练指标)的变差;而典型变量 W_1 可以解释 40.81%组内变差,并解释 28.54%的另一组(生理指标)的变差.可见第一对典型变量 V_1 和 W_1 都不能很好地全面地预测另一组变量.第二和第三对典型变量实际上都没有给出什么信息,三个典型变量解释另一组总变差的累计百分比分别为 0.2969 和 0.2767.

位于输出 10.3.3 中的第 4 个表格,给出训练指标组中各个变量被生理指标变量组提取的前 M 个($M=1,2,3$)典型变量 $V_1,\cdots,V_M$ 解释变差的累计百分比,即多重相关的平方和为:

$$\sum_{k=1}^{M} r^2(Y_j,V_k),$$

可以看出,只有 CHINS(单杠)(0.3351)和 SITUPS(仰卧起坐)(0.4233)可被对方变量组的第一典型变量 V_1 预测,V_1 对 JUMPS(跳高)(0.0167)几乎没有预测能力.从该输出中的第 3 个表格,可以类似地得出,来自训练指标的第一典型变量 W_1 对 WAIST(腰围)(0.5421)有相当好的预测能力,对 WEIGHT(体重)(0.2438)较差,而对 PULSE(脉搏)(0.0701)几乎没有预测能力.

输出 10.3.3 CANCORR 过程产生的典型冗余分析结果

Standardized Variance of the 生理指标 Explained by

	Their Own Canonical Variables			The Opposite Canonical Variables	
	Proportion	Cumulative Proportion	Canonical R-Squared	Proportion	Cumulative Proportion
1	0.4508	0.4508	0.6330	0.2854	0.2854
2	0.2470	0.6978	0.0402	0.0099	0.2953
3	0.3022	1.0000	0.0053	0.0016	0.2969

Standardized Variance of the 训练指标 Explained by

	Their Own Canonical Variables			The Opposite Canonical Variables	
	Proportion	Cumulative Proportion	Canonical R-Squared	Proportion	Cumulative Proportion
1	0.4081	0.4081	0.6330	0.2584	0.2584
2	0.4345	0.8426	0.0402	0.0175	0.2758
3	0.1574	1.0000	0.0053	0.0008	0.2767

Squared Multiple Correlations Between the 生理指标 and the First 'M' Canonical Variables of the 训练指标

M	1	2	3	
WEIGHT	0.2438	0.2678	0.2679	体重
WAIST	0.5421	0.5478	0.5478	腰围
PULSE	0.0701	0.0702	0.0749	脉搏

Squared Multiple Correlations Between the 训练指标 and the First 'M' Canonical Variables of the 生理指标

M	1	2	3	
CHINS	0.3351	0.3374	0.3396	单杠
SITUPS	0.4233	0.4365	0.4365	仰卧起坐
JUMPS	0.0167	0.0536	0.0539	跳高

习　题　十

10-1　设标准化变量 $X=(X_1,X_2)'$，$Y=(Y_1,Y_2)'$. 已知 $Z=\begin{bmatrix}X\\Y\end{bmatrix}$的相关阵为

$$R=\left[\begin{array}{cc:cc}1.0 & 0.5 & 0.7 & 0.7\\ 0.5 & 1.0 & 0.7 & 0.7\\ \hdashline 0.7 & 0.7 & 1.0 & 0.6\\ 0.7 & 0.7 & 0.6 & 1.0\end{array}\right]\xlongequal{\text{def}}\begin{bmatrix}R_{11} & R_{12}\\ R_{21} & R_{22}\end{bmatrix}.$$

试求 X,Y 的典型相关变量和典型相关系数.

10-2　在 140 个学生中进行了阅读速度 X_1，阅读能力 X_2，运算速度 X_3 和运算能力 X_4 共 4 种测验，由所得测验成绩算出相关系数阵为

$$R=\begin{bmatrix}1.00 & 0.63 & 0.24 & 0.59\\ 0.63 & 1.00 & -0.06 & 0.07\\ 0.24 & -0.06 & 1.00 & 0.42\\ 0.59 & 0.07 & 0.42 & 1.00\end{bmatrix},$$

试分析学生的阅读能力和运算能力之间的相关程度.

10-3　在某年级 44 名学生的期末考试中，有的课程用闭卷，有的课程用开卷(考试成绩见表 8.3). 试对闭卷(X_1,X_2)和开卷(X_3,X_4,X_5)两组变量进行典型相关分析.

10-4　表 10.3 中是从 25 个家庭中测到的成年长子和次子的头宽、头长的数据. 试用典型相关分析方法分析长子和次子头宽、头长的相关情况.

表 10.3　成年长子和次子的头宽、头长的数据

样品号	长子头长 (X_1)	长子头宽 (X_2)	次子头长 (X_3)	次子头宽 (X_4)	样品号	长子头长 (X_1)	长子头宽 (X_2)	次子头长 (X_3)	次子头宽 (X_4)
1	191	155	179	145	14	190	159	195	157
2	195	149	201	152	15	188	151	187	158

（续表）

样品号	长子头长(X_1)	长子头宽(X_2)	次子头长(X_3)	次子头宽(X_4)	样品号	长子头长(X_1)	长子头宽(X_2)	次子头长(X_3)	次子头宽(X_4)
3	181	148	185	149	16	163	137	161	130
4	183	153	188	149	17	195	155	183	158
5	176	144	171	142	18	186	153	173	148
6	208	157	192	152	19	181	145	182	146
7	189	150	190	149	20	175	140	165	137
8	197	159	189	152	21	192	154	185	152
9	188	152	197	159	22	174	143	178	147
10	192	150	187	151	23	176	139	176	143
11	179	158	186	148	24	197	167	200	158
12	183	147	174	147	25	190	163	187	150
13	174	150	185	152					

10-5　某学校为研究学生的体质与运动能力的关系，对 38 名学生的体质情况，每人测试了 7 项指标：X_1（反复横荡的次数）、X_2（纵跳高度）、X_3（背力）、X_4（握力）、X_5（踏台升降指数）、X_6（立姿体前屈）、X_7（卧姿上体后仰）；对运动能力情况每人测试了 5 项指标：X_8（50 米跑）、X_9（1000 米长跑）、X_{10}（投掷）、X_{11}（悬垂次数）、X_{12}（持久走）．7 项体质数据和 5 项运动数据见表 10.4．试对这两组数据进行典型相关分析．

表 10.4　学生体质与运动能力数据

学生序号	体质情况							运动能力				
	X_1	X_2	X_3	X_4	X_5	X_6	X_7	X_8	X_9	X_{10}	X_{11}	X_{12}
1	46	55	126	51	75.0	25	72	6.8	489	27	8	360
2	52	55	95	42	81.2	18	50	7.2	464	30	5	348
3	46	69	107	38	98.0	18	74	6.8	430	32	9	386
4	49	50	105	48	97.6	16	60	6.8	362	26	6	331
5	42	55	90	46	66.5	2	68	7.2	453	23	11	391
6	48	61	106	43	78.0	25	58	7.0	405	29	7	389
7	49	60	100	49	90.6	15	60	7.0	420	21	10	379
8	48	63	122	52	56.0	17	68	7.0	466	28	2	362
9	45	55	105	48	76.0	15	61	6.8	415	24	6	386
10	48	64	120	38	60.2	20	62	7.0	413	28	7	398
11	49	52	100	42	53.4	6	42	7.4	404	23	6	400
12	47	62	100	34	61.2	10	62	7.2	427	25	7	407

(续表)

学生序号	体质情况							运动能力				
	X_1	X_2	X_3	X_4	X_5	X_6	X_7	X_8	X_9	X_{10}	X_{11}	X_{12}
13	41	51	101	53	62.4	5	60	8.0	372	25	3	409
14	52	55	125	43	86.3	5	62	6.8	496	30	10	350
15	45	52	94	50	51.4	20	65	7.6	394	24	3	399
16	49	57	110	47	72.3	19	45	7.0	446	30	11	337
17	53	65	112	47	90.4	15	75	6.6	420	30	12	357
18	47	57	95	47	72.3	9	64	6.6	447	25	4	447
19	48	60	120	47	86.4	12	62	6.8	398	28	11	381
20	49	55	113	41	84.1	15	60	7.0	398	27	4	387
21	48	69	128	42	47.9	20	63	7.0	485	30	7	350
22	42	57	122	46	54.2	15	63	7.2	400	28	6	388
23	54	64	155	51	71.4	19	61	6.9	511	33	12	298
24	53	63	120	42	56.6	8	53	7.5	430	29	4	353
25	42	71	138	44	65.2	17	55	7.0	487	29	9	370
26	46	66	120	45	62.2	22	68	7.4	470	28	7	360
27	45	56	91	29	66.2	18	51	7.9	380	26	5	358
28	50	60	120	42	56.6	8	57	6.8	460	32	5	348
29	42	51	126	50	50.0	13	57	7.7	398	27	2	383
30	48	50	115	41	52.9	6	39	7.4	415	28	6	314
31	42	52	140	48	56.3	15	60	6.9	470	27	11	348
32	48	67	105	39	69.2	23	60	7.6	450	28	10	326
33	49	74	151	49	54.2	20	58	7.0	500	30	12	330
34	47	55	113	40	71.4	19	64	7.6	410	29	7	331
35	49	74	120	53	54.5	22	59	6.9	500	33	21	348
36	44	52	110	37	54.9	14	57	7.5	400	29	2	421
37	52	66	130	47	45.9	14	45	6.8	505	28	11	355
38	48	68	100	45	53.6	23	70	7.2	522	28	9	352

第十一章　偏最小二乘回归分析

在实际问题中,经常遇到需要研究两组多重相关变量间的相互依赖关系,并研究用一组变量(常称为自变量或预测变量)去预测另一组变量(常称为因变量或响应变量),除了使用最小二乘准则下的经典多元线性回归分析(MLR),提取自变量组主成分的主成分回归分析(PCR)等方法外,还有近年发展起来的偏最小二乘回归分析(PLS)方法.

偏最小二乘回归分析提供一种多对多线性回归建模的方法,特别当两组变量的个数很多,且都存在多重相关性,而观测数据的数量(样本量)又较少时,用偏最小二乘回归分析建立的模型具有传统的经典回归分析等方法所没有的优点.

偏最小二乘回归分析在建模过程中集中了主成分分析、典型相关分析和线性回归分析方法的特点,因此在分析结果中,除了可以提供一个更为合理的回归模型以外,还可以同时完成一些类似于主成分分析和典型相关分析的研究内容,提供更加丰富、并深入的一些信息.

本章结合 SAS/STAT 软件中用于完成偏最小二乘回归分析的 PLS 过程,介绍偏最小二乘回归分析的建模方法;并通过例子从预测角度对所建立的回归模型进行比较.

§11.1　偏最小二乘回归分析方法

考虑 p 个因变量 $Y_1,\cdots,Y_p$ 与 m 个自变量 $X_1,\cdots,X_m$ 的建模问题. 偏最小二乘回归分析的基本作法是,首先在自变量集中提取第一成分 T_1(T_1 是 $X_1,\cdots,X_m$ 的线性组合,且尽可能多地提取原自变量集中的变异信息);同时在因变量集中也提取第一成分 U_1,并要求

T_1 与 U_1 相关程度达最大；然后建立因变量 $Y_1,\cdots,Y_p$ 与 T_1 的回归方程. 如果回归方程已达到满意的精度，则算法终止；否则继续第二对成分的提取，直到能达到满意的精度为止. 若最终对自变量集提取 r 个成分 $T_1,T_2,\cdots,T_r$，偏最小二乘回归分析将通过建立 $Y_1,\cdots,Y_p$ 与 $T_1,T_2,\cdots,T_r$ 的回归方程，然后再表示为 $Y_1,\cdots,Y_p$ 与原自变量的回归方程，即偏最小二乘回归方程.

为了比较方便，假定 p 个因变量 $Y_1,\cdots,Y_p$ 与 m 个自变量 $X_1,\cdots,X_m$ 均为标准化变量. 因变量组和自变量组的 n 次标准化观测数据阵分别记为：

$$Y_0=\begin{bmatrix} y_{11} & \cdots & y_{1p} \\ y_{21} & \cdots & y_{2p} \\ \vdots & & \vdots \\ y_{n1} & \cdots & y_{np} \end{bmatrix},\quad X_0=\begin{bmatrix} x_{11} & \cdots & x_{1m} \\ x_{21} & \cdots & x_{2m} \\ \vdots & & \vdots \\ x_{n1} & \cdots & x_{nm} \end{bmatrix}.$$

现在介绍偏最小二乘回归分析建模的具体步骤：

(1) 分别提取两变量组的第一对成分，并使之相关性达最大. 假设从两组变量分别提取第一对成分为 T_1 和 U_1，T_1 是自变量集 $X=(X_1,\cdots,X_m)'$ 的线性组合：

$$T_1=w_{11}X_1+\cdots+w_{1m}X_m=w_1'X,$$

U_1 是因变量集 $Y=(Y_1,\cdots,Y_p)'$ 的线性组合：

$$U_1=v_{11}Y_1+\cdots+v_{1p}Y_p=v_1'Y.$$

为了回归分析的需要，要求：

① T_1 和 U_1 各自尽可能多地提取所在变量组的变异信息；

② T_1 和 U_1 的相关程度达到最大.

由两组变量集的标准化观测数据阵 X_0 和 Y_0，可以计算第一对成分的得分向量，分别记为 t_1 和 u_1：

$$t_1=X_0w_1=\begin{bmatrix} x_{11} & x_{12} & \cdots & x_{1m} \\ x_{21} & x_{22} & \cdots & x_{2m} \\ \vdots & \vdots & & \vdots \\ x_{n1} & x_{n2} & \cdots & x_{nm} \end{bmatrix}\begin{bmatrix} w_{11} \\ w_{12} \\ \vdots \\ w_{1m} \end{bmatrix}=\begin{bmatrix} t_{11} \\ t_{21} \\ \vdots \\ t_{n1} \end{bmatrix},$$

$$u_1 = Y_0 v_1 = \begin{bmatrix} y_{11} & y_{12} & \cdots & y_{1p} \\ y_{21} & y_{22} & \cdots & y_{2p} \\ \vdots & \vdots & & \vdots \\ y_{n1} & y_{n2} & \cdots & y_{np} \end{bmatrix} \begin{bmatrix} v_{11} \\ v_{12} \\ \vdots \\ v_{1p} \end{bmatrix} = \begin{bmatrix} u_{11} \\ u_{21} \\ \vdots \\ u_{n1} \end{bmatrix}.$$

第一对成分 T_1 和 U_1 的协方差 $\mathrm{Cov}(T_1, U_1)$ 可用第一对成分的得分向量 t_1 和 u_1 的内积来计算. 故而上述①和②两个要求可化为数学分析中的条件极值问题：

$$\begin{cases} \langle t_1, u_1 \rangle = \langle X_0 w_1, Y_0 v_1 \rangle = w_1' X_0' Y_0 v_1 \rightarrow \text{最大}, \\ w_1' w_1 = \|w_1\|^2 = 1, \quad v_1' v_1 = \|v_1\|^2 = 1. \end{cases}$$

利用拉格朗日乘子法，上述问题可化为求单位向量 w_1 和 v_1，使 $\theta_1 = w_1' X_0' Y_0 v_1 \rightarrow$ 最大. 问题的求解只须通过计算 m 阶矩阵

$$M = X_0' Y_0 Y_0' X_0$$

的特征值和特征向量，且 M 的最大特征值为 θ_1^2，相应的单位特征向量就是所求的解 w_1，而 v_1 可由 w_1 计算得到：

$$v_1 = \frac{1}{\theta_1} Y_0' X_0 w_1.$$

在 SAS/STAT 软件的 PLS 过程中称 $w_1 = (w_{11}, \cdots, w_{1m})'$ 为**模型效应权重**(Model Effect Weights)；称 $v_1 = (v_{11}, \cdots, v_{1p})'$ 为**因变量权重**(Dependent Variable Weights).

(2) 建立 $Y_1, \cdots, Y_p$ 对 T_1 的回归，以及 $X_1, \cdots, X_m$ 对 T_1 的回归方程. 假定回归模型为

$$\begin{cases} X_0 = t_1 \alpha_1' + E_1, \\ Y_0 = t_1 \beta_1' + F_1, \end{cases}$$

其中 t_1 为 n 维得分向量，$\alpha_1' = (\alpha_{11}, \cdots, \alpha_{1m})$，$\beta_1' = (\beta_{11}, \cdots, \beta_{1p})$ 分别是多因变量而只有一个自变量的回归模型中的参数向量，E_1 和 F_1 分别为 $n \times m$ 和 $n \times p$ 残差阵. 回归系数向量 α_1, β_1 的最小二乘估计为

$$\begin{cases} \alpha_1' = (t_1' t_1)^{-1} t_1' X_0, \\ \beta_1' = (t_1' t_1)^{-1} t_1' Y_0, \end{cases} \quad \text{或} \quad \alpha_1 = \frac{X_0' t_1}{\| t_1 \|^2}, \ \beta_1 = \frac{Y_0' t_1}{\| t_1 \|^2}.$$

在 PLS 过程中我们称 $\alpha_1=(\alpha_{11},\cdots,\alpha_{1m})'$ 为模型效应载荷量(Model Effect Loadings).

(3) 用残差阵 E_1 和 F_1 代替 X_0 和 Y_0,然后再重复以上步骤. 记 $\hat{X}_0=t_1\alpha_1'$, $\hat{Y}_0=t_1\beta_1'$,则残差阵 $E_1=X_0-\hat{X}_0$, $F_1=Y_0-\hat{Y}_0$. 如果残差阵 F_1 中元素的绝对值近似为 0,则认为用第一个成分建立的回归方程精度已满足需要了,可以停止抽取成分. 否则用残差阵 E_1 和 F_1 代替 X_0 和 Y_0,重复以上步骤,即得:

$$w_2=(w_{21},\cdots,w_{2m})';\quad v_2=(v_{21},\cdots,v_{2p})',$$

分别为第二对成分 T_2 和 U_2 的权重. 而 $t_2=E_1w_2$, $u_2=F_1v_2$ 为第二对成分的得分向量,

$$\alpha_2=\frac{E_1't_2}{\|t_2\|^2},\quad \beta_2=\frac{F_1't_2}{\|t_2\|^2}$$

分别为 X,Y 的第二对成分的载荷量. 这时有

$$\begin{cases}X_0=t_1\alpha_1'+t_2\alpha_2'+E_2,\\ Y_0=t_1\beta_1'+t_2\beta_2'+F_2.\end{cases}$$

(4) 设 $n\times m$ 数据阵 X_0 的秩为 $r\leqslant\min(n-1,m)$,则存在 r 个成分 $t_1,t_2,\cdots,t_r$,使得

$$\begin{cases}X_0=t_1\alpha_1'+\cdots+t_r\alpha_r'+E_r,\\ Y_0=t_1\beta_1'+\cdots+t_r\beta_r'+F_r.\end{cases}$$

设 X_i^* $(i=1,\cdots,m)$, Y_j^* $(j=1,\cdots,p)$表示标准化变量,把

$$T_k=w_{k1}X_1^*+\cdots+w_{km}X_m^*\quad(k=1,\cdots,r)$$

代入

$$Y_j^*=\beta_{1j}T_1+\beta_{2j}T_2+\cdots+\beta_{rj}T_r\quad(j=1,2,\cdots,p),$$

即得 p 个标准化因变量的偏最小二乘回归方程:

$$\hat{Y}_j^*=a_{j1}^*X_1^*+\cdots+a_{jm}^*X_m^*\quad(j=1,\cdots,p).$$

然后再还原为原始变量的偏最小二乘回归方程:

$$\hat{Y}_j=a_{j0}+a_{j1}X_1+\cdots+a_{jm}X_m\quad(j=1,\cdots,p).$$

(5) 确定抽取成分的个数 l. 一般情况下,偏最小二乘回归分析

并不需要选用存在的所有 r 个成分 $t_1,t_2,\cdots,t_r$ 来建立回归方程,而像主成分分析一样,只选用前 l 个成分($l\leqslant r$),即可得到预测能力较好的回归模型. 下面讨论确定抽取成分个数 l 的几种方法:

① "舍一交叉验证方法": 每次舍去第 i 个观测($i=1,\cdots,n$),用余下的 $n-1$ 个观测按偏最小二乘回归方法建模,并考虑抽取 k 个成分后拟合的回归方程,然后把舍去的第 i 个观测点代入所拟合的回归方程,得到 Y_j ($j=1,\cdots,p$)在第 i 个观测点上的预测值 $\hat{y}_{j(i)}(k)$. 对 $i=1,2,\cdots,n$ 重复以上的验证,即得抽取 k 个成分时第 j 个因变量 Y_j ($j=1,\cdots,p$)的预测残差平方和(PRESS)为

$$\mathrm{PRESS}_j(k)=\sum_{i=1}^{n}(y_{ij}-\hat{y}_{j(i)}(k))^2\quad(j=1,\cdots,p).$$

$Y=(Y_1,\cdots,Y_p)'$的预测残差平方和为

$$\mathrm{PRESS}(k)=\sum_{j=1}^{p}\mathrm{PRESS}_j(k).$$

先对抽取成分的个数 k 从 1 至 r 个逐个计算 Y 的预测残差平方和 PRESS(k),然后选取使 Y 的预测残差平方和达到最小值的 k,让 $l=k$.

② "分批交叉验证方法": 每次扣留连续的 q 个观测作为检验数据集, $q=1$ 时就是"舍一交叉验证方法", 类似地,按使预测残差平方和达到最小的准则确定抽取成分的个数.

③ "分裂样本(Split-Sample)交叉验证方法": 此方法中所扣留的用以作为检验数据集的观测不必是连续的,而是按一定宽度抽取而构成的. 例如第一次扣留的观测为{1,11,21,…},然后是{2,12,22,…}等等.

④ "随机样本交叉验证方法": 此方法中所扣留的用以作为检验数据集的观测可以是随机抽取.

以上方法是 SAS/STAT 软件中 PLS 过程提供的,此外还有其它的方法(见参考文献[11]). 在实际应用中这些方法所确定的成分个数也不完全一致,最后确定成分的个数可综合各种验证的结果及从理论上给出的检验方法.

§11.2　应用例子

例 11.2.1　康复俱乐部对 20 名中年人测量了三个生理指标：weight(体重)、waist(腰围)、pulse(脉搏),并测量了三个训练指标：chins(单杠)、situps(仰卧起坐)、jumps(跳高)(测量数据见第十章表 10.2).试用偏最小二乘回归方法建立由三个生理指标分别预测三个训练指标的回归模型,并对所得的计算结果进行分析.

解　使用 SAS/STAT 软件中 PLS 过程来完成偏最小二乘回归分析,并对标准化数据进行分析计算.输出的数据集中包括成分的得分向量：$t_1,\cdots,t_l,u_1,\cdots,u_l$,以及偏最小二乘回归方程对 p 个因变量的预测结果,其部分结果见输出 11.2.1 至输出 11.2.3.

从输出 11.2.1 可以看出,由自变量组抽取的第 k 个成分 T_k $(k=1,2,3)$可解释 $X=(X_1,\cdots,X_m)'$(或称模型效应)变差的百分比分别为 69.4781%, 22.6694%和 7.8525%.而 T_k $(k=1,2,3)$可解释因变量组 $Y=(Y_1,\cdots,Y_p)'$变差的百分比分别为 20.9447%, 2.9491%和 3.7718%.由此可见 T_2,T_3 对 Y 的解释能力已非常微弱了.从这里也可以初步直观地看出,只需抽取一个成分 T_1 就已足够了.

输出 11.2.1　被偏最小二乘因子解释的变差的百分比

The PLS Procedure

Percent Variation Accounted for
by Partial Least Squares Factors

Number of Extracted Factors	Model Effects Current	Model Effects Total	Dependent Variables Current	Dependent Variables Total
1	69.4781	69.4781	20.9447	20.9447
2	22.6694	92.1475	2.9491	23.8938
3	7.8525	100.0000	3.7718	27.6656

输出 11.2.2 给出模型效应的权重 w_k $(k=1,2,3)$和因变量的权重 v_k $(k=1,2,3)$.比如 $k=1$ 时可得出 T_1 和 U_1 为

$$T_1=w_1'X=-0.5985\text{weight}^*-0.7826\text{waist}^*+0.2423\text{pulse}^*,$$

$$U_1=v_1'Y=0.6133\text{chins}^*+0.7470\text{situps}^*+0.2567\text{jumps}^*.$$

输出 11.2.2　模型效应和因变量的权重

Model Effect Weights

Number of Extracted Factors	weight	waist	pulse	Inner Regression Coefficients
1	-0.598464	-0.782550	0.242348	0.549051
2	0.584054	-0.707666	-0.842793	0.360681
3	0.657469	-0.287058	0.696658	0.693060

Dependent Variable Weights

Number of Extracted Factors	chins	situps	jumps
1	0.613307	0.746972	0.256685
2	0.748517	0.647049	0.145086
3	0.688603	0.657104	-0.306659

输出 11.2.3　模型效应的负荷量

Model Effect Loadings

Number of Extracted Factors	weight	waist	pulse
1	-0.656377	-0.666340	0.353780
2	-0.015877	-0.284692	-0.958488
3	0.657469	-0.287058	0.696658

输出 11.2.3 给出模型效应的负荷量 α_k $(k=1,2,3)$. 例如

$$\alpha_1=(-0.656377,-0.666340,0.353780)'$$

是生理指标变量 weight*, waist* 和 pulse* 关于 T_1 的回归系数.

因没有指定抽取成分(即偏最小二乘因子)的个数,以上只给出所有可能成分 $r=3$ 的结果. 这时所得到的偏最小二乘回归方程就是最小二乘准则下多对多线性回归方程(省略了). 如果指定抽取成分的个数为 2,所得到的偏最小二乘回归方程见输出 11.2.4.

由输出 11.2.4 可得出因变量 situps 的标准化回归方程(右上角带"*"的变量表示标准化变量)及还原为原始变量的回归方程分别为:

$$\text{situps}^*=-0.1385\text{weight}^*-0.5244\text{waist}^*-0.0854\text{pulse}^*,$$

$$\text{situps}=612.5671-0.3509\text{weight}-10.2477\text{waist}-0.7412\text{pulse}.$$

经进一步计算可知,回归方程是显著的($p=0.0155<0.05$),决定系数 $R^2=0.3876$. 回归方程中 weight 和 waist 系数的符号皆为负,这是合乎实际意义的. 我们还可以用 REG 过程(在 MODEL 语句后加选项 R)得出由“舍一交叉验证方法”而得到的预测残差平方和:PRESS=17.14692(这里没有显示).

输出 11.2.4 抽取成分个数为 2 时偏最小二乘回归方程的参数估计

Parameter Estimates for Centered and Scaled Data

	chins	situps	jumps
Intercept	0.0000000000	0.0000000000	0.0000000000
weight	-.0777704452	-.1384668393	-.0603559018
waist	-.4989281575	-.5244458437	-.1559181910
pulse	-.1321877334	-.0854203022	-.0072854215

Parameter Estimates

	chins	situps	jumps
Intercept	47.0197329	612.5671220	183.9848928
weight	-0.0166508	-0.3508797	-0.1253477
waist	-0.8237024	-10.2476753	-2.4969262
pulse	-0.0969133	-0.7412177	-0.0518112

输出 11.2.5 用交叉验证法确定抽取成分的个数为 1

Cross Validation for the Number of Extracted Factors

Number of Extracted Factors	Root Mean PRESS
0	1.052632
1	0.996829
2	1.046888
3	1.075091

Minimum root mean PRESS	0.9968
Minimizing number of factors	1

如果在 PLS 过程中要求使用“舍一交叉验证方法”进行交叉验证,并确定抽取成分(即偏最小二乘因子)的个数. 计算结果是当抽取一个偏最小二乘因子时,得到的预测残差平方和的均方根达最小(见输出 11.2.5),其最小值为 0.9968.

当使用其他交叉验证方法时确定的因子个数也均为 1. 当抽取因子的个数为 1 时,得到的偏最小二乘回归方程的参数估计见输出

11.2.6.

输出 11.2.6 因子个数为1时偏最小二乘回归方程的参数估计

Parameter Estimates for Centered and Scaled Data

	chins	situps	jumps
Intercept	0.0000000000	0.0000000000	0.0000000000
weight	-.2015249745	-.2454453490	-.0843434721
waist	-.2635136754	-.3209438740	-.1102873645
pulse	0.0816076463	0.0993932254	0.0341549342

Parameter Estimates

	chins	situps	jumps
Intercept	29.2001686	430.2510765	150.4807263
weight	-0.0431468	-0.6219668	-0.1751653
waist	-0.4350463	-6.2712454	-1.7661788
pulse	0.0598306	0.8624650	0.2428971

由输出 11.2.6 可得出因变量 situps 的标准化回归方程(右上角带“*”的变量表示标准化变量)及还原为原始变量的回归方程分别为:

$$\text{situps}^* = -0.2454\text{weight}^* - 0.3209\text{waist}^* + 0.0994\text{pulse}^*,$$

$$\text{situps} = 430.2511 - 0.6220\text{weight} - 6.2712\text{waist} + 0.8625\text{pulse}.$$

经进一步计算可知,回归方程是显著的($p=0.0059<0.05$),决定系数 $R^2=0.3506$. 回归方程中 weight 和 waist 系数的符号皆为负的,这合乎实际意义. 使用“舍一交叉验证方法”而得到的预测残差平方和

$$\text{PRESS}=14.99592 \quad (\text{见输出 } 11.2.7).$$

另两个因变量的回归方程这里省略. 输出 11.2.7 给出在 REG

输出 11.2.7 当抽取成分个数为1时因变量 SITUPS 的预测残差平方和 PRESS

The REG Procedure
Model: nfar1
Dependent Variable: situps 仰卧起坐

Sum of Residuals	0
Sum of Squared Residuals	12.33873
Predicted Residual SS (PRESS)	14.99592

过程中使用选项 R 得到的关于 PRESS 的结果.

表 11.1 给出了对三个因变量关于几种建模方法的预测残差平方和 PRESS 值的比较,这几种建模方法为: 经典的多元线性回归方法(MLR),主成分个数为 1 或 2 时的主成分回归方法(PCR(1)或PCR(2)),以及偏最小二乘因子个数为 1 或 2 时的偏最小二乘回归方法(PLS(1)或 PLS(2)).

表 11.1 对三个因变量比较几种建模方法的 PRESS 值

	MLR	PCR(1)	PCR(2)	PLS(1)	PLS(2)
chins	19.2108	18.7536	20.1552	17.6540	19.3307
situps	19.4546	15.4981	17.0632	14.9959	17.1469
jumps	27.2164	21.8387	23.6942	21.8714	23.2857

从表 11.1 明显可以看出,当抽取偏最小二乘因子(成分)的个数为 1 时所建立的偏最小二乘回归方程(见输出 11.2.6)的预测残差平方和 PRESS 比其他几个方法都小. 此例中两个变量组的个数都不多,多重相关性也不是特别严重, PLS 方法的优点在这里还没有更充分地显示出来.

有关 SAS/STAT 软件中 PLS 过程的用法及其全面的功能请参考 SAS 系统(8 及以上版本)有关 PLS 过程的帮助系统,其中的应用例子更能说明偏最小二乘回归方法的特点.

习 题 十 一

11-1(化工试验例子) 考察的指标(因变量)Y 表示原辛烷值,自变量 x_1 表示直接蒸馏成分, x_2 表示重整汽油, x_3 表示原油热裂化油, x_4 表示原油催化裂化油, x_5 表示聚合物, x_6 表示烷基化物, x_7 表示天然香精. 7 个变量表示 7 个成分含量的比例(满足 $x_1+x_2+\cdots+x_7=1$). 表 11.2 给出 12 种混合物中 7 种成分和 Y 的数据. 试用偏最小二乘方法建立 Y 与 $x_1,x_2,\cdots,x_7$ 的回归方程,用于确定 7 种构成元素 $x_1,x_2,\cdots,x_7$ 对 Y 的影响.

表 11.2 化工试验的原始数据

序号	x_1	x_2	x_3	x_4	x_5	x_6	x_7	Y
1	0.00	0.23	0.00	0.00	0.00	0.74	0.03	98.7
2	0.00	0.10	0.00	0.00	0.12	0.74	0.04	97.8
3	0.00	0.00	0.00	0.10	0.12	0.74	0.04	96.6
4	0.00	0.49	0.00	0.00	0.12	0.37	0.02	92.0
5	0.00	0.00	0.00	0.62	0.12	0.18	0.08	86.6
6	0.00	0.62	0.00	0.00	0.00	0.37	0.01	91.2
7	0.17	0.27	0.10	0.38	0.00	0.00	0.08	81.9
8	0.17	0.19	0.10	0.38	0.02	0.06	0.08	83.1
9	0.17	0.21	0.10	0.38	0.00	0.06	0.08	82.4
10	0.17	0.15	0.10	0.38	0.02	0.10	0.08	83.2
11	0.21	0.36	0.12	0.25	0.00	0.00	0.06	81.4
12	0.00	0.00	0.00	0.55	0.00	0.37	0.08	88.1

11-2 试对第十章表 10.4 的 38 名学生的体质和运动能力数据,用偏最小二乘法建立 5 个运动能力指标与 7 个体质变量的回归方程.

附录　矩阵代数

矩阵和行列式是多元统计分析的重要工具，本附录对书中需要用到的有关矩阵代数知识作一简单的回顾和介绍，熟悉这些内容对阅读本书将带来很大方便. 如果读者希望对这方面知识有更多、更详细的了解，可参考有关的教科书.

§1　向量与长度

一、向量的定义及几何意义

由 n 个实数 $x_1,x_2,\cdots,x_n$ 组成的一个数组称为 n 维向量，记为

$$X=\begin{bmatrix} x_1 \\ x_2 \\ \vdots \\ x_n \end{bmatrix}, \quad \text{或} \quad X=(x_1,x_2,\cdots,x_n)'.$$

n 维向量在几何上可表示为一个有方向的线段. 向量可以进行数乘和加法运算. 向量通过乘一个常数 c 来实现伸长或缩短. 如向量 $Y=cX=(cx_1,cx_2,\cdots,cx_n)'$ (c 为常数)，当 $c>1$ 时，向量 Y 是由 X 沿正方向伸长为原来的 c 倍得到的；当 $0<c<1$，向量 Y 是由 X 沿正方向缩短为原来的 c 倍得到的；当 $c<0$ 时向量 Y 是由 X 沿反方向伸长或缩短为原来的 c 倍得到的.

两向量 $X=(x_1,x_2,\cdots,x_n)'$ 和 $Y=(y_1,y_2,\cdots,y_n)'$ 的和为

$$X+Y=\begin{bmatrix} x_1 \\ x_2 \\ \vdots \\ x_n \end{bmatrix}+\begin{bmatrix} y_1 \\ y_2 \\ \vdots \\ y_n \end{bmatrix}=\begin{bmatrix} x_1+y_1 \\ x_2+y_2 \\ \vdots \\ x_n+y_n \end{bmatrix}.$$

二、向量的长度和两向量间的夹角

向量 $X=(x_1,x_2,\cdots,x_n)'$ 的长度记为 L_X，其定义为

$$L_X = \sqrt{x_1^2 + x_2^2 + \cdots + x_n^2}.$$

若令 $Y=cX$,则 $L_Y=L_{cX}=|c|L_X$. 取 $c=1/L_X$,则得到长度为 1 且与 X 同方向的单位向量 $Y=L_X^{-1}X$.

下面我们来考虑两个向量 X 和 Y 之间的夹角 θ. 当 $n=2$ 时,若记向量 $X=(x_1,x_2)'$ 和 $Y=(y_1,y_2)'$,它们与横坐标的夹角分别为 θ_1 和 θ_2,则两向量之间的夹角为 $\theta=\theta_2-\theta_1$,而且

$$\begin{aligned}\cos\theta &= \cos(\theta_2-\theta_1) = \cos(\theta_2)\cos(\theta_1) + \sin(\theta_2)\sin(\theta_1)\\ &= \frac{y_1}{L_y}\frac{x_1}{L_X} + \frac{y_2}{L_y}\frac{x_2}{L_X} = \frac{x_1y_1 + x_2y_2}{L_XL_Y}.\end{aligned}$$

推广到 n 维向量也有相似的定义. 如果引入两个 n 维向量 X 和 Y 间的内积 (X,Y),其定义为

$$(X,Y) = X'Y = Y'X = x_1y_1 + x_2y_2 + \cdots + x_ny_n,$$

则 n 维向量 X 的长度 L_X 以及两个向量 X 和 Y 的夹角 θ 都可以用内积来表示:

$$L_X = \sqrt{X'X},$$

$$\cos\theta = \frac{x_1y_1 + \cdots + x_ny_n}{L_XL_Y} = \frac{X'Y}{\sqrt{X'X}\sqrt{Y'Y}}.$$

当 $X'Y=0$ 时, $\cos\theta=0$,所以我们说,当 $X'Y=0$ 时向量 X 与 Y 相互垂直.

三、向量的线性相关与线性无关

一组 n 维向量 $X_1,X_2,\cdots,X_p$,如果存在不全为零的常数 $c_1,c_2,\cdots,c_p$,使

$$c_1X_1 + c_2X_2 + \cdots + c_pX_p = 0,$$

则称这组向量线性相关. 线性相关意味着这组向量中至少有一个向量能写成其余向量的线性组合. 如果一组 n 维向量不线性相关,就称它们线性无关.

四、向量 X 在向量 Y 上的投影

设 $X=(x_1,x_2,\cdots,x_n)'$, $Y=(y_1,y_2,\cdots,y_n)'$,向量 X 在向量 Y 上的投影为

$$X \text{ 在 } Y \text{ 上的投影} = \frac{(X,Y)}{(Y,Y)}Y = \frac{X'Y}{L_Y}\frac{1}{L_Y}Y,$$

其中单位向量 $\frac{1}{L_Y}Y$ 表示 X 在 Y 上投影的方向. 而向量 X 在向量 Y 上投影的长度即为

$$\frac{|X'Y|}{L_Y} = L_X\left|\frac{X'Y}{L_XL_Y}\right| = L_X|\cos\theta|,$$

其中 θ 是两个向量 X 和 Y 之间的夹角.

§2 矩阵及基本运算

一、矩阵的定义

将 $p\times q$ 个实数 $a_{11},a_{12},\cdots,a_{pq}$ 排列成一个如以下形式的 p 行、q 列的长方形表：

$$A=\begin{bmatrix} a_{11} & a_{12} & \cdots & a_{1q} \\ a_{21} & a_{22} & \cdots & a_{2q} \\ \vdots & \vdots & & \vdots \\ a_{p1} & a_{p2} & \cdots & a_{pq} \end{bmatrix},$$

称 A 为 $p\times q$ 矩阵，常记作 $A=(a_{ij})_{p\times q}$，其中 a_{ij} 是第 i 行、第 j 列的元素、本书中 a_{ij} 均为实数.

若 $q=1$，则称 A 为 p 维列向量，记作 a；当 p 维列向量的所有元素均为 1 时，常记为 $\mathbf{1}_p$：

$$a=\begin{bmatrix} a_1 \\ a_2 \\ \vdots \\ a_p \end{bmatrix},\quad \mathbf{1}_p=\begin{bmatrix} 1 \\ 1 \\ \vdots \\ 1 \end{bmatrix}.$$

若 $p=1$，则称 A 为 q 维行向量，记作

$$a'=(a_1,a_2,\cdots,a_q).$$

若 A 的所有元素全为零，则称 A 为零矩阵，记作 $A=O_{p\times q}$ 或 $A=O$. 若 A 的所有元素全为 1，常记该矩阵为 J，显然 $J_{p\times q}=\mathbf{1}_p\mathbf{1}_q'$.

若 $p=q$，则称 A 为 p 阶方阵，$a_{11},a_{22},\cdots,a_{pp}$ 称为它的对角线元素，其他元素 $a_{ij}\,(i\neq j)$ 称为非对角线元素.

若方阵 A 的对角线下方的元素全为零，则称 A 为上三角矩阵. 显然，$a_{ij}=0,i>j$.

若方阵 A 的对角线上方的元素全为零，则称 A 为下三角矩阵. 显然，$a_{ij}=0,i<j$.

若方阵 A 的所有非对角线元素均为零，则称 A 为对角矩阵，简记为 $A=\mathrm{diag}(a_{11},a_{22},\cdots,a_{pp})$.

若 p 阶对角矩阵 A 的所有 p 个对角线元素均为 1，则称 A 为 p 阶单位矩

阵,记作 $A=I_p$ 或 $A=I$.

若将矩阵 A 的行与列互换,则得到的矩阵称为 A 的转置,记作 A',即

$$A' = \begin{bmatrix} a_{11} & a_{21} & \cdots & a_{p1} \\ a_{12} & a_{22} & \cdots & a_{p2} \\ \vdots & \vdots & & \vdots \\ a_{1q} & a_{2q} & \cdots & a_{pq} \end{bmatrix}_{q\times p}.$$

若 A 是方阵,且 $A'=A$,则称 A 为对称矩阵. 显然 $a_{ij}=a_{ji}$.

若 A 是方阵,且 $A'=-A$,则称 A 为斜对称矩阵. 显然 $a_{ii}=0$, $a_{ij}=-a_{ji}$ $(i\neq j)$.

二、矩阵的运算

若 $A=(a_{ij})$为 $p\times q$ 矩阵, $B=(b_{ij})$为 $p\times q$ 矩阵,则 A 与 B 的和定义为

$$A+B=(a_{ij}+b_{ij})_{p\times q}.$$

若 c 为一常数,则它与 A 的积定义为

$$cA=(ca_{ij})_{p\times q}.$$

若 $A=(a_{ij})$为 $p\times q$ 矩阵, $B=(b_{ij})$为 $q\times r$ 矩阵,则 A 与 B 的积定义为

$$AB=\left(\sum_{k=1}^{q} a_{ik}b_{kj}\right)_{p\times r}.$$

从上述定义中容易得出如下的运算规律:

(1) $(A+B)'=A'+B'$.

(2) $(AB)'=B'A'$.

(3) $A(B_1+B_2)=AB_1+AB_2$.

(4) $A\left(\sum_{\alpha=1}^{k} B_\alpha\right)=\sum_{\alpha=1}^{k} AB_\alpha$.

(5) $c(A+B)=cA+cB$.

若 p 阶方阵 A 满足 $AA'=I$,则称 A 为正交矩阵. 显然, $\sum_{j=1}^{p} a_{ij}^2=1$ $(i=1,2,\cdots,p)$,称 A 的 p 个行向量为单位向量; $\sum_{j=1}^{p} a_{ij}a_{kj}=0$ $(i\neq k)$,称 A 的 p 个行向量两两相互正交. 又从 $A'A=I$ 得: $\sum_{i=1}^{p} a_{ij}^2=1$ $(j=1,\cdots,p)$, $\sum_{i=1}^{p} a_{ij}a_{ik}=0$ $(j\neq k)$,即 A 的 p 个列向量也是一组相互正交的单位向量. 例如,以下三个矩阵都是正交阵:

$$\begin{bmatrix} 1 & 0 \\ 0 & -1 \end{bmatrix},\quad \begin{bmatrix} \frac{\sqrt{2}}{2} & \frac{\sqrt{2}}{2} \\ -\frac{\sqrt{2}}{2} & \frac{\sqrt{2}}{2} \end{bmatrix},\quad \begin{bmatrix} \frac{1}{\sqrt{3}} & \frac{1}{\sqrt{3}} & \frac{1}{\sqrt{3}} \\ \frac{1}{\sqrt{2\cdot 1}} & \frac{-1}{\sqrt{2\cdot 1}} & 0 \\ \frac{1}{\sqrt{3\cdot 2}} & \frac{1}{\sqrt{3\cdot 2}} & \frac{-2}{\sqrt{3\cdot 2}} \end{bmatrix}.$$

若方阵 A 满足 $A^2=A$,则称 A 为幂等矩阵.例如,

$$\begin{bmatrix} 1 & 0 \\ 0 & 1 \end{bmatrix},\quad \begin{bmatrix} 1 & 1 \\ 0 & 0 \end{bmatrix},\quad \begin{bmatrix} 1/2 & 1/2 \\ 1/2 & 1/2 \end{bmatrix}.$$

对称的幂等矩阵称为投影矩阵.

矩阵的分块是在处理阶数较高的矩阵时常用的方法.有时,我们把一个高阶矩阵看成是由一些低阶矩阵组成的,就像矩阵是由数值组成的一样.设 $A=(a_{ij})$为 $p\times q$ 矩阵,将它剖分成四块,表示成

$$A=\left[\begin{array}{c:c} A_{11} & A_{12} \\ \hdashline A_{21} & A_{22} \end{array}\right],$$

其中 A_{11}为 $k\times l$ 矩阵,A_{12}为 $k\times(q-l)$矩阵,A_{21}为$(p-k)\times l$ 矩阵,A_{22}为$(p-k)\times(q-l)$矩阵.分块矩阵也满足一般矩阵的加法、乘法等运算规律.

若 A 和 B 有相同的分块,则

$$A+B=\begin{bmatrix} A_{11}+B_{11} & A_{12}+B_{12} \\ A_{21}+B_{21} & A_{22}+B_{22} \end{bmatrix}.$$

若 C 为 $q\times r$ 矩阵,剖分成

$$C=\begin{bmatrix} C_{11} & C_{12} \\ C_{21} & C_{22} \end{bmatrix},$$

其中 C_{11}为 $l\times m$ 矩阵,C_{12}为 $l\times(r-m)$矩阵,C_{21}为$(q-l)\times m$ 矩矩,C_{22}为$(q-l)\times(r-m)$矩阵,则有

$$\begin{aligned} AC &= \begin{bmatrix} A_{11} & A_{12} \\ A_{21} & A_{22} \end{bmatrix}\begin{bmatrix} C_{11} & C_{12} \\ C_{21} & C_{22} \end{bmatrix} \\ &= \begin{bmatrix} A_{11}C_{11}+A_{12}C_{21} & A_{11}C_{12}+A_{12}C_{22} \\ A_{21}C_{11}+A_{22}C_{21} & A_{21}C_{12}+A_{22}C_{22} \end{bmatrix}. \end{aligned}$$

§3　行　列　式

p 阶方阵 $A=(a_{ij})$的行列式定义为

$$|A|=\sum_{j_1j_2\cdots j_p}(-1)^{\tau(j_1j_2\cdots j_p)}a_{1j_1}a_{2j_2}\cdots a_{pj_p},$$

这里 $\sum\limits_{j_1j_2\cdots j_p}$ 表示对 $1,2,\cdots,p$ 的所有排列求和，$\tau(j_1j_2\cdots j_p)$是排列 $j_1,j_2,\cdots,j_p$ 中逆序的总数，称它为这个排列的逆序数. 一个逆序是指在一个排列中一对数的前后位置与大小顺序相反，即前面的数大于后面的数. 例如，$\tau(3,1,4,2)=3$.

由行列式的定义可以得到如下的一些基本性质：

性质 1 若 A 的某行(或列)为零，则 $|A|=0$.

性质 2 $|A'|=|A|$.

性质 3 若将 A 的某一行(或列)乘以常数 c，则所得矩阵的行列式为 $c|A|$.

性质 4 若 A 是一个 p 阶方阵，c 为一常数，则 $|cA|=c^p|A|$.

性质 5 若互换 A 的任意两行(或列)，则行列式符号改变.

性质 6 若 A 的某两行(或列)相同，则行列式为零.

性质 7 若将 A 的某一行(或列)的倍数加到另一行(或列)，则所得行列式不变.

性质 8 若 A 的某一行(或列)是其他一些行(或列)的线性组合，则行列式为零.

性质 9 若 p 阶方阵 A 为上三角矩阵或下三角矩阵或对角矩阵，则 $|A|=\prod\limits_{i=1}^{p}a_{ii}$.

性质 10 若 A 和 B 均为 p 阶方阵，则 $|AB|=|A||B|$.

性质 11 因 AA' 为非负定矩阵，故有 $|AA'|\geqslant 0$.

性质 12 若 A 与 B 都是方阵，则 $\begin{vmatrix}A & C\\ O & B\end{vmatrix}=\begin{vmatrix}A & O\\ C & B\end{vmatrix}=|A||B|$.

性质 13 若 A 为 $p\times q$ 矩阵，B 为 $q\times p$ 矩阵，则 $|I_p+AB|=|I_q+BA|$.

证明 因为

$$\begin{bmatrix}I_p & A\\ O & I_q\end{bmatrix}\begin{bmatrix}I_p & -A\\ B & I_q\end{bmatrix}=\begin{bmatrix}I_p+AB & O\\ B & I_q\end{bmatrix},$$

$$\begin{bmatrix}I_p & O\\ -B & I_q\end{bmatrix}\begin{bmatrix}I_p & -A\\ B & I_q\end{bmatrix}=\begin{bmatrix}I_p & -A\\ O & I_q+BA\end{bmatrix},$$

将上述两个等式的两边各取行列式，故得

$$|I_p+AB|=|I_q+BA|.$$ **(证毕)**

例如，若 x,y 为两个 p 维向量，则

$$|I_p+xy'|=1+y'x.$$

设 A 为 p 阶方阵，将其元素 a_{ij} 所在的第 i 行与第 j 列划去所得 $(p-1)$ 阶矩阵的行列式，称为元素 a_{ij} 的子式，记为 M_{ij}. $A_{ij}=(-1)^{i+j}M_{ij}$ 称为元素 a_{ij} 的代数余子式. 有以下公式成立

$$|A| = \sum_{j=1}^{p} a_{ij}A_{ij} = \sum_{i=1}^{p} a_{ij}A_{ij},$$

$$\sum_{j=1}^{p} a_{kj}A_{ij} = 0\ (k \neq i), \quad \sum_{i=1}^{p} a_{ik}A_{ij} = 0\ (k \neq j).$$

例如，若

$$A = \begin{bmatrix} 6 & 5 & 10 & 1 \\ 7 & 10 & 7 & 6 \\ 9 & 8 & 12 & 2 \\ 4 & 9 & 11 & 3 \end{bmatrix}, \quad a_{32} \text{ 的子式为 } M_{32} = \begin{vmatrix} 6 & 10 & 1 \\ 7 & 7 & 6 \\ 4 & 11 & 3 \end{vmatrix},$$

则其代数余子式为 $A_{32} = (-1)^{3+2}M_{32} = -M_{32}$.

§4 逆矩阵、矩阵的秩及分块求逆

一、逆矩阵

若方阵 A 满足 $|A|\neq 0$，则称 A 为非退化方阵或非奇异方阵；若 $|A|=0$，则称 A 为退化方阵. 若 $A=(a_{ij})$ 是一非退化方阵，令

$$B' = (A_{ij})/|A|,$$

其中 A_{ij} 是 a_{ij} 的代数余子式，则有 $AB=BA=I$，称 B 为 A 的逆，记作 $B=A^{-1}$. 由于 $|B|=1/|A|\neq 0$，所以 B 也是一个非退化方阵. 若方阵 C 满足 $AC=I$，则 $C=BAC=B$；同样，若方阵 D 满足 $DA=I$，则 $D=DAB=B$. 因此，A^{-1} 是唯一的，且 $(A^{-1})^{-1}=A$.

逆矩阵具有如下的基本性质：

性质 1 $AA^{-1}=A^{-1}A=I$.

性质 2 $(A')^{-1}=(A^{-1})'$.

性质 3 若 A 和 C 均为 p 阶非退化方阵，则 $(AC)^{-1}=C^{-1}A^{-1}$.

性质 4 $|A^{-1}|=|A|^{-1}$.

性质 5 若 A 是正交矩阵，则 $A^{-1}=A'$.

性质 6 若 $A=\mathrm{diag}(a_{11},a_{22},\cdots,a_{pp})$ 非退化（即 $a_{ii}\neq 0, i=1,2,\cdots,p$），则

$$A^{-1}=\mathrm{diag}(a_{11}^{-1},a_{22}^{-1},\cdots,a_{pp}^{-1}).$$

性质 7 若 A 和 B 为非退化方阵，则 $\begin{bmatrix} A & O \\ O & B \end{bmatrix}^{-1} = \begin{bmatrix} A^{-1} & O \\ O & B^{-1} \end{bmatrix}$.

二、矩阵的秩

设 A 为 $p\times q$ 矩阵，若存在 A 的一个 r 阶子方阵的行列式不为零，而 A 的一切 $(r+1)$ 阶子方阵的行列式均为零，则称 A 的秩为 r，记作 $\mathrm{rank}(A)=r$.

矩阵的秩具有下述基本性质：

性质 1 $\mathrm{rank}(A)=0$，当且仅当 $A=O_{p\times q}$.

性质 2 若 A 为 $p\times q$ 矩阵，且 $A\neq O_{p\times q}$，则 $1\leqslant \mathrm{rank}(A)\leqslant \min\{p,q\}$.

性质 3 $\mathrm{rank}(A)=\mathrm{rank}(A')$.

性质 4 若 A 为 $p\times q$ 矩阵，B 为 $p\times r$ 矩阵，则

$$\max\{\mathrm{rank}(A),\mathrm{rank}(B)\} \leqslant \mathrm{rank}(A \mid B) \leqslant \min\{p,\mathrm{rank}(A) + \mathrm{rank}(B)\}.$$

性质 5 $\mathrm{rank}\begin{bmatrix} A & O \\ O & B \end{bmatrix} = \mathrm{rank}\begin{bmatrix} O & A \\ B & O \end{bmatrix} = \mathrm{rank}(A)+\mathrm{rank}(B)$.

性质 6 $\mathrm{rank}(AB)\leqslant \min\{\mathrm{rank}(A),\mathrm{rank}(B)\}$.

性质 7 $\mathrm{rank}(A+B)\leqslant \mathrm{rank}(A)+\mathrm{rank}(B)$.

性质 8 若 A 和 C 为非退化方阵，则 $\mathrm{rank}(ABC)=\mathrm{rank}(B)$.

性质 9 p 阶方阵 A 是非退化的，当且仅当 $\mathrm{rank}(A)=p$. 当 p 阶方阵的秩为 p 时，称 A 是满秩的矩阵.

三、非奇异矩阵的分块矩阵求逆

设 A 是 p 阶满秩矩阵，它的逆矩阵为 A^{-1}，它们可表示为下列分块矩阵：

$$A = \left[\begin{array}{c:c} A_{11} & A_{12} \\ \hdashline A_{21} & A_{22} \end{array}\right], \quad A^{-1} = \left[\begin{array}{c:c} A^{11} & A^{12} \\ \hdashline A^{21} & A^{22} \end{array}\right],$$

其中 A_{11}，A^{11} 均为 $r\times r$ 矩阵，A_{22} 和 A^{22} 均为 $s\times s$ 矩阵，且 $r+s=p$.

若 A_{11} 满秩，记 $A_{22\cdot 1}=A_{22}-A_{21}A_{11}^{-1}A_{12}$.

若 A_{22} 满秩，记 $A_{11\cdot 2}=A_{11}-A_{12}A_{22}^{-1}A_{21}$.

定理 4.1 如果 A 和 A_{11} 非奇异，则

$$\left[\begin{array}{c:c} A^{11} & A^{12} \\ \hdashline A^{21} & A^{22} \end{array}\right] = \left[\begin{array}{c:c} A_{11}^{-1} + A_{11}^{-1}A_{12}A_{22\cdot 1}^{-1}A_{21}A_{11}^{-1} & -A_{11}^{-1}A_{12}A_{22\cdot 1}^{-1} \\ \hdashline -A_{22\cdot 1}^{-1}A_{21}A_{11}^{-1} & A_{22\cdot 1}^{-1} \end{array}\right]; \quad (4.1)$$

如果 A 和 A_{22} 非奇异，则

$$\left[\begin{array}{c:c} A^{11} & A^{12} \\ \hdashline A^{21} & A^{22} \end{array}\right] = \left[\begin{array}{c:c} A_{11\cdot 2}^{-1} & -A_{11\cdot 2}^{-1}A_{12}A_{22}^{-1} \\ \hdashline -A_{22}^{-1}A_{21}A_{11\cdot 2}^{-1} & A_{22}^{-1} + A_{22}^{-1}A_{21}A_{11\cdot 2}^{-1}A_{12}A_{22}^{-1} \end{array}\right]. \quad (4.2)$$

证明 仅证(4.1)式,(4.2)式可类似证明.

由于A_{11}^{-1}存在,容易验证下式成立：

$$\begin{bmatrix} I_r & O \\ -A_{21}A_{11}^{-1} & I_s \end{bmatrix}\begin{bmatrix} A_{11} & A_{12} \\ A_{21} & A_{22} \end{bmatrix}\begin{bmatrix} I_r & -A_{11}^{-1}A_{12} \\ O & I_s \end{bmatrix}$$

$$= \begin{bmatrix} A_{11} & O \\ O & A_{22}-A_{21}A_{11}^{-1}A_{12} \end{bmatrix},$$

由于$|A|=|A_{11}|\cdot|A_{22\cdot1}|\neq0$,知$|A_{22\cdot1}|\neq0$,于是$A_{22\cdot1}^{-1}$存在,上式两边求逆并作适当变换得到：

$$\begin{bmatrix} A^{11} & A^{12} \\ A^{21} & A^{22} \end{bmatrix}=\begin{bmatrix} I_r & -A_{11}^{-1}A_{12} \\ O & I_s \end{bmatrix}\begin{bmatrix} A_{11}^{-1} & O \\ O & A_{22\cdot1}^{-1} \end{bmatrix}\begin{bmatrix} I_r & O \\ -A_{21}A_{11}^{-1} & I_s \end{bmatrix},$$

将其展开后即得(4.1)式. (证毕)

如果A_{11},A_{22}都非奇异,则有

$$A_{11\cdot2}^{-1}=A_{11}^{-1}+A_{11}^{-1}A_{12}A_{22\cdot1}^{-1}A_{21}A_{11}^{-1}, \tag{4.3}$$

$$A_{22\cdot1}^{-1}=A_{22}^{-1}+A_{22}^{-1}A_{21}A_{11\cdot2}^{-1}A_{12}A_{22}^{-1}. \tag{4.4}$$

另外还有

$$A^{11}=A_{11\cdot2}^{-1},\quad A^{22}=A_{22\cdot1}^{-1},$$

$$A^{12}=-A_{11\cdot2}^{-1}A_{12}A_{22}^{-1}=-A_{11}^{-1}A_{12}A_{22\cdot1}^{-1},$$

$$A^{21}=-A_{22\cdot1}^{-1}A_{21}A_{11}^{-1}=-A_{22}^{-1}A_{21}A_{11\cdot2}^{-1}.$$

关于非奇异矩阵的行列式则有以下两个结论.

推论 4.1 如果A_{11},A_{22}非奇异,则

$$|A|=|A_{11}||A_{22\cdot1}|=|A_{22}||A_{11\cdot2}|.$$

推论 4.2 设A是$p\times q$矩阵,B是$q\times p$矩阵,$\lambda\neq0$,那么

$$|\lambda I_p-AB|=\lambda^{p-q}|\lambda I_q-BA|. \tag{4.5}$$

证明 利用推论 4.1 可知

$$\begin{vmatrix} \lambda I_p & A \\ B & I_q \end{vmatrix}=|\lambda I_p|\left|I_q-\frac{1}{\lambda}BA\right|=\lambda^{p-q}|\lambda I_q-BA|,$$

$$\begin{vmatrix} \lambda I_p & A \\ B & I_q \end{vmatrix}=|I_q||\lambda I_p-AB|=|\lambda I_p-AB|.$$ (证毕)

推论 4.3 设A是$p\times q$矩阵,B是$q\times p$矩阵,那么

$$|I_p+AB|=|I_q+BA|.$$

证明 只须在推论 4.2 中令$\lambda=1$,A用$-A$代替即可. (证毕)

关于涉及矩阵的和的求逆问题下列定理是十分有用的.

定理 4.2 设 P 为 p 阶非奇异矩阵，U 为 $p\times q$ 矩阵，V 为 $q\times p$ 矩阵，而 p 阶方阵 $Q=P+UV$ 和 q 阶方阵 $I_q+VP^{-1}U$ 也非奇异，则

$$\begin{aligned} Q^{-1} &= (P+UV)^{-1} \\ &= P^{-1}-P^{-1}U(I+VP^{-1}U)^{-1}VP^{-1}. \end{aligned} \tag{4.6}$$

证明 令 $A=\begin{bmatrix} P & -U \\ V & I_q \end{bmatrix}$，利用前面的记号，只须将

$$A_{11\cdot 2}=P+UV,\quad A_{22\cdot 1}=I+VP^{-1}U,$$

$$A_{11}=P,\quad A_{22}=I_q,\quad A_{12}=-U,\quad A_{21}=V$$

代入(4.3)式即可得证. **(证毕)**

例如，若 x 和 y 分别为 p 维向量，P 是 p 阶方阵，且满足定理 4.2，则有

$$(P+xy')^{-1}=P^{-1}-(1+y'P^{-1}x)^{-1}P^{-1}xy'P^{-1}.$$

§5 特征值、特征向量和矩阵的迹

一、特征值和特征向量

设 A 是 p 阶方阵，则方程 $|A-\lambda I_p|=0$ 的左边是 λ 的 p 次多项式. 由多项式理论知道，该方程有 p 个根(可能有重根). 虽然 A 是实数矩阵，但方程的根可能为实数，也可能为复数，记作 $\lambda_1,\lambda_2,\cdots,\lambda_p$，并称为 A 的特征值或特征根.

另一方面，若 λ_i 是方程 $|A-\lambda I_p|=0$ 的一个根，则 $(A-\lambda_i I_p)$ 为退化矩阵，故存在一个 p 维非零向量 x_i，使得

$$(A-\lambda_i I_p)x_i=0,$$

即 λ_i 是 A 的一个特征值，而 x_i 称为相应的特征向量. 今后，一般取 x_i 为单位向量，即满足 $x_i'x_i=1$.

特征值和特征向量具有下述基本性质：

性质 1 A 和 A' 有相同的特征值.

性质 2 若 A 和 B 分别是 $p\times q$ 和 $q\times p$ 矩阵，则 AB 和 BA 有相同的非零特征值.

证明 因为

$$\begin{bmatrix} I_p & -A \\ O & \lambda I_q \end{bmatrix}\begin{bmatrix} \lambda I_p & A \\ B & I_q \end{bmatrix}=\begin{bmatrix} \lambda I_p-AB & O \\ \lambda B & \lambda I_q \end{bmatrix},$$

$$\begin{bmatrix} I_p & O \\ -B & \lambda I_q \end{bmatrix}\begin{bmatrix} \lambda I_p & A \\ B & I_q \end{bmatrix}=\begin{bmatrix} \lambda I_p & A \\ O & \lambda I_q-BA \end{bmatrix}.$$

所以

$$\begin{vmatrix} \lambda I_p - AB & O \\ \lambda B & \lambda I_q \end{vmatrix} = \begin{vmatrix} \lambda I_p & A \\ O & \lambda I_q - BA \end{vmatrix},$$

$$\lambda^q |\lambda I_p - AB| = \lambda^p |\lambda I_q - BA|.$$

可见,两个关于 λ 的方程 $|\lambda I_p - AB| = 0$ 和 $|\lambda I_q - BA| = 0$ 有着完全相同的非零根(若有重根,则它们的重数也相同),故而 AB 和 BA 有相同的非零特征值.

(证毕)

性质 3　若 A 为实对称矩阵,则 A 的特征值全为实数,p 个特征值按大小依次表示为 $\lambda_1 \geqslant \lambda_2 \geqslant \cdots \geqslant \lambda_p$. 若 $\lambda_i \neq \lambda_j$,则相应的特征向量 x_i 和 x_j 必正交,即

$$x_i' x_j = 0.$$

性质 4　若 $A = \mathrm{diag}(a_{11}, a_{22}, \cdots, a_{pp})$,则 $a_{11}, a_{22}, \cdots, a_{pp}$ 为 A 的 p 个特征值,相应的特征向量分别为

$$e_1 = (1,0,\cdots,0)', \quad e_2 = (0,1,0,\cdots,0)', \quad \cdots, \quad e_p = (0,\cdots,0,1)'.$$

性质 5　$|A| = \prod_{i=1}^{p} \lambda_i$,即 A 的行列式等于其特征值的乘积. 因此,A 为非退化矩阵,当且仅当 A 的特征值均不为零;A 为退化矩阵,当且仅当 A 至少有一个特征值为零.

性质 6　若 A 为 p 阶对称矩阵,则存在正交矩阵 Γ 及对角矩阵 $\Lambda = \mathrm{diag}(\lambda_1, \lambda_2, \cdots, \lambda_p)$,将 Γ 按列向量分块,并记作 $\Gamma = (l_1, l_2, \cdots, l_p)$,矩阵 A 即有如下分解形式:$A = \sum_{i=1}^{p} \lambda_i l_i l_i'$,并称此分解为 A 的谱分解.

证明　事实上,由于 A 是对称矩阵,则有

$$A = \Gamma \Lambda \Gamma'. \tag{5.1}$$

将等式(5.1)两边右乘 Γ,得 $A\Gamma = \Gamma\Lambda$,于是有

$$A(l_1, l_2, \cdots l_p) = (l_1, l_2, \cdots, l_p) \begin{bmatrix} \lambda_1 & & & 0 \\ & \lambda_2 & & \\ & & \ddots & \\ 0 & & & \lambda_p \end{bmatrix},$$

$$(Al_1, Al_2, \cdots, Al_p) = (\lambda_1 l_1, \lambda_2 l_2, \cdots, \lambda_p l_p),$$

故

$$Al_i = \lambda_i l_i \quad (i = 1, 2, \cdots, p).$$

这表明 $\lambda_1, \lambda_2, \cdots, \lambda_p$ 是 A 的 p 个特征值,而 $l_1, l_2, \cdots, l_p$ 为相应的特征向量. 由于 Γ 是正交矩阵,所以相应的特征向量 $l_1, l_2, \cdots, l_p$ 是正交单位特征向量. 又上述矩阵 A 可作如下分解:

$$A = \Gamma \Lambda \Gamma'$$

$$= (l_1, l_2, \cdots, l_p)\begin{bmatrix}\lambda_1 & & & 0\\ & \lambda_2 & & \\ & & \ddots & \\ 0 & & & \lambda_p\end{bmatrix}\begin{bmatrix}l_1'\\ l_2'\\ \vdots\\ l_p'\end{bmatrix} = \sum_{i=1}^{p}\lambda_i l_i l_i'.$$ （证毕）

二、矩阵的迹

设 A 为 p 阶方阵，则它的对角线元素之和称为 A 的迹，记作 $\mathrm{tr}(A)$，即

$$\mathrm{tr}(A)=a_{11}+a_{22}+\cdots+a_{pp}.$$

方阵的迹具有下述基本性质：

性质 1 若 $\lambda_1,\lambda_2,\cdots,\lambda_p$ 为 A 的特征值，则 $\mathrm{tr}(A)=\lambda_1+\lambda_2+\cdots+\lambda_p$.

性质 2 $\mathrm{tr}(AB)=\mathrm{tr}(BA)$.

性质 3 $\mathrm{tr}(A)=\mathrm{tr}(A')$.

性质 4 $\mathrm{tr}(A+B)=\mathrm{tr}(A)+\mathrm{tr}(B)$.

性质 5 $\mathrm{tr}\left(\sum_{\alpha=1}^{k}A_\alpha\right)=\sum_{\alpha=1}^{k}\mathrm{tr}(A_\alpha)$.

性质 6 若 A 为投影矩阵，则 $\mathrm{tr}(A)=\mathrm{rank}(A)$.

证明 由于 $A'=A$，所以存在正交矩阵 Γ 和对角矩阵 $\Lambda=\mathrm{diag}(\lambda_1,\lambda_2,\cdots,\lambda_p)$，使得 $A=\Gamma\Lambda\Gamma'$，由§4 矩阵秩的性质 8 知

$$\mathrm{rank}(A)=\mathrm{rank}(\Lambda)=\lambda_1,\lambda_2,\cdots,\lambda_p\text{ 中的非零个数}.$$

又由于幂等矩阵的特征值或为 0 或为 1，即

$$\lambda_i=0\text{ 或 }1\quad(i=1,2,\cdots,p),$$

故而

$$\begin{aligned}\mathrm{tr}(A)&=\lambda_1+\lambda_2+\cdots+\lambda_p=\lambda_1,\lambda_2,\cdots,\lambda_p\text{ 中 1 的个数}\\&=\mathrm{rank}(A).\end{aligned}$$ （证毕）

§6 正定矩阵、非负定矩阵和投影矩阵

设 A 是 p 阶对称矩阵，x 是一个 p 维向量，则 $x'Ax$ 称为 A 的二次型. 若对一切 $x\neq0$，有 $x'Ax>0$，则称 A 为正定矩阵，记作 $A>0$；若对一切 $x\neq0$，有 $x'Ax\geqslant0$，则称 A 为非负定矩阵，记作 $A\geqslant0$. $A>B$ 表示 $A-B>0$；$A\geqslant B$ 表示 $A-B\geqslant0$.

一、正定矩阵和非负定矩阵的基本性质

性质 1　设 A 是对称矩阵，则 A 是正定(或非负定)矩阵，当且仅当 A 的所有特征值均为正(或非负).

证明　必要性. 由于 A 是对称矩阵，故存在一正交矩阵 Γ，使得 $\Gamma' A\Gamma=\Lambda=\mathrm{diag}(\lambda_1,\lambda_2,\cdots,\lambda_p)$. 令 $e_i=(0,\cdots,0,1,0,\cdots,0)'$，其中除第 i 个位置为 1 外，其余元素均为 0，于是

$$\lambda_i = e_i'\Lambda e_i = (\Gamma e_i)'A(\Gamma e_i).$$

因为 $\Gamma e_i\neq 0$，所以当 $A>0$ 时，$\lambda_i>0$；$A\geqslant 0$ 时，$\lambda_i\geqslant 0$.

充分性. 对任意的 $x\neq 0$，令 $y=\Gamma' x$，则

$$x'Ax = x'\Gamma\Lambda\Gamma' x = y'\Lambda y = \sum_{i=1}^{p}\lambda_i y_i^2.$$

由于 $y\neq 0$，即 $y_1,y_2,\cdots,y_p$ 不全为零，所以当 $\lambda_i>0\ (i=1,2,\cdots,p)$时，$x'Ax>0$，从而 $A>0$；当 $\lambda_i\geqslant 0\ (i=1,2,\cdots,p)$时，$x'Ax\geqslant 0$，从而 $A\geqslant 0$.　　(证毕)

性质 2　若 $A>0$，则 $A^{-1}>0$.

性质 3　设 $A\geqslant 0$，则 $A>0$ 当且仅当 $|A|\neq 0$.

性质 4　$BB'\geqslant 0$，对一切矩阵 B 成立.

性质 5　若 $A>0$(或$\geqslant 0$)，则存在 $A^{1/2}>0$(或$\geqslant 0$)，使得 $A=A^{1/2}A^{1/2}$，$A^{1/2}$ 称为 A 的平方根矩阵.

证明　因为 A 是对称矩阵，所以存在正交矩阵 Γ 和对角矩阵 $\Lambda=\mathrm{diag}(\lambda_1,\cdots,\lambda_p)$使得 $A=\Gamma\Lambda\Gamma'$. 由 $A>0$(或$\geqslant 0$)可知，$\lambda_i>0$(或$\geqslant 0$) $(i=1,\cdots,p)$. 令

$$\Lambda^{1/2} = \mathrm{diag}(\sqrt{\lambda_1},\sqrt{\lambda_2},\cdots,\sqrt{\lambda_p}),\quad A^{1/2} = \Gamma\Lambda^{1/2}\Gamma',$$

则有

$$A = \Gamma\Lambda^{1/2}\Lambda^{1/2}\Gamma' = \Gamma\Lambda^{1/2}\Gamma'\Gamma\Lambda^{1/2}\Gamma' = A^{1/2}A^{1/2}.$$

由于 $A^{1/2}$的特征值$\sqrt{\lambda_i}>0$ (或$\geqslant 0$) $(i=1,2,\cdots,p)$，所以 $A^{1/2}>0$ (或$\geqslant 0$).

(证毕)

性质 6　设 $A\geqslant 0$ 是秩为 r 的 p 阶方阵，则存在一个秩为 r 的 $p\times r$ 矩阵 B，使得

$$A=BB'.$$

证明　因为 $A\geqslant 0$，所以存在正交矩阵 Γ 和对角矩阵

$$\Lambda = \mathrm{diag}(\lambda_1,\lambda_2,\cdots,\lambda_p),$$

使得 $A=\Gamma\Lambda\Gamma'$，且 $\lambda_1\geqslant\lambda_2\geqslant\cdots\geqslant\lambda_p\geqslant 0$. 因 $\mathrm{rank}(A)=\mathrm{rank}(\Lambda)=r$，故知

$$\lambda_1\geqslant\lambda_2\geqslant\cdots\geqslant\lambda_r>\lambda_{r+1}=\cdots=\lambda_p=0.$$

令 $\Lambda_1=\mathrm{diag}(\lambda_1,\lambda_2,\cdots,\lambda_r)$，记 $\Lambda_1^{1/2}=\mathrm{diag}(\sqrt{\lambda_1},\sqrt{\lambda_2},\cdots,\sqrt{\lambda_r})$，将 Γ 的前 r

列组成的 $p\times r$ 矩阵记为 Γ_1，Γ 的后 $p-r$ 列组成的 $p\times(p-r)$矩阵记为 Γ_2，即

$$\Gamma=(\Gamma_1 \mid \Gamma_2).$$

又记 $B=\Gamma_1\Lambda_1^{1/2}$. 显然，$B$ 是秩为 r 的 $p\times r$ 矩阵，因此

$$A=\Gamma\Lambda\Gamma'=(\Gamma_1 \mid \Gamma_2)\begin{bmatrix}\Lambda_1 & O\\ O & O\end{bmatrix}\begin{bmatrix}\Gamma_1'\\ \Gamma_2'\end{bmatrix}$$

$$=\Gamma_1\Lambda_1\Gamma_1'=\Gamma_1\Lambda_1^{1/2}\Lambda_1^{1/2}\Gamma_1'=(\Gamma_1\Lambda_1^{1/2})(\Gamma_1\Lambda_1^{1/2})'=BB'.\qquad\text{（证毕）}$$

性质 7 若 $A>0,B>0,A-B>0$，则 $B^{-1}-A^{-1}>0$，且 $|A|>|B|$.

性质 8 若 $A>0$，将 A 剖分为

$$A=\begin{bmatrix}A_{11} & A_{12}\\ A_{21} & A_{22}\end{bmatrix},$$

其中 A_{11}为方阵，则

$$A_{11}>0,\ A_{22}>0,\ A_{11\cdot2}=A_{11}-A_{12}A_{22}^{-1}A_{21}>0,\ A_{22\cdot1}=A_{22}-A_{21}A_{11}^{-1}A_{12}>0.$$

二、投影矩阵及其性质

前面已给出定义：对称幂等矩阵就是投影矩阵. 以下是投影矩阵的一些性质：

性质 1 若 A 是投影矩阵，则 $\mathrm{tr}(A)=\mathrm{rank}(A)$.

性质 2 若 A 是投影矩阵，则 $I-A$ 也是投影矩阵.

性质 3 若 A 是秩为 r 的投影矩阵，则 A 有 r 个特征根为 1，其余为 0. 故满秩的投影矩阵必为 I.

性质 4 若 A 和 B 均为投影矩阵，且 $A+B=I$，则 $AB=BA=O$.

性质 5 若 X 是 $n\times p$ 矩阵，$n\geqslant p$，$\mathrm{rank}(X)=p$，则 $P_x=X(X'X)^{-1}X'$是投影矩阵，且 $\mathrm{rank}(P_x)=p$.

§7 特征值的极值问题

本节介绍几个与特征值有关的极值问题.

引理 7.1（柯西-施瓦茨(Cauchy-Schwarz)不等式） 设 b 和 d 是两个 p 维向量，则

$$(b'd)^2\leqslant(b'b)(d'd),\tag{7.1}$$

上述等号当且仅当 $b=cd$（或 $d=cb$）时成立，这里 c 为常数.

证明　当 $b=0$ 或 $d=0$，显然成立．不妨设 $b\neq0, d\neq0$，考虑向量 $b-xd$，这里 x 是一个变数，于是

$$0\leqslant(b-xd)'(b-xd)=(d'd)x^2-(2b'd)x+b'b, \tag{7.2}$$

由 x 的二次函数性质知道此时

$$(b'd)^2-(b'b)(d'd)\leqslant 0.$$

即(7.1)式成立.

若 $b=cd$，立即可知(7.1)式等号成立．反之若(7.1)式等号成立，则当取 $x=b'd/d'd$ 时(7.2)式为 0，从而存在常数 $c=b'd/d'd$，使得

$$b=cd.$$

(证毕)

引理 7.2（推广的柯西-施瓦茨不等式）　设 b,d 是两个 p 维向量，B 是 p 阶正定矩阵，那么有

$$(b'd)^2\leqslant(b'Bb)(d'B^{-1}d), \tag{7.3}$$

且等号当且仅当 $b=cB^{-1}d$（或 $d=cBb$）时成立，这里 c 为常数.

证明　由于 B 正定，记 $\tilde{b}=B^{1/2}b$，$\tilde{d}=B^{-1/2}d$，此时 b 与 $\tilde{b}$，d 与 $\tilde{d}$ 同时为零向量或者非零向量，利用引理 7.1 于向量 $\tilde{b}$ 和 $\tilde{d}$，立即可得(7.3)式．　**(证毕)**

定理 7.1　设 B 是 p 阶正定矩阵，d 为 p 维向量，对任意 p 维向量 x 下式成立：

$$\max_{x\neq0}\frac{(x'd)^2}{x'Bx}=d'B^{-1}d, \tag{7.4}$$

且当 $x=cB^{-1}d$ 时达到最大值 $d'B^{-1}d$（$c\neq0$ 为常数）.

证明　因为 B 是 p 阶正定矩阵，由引理 7.2 知道，对任一 p 维向量 $x\neq0$，$x'Bx>0$ 成立，以及

$$\frac{(x'd)^2}{x'Bx}\leqslant d'B^{-1}d,$$

且当 $x=cB^{-1}d$ 时等号成立，定理得证．　**(证毕)**

定理 7.2　设 B 是 p 阶对称矩阵，$\lambda_i=\mathrm{ch}_i(B)$ 是 B 的第 i 大的特征值，l_i 是相应于 λ_i 的 B 的标准化特征向量（$i=1,\cdots,p$），x 为任一非零 p 维向量，那么有

(1)
$$\lambda_p\leqslant\frac{x'Bx}{x'x}\leqslant\lambda_1, \tag{7.5}$$

上式右边等号当 $x=cl_1$ 时成立，左边等号当 $x=cl_p$ 时成立，这里 c 是非零常数.

(2) 记 $\mathscr{L}_2=\mathscr{L}(l_{r+1},\cdots,l_p)$，即 $\mathscr{L}_2$ 是由 $l_{r+1},\cdots,l_p$ 张成的空间，则

$$\max_{\substack{x\neq0\\ x\in\mathscr{L}_2}}\frac{x'Bx}{x'x}=\lambda_{r+1}, \tag{7.6}$$

且当 $x=cl_{r+1}$ 时达到最大值，这里 c 为非零常数.

证明 (1) 记 $P=(l_1,\cdots,l_p)$，它是正交矩阵，由§5中特征值和特征向量的性质6知

$$B = P\operatorname{diag}(\lambda_1,\cdots,\lambda_p)P'.$$

任给 $x\neq 0$，令 $y=P'x/\sqrt{x'x}=(y_1,\cdots,y_p)'$，那么 $y'y=1$，而且

$$\frac{x'Bx}{x'x} = y'\operatorname{diag}(\lambda_1,\cdots,\lambda_p)y = \sum_{i=1}^{p}\lambda_i y_i^2,$$

于是

$$\lambda_p = \lambda_p\sum_{i=1}^{p}y_i^2 \leqslant \sum_{i=1}^{p}\lambda_i y_i^2 \leqslant \lambda_1\sum_{i=1}^{p}y_i^2 = \lambda_1.$$

上式右边不等式的等号当 $y=(1,0,\cdots,0)'$ 时成立，从而

$$\frac{x}{\sqrt{x'x}} = Py = (l_1,\cdots,l_p)\begin{bmatrix}1\\0\\\vdots\\0\end{bmatrix} = l_1,$$

即 $x=cl_1$. 其左边不等式的等号可类似证明. (7.5)式得证.

(2) 如果 $x\in\mathscr{L}(l_{r+1},\cdots,l_p)$，则 $l_i'x=0\ (i=1,\cdots,r)$. 因此

$$y = P'x/\sqrt{x'x} = (0,\cdots,0,y_{r+1},\cdots,y_p)',$$

$$y'y = \sum_{i=r+1}^{p}y_i^2 = 1,$$

$$\frac{x'Bx}{x'x} = \sum_{i=r+1}^{p}\lambda_i y_i^2 \leqslant \lambda_{r+1}\sum_{i=r+1}^{p}y_i^2 = \lambda_{r+1},$$

而且上式不等式的等号当 $y=(0,\cdots,0,1,0,\cdots,0)$ 时成立，其中1在第 $r+1$ 位置上. 同上可知此时 $x=cl_{r+1}$，(7.6)式得证. (证毕)

推论 7.1 设 A 为 p 阶对称矩阵，B 为 p 阶正定矩阵，μ_i 是 $B^{-1}A$ 的第 i 大特征值，l_i 是 $B^{-1}A$ 相应于 μ_i 的特征向量，那么对任一 p 维非零向量 x，有

$$\mu_p \leqslant \frac{x'Ax}{x'Bx} \leqslant \mu_1.$$

上式右边等号当 $x=cl_1$ 时成立，左边等号当 $x=cl_p$ 成立，这里 c 是非零常数.

§8 矩阵的微商和变换的雅可比行列式

在通常的高等数学教程中，我们曾讨论过对自变量 x 分别为一元变量或 p 维向量时它的函数 $y=f(x)$ 的微分表达形式. 而在本节我们将把上述概念推广到 x 的函数 y(因变量)为一元变量或 q 维向量的各种情况. 同时讨论当自变量

和因变量分别为相同维数的向量或者相同阶数的矩阵时有关变换的雅可比行列式.

一、矩阵的微商

我们将按自变量为一元变量或 p 维向量时分别讨论有关函数、向量函数及矩阵函数的微商表达形式.

1. 自变量是一元变量 x

(1) 若 $y=(y_1,\cdots,y_p)'$ 是 x 的向量函数,则记 $\frac{\mathrm{d}y}{\mathrm{d}x}=\left(\frac{\mathrm{d}y_1}{\mathrm{d}x},\cdots,\frac{\mathrm{d}y_p}{\mathrm{d}x}\right)'$ 为 y 对 x 的导数向量.

(2) 若 $Y=F(x)$ 是 x 的矩阵函数,其中 $Y=(y_{ij})$ 是 $p\times q$ 矩阵,那么

$$\frac{\mathrm{d}Y}{\mathrm{d}x}=\left(\frac{\mathrm{d}y_{ij}}{\mathrm{d}x}\right)_{p\times q}$$

是 Y 对 x 的导数矩阵,它仍是 $p\times q$ 矩阵.

2. 自变量是 p 维向量 $x=(x_1,\cdots,x_p)'$

(1) 若 $y=f(x)$ 是 x 的一元函数,通过令 $x_1,\cdots,x_{i-1},x_{i+1},\cdots,x_p$ 为常数对 x_i 求导可求得 y 关于 x_i 的偏导数,记为$\frac{\partial f}{\partial x_i}\left(\text{或}\frac{\partial y}{\partial x_i}\right)$,此时 y 关于 x 的偏导数向量记为

$$\frac{\partial f}{\partial x}=\left(\frac{\partial f}{\partial x_1},\cdots,\frac{\partial f}{\partial x_p}\right)'.$$

(2) 若 $y=(y_1,\cdots,y_q)'$ 是向量 x 的 q 维向量函数,即 $y_i=f_i(x)$ $(i=1,\cdots,q)$,简记 $y=f(x)$. 那么规定 y 关于 x 的诸偏导数构成的矩阵为

$$\frac{\partial(y)}{\partial(x)}=\frac{\partial y'}{\partial x}=\left(\frac{\partial y_j}{\partial x_i}\right)_{p\times q}=\begin{bmatrix}\frac{\partial y_1}{\partial x_1} & \cdots & \frac{\partial y_q}{\partial x_1}\\ \vdots & & \vdots\\ \frac{\partial y_1}{\partial x_p} & \cdots & \frac{\partial y_q}{\partial x_p}\end{bmatrix}. \tag{8.1}$$

例如,若 $y=(y_1,\cdots,y_q)'$, A 为 $q\times p$ 常数矩阵,令 $y=Ax$,则

$$\frac{\partial(y)}{\partial(x)}=\frac{\partial y'}{\partial x}=A'. \tag{8.2}$$

又如,若设 B 为 p 阶方阵, x 是 p 维向量,则

$$\frac{\partial x'Bx}{\partial x}=(B+B')x.$$

特别,当 B 是对称矩阵时有

$$\frac{\partial(x'Bx)}{\partial x}=2Bx. \tag{8.3}$$

二、矩阵变换的雅可比行列式

下面研究变换的雅可比行列式,在多元分布的推导过程中常常在积分号下作变换,这时必须计算它的雅可比行列式.

考虑积分

$$\int_V g(x_1,x_2,\cdots,x_p)\mathrm{d}x_1\mathrm{d}x_2\cdots\mathrm{d}x_p \quad (V\subset \mathbb{R}^p),$$

作变换 $y_i=f_i(x_1,x_2,\cdots,x_p)$ $(i=1,\cdots,p)$,记 $y=(y_1,\cdots,y_p)'$,则该变换可简记为 $y=f(x)$. 当逆变换存在时,可记为 $x=f^{-1}(y)$. 由微积分知识知道,以上积分可化为

$$\int_T g(f^{-1}(y))J(x\rightarrow y)\mathrm{d}y, \tag{8.4}$$

其中积分区域 $T=\{y\colon y=f(x),x\in V\}$;

$$J(x\rightarrow y)=\left|\frac{\partial(x)}{\partial(y)}\right|_+ \quad (|A|_+ \text{ 表示行列式 } |A| \text{ 的绝对值})$$

$J(x\rightarrow y)$称为变换的雅可比行列式.

注意,上述变换中自变量 x 和因变量 y 有相同的维数.

若 $y=f(x)$,计算 $J(x\rightarrow y)$时常用下列公式:

$$J(x\rightarrow y)=[J(y\rightarrow x)]^{-1}. \tag{8.5}$$

§9 消去变换

消去变换是通过对矩阵施行一些初等变换来计算矩阵的逆矩阵、广义逆矩阵,以及求解线性方程组的一种很有效的算法. 特别在逐步回归和逐步判别的计算中,消去变换是完成变量筛选的一种非常巧妙的算法. 消去变换在国外的文献上常常称为 Sweep(扫描)变换;也有人称为紧凑或原地求逆变换.

一、消去变换的定义

定义 9.1 设 $A=(a_{ij})_{n\times m}$, $a_{ij}\neq 0$,令

$$b_{\alpha\beta}=\begin{cases}1/a_{ij}, & \alpha=i,\beta=j,\\ -a_{\alpha j}/a_{ij}, & \alpha\neq i,\beta=j,\\ a_{i\beta}/a_{ij}, & \alpha=i,\beta\neq j,\\ a_{\alpha\beta}-a_{\alpha j}a_{i\beta}/a_{ij}, & \alpha\neq i,\beta\neq j.\end{cases} \tag{9.1}$$

记矩阵 $B=(b_{\alpha\beta})=T_{ij}(A)A$，并称 $T_{ij}(A)$为对矩阵 A 施行以(i,j)为主元(或枢轴)的**消去变换**. B 是对 A 施行(i,j)消去变换后得到的矩阵,简记为 $B=T_{ij}A$；当 $i=j$ 时,记 T_{ii}为 T_i.

矩阵 B 的形式如下：

$$B=\begin{bmatrix} * & \cdots & * & -\dfrac{a_{1j}}{a_{ij}} & * & \cdots & * \\ \vdots & & \vdots & \vdots & \vdots & & \vdots \\ * & \cdots & * & -\dfrac{a_{(i-1)j}}{a_{ij}} & * & \cdots & * \\ \dfrac{a_{i1}}{a_{ij}} & \cdots & \dfrac{a_{i(j-1)}}{a_{ij}} & \dfrac{1}{a_{ij}} & \dfrac{a_{i(j+1)}}{a_{ij}} & \cdots & \dfrac{a_{im}}{a_{ij}} \\ * & \cdots & * & -\dfrac{a_{(i+1)j}}{a_{ij}} & * & \cdots & * \\ \vdots & & \vdots & \vdots & \vdots & & \vdots \\ * & \cdots & * & -\dfrac{a_{nj}}{a_{ij}} & * & \cdots & * \end{bmatrix},$$

其中 $*$ 表示矩阵 B 中(α,β)位置的元素 $b_{\alpha\beta}=a_{\alpha\beta}-\dfrac{a_{\alpha j}a_{i\beta}}{a_{ij}}$.

二、消去变换 T_{ij} 的基本性质

性质 1 反身性：$T_{ij}T_{ij}A=A$.

设 $A^{(1)}=T_{ij}A\triangleq(a_{ij}^{(1)})$，$A^{(2)}=T_{ij}A^{(1)}\triangleq(a_{ij}^{(2)})$，由(9.1)式可直接验证：

$$a_{ij}^{(2)}=a_{ij}\quad(i=1,2,\cdots,n;j=1,2,\cdots,m).$$

性质 2 可交换性：当 $i\neq k,j\neq l$ 时，$T_{ij}T_{kl}A=T_{kl}T_{ij}A$.

由(9.1)式可直接验证两边元素对应相等.

性质 3 若 $A'=A$(A 为对称矩阵),记 $B=T_{kk}A\overset{\text{def}}{=\!=}(b_{\alpha\beta})$,则

$$\begin{cases} b_{k\beta}=-b_{\beta k}, & \beta\neq k, \\ b_{\alpha\beta}=b_{\beta\alpha}, & \alpha\neq k,\beta\neq k. \end{cases}$$

对对称矩阵 A 施行(k,k)消去变换后,得矩阵 B. B 除第 k 行 k 列相差一个符号外,其余仍保持对称性,也称 B 为绝对对称矩阵.

性质 4 行列置换与消去变换的次序变化的关系：设 A 为 $n\times m$ 矩阵,P_{ip}为 i 行和 p 行交换的行置换矩阵，Q_{jq}为 j 列和 q 列交换的列置换矩阵,则

(1) $T_{ij}(AQ_{jq})=(T_{iq}A)Q_{jq}$；

(2) $T_{ij}(P_{ip}A)=P_{ip}(T_{pj}A)$；

(3) $T_{ij}(P_{ip}AQ_{jq})=P_{ip}(T_{pq}A)Q_{jq}$.

性质 5 设 $A=\left[\begin{array}{c:c} A_{11} & A_{12} \\ \hdashline A_{21} & A_{22} \end{array}\right]$，$A_{11}$为 r 阶可逆矩阵，则

$$T_rT_{r-1}\cdots T_1A=\left[\begin{array}{c:c} A_{11}^{-1} & A_{11}^{-1}A_{12} \\ \hdashline -A_{21}A_{11}^{-1} & A_{22}-A_{21}A_{11}^{-1}A_{12} \end{array}\right].$$

部分习题参考解答或提示

习　题　二

2-1　$Y \sim N_2\left(\begin{bmatrix}2\\1\end{bmatrix},\begin{bmatrix}3 & -1\\-1 & 1\end{bmatrix}\right)$.

2-2　令 $Y_1=X_1+X_2, Y_2=X_1-X_2$.

(1) 因 $\mathrm{Cov}(Y_1,Y_2)=0$，所以 X_1+X_2 与 X_1-X_2 相互独立.

(2) $Y_1=X_1+X_2\sim N(\mu_1+\mu_2, 2(1+\rho)\sigma^2)$；

$Y_2=X_1-X_2\sim N(\mu_1-\mu_2, 2(1-\rho)\sigma^2)$.

2-3　令 $Y=X^{(1)}+X^{(2)}, Z=X^{(1)}-X^{(2)}$.

(1) 因 $\mathrm{COV}(Y,Z)=O_{p\times p}$，所以 $X^{(1)}+X^{(2)}$ 与 $X^{(1)}-X^{(2)}$ 相互独立.

(2) $Y=X^{(1)}+X^{(2)}\sim N_p(\mu^{(1)}+\mu^{(2)}, 2(\Sigma_1+\Sigma_2))$,

$Z=X^{(1)}-X^{(2)}\sim N_p(\mu^{(1)}-\mu^{(2)}, 2(\Sigma_1-\Sigma_2))$.

2-4　(1) 条件分布分别为

$$(X_1,X_2|X_3)\sim N_2\left(\begin{bmatrix}\mu_1+(x_3-\mu_3)\rho\\ \mu_2+(x_3-\mu_3)\rho\end{bmatrix},\begin{bmatrix}1-\rho^2 & \rho-\rho^2\\ \rho-\rho^2 & 1-\rho^2\end{bmatrix}\right);$$

$$(X_1|X_2,X_3)\sim N_1\left(\mu_1+\frac{\rho}{1+\rho}(x_2+x_3-\mu_2-\mu_3), \frac{1+\rho-2\rho^2}{1+\rho}\right).$$

(2) $\sigma_{12\cdot 3}=\rho(1-\rho)$.

2-5　$(X_1|X_1+X_2)\sim N_1\left(\frac{1}{2}(x_1+x_2), \frac{1}{2}\right)$.

2-6　(1) $Y=3X_1-2X_2+X_3\sim N_1(13,9)$.

(2) 当二维向量 $a=(a_1,a_2)'$ 满足：$a_1+2a_2=2$ 时，X_3 与 $X_3-a'\begin{bmatrix}X_1\\X_2\end{bmatrix}$ 相互独立.

2-7　利用定理 2.3.1，可得(2)，(3)和(4)中这 3 对变量是相互独立的，而另两对不独立.

2-10　如取 $A=\begin{bmatrix}2 & 0\\1 & 0\end{bmatrix}$，则 $X\overset{\mathrm{d}}{=\!=}AU\sim N_2(0,\Sigma)$.

2-11　$\mathrm{E}(X)=\begin{bmatrix}4\\3\end{bmatrix}$，$\mathrm{D}(X)=\begin{bmatrix}1 & -1\\-1 & 2\end{bmatrix}$.

2-12　(1) 提示：因 $X_1\sim N(0,1)$，对任意 $x(x>-1)$都有：

$$P\{-1<X_1\leqslant x\}=P\{-x\leqslant X_1<1\},$$

由此还可得出，对任给 $x_2\in(-1,1)$，有

$$\begin{aligned}P\{X_2\leqslant x_2\}&=P\{X_2\leqslant -1\}+P\{-1<X_2\leqslant x_2\}\\&=P\{X_1\leqslant -1\}+P\{-x_2\leqslant X_1<1\}=\cdots\\&=P\{X_1\leqslant x_2\}.\end{aligned}$$

(2) 提示：考虑 X_1,X_2 的线性函数 $Y=X_1-X_2$，并说明 Y 不是正态分布的(因 $P\{|Y|=0\}=P\{|X_1|>1\}=0.3174$).

2-15 $\hat{\Sigma}=\dfrac{1}{n}\sum\limits_{i=1}^{n}(X_{(i)}-\mu_0)(X_{(i)}-\mu_0)'$.

2-19 样本均值 $\overline{X}=(68.1,46.5,32.29)'$,

$$样本离差阵\ A=\begin{bmatrix}42.9 & & \\ -17.5 & 34.5 & \\ 17.41 & 5.55 & 55.709\end{bmatrix},$$

$$样本协方差阵\ S=\frac{1}{9}A=\begin{bmatrix}4.7667 & & \\ -1.9444 & 3.8333 & \\ 1.9344 & 0.6167 & 6.1899\end{bmatrix},$$

$$样本相关阵\ R=\begin{bmatrix}1 & & \\ -0.4549 & 1 & \\ 0.3561 & 0.1266 & 1\end{bmatrix}.$$

习 题 三

3-6 $F=\dfrac{n-k}{k(n-1)}T^2\overset{H_0下}{\sim}F(k,n-k)$，其中

$$T^2=(n-1)n(C\overline{X}-r)'[CAC']^{-1}(C\overline{X}-r),$$

又 $A=\sum\limits_{i=1}^{n}(X_{(i)}-\overline{X})(X_{(i)}-\overline{X})'$ 为样本离差阵.

3-7 $F=\dfrac{n-p+1}{(n-1)(p-1)}T^2\overset{H_0下}{\sim}F(p-1,n-p+1)$，其中

$$T^2=(n-1)n(C\overline{X})'[CAC']^{-1}C\overline{X},$$

又 A 为样本离差阵.

3-8 H_0: $C\mu=0_2$，其中 $C=\begin{bmatrix}1 & 0 & -6\\ 0 & 1 & -4\end{bmatrix}$. 由男婴测量数据($p=3,n=6$)计算可得

$$T^2=47.1434,\quad F=18.8574,\quad p=0.009195<\alpha=0.05,$$

故否定 H_0. 即认为这组数据与人类的一般规律不一致.

3-11 $T^2=5.3117, F=1.4982, p=0.2693>\alpha$，故 H_0 相容.

3-12 (1) $M=24.5240$, $d=0.4424$, $\chi^2=13.6755$. 因 $p=0.3219>\alpha=0.05$,故 H_0 相容.

(2) $T^2=134.8155$, $F=32.09894$. 因 $p=0.001083<\alpha=0.05$,故否定 H_0,即 A 和 B 地区岩石的化学成分有显著差异.

(3) $\Lambda=0.01604$, $F=18.3903$. 因 $p=2.345\times10^{-6}<\alpha=0.05$,故否定 H_0,即 A、B 和 C 三个地区岩石的化学成分有显著差异.

(4) $V=0.7253$, $\xi=-b\ln V=3.2650$. 因 $p=0.3525>\alpha$,故 H_0 相容,可认为三种化学成分相互独立.

习 题 四

4-1 (1) $\hat{a}=\frac{1}{6}(y_1+2y_2+y_3)$, $\hat{b}=\frac{1}{5}(-y_2+2y_3)$.

(2) 似然比统计量为

$$\Lambda=\left(\frac{\hat{\sigma}^2}{\hat{\sigma}_0^2}\right)^{\frac{3}{2}},$$

其中 $\hat{\sigma}^2=\frac{1}{3}[(y_1-\hat{a})^2+(y_2-2\hat{a}+\hat{b})^2+(y_3-\hat{a}-2\hat{b})^2]$;当 H_0 成立时,若记 $a=b=a_0$,则 $\hat{a}_0=\frac{1}{11}(y_1+y_2+3y_3)$,且

$$\hat{\sigma}_0^2=\frac{1}{3}[(y_1-\hat{a}_0)^2+(y_2-\hat{a}_0)^2+(y_3-3\hat{a}_0)^2],$$

因此与似然比统计量 Λ 等价的 F 统计量及分布为

$$F=\frac{\hat{\sigma}^2}{\hat{\sigma}_0^2-\hat{\sigma}^2}\sim F(1,1)\quad(\text{在 } H_0 \text{ 成立时}).$$

4-2 $\hat{\beta}=(C'C)^{-1}C'Y$, $\hat{\sigma}^2=\frac{1}{n}(Y-C\hat{\beta})'(Y-C\hat{\beta})$.

4-3 (1) $\hat{Y}=-106.7267+3.2518x_1+1.3313x_2-0.6747x_3$;

$R^2=0.9909$, $s^2=(2.4416)^2$.

(2) $\hat{Y}=-30.0098+0.02672x_1^2+0.03130x_1\times x_2$;

$R^2=0.9896$, $s^2=5.43596$.

4-4 (1) OXY = 102.2383 − 0.2199 age − 0.07238 weight − 2.6805 time − 0.0008442 spulse − 0.3732 rpulse + 0.3047 mpulse, $R^2=0.8480$, $s=2.3221$.

(2) 当 $\alpha=0.05$ 时,OXY=82.4218−3.3106 time ($R^2=0.7434$).

当 $\alpha=0.15$ 时,

OXY = 98.1479 − 0.1977 age − 2.7676 time − 0.3481 rpulse

$+0.2705$ mpulse $(R^2=0.8368)$.

(3) $\text{OXY}=102.2043-0.2196$ age -0.07230 weight -2.6825 time -0.3734 rpulse $+0.3049$ mpulse （修正 $R^2=0.8176$）.

4-10 逐步回归的结果($\alpha_{in}=\alpha_{out}=0.15$)：

$$\hat{Y}_1=-33.8629-1.7261\,x_2+0.9546x_3+194.6098x_7 \quad (R^2=0.8621);$$

$$\hat{Y}_2=-6.1372-1.6982\,x_4+0.00429\,x_6 \quad (R^2=0.9287).$$

用双重筛选逐步回归,当筛选因变量和筛选自变量的临界值 $F_X=F_Y=3$ 时,两个因变量分为两组,且各组的回归方程同以上逐步回归的结果.

习 题 五

5-1 $P(2|1)=\Phi\left(\dfrac{\mu^{(2)}-\mu^{(1)}}{\sigma_2+\sigma_1}\right)+\Phi\left(\dfrac{\mu^{(2)}-\mu^{(1)}}{\sigma_2-\sigma_1}\right)$;

$P(1|2)=\Phi\left(\dfrac{\mu^{(2)}-\mu^{(1)}}{\sigma_2+\sigma_1}\right)-\Phi\left(\dfrac{\mu^{(2)}-\mu^{(1)}}{\sigma_2-\sigma_1}\right)$.

5-2 (1) 当 $x=2.5$ 时,因 $d_1^2(x)=1, d_2^2(x)=1.5625, d_3^2(x)=0.25$,故 $x\in G_3$.

(2) 按贝叶斯准则(即广义平方距离准则),因 $D_1^2(x)=-0.3863, D_2^2(x)=2.9488, D_3^2(x)=0.25$,故 $x\in G_1$.

5-4 (1) 费希尔线性判别函数为 $u(x)=-\dfrac{32\,X_1+33\,X_2}{\sqrt{89765}}$,判别准则为

$$\begin{cases}\text{判 } X\in G_1, & \text{当 } u(X)>u^*,\\ \text{判 } X\in G_2, & \text{当 } u(X)\leqslant u^*\end{cases} \quad (\text{其中 } u^*=-4.2964).$$

当 $X_{(1)}=(20,20)'$时,因 $u(X_{(1)})=-4.3390<u^*$,故判 $X_{(1)}\in G_2$;

当 $X_{(2)}=(15,20)'$时,因 $u(X_{(2)})=-3.8050>u^*$,故判 $X_{(1)}\in G_1$.

(2) 按贝叶斯准则,考虑比值(其中 $\overline{\mu}=(15,20)'$)

$$W=\frac{h_1(x)}{h_2(x)}=\frac{75}{10}\frac{f_2(x)}{f_1(x)}=\frac{75}{10}\exp\{-(X-\overline{\mu})'\Sigma^{-1}(\mu^{(1)}-\mu^{(2)})\}.$$

当 $X_{(1)}=(20,20)'$时,因 $W=7.5\exp(125/54)=75.9229>1$,故判

$$X_{(1)}\in G_2;$$

当 $X_{(2)}=(15,20)'$时,因 $W=7.5>1$,故判 $X_{(2)}\in G_2$.

(3) 当 $x=(20,20)'$时, $P(1|x)=0.7306$, $P(2|x)=0.2694$.

5-6 $P(1|2)=P(2|1)=1-\Phi\left(\dfrac{d}{2}\right)$,其中 $d^2=(\mu^{(1)}-\mu^{(2)})'\Sigma^{-1}(\mu^{(1)}-\mu^{(2)})$.

5-7 距离判别准则：$\begin{cases}\text{判 } X\in G_1, & \text{当 } W(X)>0 \text{ 时},\\ \text{判 } X\in G_2, & \text{当 } W(X)\leqslant 0 \text{ 时},\end{cases}$ 其中

$$W(X)=(X-\overline{\mu})'\Sigma^{-1}(\mu^{(1)}-\mu^{(2)}),\ \overline{\mu}=\frac{1}{2}(\mu^{(1)}+\mu^{(2)}).$$

贝叶斯判别准则：

$$\begin{cases} 判 X \in G_1, & 当 W(X) > d 时, \\ 判 X \in G_2, & 当 W(X) \leqslant d 时, \end{cases}$$

其中 $d = \ln \dfrac{q_2 L(1|2)}{q_1 L(2|1)}$.

在两个总体且协方差阵相等时两种判别准则形式很相似；当 $q_1 = q_2$，$L(1|2) = L(2|1)$ 时，$d = 0$，这表明在先验概率相等、错判损失相等时，这两种判别准则是等价的.

5-8 下一步可引入变量 X_4（因 F 统计量的值为 10.6106，$p < 0.01$）.

5-9 （1）两个三元总体均值相等的检验结果：$D = 3.1977$，$F = 3.1089$，$p = 0.0756 < 0.10$，故在显著性水平 $\alpha = 0.10$ 时两总体的均值向量有显著差异（即讨论这两个三元总体的判别问题是有意义的）.

线性判别函数为：

$$Y_1 = -28.7375 + 10.3139\text{Cu} + 8.9904\text{Ag} + 16.8578\text{Bi},$$

$$Y_2 = -31.1105 + 13.7895\text{Cu} + 8.2120\text{Ag} + 11.3311\text{Bi}.$$

判别结果为错判两个观测：含矿的第 6 号错判为不含矿；而不含矿的第 13 号错判为含矿.

（2）待判的样品被判为不含矿.

5-10 （1）判别结果为错判了两个观测：第 8 号原属 1 类的观测被错判为 2 类；第 9 号原属 3 类的观测被错判为 1 类. 待判的 3 个观测依次被判归为 1，2，3 类.

（2）经检验三个总体协方差阵不相等，用二次判别函数，判别结果为 17 个观测全部判对；待判的 3 个观测依次被判归为 1，1，3 类.

用逐步判别法，当引入和剔除的临界值＝0.18 时，选出 X_2 和 X_4；用这两个变量建立的线性判别函数判别的结果把第 9 号原属 3 类的观测被错判为 1 类；待判的 3 个观测依次被判归为 1，2，3 类.

5-11 （1）判别结果：14 个监测点全部判对了.

（2）待判的两个单位（观测点）分别被判归为 2，3 类.

习 题 六

6-9 $k=5$ 时，$G_i^{(5)} = \{x_{(i)}\}$ $(i=1,2,\cdots,5)$，$W(5)=0$；

$k=4$ 时，$G_1^{(4)} = \{x_{(1)}, x_{(2)}\}$，$G_i^{(4)} = \{x_{(i+1)}\}$ $(i=2,3,4)$，$W(4)=0.5$；

$k=3$ 时，$G_1^{(3)} = \{x_{(1)}, x_{(2)}\}$，$G_2^{(3)} = \{x_{(3)}, x_{(4)}\}$，$G_3^{(3)} = \{x_{(5)}\}$，$W(3)=2.5$；

$k=2$ 时，$G_1^{(2)} = \{x_{(1)}, x_{(2)}\}$，$G_2^{(2)} = \{x_{(3)}, x_{(4)}, x_{(5)}\}$，$W(2)=13.1667$；

$k=1$ 时，$G_1^{(1)}=\{x_{(1)},x_{(2)},x_{(3)},x_{(4)},x_{(5)}\}$，$W(1)=54$.

6-10 (1)用类平均法和 Ward 法对 6 个弹头分为三个类的结果相同：第 1,2,6 号为一类,第 4 号为一类,第 3,5 号为一类.

(2) 当变量间的距离定义为 $d_{ij}^2=1-c_{ij}^2$时,用系统聚类的类平均法把 7 种微量元素可分为三类：第一类含 X_1,X_6;第二类含 X_2,X_3,X_4,X_7,第三类只有 X_5.用系统聚类的 Ward 法分类结果稍有不同,把 7 种微量元素也分为三类：第一类含 X_1,X_6,X_7;第二类含 X_2,X_3,X_4,第三类只有 X_5.

用 VARCLUS 过程的分类结果：把 7 种微量元素分为两类：第一类含 X_1,X_6,X_7;第二类含 X_2,X_3,X_4,X_5.

6-11 用系统聚类的类平均法把 14 个岩石标本(观测)可细分为四类：{1,2,4,7,13},{3,5},{8,9,10,11,12},{6,14}.用 Ward 法也可分为四类：{1,4},{2,3,5,7,13},{8,9,10,11,12},{6,14},其中前两类属含矿,后两类属不含矿.

系统聚类的分类结果中有少数观测与实际所属类别有差别.

6-12 用系统聚类的类平均法和 Ward 法均把 16 个监测点分为四类：{1,2,7},{3,10,14,15},{6,8,9,13},{4,5,11,12,16}.

习 题 七

7-1 从协方差阵出发得总体主成分为：

$Z_1=0.040\ X_1+0.999\ X_2(\mathrm{Var}(Z_1)=\lambda_1=100.1614)$;

$Z_2=0.999\ X_1-0.040\ X_2(\mathrm{Var}(Z_2)=\lambda_2=0.8386)$.

从相关阵出发得总体主成分为：

$Z_1^*=0.707\ X_1^*+0.707X_2^*(\mathrm{Var}(Z_1^*)=\lambda_1^*=1.4)$;

$Z_2^*=0.707\ X_1^*-0.707X_2^*(\mathrm{Var}(Z_2^*)=\lambda_2^*=0.6)$.

7-2 (1) $Z_1=\sqrt{2}/2X_1+\sqrt{2}/2X_2(\mathrm{Var}(Z_1)=\lambda_1=1+\rho)$;

$Z_2=\sqrt{2}/2X_1-\sqrt{2}/2X_2(\mathrm{Var}(Z_2)=\lambda_2=1-\rho)$.

(2) 长轴的方向为 $e_1=(\sqrt{2}/2,\sqrt{2}/2)'$,

短轴的方向为 $e_2=(\sqrt{2}/2,-\sqrt{2}/2)'$.

(3) $\rho\geqslant 0.9$.

7-3 (2) 因 $\mathrm{Var}(Z_1)=\lambda_1=\sigma^2[1+(p-1)\rho]$,故第一主成分的贡献率为

$$\frac{\lambda_1}{p\sigma^2}=\rho+\frac{1-\rho}{p}.$$

7-4 椭球的主轴方向为主成分的方向.

7-5 总体主成分为 $Z_i=X_i(i=1,2,3)$；三个主成分的方差分别为 4,4,2.

7-6 当 $0<\rho\leqslant\frac{1}{\sqrt{2}}$时，总体主成分为

$Z_1=\frac{X_1+\sqrt{2}X_2+X_3}{2}$, $\mathrm{Var}(Z_1)=\lambda_1=\sigma^2(1+\sqrt{2}\rho)$，其解释的方差比例为$\frac{1+\sqrt{2}\rho}{3}$；

$Z_2=\frac{1}{\sqrt{2}}(X_1-X_3)$, $\mathrm{Var}(Z_2)=\lambda_2=\sigma^2$，其解释的方差比例为$\frac{1}{3}$；

$Z_3=\frac{X_1-\sqrt{2}X_2+X_3}{2}$, $\mathrm{Var}(Z_3)=\lambda_3=\sigma^2(1-\sqrt{2}\rho)$，其解释的方差比例为$\frac{1-\sqrt{2}\rho}{3}$.

7-7 总体主成分为

$Z_1=\frac{1}{2}(X_1+X_2+X_3+X_4)$, $\mathrm{Var}(Z_1)=\lambda_1=\sigma^2+\sigma_{12}+\sigma_{13}+\sigma_{14}$,

$Z_2=\frac{1}{2}(X_1+X_2-X_3-X_4)$, $\mathrm{Var}(Z_2)=\lambda_2=\sigma^2+\sigma_{12}-\sigma_{13}-\sigma_{14}$,

$Z_3=\frac{1}{2}(X_1-X_2+X_3-X_4)$, $\mathrm{Var}(Z_3)=\lambda_3=\sigma^2-\sigma_{12}+\sigma_{13}-\sigma_{14}$,

$Z_4=\frac{1}{2}(X_1-X_2-X_3+X_4)$, $\mathrm{Var}(Z_4)=\lambda_4=\sigma^2-\sigma_{12}-\sigma_{13}+\sigma_{14}$.

7-8 (1) $\hat{b}_j=(a_{1j},a_{2j},\cdots,a_{mj})'$；

(2) X_j 的回归平方和

$$U_j=(n-1)\sum_{t=1}^{m}\lambda_t a_{jt}^2=(n-1)\sum_{t=1}^{m}\rho^2(X_j,Z_t)=(n-1)\nu_j;$$

X_j 的残差平方和 $Q_j=(n-1)(1-\nu_j)$；X_j 的决定系数

$$R_j^2=\nu_j=\sum_{t=1}^{m}\rho^2(X_j,Z_t).$$

7-11 (1) 8 项指标若综合为三个主成分，可解释原变量信息的 86.66%；若综合为四个主成分，可解释原变量信息的 94.68%.

(2) 按第一主成分得分由小到大对 13 个行业排的次序为：8,10,12,7,9,11,13,6,4,3,2,1,5.

7-12 六项指标若综合为两个主成分，可解释原变量信息的 81.24%；若综合为三个主成分，可解释原变量信息的 91.38%.

按第一主成分得分由小到大对 16 个地区农民的生活水平排的次序为：山西，河北，河南，江西，内蒙，黑龙江，福建，安徽，山东，吉林，江苏，

辽宁,天津,浙江,北京,上海.

习 题 八

8-1 $m=1$ 的正交因子模型为

$$\begin{cases}X_1 = 0.9F_1 + \varepsilon_1, \\ X_2 = 0.7F_1 + \varepsilon_2, \\ X_3 = 0.5F_1 + \varepsilon_3,\end{cases} \quad D = \begin{bmatrix} 0.19 & 0 & 0 \\ 0 & 0.51 & 0 \\ 0 & 0 & 0.75 \end{bmatrix}.$$

8-2 (1) $m=1$ 时因子模型的主成分解为

$$\begin{cases}X_1 = 0.8757F_1 + \varepsilon_1, \\ X_2 = 0.8312F_1 + \varepsilon_2, \\ X_3 = 0.7111F_1 + \varepsilon_3,\end{cases} \quad D = \begin{bmatrix} 0.2331 & 0 & 0 \\ 0 & 0.3091 & 0 \\ 0 & 0 & 0.4943 \end{bmatrix},$$

$$Q(1) = 0.1951.$$

(2) $m=2$ 时因子模型的主成分解为

$$\begin{cases}X_1 = 0.8757F_1 - 0.1802F_2 + \varepsilon_1, \\ X_2 = 0.8312F_1 - 0.4048F_2 + \varepsilon_2, \\ X_3 = 0.7111F_1 + 0.6951F_2 + \varepsilon_3,\end{cases}$$

$$D = \begin{bmatrix} 0.2006 & 0 & 0 \\ 0 & 0.1453 & 0 \\ 0 & 0 & 0.01122 \end{bmatrix}, \quad Q(2) = 0.06611.$$

(3) 因 $Q(2)=0.06611<0.1$,故 $m=2$ 的主成分解符合要求.

8-4 提示:利用样本协方差阵 S 的谱分解式有:

$$S = \sum_{i=1}^{p} \lambda_i l_i l_i' = AA' + BB',$$

则 $E=S-(AA'+D)=BB'-D$, 即 $BB'=E+D$,故

$$\sum_{i=m+1}^{p} \lambda_i^2 = \mathrm{tr}(BB' \cdot BB') = \mathrm{tr}[(E+D)(E+D)']$$

$$= Q(m) + \sum_{i=1}^{p} (\sigma_i^2)^2.$$

8-6 因子分析(主成分解)的结果:取前 4 个公共因子可反映原始变量的 89.26%的信息.由方差最大正交旋转后的载荷矩阵可得出,第一公共因子主要代表 X_1 和 X_2;第二公共因子主要代表 X_3 和 X_6;第三公共因子主要代表 X_4;第四公共因子主要代表 X_5.

8-7 因子分析(主成分解)的结果:取前两个公共因子可反映原始变量的 95.86%的信息($\lambda_1=3.7526$,$\lambda_2=1.0402$).正交因子模型为

$$\begin{cases} X_1 = 0.35049F_1 + 0.92792F_2 + \varepsilon_1, \\ X_2 = 0.97604F_1 - 0.09686F_2 + \varepsilon_2, \\ X_3 = 0.93971F_1 + 0.23601F_2 + \varepsilon_3, \\ X_4 = 0.93958F_1 - 0.23403F_2 + \varepsilon_4, \\ X_5 = 0.95461F_1 - 0.24363F_2 + \varepsilon_5. \end{cases}$$

变量的共同度为

$$h_1^2 = 0.983876,\quad h_2^2 = 0.962030,\quad h_3^2 = 0.938752,$$

$$h_4^2 = 0.937588,\quad h_5^2 = 0.970640.$$

8-8 取前两个公共因子可反映原始变量的73.68%的信息.由因子载荷矩阵可看出,第一公共因子主要代表学生的总成绩;第二公共因子主要代表开、闭卷的成绩比较.由方差最大正交旋转后的载荷矩阵可得出,第一公共因子主要代表开卷的三门课的成绩;第二公共因子主要代表闭卷的两门课的成绩.

习 题 九

9-1 (1) 因总 χ^2 统计量(为3.5891)或总惯量(为0.7238)的86.87%可用前二维说明,这表示样品点和变量点用二维表示就可以了.

通过在同一坐标系上绘制8个样品点和6个变量点的散布图,可粗略地看出,变量点和样品点可分为三类:{污染气体环己烷和6};{污染气体环氧氯丙烷和4,8};{污染气体氯,硫化氢,SO_2,C_4和1,2,3,5,7}.

9-2 (1) 因总 χ^2 统计量(为186.561)或总惯量(为0.04660)的92.10%可用前二维说明,这表示样品点和变量点用二维表示就可以了.

通过在同一坐标系上绘制16个样品点(地区)和6个变量点(指标)的散布图,可粗略地看出,地区和指标可分为五类:{上海和$X4$(住房)};{北京,天津,山东和$X5$(生活用品及其他)};{江苏,浙江和$X1$(食品)};{福建,江西,安徽和$X3$(燃料),$X6$(文化生活服务支出)};{山西,内蒙,辽宁,黑龙江,河北,河南和$X2$(衣着)}.

习 题 十

10-1 第一典型相关系数 $\rho=\dfrac{2\times 0.7}{\sqrt{(1+0.5)\times(1+0.6)}}=0.903696$;第一对典型变量为:$V_1=\dfrac{1}{\sqrt{3}}(X_1+X_2)$,$W_1=\dfrac{1}{\sqrt{3.2}}(Y_1+Y_2)$.

10-3 第一典型相关系数 $\rho=0.6299$，在 $\alpha=0.01$ 的水平下它是显著地不为零（似然比为 0.5977，$p=0.0022<0.01$）。第一对标准化的典型变量为：

$$V_1 = 0.6265X_1 + 0.5560X_2,$$
$$W_1 = 0.8600X_3 + 0.5018X_4 - 0.5060X_5.$$

10-4 第一典型相关系数 $\rho=0.7885$，在显著性水平 $\alpha=0.01$ 时它是显著地不为零（似然比为 0.3772，$p=0.0003<0.01$）。第一对标准化的典型变量为：

$$V_1 = 0.5522X_1 + 0.5215X_2,$$
$$W_1 = 0.5044X_3 + 0.5383X_4.$$

10-5 第一典型相关系数 $\rho_1=0.8515$。它在显著性水平 $\alpha=0.01$ 时是显著地不为零（似然比为 0.06119，$p<0.0001$），第一对标准化典型变量为：

$$V_1= 0.4421X_1 + 0.2669X_2 + 0.5884X_3 + 0.0614X_4 + 0.2217X_5 + 0.0911X_6 + 0.0138X_7,$$
$$W_1=- 0.4266X_8 + 0.2335X_9 + 0.3696X_{10} + 0.0038X_{11} - 0.3560X_{12}.$$

第二典型相关系数 $\rho_2=0.7284$，它在显著性水平 $\alpha=0.01$ 时是显著地不为零（似然比为 0.2225，$p=0.005<0.01$）：

$$V_2=- 0.2087X_1 + 0.7020X_2 - 0.2102X_3 + 0.0148X_4 - 0.7263X_5 - 0.1749X_6 + 0.2399X_7,$$
$$W_2= 0.8255X_8 + 1.0405X_9 + 0.1982X_{10} + 0.2218X_{11} + 0.8101X_{12}.$$

而后面的几个典型相关系数 $\rho_i(i=3,\cdots,5)$ 在显著性水平 $\alpha=0.01$ 时可认为是 0.

参考文献

[1] 方开泰编著. 实用多元统计分析. 上海：华东师范大学出版社，1989
[2] 张尧庭,方开泰著. 多元统计分析引论. 北京：科学出版社，1982/2003
[3] 高惠璇编著. 实用统计方法与 SAS 系统. 北京：北京大学出版社，2001
[4] 陈家鼎等编著. 数理统计学讲义. 北京：高等教育出版社，1993
[5] [美] Richard A Johnson，Dean W Wichern 著，陆璇译. 实用多元统计分析. 第四版. 北京：清华大学出版社，2001
[6] 王学仁,王松桂编译. 实用多元统计分析. 上海：上海科学技术出版社，1990
[7] 高惠璇编著. 统计计算. 北京：北京大学出版社，1995
[8] 王学民编著. 应用多元分析. 第二版. 上海：上海财经大学出版社，1999
[9] 于秀林等编著. 多元统计分析. 北京：中国统计出版社，1999
[10] [日]奥野忠一等著. 多变量解析法. 日科技连，1971
[11] 王惠文著. 偏最小二乘回归方法及其应用. 北京：国防工业出版社，1999
[12] 韦博成等著. 统计诊断引论. 南京：东南大学出版社，1991
[13] 王吉利,张尧庭主编. SAS 软件与应用统计. 北京：中国统计出版社，2000
[14] 王学仁编著. 地质数据的多变量统计分析. 北京：科学技术出版社，1982
[15] [英]肯德尔著，中国科学院计算中心概率统计组译. 多元分析. 北京：科学技术出版社，1983
[16] 李天生等. 用双重筛选逐步回归法对广西钦州县松毛虫发生进行分析与预测. 林业科学，1985，21(3)：247～251
[17] 高惠璇等编译. SAS 系统 • Base SAS 软件使用手册. 北京：中国统计出版社，1997

[18] 高惠璇等编译. SAS系统·SAS/STAT软件使用手册. 北京: 中国统计出版社, 1997

[19] SAS Institute Inc. SAS/STAT (Version 6) User's Guide (Fourth Ed) Edition. 1994(1)

[20] SAS Institute Inc. SAS/STAT (Version 6) User's Guide (Fourth Ed) Edition. 1994(2)

[21] SAS Institute Inc. Introduction to Statistics Using SAS/INSIGHT Software. 1998

[22] Anderson T W. An Interduction to Multivariate Statistical Analysis. 2nd Edition. New York: World Publishing Co; Wiley, 1984

[23] Richard A Johnson, Dean W Wichern. Applied Multivariate Statistical Analysis. 4nd Edition. Englewood Cliffs, N J: Prentice-Hill, 1998

[24] 董文泉等编著. 数量化理论及其应用. 长春: 吉林人民出版社, 1979

[25] [印度]C·R·劳著,张燮等译. 线性统计推断及其应用. 北京: 科学出版社, 1987

[26] 胡国定,张润楚著. 多元数据分析方法——纯代数处理. 天津: 南开大学出版社, 1989

[27] 孙文爽,陈兰祥编. 多元统计分析. 北京: 高等教育出版社, 1994

[28] 周光亚等编著. 多元统计方法. 长春: 吉林大学出版社, 1988

[29] 吴国富等编. 实用数据分析方法. 北京: 中国统计出版社, 1992

[30] 孙尚拱,潘恩沛编著. 实用判别分析. 北京: 科学出版社, 1990

[31] 孙尚拱编著. 医学多变量统计与统计软件. 北京: 北京医科大学出版社, 2000

主要符号说明

$X=(X_1,\cdots,X_p)'$	p 维随机向量
$X=(x_{ij})_{n\times p}$或 $X_{n\times p}=(x_{ij})$	$n\times p$ 随机阵或 $n\times p$ 观测数据阵
$X_{(\alpha)}=(x_{\alpha1},x_{\alpha2},\cdots,x_{\alpha p})'$	来自 p 元总体的第 α 次观测样品
$\boldsymbol{X}_j=(x_{1j},x_{2j},\cdots,x_{nj})'$	第 j 个变量的 n 维观测向量或得分向量
$\mathbb{R}^p$	p 维实向量空间
$\mathrm{E}(X)$	随机向量 X 的均值向量
$\mathrm{D}(X)$	随机向量 X 的协方差阵
$\mathrm{Var}(X)$	随机变量 X 的方差
$\mathrm{Cov}(X,Y)$	随机变量 X 和 Y 的协方差
$\mathrm{COV}(X,Y)$	随机向量 X 和 Y 的协方差阵,显然 $\mathrm{COV}(X,X)=\mathrm{D}(X)$
$\mathrm{Vec}(X)$	用 $n\times p$ 矩阵 X 的列向量 $\boldsymbol{X}_1,\cdots,\boldsymbol{X}_p$ 依次连结成一个 np 维长向量
$N(\mu,\sigma^2)$或 $N_1(\mu,\sigma^2)$	均值为 μ,方差为 σ^2 的一元正态分布
$N_p(\mu,\Sigma)$	均值向量为 μ,协方差阵为 Σ 的 p 元正态分布;若 $X\sim N_p(\mu,\Sigma)$,则 X 为 p 维正态随机向量
$N_{n\times p}(M,I_n\otimes\Sigma)$	$n\times p$ 矩阵正态分布
$\chi^2(n,\delta)$或 $\chi_n^2(\delta)$	自由度为 n,非中心参数为 δ 的 χ^2(卡方)分布;当 $\delta=0$ 为中心 χ^2 分布
$t(n,\delta)$	自由度为 n,非中心参数为 δ 的非中心 t 分布;当 $\delta=0$ 为中心 t 分布
$F(m,n,\delta)$	自由度为 m,n,非中心参数为 δ 的 F 分布;当 $\delta=0$ 为中心的 F 分布
$W_p(n,\Sigma)$	参数为 p,n,Σ 的威沙特(Wishart)分布
$T^2(p,n)$	参数为 p,n 的霍特林(Hotelling) T^2 分布
$\Lambda(p,n,m)$	参数为 p,n 和 m 的威尔克斯(Wilks)分布
$O_{p\times q}$	$p\times q$ 零矩阵

$A>0$	A 为对称正定方阵
$A\geqslant 0$	A 为对称非负定方阵
$\|A\|$	方阵 A 的行列式
$\|A\|_+$	方阵 A 行列式的绝对值
$\mathrm{tr}(A)$	方阵 A 的迹
$\mathrm{rank}(A)$	矩阵 A 的秩
$\mathbf{1}_n=(1,1,\cdots,1)'$	元素全部为 1 的 n 维常向量
$0_p=(0,0,\cdots,0)'$或 0	元素全部为 0 的 p 维零向量，当零向量的维数显然，简记为 0
$(A \vdots B)$	$n\times p$ 矩阵 A 和 $n\times q$ 矩阵 B 合并为一个 $n\times(p+q)$的矩阵
$\mathrm{ch}_i(A)$	方阵 A 的第 i 大特征值
$\mathscr{L}(l_1,\cdots,l_p)$	由向量 $l_1,\cdots,l_p$ 张成的空间
$J(x\to y)$	p 维向量 x 到 p 维向量 y 变换的雅可比行列式

索　引

（按拼音字母顺序）

E

F

G

H

J

K

L

M

N

O

P

Q

R

S

T

V

Z

北京大学出版社数学重点教材书目

1. 北京大学数学教学系列丛书

书　　名	编著者	定价(元)
高等代数简明教程(上、下)(北京市精品教材)(教育部"十五"规划教材)	蓝以中	32.00
实变函数与泛函分析(北京市精品教材)	郭懋正	20.00
复分析导引(北京市精品教材)	李　忠	20.00
黎曼几何引论(上下册)	陈维桓 李兴校	42.00
金融数学引论	吴　岚	20.00
寿险精算基础	杨静平	17.00
二阶抛物型偏微分方程	陈亚浙	16.00
普通统计学(北京市精品教材)	谢衷洁	25.00
数字信号处理(北京市精品教材)	程乾生	20.00
抽样调查(北京市精品教材)	孙山泽	13.50
测度论与概率论基础(北京市精品教材)	程士宏	15.00
应用时间序列分析(北京市精品教材)	何书元	16.00
应用多元统计分析	高惠璇	21.00

2. 大学生基础课教材

书　　名	编著者	定价(元)
数学分析新讲(第一册)(第二册)(第三册)	张筑生	44.50
数学分析解题指南	林源渠 方企勤	20.00
高等数学(上下册)(教育部"十五"国家级规划教材,教育部 2002 优秀教材一等奖)	李　忠 周建莹	52.00
高等数学(物理类)(修订版)(第一、二、三册)	文　丽等	57.00
高等数学(生化医农类)上册(修订版)	周建莹 张锦炎	13.50
高等数学(生化医农类)下册(修订版)	张锦炎 周建莹	13.50
高等数学解题指南	周建莹 李正元	25.00

书　　名	编著者	定价(元)
高等数学解题指导(上下册)(工科类)	李静主编	38.00
大学文科基础数学(第一册)(第二册)	姚孟臣	27.50
大学文科数学简明教程(上下册)	姚孟臣	30.00
数学的思想、方法和应用(修订版)(北京市精品教材)(教育部"九五"重点教材)	张顺燕	24.00
数学的美与理(教育部"十五"国家级规划教材)	张顺燕	26.00
简明线性代数(理工、师范、财经类)	丘维声	16.00
线性代数解题指南(理工、师范、财经类)	丘维声	15.00
线性代数解题指导(工科类)	王中良	16.50
解析几何(第二版)	丘维声	15.00
解析几何(教育部"九五"重点教材)	尤承业	15.00
微分几何初步(95 教育部优秀教材一等奖)	陈维桓	12.00
基础拓扑学讲义	尤承业	13.50
初等数论(第二版)(95 教育部优秀教材二等奖)	潘承洞 潘承彪	25.00
简明数论	潘承洞 潘承彪	14.50
实变函数论(教育部"九五"重点教材)	周民强	16.00
复变函数教程	方企勤	13.50
傅里叶分析及其应用	潘文杰	13.00
泛函分析讲义(上册)(91 国优教材)	张恭庆 林源渠	11.00
泛函分析讲义(下册)(91 国优教材)	张恭庆 郭懋正	12.00
数值线性代数(教育部 2002 优秀教材二等奖)	徐树方等	13.00
现代数值计算方法	肖筱南等	15.00
数值计算方法与上机实习指导	肖筱南等	15.00
数学模型讲义(教育部"九五"重点教材,获二等奖)	雷功炎	15.00
普通统计学简明教程(附 TI 电脑指令与程序)	谢衷洁	25.00
新编概率论与数理统计(获省部级优秀教材奖)	肖筱南等	19.00
概率论与数理统计解题指导(工科类)	李寿梅等	13.00